“船舶与海洋结构物先进设计方法”丛书编委会

船舶与海洋结构物先进设计方法

船舶与海洋工程全生命周期的防污染控制技术

Pollution Prevention Technology for Total Life Cycle of Ships and Ocean Engineering

张明霞　林　焰　冷阿伟　编著

科学出版社

北　京

内 容 简 介

本书基于全生命周期理念，系统介绍船舶与海洋平台防污染相关公约法规要求及污染控制方法，内容涵盖设计、建造、营运、拆解等不同阶段。全书将防污染分为狭义防污染和广义防污染两大类，并分别介绍污染来源及背景、法规要求、应用、发展趋势等。本书内容分上、中、下篇：上篇为狭义防污染，内容包括国际防污公约、化学品船规则及液化气体船规则；中篇为广义防污染，内容包括压载水管理公约、船舶建造防污染、绿色拆船公约、海洋平台防污染、绿色船舶规范等；下篇介绍综合安全评估理论及应用。

本书可作为船舶与海洋工程专业研究生和高年级本科生教学用书，亦可作为船舶与海洋工程领域的工程技术人员参考用书。

图书在版编目(CIP)数据

船舶与海洋工程全生命周期的防污染控制技术/张明霞，林焰，冷阿伟编著.—北京：科学出版社，2018.1
（船舶与海洋结构物先进设计方法）
ISBN 978-7-03-055298-3

Ⅰ.①船… Ⅱ.①张… ②林… ③冷… Ⅲ.①船舶工程-产品生命周期-污染控制 ②海洋工程-产品生命周期-污染控制 Ⅳ.①X736.3 ②P75

中国版本图书馆 CIP 数据核字（2017）第 277875 号

责任编辑：张 震 杨慎欣 / 责任校对：郭瑞芝
责任印制：吴兆东 / 封面设计：无极书装

科学出版社出版
北京东黄城根北街 16 号
邮政编码：100717
http://www.sciencep.com
北京凌奇印刷有限责任公司印刷
科学出版社发行 各地新华书店经销
*
2018 年 1 月第 一 版 开本：787×1092 1/16
2024 年 6 月第七次印刷 印张：20
字数：512 000
定价：60.00 元
（如有印装质量问题，我社负责调换）

“船舶与海洋结构物先进设计方法”丛书序

船舶与海洋结构物设计是船舶与海洋工程领域的重要组成部分，包括设计理论、原理、方法和技术应用等研究范畴。其设计过程是从概念方案到基本设计和详细设计；设计本质是在规范约束条件下最大限度地满足功能性要求的优化设计；设计是后续产品制造和运营管理的基础，其目标是船舶与海洋结构物的智能设计。“船舶与海洋结构物先进设计方法”丛书面向智能船舶及绿色环保海上装备开发的先进设计技术，从数字化全生命周期设计模型技术、参数化闭环设计优化技术、异构平台虚拟现实技术、信息集成网络协同设计技术、多学科交叉融合智能优化技术等方面，展示了智能船舶的设计方法和设计关键技术。

（1）船舶设计及设计共性基础技术研究。针对超大型船舶、极地航行船舶、液化气与化学品船舶、高性能船舶、特种工程船和渔业船舶等进行总体设计和设计技术开发，对其中的主要尺度与总体布置优化、船体型线优化、结构形式及结构件体系优化、性能优化等关键技术进行开发研究；针对国际新规范、新规则和新标准，对主流船型进行优化和换代开发，进行船舶设计新理念及先进设计技术研究、船舶安全性及风险设计技术研究、船舶防污染技术研究、舰船隐身技术研究等；提出面向市场、顺应发展趋势的绿色节能减排新船型，达到安全、经济、适用和环保要求，形成具有自主特色的船型研发能力和技术储备。

（2）海洋结构物设计及设计关键技术研究。开展海洋工程装备基础设计技术研究，建立支撑海洋结构物开发的基础性设计技术平台，开展深水工程装备关键设计技术研究；针对浮式油气生产和储运平台、新型多功能海洋自升式平台、巨型导管架平台、深水半潜式平台和张力腿平台进行技术设计研究；重点研究桩腿、桩靴和固桩区承载能力，悬臂梁结构和极限荷载能力，拖航、系泊和动力定位，主体布置优化等关键设计技术。

（3）数字化设计方法研究与软件系统开发。研究数字化设计方法理论体系，开发具有自主知识产权的船舶与海洋工程设计软件系统，以及实现虚拟现实的智能化船舶与海洋工程专业设计软件；进行造船主流软件的接口和二次开发，以及船舶与海洋工程设计流程管理软件系统的开发；与 CCS 和航运公司共同进行船舶系统安全评估、管理软件和船舶技术支持系统的开发；与国际专业软件开发公司共同进行船舶与海洋工程专业设计软件的关键开发技术研究。

（4）船舶及海洋工程系统分析与海上安全作业智能系统研制。开展船舶运输系统分析，确定船队规划和经济适用船型；开展海洋工程系统论证和分析，确定海洋工程各子系统的组成体系和结构框架；进行大型海洋工程产品模块提升、滑移、滚装及运输系统的安全性分析和计算；进行水面和水下特殊海洋工程装备及组合体的可行性分析和技术设计研究；以安全、经济、环保为目标，进行船舶及海洋工程系统风险分析与决策规划研究；在特种海上安全作业产品配套方面进行研究和开发，研制安全作业的智能软硬件系统；开展机舱自动化系统、装卸自动化系统关键技术和 LNG 运输及加注船舶的 C 型货舱系统国产化研究。

本丛书体系完整、结构清晰、理论深入、技术规范、方法实用、案例翔实，融系统性、理论性、创造性和指导性于一体。相信本丛书必将为船舶与海洋结构物设计领域的工作者提供非常好的参考和指导，也为船舶与海洋结构物的制造和运营管理提供技术基础，对推动船舶与海洋工程领域相关工作的开展也将起到积极的促进作用。

衷心地感谢丛书作者们的倾心奉献，感谢所有关心本丛书并为之出版尽力的专家们，感谢科学出版社及有关学术机构的大力支持和资助，感谢广大读者对丛书的厚爱！

纪卓尚

大连理工大学

2016 年 8 月

前　言

安全、环保和可持续发展是21世纪人类共同主题。进入21世纪，人们的公众安全和环境意识觉醒，对海上事故已达到“零容忍”程度。国际海事组织及其他国际相关海事组织积极推进相关公约、规则和规范的重新审议，涵盖了船舶及海洋工程设计、建造、营运、拆解等全生命周期的防污染要求，制定了目标型船舶标准、共同结构规范、海水压载舱涂层标准、2009概率破损稳性规则、船舶CO_2设计指标、船舶再利用标准、NO_x和SO_x减排标准、压载水管理公约、绿色拆船公约、船舶有害防污底系统公约等，促进船舶防污染规范标准的不断提升。船舶防污染从传统的防止油类污染、生活污水污染、垃圾污染、空气污染等常规防污染（或称狭义防污染）转向“绿色低碳”的环保要求（或称广义防污染）。这些防污染公约及规则陆续生效，将给造船业带来绿色革命的挑战。其中船舶能效设计指数和船舶能效管理计划被正式纳入《国际防止船舶造成污染公约》附则Ⅵ修正案。也就是说，在国际海事组织温室气体减排框架下的3个关键步骤，即能效设计指数、船舶能效管理计划、市场机制中，已有两项被列入强制要求。2016年9月8日，《国际船舶压载水和沉积物控制与管理公约》及其相关导则达到了生效条件，2017年9月8日生效。这表示航运业、造船业以及相关产业所面临的减排冲击将全面进入实质性阶段。中国船级社前总裁李科浚表示，这场“绿色技术革命”的影响不亚于19世纪船舶动力从风帆到蒸汽机的伟大变革。在此影响下，相关公约、规范业已发生重大变化，并将引发造船、航运生态的重大变革。特别是在当前航运业再次陷入低谷之际，绿色技术、绿色标准规范将成为此次格局调整的重要推手，新的满足国际公约和国家节能减排要求的绿色船型、绿色技术将是下一阶段新船订单争夺的关键。中国船舶工业发展迅速，已经奠定了世界造船大国的地位，但与造船强国尚且存在差距。尤其在国际航运界不断推出新公约、新法规之际，如何抓住国际船舶标准发展机遇，瞄准绿色船舶未来发展方向，研发船舶绿色技术和节能减排技术，使船舶适应国际社会关注的“绿色”“健康”等节能环保新船型，是中国建设创新型船舶工业和造船强国的必由之路。

安全与防污染是船舶及海洋工程的两大生命线。如果船舶及海洋工程安全出问题，事故将会不断发生，由此可能导致严重的环境污染，而清理污染则需要花费巨大的人力、财力、物力，因此，防污染与安全息息相关。船舶及海洋工程防污染可分为两个层次，一是狭义的防污染，包含6个方面：防油类污染、防有毒液体物质污染、防海运包装有害物质污染、防生活污水污染、防垃圾污染、防空气污染。这些防污染要求已列在1973年《国际防止船舶造成污染公约》的6个附则中。另外，由于化学品船所装载的化学品的易燃性、易爆性、挥发性、强腐蚀性及剧毒性等特性，要求化学品船必须具有较高的安全水平，以防止事故造成严重污染。液化气体船如液化天然气船舶，由于液化天然气具有低温、易挥发性及易爆性，一旦爆炸后果不堪设想，其安全要求也较高。二是广义的防污染，即船舶及海洋工程在防止传统污染源的基础上，达到“低消耗、低排放、对环境无害”的绿色环保要求。由于各种新船型不断出现，如极地航行船舶、豪华邮轮等，同时海洋工程也从浅海不断走向深海，系统越来越复杂，无论船舶还是海洋工程，面临的风险都越来越大。有效识别风险、分析风险进而找到控制风险的措施，是从根本上降低船舶及海洋工程事故发生概率与频率从而有效控制污染发生的最有效手段。

目前，船舶与海洋工程防污染控制技术方面的教材尚无完整体现上述内容的版本，有的侧重防污染设备介绍，有的侧重港口水域防污染工艺，有的侧重船舶营运设备管理等，对于全生命周期不同阶段尤其设计阶段的防污染考虑及相关研究更是很少见，不能适应目前的社会及行业发展。同时由于防污染涉及的公约、法规、规范种类繁多，学生在短期内系统学习及有针对性地研究相对困难，编写教材“船舶与海洋工程全生命周期的防污染控制技术”具有很好的实用价值。

本书以国际海事组织相关公约为核心，基于全生命周期理念，分别介绍船舶设计、建造、营运、拆解等不同生命阶段所应满足的防污染要求及防污染控制措施，同时也介绍海洋平台相关的防污染要求及其在设计、建造、营运等阶段所应满足的标准。本书分为上、中、下三篇，上篇为狭义防污染，即前面说的六类防污染，以及散装液货防污染要求；中篇为广义防污染，从全生命周期考虑污染源及其控制策略，具体包括压载水管理公约、建造防污染、绿色拆船公约、海洋平台防污染、绿色船舶规范等涉及船舶不同生命阶段的防污染要求；下篇介绍基于风险管理理论的基本概念，为船舶及海洋平台安全作业提供可靠保障，从根本上有效降低船舶及海洋平台发生事故的概率，从而减少污染的可能性及造成后果的严重性。

对于船舶及海洋工程专业学生及相关从业人员来说，学习相关国际防污染公约及法规要求，熟悉不同公约与规则对设计、建造、营运及拆解带来的影响，能够更好地满足全社会对船舶行业降低污染排放的要求，适应绿色造船及绿色航运的时代要求。

本书共 10 章，章节的结构设计、全书统稿及修改由张明霞负责，其中第 5 章及第 9 章部分资料由林焰教授提供，第 6 章的 6.3 节及第 8 章由大连船舶重工集团船舶研究所冷阿伟工程师负责编撰，其余章节由张明霞负责编撰。本书插图及表格由研究生汪仕靖、刘镇方、赵正彬、韩兵兵及李岗负责绘制。纪卓尚教授对本书进行了审阅并提出了宝贵修改意见。本书以大连理工大学船舶工程学院研究生课程“船舶防污染控制技术”讲义为基础编写，一方面系统化相关课程内容，另一方面也有利于学生系统深入学习相关课程。本书获得大连理工大学研究生院教改基金资助，在此一并表示感谢。

由于作者水平有限，书中难免存在错误和疏漏，希望读者及时提出宝贵建议，并发送至邮箱mxzhang@dlut.edu.cn，待再版时一并加以改进。

张明霞

2017 年 6 月 30 日

目　　录

中　篇　广义防污染

下 篇 综合安全评估理论及应用

上　篇　狭义防污染

第 1 章　绪　　论

党的十八大明确指出要“提高海洋资源开发能力，发展海洋经济，保护海洋生态环境，坚决维护国家海洋权益，建设海洋强国”。2013 年年初全国交通运输工作会议也提出，积极推动航运业上升为国家战略，推进中国由海运大国向海运强国转变。如何打造“海运强国”，不断提升中国海运的国际竞争力和服务水平，增强中国在世界海运界的地位和话语权，是人们所面临的重要问题。海洋强国战略的确定，为中国航运业发展提供了前所未有的发展机遇。

但随着公众对清洁环境的要求越来越高，船舶对海洋环境及空气造成的污染，越来越不可忽视。而且载运危险货物船舶一旦发生事故，将造成巨大的财力、物力损失，还会导致严重的海洋生态灾难，危及海洋生物、渔业资源，进而影响人类健康。所以，船舶防污染是船舶安全之外的另一生命线，而且与安全生命线息息相关。船舶安全得到保证，不发生事故，因事故而导致的污染就能得到有效控制。可以说，安全与防污染是船舶生命线这枚硬币的两面，相互关联，不可分割。

传统的船舶防污染，污染源包括油类、有毒液体物质、包装有害物质、垃圾、生活污水、空气污染六大类，属于事后的被动防污染，即发生事故后，不断总结经验教训，由此形成各类防污染公约与法规。例如，船舶主要的防污公约——《经 1978 年议定书修订的 1973 年〈国际防止船舶造成污染公约〉》（*International Convention for the Prevention of Pollution From Ships*，1973，*as Modified by the Protocol of* 1978）[1]对船舶的设计、建造及营运等方面提出了相应的防污染要求。其中，油船的双层壳双层底分舱设计要求，就是单壳油船发生事故造成大量的原油泄漏，导致失事海域及沿岸环境的巨大污染，同时清污成本激增，给事故海域及沿岸国家带来不可估量的生态环境灾难。因此，国际海事组织（International Maritime Organization，IMO）适时推出了设置油船双层壳双层底的专用压载舱设计方案，这种分舱方案改善了船舶防污染能力，有效减少了碰撞、搁浅等事故导致的货油泄漏，但是也造成了油船空船重量增加、重心升高等不利影响。还有《国际海上人命安全公约》（*International Convention for the Safety of Life at Sea*，又称为《SOLAS 公约》）[2]中的结构防火要求，通过设置不同处所的舱壁及甲板耐火材料等级来控制火灾的发生，并在不同处所配备相应的消防设备与系统来控制火灾的蔓延。由于船上空间有限，消防设备及消防物质的储备也是有限的。这些系统的设计可以保障船舶火灾不发生或发生后立即被控制住，将可能的污染降到最低限度。由此可以看出，防污染需要兼顾环保性和经济性，在两者之间找到平衡点，既能达到防污染要求，又使成本控制在船东等各方可接受的水平。

前面说的六大类污染构成了船舶主要污染源，对它们的防治也是 1973 年《国际防止船舶造成污染公约》的主要内容。由于经济发展及国际社会对防污染的迫切性不同，关于这六大类防污染的附则分别经历了不同的发展过程。《国际防止船舶造成污染公约》1973 年生效，1978 年修订，其中，附则Ⅰ“防止油类污染规则”1983 年 10 月 2 日生效；附则Ⅱ“控制散装有毒液体物质污染规则”1987 年 4 月 6 日生效；附则Ⅲ“防止海运包装有害物质污染规则”1992 年 7 月 1 日生效；附则Ⅳ“防止船舶生活污水污染规则”2003 年 9 月 27 日生效；附则Ⅴ“防止船舶垃圾污染规则”1988 年 12 月 31 日生效；附则Ⅵ“防止船舶造成空气污染规则”2005 年 5 月 19 日生效。《国际防止船舶造成污染公约》从颁布到全部正式生效经历了 30 余年的发展历程。

船舶营运消耗燃油会排放大量的二氧化碳（CO_2）、氧化硫（SO_x）和氧化氮（NO_x）等污染物，目前全球资源短缺、污染严重、温室效应明显，全球化的低碳经济浪潮席卷而来。在全球化的低碳经济中，解决船舶污染问题也提上了日程，其目标是减少 CO_2、SO_x 及 NO_x 排放，主要措施如下：采用清洁燃料，包括风能、太阳能、液化天然气（liquefied natural gas，LNG）、低硫燃油；采用新的推进方式（柴电推进、电力推进）、推进装备、废热回收系统；船型优化，包括阻力最小、螺旋桨优化、舵形状优化、上层建筑优化；布置优化、结构优化（如使用重量更轻的新材料，使得空船重量更轻、载货量更大）等。

上述防污染要求是事前的主动防污染，从船舶的全生命周期进行考虑，在设计阶段就需要考虑营运时的排放污染；在建造阶段需要考虑船舶的防污底涂层、货舱及压载舱的涂层性能、采用轻质材料等；在营运阶段防污染排放标准则不断提高，如要求燃油硫含量逐渐降低、提供营运管理计划优化航行路线、尽可能提高效率。而拆船阶段则需要遵循绿色拆船公约的要求。传统的船舶压载水装在专用压载舱中，属于清洁压载水，可以排放到目的港口水域中。但是，异地压载水对当地港口水域造成生物入侵的后果不断被发现及证实，异地压载水中的水生物会危及当地水环境及水资源的安全，因此，压载水必须按照 2004 年《国际船舶压载水和沉积物控制与管理公约》（以下简称《压载水公约》）及其相关导则来进行管理和排放。这些防污染公约的内容均属于现代的防污染。

防污染可概括为狭义防污染和广义防污染。其中狭义防污染，即传统防污染，主要根据防污染公约针对船舶可能的污染源，分别对船舶的结构与分舱、设备及布置、排放等方面进行控制。而广义防污染属于现代防污染，针对船舶全生命周期，从设计、建造、营运直至拆解，每个生命阶段均需要进行相应的防污染控制，实现绿色造船、绿色航运、绿色拆船，从而达到低消耗、低排放的航运业绿色环保要求。

狭义防污染的污染源包括如下六种：油类污染、有毒液体物质污染、海运包装有害物质污染、生活污水污染、垃圾污染、空气污染。这些污染主要是指所有船舶在营运中产生的排放性污染及载运危险货物船舶的事故性污染。排放性污染包括：生活污水、垃圾及机器处所的含油污水。事故性污染主要来源于油船、化学品船、液化气体船等载运危险货物的船舶，为了将这类船舶在碰撞、搁浅等事故后造成的污染降低到最低限度，应对其货舱的分舱、破损稳性及货物围护系统等提出相应的保护措施[3,4]。所以，在设计、建造船舶时，必须以相应的公约为依据，这样设计建造的船舶才能满足防污染的法定要求。这类防污染要求是船舶常规防污染的依据，常规防污染框架如图 1.1 所示。

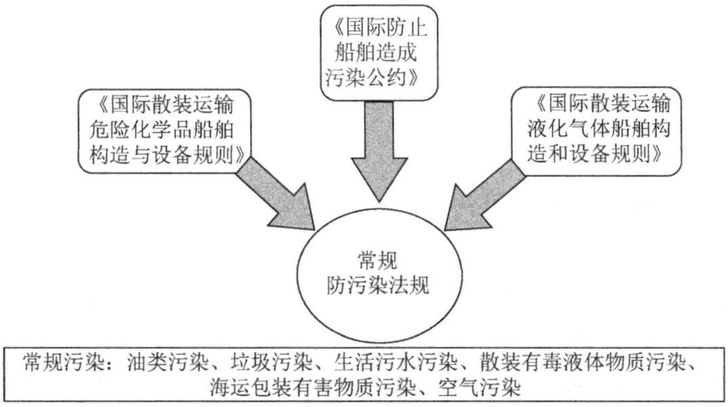

图 1.1 船舶常规防污染框架

广义防污染则在狭义的防污染要求之外，还包括更广泛的防污染要求：压载水管理公约、能效设计指数（energy efficiency design index，EEDI）、船舶能效管理计划（ship energy efficiency management plan，SEEMP）、能效营运指数（energy efficiency operation index，EEOI）、防污底系统、绿色拆船公约等[5-17]。这些防污染要求则为绿色船舶的内涵，绿色船舶防污染框架如图 1.2 所示。

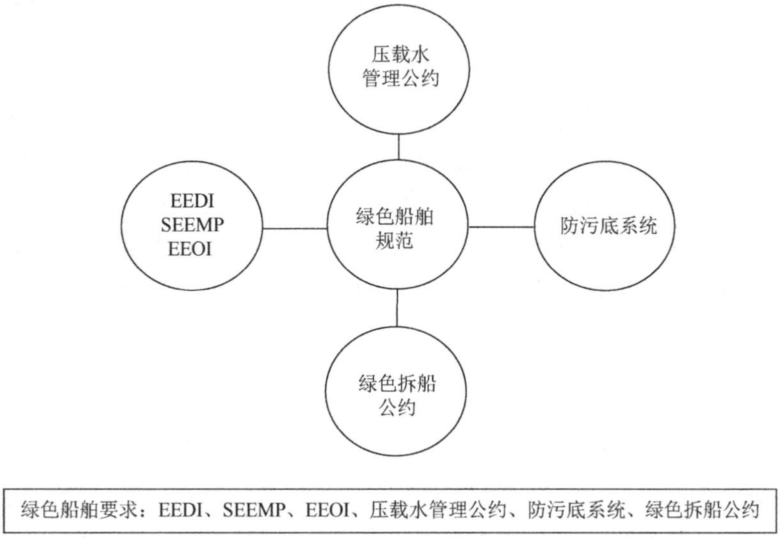

图 1.2 绿色船舶防污染框架

1.1 船舶与海洋工程造成的污染及防污染要求概述

船舶与海洋工程带来的污染包括正常营运的排放性污染和发生事故后的事故性污染[16]。前者带来的污染是持续性的，污染造成的后果是逐渐累积而来的，如二氧化碳的不断排放导致的全球温室气体效应。而事故性污染往往是突发性的，带来巨大的生命财产损失和环境生态灾难，并且给沿岸国家的渔业资源带来不可估量的后期影响，造成的损害将在事故多年后才能慢慢消退。各类污染会危及环境及人的身体健康，因此，人们对于其可能造成的污染及其相应的危害应有清醒的认识，牢固树立安全及环保意识。

1.1.1　船舶与海洋平台造成的常规污染

船舶造成的污染按照被污染介质的类型主要分为水域污染、空气污染与噪声污染。其中，水域污染按介质可分为油类污染、有毒液体物质污染、包装有害物质污染、生活污水污染、垃圾污染、油漆污染。空气污染按介质可分为石棉材料颗粒、碳氧化物、氮氧化物、硫氧化物和消耗臭氧物。噪声污染按污染源可分为发动机（电动机）噪声、风机噪声、船体振动噪声、推进器与水摩擦噪声、液压管路噪声等。

船舶对水域造成的污染按其产生性质来划分，主要有排放性污染和事故性污染两大类[17-20]。

（1）排放性污染，也称操作性污染，排放按性质可分为正常排放和非正常排放两种。所谓正常排放就是在国际防污染法规和港口国法规允许的排放标准和海域内进行的排放，如经认可的油水分离器处理过的机舱舱底水排放，经油分浓度计监控的油轮洗舱水的排放，以及处理过的生活污水轻微有毒化学品的洗舱水直接水下排放等。此类排放虽然当时对海域污染较轻，但却是日常性的，长期积累肯定会对海洋环境造成破坏。而非正常排放是指船员故意违法排放或违章操作造成的意外排放，如让机舱舱底水故意不经油水分离器而直接排入水域，偷偷地在限制区域排放洗舱水，以及在执行含油或其他有害物质操作时，违章操作或疏忽失职等导致泄漏入水造成污染等。

（2）事故性污染，是指船舶破损性事故或系统设备损坏导致的液货或燃油泄漏污染。此类污染虽然是偶发性的，但对环境造成的危害极大、影响深远且不易恢复。尤其是液货船的货舱破损造成的液货泄漏，不但泄漏量大、回收和处理难度大，而且造成环境污染的范围广、影响深远。船舶破损性污染主要是碰撞事故、触礁事故、火灾或爆炸事故等导致液货舱或燃油舱破损，甚至船舶沉没造成的。船舶破损性事故造成的重大污染事故在世界航运历史上有很多典型的案例。

下面分别介绍各类污染及防污染公约发展情况。

1. 油类污染

油类污染分为两大类：一类是正常营运中的操作性污油水对水域的污染；一类是油船发生碰撞、搁浅等事故后船舶货舱发生的事故性溢油污染。

油船事故性溢油危害严重，因此，油船防污染是防污染公约中的重点内容。油船的结构经历了从初始的单壳油船到后来的双壳油船的曲折发展历程，其间不断发生的各类污染事故促进了防污染公约的完善。世界上首次出现油船是在 19 世纪后期，自 1950 年起，油船得以快速发展。首艘 10 万 DWT①原油油船于 1959 年交付，20 世纪 60 年代中期，出现了 20 万 DWT 的超大型原油船（very large crude oil carrier，VLCC）。随着世界经济的发展和对石油需求的增加，油类海运贸易量剧增。但随之而来的是重大海上溢油事故频频发生，使得沿海国家常常遭受重大环境污染。

① DWT 表示载重吨。

例如，1967年3月17日“托雷·卡尼翁”号触礁沉没，溢油造成附近海域和沿岸大面积严重污染，使英、法两国蒙受了巨大损失。为此，IMO 召开国际会议通过了一个全新的公约来处理海上污染，即《国际防止船舶造成污染公约》，其目的是防止因排放有害物质对海洋环境造成的污染。《国际防止船舶造成污染公约》附则Ⅰ“防止油类污染规则”1983年10月2日生效，中国于1983年7月1日加入，1983年10月2日对中国生效。

面对国际社会的呼声，IMO 于1992年3月通过了《国际防止船舶造成污染公约》修正案，首次提出了新造油船需满足双壳的要求，以及现有油船限期满足双壳的要求，同时要求5年船龄以上的现有油船必须实施加强检验。随后，1999年“Ericka”号船体断裂事故和2002年“威望”号断裂事故造成了前所未有的灾难性影响。于是，IMO 在2003年召开的海上环境保护委员会（Maritime Environment Protection Committee，MEPC）第49次会议上，审议了欧盟关于在全球范围内加速淘汰单壳油船的提案，并在2003年10月的 MEPC 第50次会议上通过了淘汰单壳油船及禁止单壳油船载运重质油的《国际防止船舶造成污染公约》修正案。

2. *有毒液体物质污染*

《国际防止船舶造成污染公约》附则Ⅱ“控制散装有毒液体物质污染规则”1987年4月6日生效，中国于1983年7月1日加入，1987年4月6日对中国生效。附则Ⅱ针对所有对海上环境有危害和污染的有毒液体物质，根据散装液体物质对环境及人员的安全影响和污染危害评估，将有害物质分为A、B、C、D四类。A类表示危险程度最为严重，而D类则表示最轻。其还对载运每类物质的船型、货舱泵系统及排放控制标准等提出了要求[21]。

2004年，MEPC.118（52）通过了《国际防止船舶造成污染公约》附则Ⅱ修正案，同时 MEPC.119（52）及 MSC.176（79）修正案也对《国际散装运输危险化学品船舶构造与设备规则》（又称为《IBC 规则》）中散装液体货物最低安全和污染标准进行了相应修订。修订后的《国际防止船舶造成污染公约》附则Ⅱ和《IBC 规则》于2007年1月1日起生效实施。经修订的《国际防止船舶造成污染公约》附则Ⅱ对有毒液体物质的污染重新划分了分类体系，将有毒液体物质分为四类：X类、Y类、Z类及OS类（其他物质）。X类有毒液体物质如果排放入海，将对海洋资源或人类健康产生严重危害，因此必须禁止排放到海洋环境中；Y类物质危害比较严重；Z类物质有危害；OS类物质没有危害。X、Y 和 Z 类物质为受附则Ⅱ及《IBC 规则》约束的有毒液体物质；OS类物质则不受相应约束。

重新分类后，许多液体物质的污染等级提高了，因而对载运船型的要求也相应提高。特别是植物油，由原来的D类物质（没有船型要求）提高到新分类系统下的Y类物质，并要求用2型化学品船运输。另外，取消了“类油物质”的概念，即只要某液体物质（包括原“类油物质”）列入了经修订的《IBC 规则》第17章中，就必须用化学品船载运，而不能用单纯的油船运输。

《国际防止船舶造成污染公约》附则Ⅱ和《IBC 规则》的修订将影响防污染要求提高且对载运船型要求也发生变化的有毒液体物质的运输，并对扫舱系统提出了新的要求。因此，船东、设计单位、货物托运人、船级社等各相关方都需要做好准备。

3. 海运包装有害物质污染

附则Ⅲ“防止海运包装有害物质污染规则”为《国际防止船舶造成污染公约》的任选附则，缔约国可以选择加入。该附则实施首先遇到的困难是“有害物质”的判定准则问题[22]。

为了有效地实施附则Ⅲ，IMO MEPC 和危险货物运输分委会（Committee of Dangerous Goods，CDG）几乎同时开展附则Ⅲ修正案和将“海洋污染物”列入《国际海运危险货物规则》第 25～89 修正案的工作，先后经过几次会议最终完成，为实施附则Ⅲ铺平了道路。

1987 年 11 月 31 日至 12 月 4 日，MEPC 第 25 次会议同意采用海洋环境科学问题联合专家组（Joint Group of Experts on the Scientific Aspects of Marine Environmental Protection，GESAMP）制定的《包装有害物质的判定准则》，并将其作为附件Ⅲ修正案的附录，以供执行。

同时，将海洋污染物列入《国际海运危险货物规则》第 25～89 修正案中。从 1982 年 9 月 6 日至 10 日召开的 CDG 第 34 次会议讨论海洋污染物，到 1986 年 4 月 21 日至 25 日 CDG 第 38 次会议开始讨论具体列入《国际海运危险货物规则》第 25～89 修正案事宜，又经过第 39～42 次会议，最终将海洋污染物列入《国际海运危险货物规则》第 25～89 修正案，从 1991 年 1 月 1 日开始执行。

为了促进附则Ⅲ的实施，CDG 在修改《国际海运危险货物规则》的同时，向 MEPC 提议在附则Ⅲ尚未生效时对附则Ⅲ进行修正，并得到同意。附则Ⅲ修正案增加了海洋污染物的判定准则和污染物的识别要求，明确了《国际海运危险货物规则》是实施附则Ⅲ的条约性原则条款的具体规定。附则Ⅲ主要内容包括有害物质、包装形式、标志和标签、单证、积载、数量限制等，它的目的是将对海洋环境的危害减至最低，且不致损害船舶和船上人员的安全。

1991 年 7 月 1 日，在 MEPC 第 31 次会议上，加入附则Ⅲ的国家达到了 45 个，拥有的商船总吨位达到了世界商船总吨位的 53%。附则Ⅲ的生效条件如下：不少于 15 个国家加入，该 15 个国家所拥有的商船总吨位不少于世界商船总吨位的 50%，并在 12 个月后生效。因此，附则Ⅲ于 1992 年 7 月 1 日生效，中国于 1994 年 9 月 12 日加入，1994 年 12 月 13 日对中国生效。

4. 生活污水污染

为防止船舶排放生活污水污染海洋环境，IMO MEPC 于 1973 年通过了《国际防止船舶造成污染公约》附则Ⅳ以加强对船舶生活污水的管理，减少对海洋环境的污染。然而，在 1973 年《国际防止船舶造成污染公约》附则Ⅳ通过后到 2000 年 3 月 13 日的 IMO MEPC 第 44 次会议召开的 27 年中，仅有占世界商船总吨位 43%的 77 个国家接受了《国际防止船舶造成污染公约》附则Ⅳ，达不到生效条件[23]。

为使附则Ⅳ尽快被更多的国家接受，也为了使《国际防止生活污水污染证书》的检验与发证和协调检验发证体系相符，2000年3月MEPC在第44次会议上审议了《国际防止船舶造成污染公约》附则Ⅳ修正案，以MPEC.88（44）大会决议批准，并规定在原附则Ⅳ生效后实施。

经修订的附则Ⅳ充分考虑了各国之间履约的实际困难，适当缩小了原附则Ⅳ的适用范围，并适当降低了排放控制标准，以期能被更多的国家所接受而尽早达到该公约的生效条件。因此，越来越多的国家接受了该附则。至2002年底，又有三个国家宣布接受附则Ⅳ。2002年9月26日，挪威签署批准加入《国际防止船舶造成污染公约》原附则Ⅳ的文件后，累计已有88个国家加入该附则，而且这些国家所拥有的商船总吨位占世界商船总吨位的51%，原附则Ⅳ已达到了《国际防止船舶造成污染公约》第15条（2）规定的生效条件，即该附则于2003年9月27日生效。中国于2006年10月8日加入该附则，2007年2月2日对中国生效。

5. 垃圾污染

船舶垃圾对水域环境、旅游业、渔业及船舶航行安全等构成了很大威胁。为控制船舶垃圾的排放，保护水域环境，《国际防止船舶造成污染公约》附则Ⅴ“防止船舶垃圾污染规则”于1988年12月31日生效，中国于1988年11月21日加入，1989年2月21日对中国生效。根据美国科学院于1997年开展的一项科学研究的报告，每年由船舶排放入海的垃圾多达560万吨，每平方海里海水中有多达4.6万片的塑料垃圾。船舶垃圾污染对海洋环境带来了一系列负面影响，造成了海洋生态的破坏，违反了可持续发展原则[24,25]。

6. 空气污染

关于来自船舶的空气污染问题，特别是船舶废气中的有害气体问题，在1973年《国际防止船舶造成污染公约》通过时就有人讨论过，但是，当时并未将空气污染问题的相关规定写入公约。而温室气体效应则早在1972年联合国在斯德哥尔摩召开的人类环境会议上讨论过。进入20世纪80年代以后，空气污染特别是全球变暖和臭氧层的耗损问题，更加引起全人类的普遍关注，因此，1987年《关于消耗臭氧层物质的蒙特利尔议定书》被签订。IMO MEPC于20世纪80年代中期就曾审议过与《国际防止船舶造成污染公约》附则Ⅰ中排放要求有关的燃油质量问题，并对空气污染问题进行专门研究。1988年，MEPC在挪威提交了相关提案后，就曾同意将空气污染问题列入其专项工作计划。在1989年3月召开的MEPC会议上，各国都提交了有关燃油质量和空气污染的提案，并一致同意将防止船舶空气污染和燃油质量问题从1990年3月起视为MEPC长期工作计划的一部分。1990年，挪威向MEPC提交了一系列关于评估船舶空气污染的提案，这些提案称：船舶废气中的硫排放每年估计为450万～650万吨，约占全球硫排放总量的4%。船舶氮氧化物的排放量每年约为500万吨，约占全球排放总量的7%。氮氧化物的排放会造成或加剧区域性问题，如酸雨和港口地区的健康问题。世界商船队的氯氟碳化合物排放量每年为3000～6000吨，占全球年排放总量的1%～3%，船舶卤素物质的排放量每年约为300～400吨，约占世界排放总量的10%。MEPC经过反复研究，并指定工作组进行起草工作，于 1991 年通过了关于防止船舶空气污染的 A.719（17）号大会决议。该决议要求 MEPC 起草一个《国际防止船舶造成污染公约》的关于防止空气污染的新附则草案。这个附则草案完成起草用了六年时间，最终于 1997 年 9 月 26 日得以通过。该附则于 2005 年 5 月 19 日生效，中国于 2006 年 5 月 23 日加入，同年 8 月 23 日对中国生效[26]。

目前随着人们对清洁海洋及清洁空气的呼声越来越高，船舶及海洋工程的防污染也正朝着绿色低碳的方向发展，主要围绕“低消耗、低排放、清洁替代能源”等绿色、环保、节能措施展开。

1.1.2　船舶与海洋平台事故污染概述

石油污染是破坏海洋环境的罪魁之一。石油污染包括油船遇难、油罐破裂、海上油井井喷以及炼油厂排放油污等，可谓破坏海洋环境的“罪魁祸首”[27,28]。据统计，近 50 年来，全世界每年因人为因素而流入海洋的石油及石油产品至少有 1000 万吨，造成了极为严重的甚至是灾难性的后果。石油污染对海洋环境会产生怎样的危害呢？

首先是生态灾难，出事海域各类生物会死亡或生存受到威胁，甚至濒临灭绝遭遇“灭顶之灾”。具体来说，石油进入海洋后会迅速扩散成一层闪闪发亮的油膜，一般情况下，1 吨石油所形成的油膜可以覆盖 $12km^2$ 范围的海面。大面积的油膜减少了太阳辐射投入海水的能量，阻隔了海水和空气的相互作用，直接影响海洋植物的光合作用和整个海洋生物食物链的循环，从而严重破坏海洋环境中正常的生态平衡。1L 石油完全氧化，需要消耗 40×10^4L 海水中的溶解氧。因此大量石油进入海洋就意味着海水缺氧和海洋生物的死亡。石油污染大大降低了海洋生物摄食、繁殖、生长等方面的能力，破坏了细胞的正常生理行为，使许多海洋生物胚胎和幼体发育异常。油液极易堵塞海兽、鱼类的呼吸器官，使其窒息而死；海鸟羽毛沾上油污后，会失去隔热能力，使体重增加而下沉死亡。实验证明，当海水中含油浓度为 0.01mg/L 时，孵出鱼类的畸形率为 23%～40%，海虾幼体在 24h 内会死亡 1/2；当海水中含油浓度为 0.1mg/L 时，鱼类、贝类在 2～3h 内就会发臭、失去食用价值并危害人体健康；而海水中若含有 0.1%的柴油乳化液，就会完全阻断海藻幼苗的光合作用。更为严重的是，海洋生态系统中的脆弱环节一旦受到损害，几十年都难以恢复。

其次是经济损失，海洋生物大量死亡或被石油污染，将严重打击受影响地区的渔业及渔民生计、旅游业和航运业。而且受影响的不仅仅只有渔民，从批发零售商到加工工厂，整个海产品产业链都将发生连锁反应，进而严重影响海产品的消费和渔民的收入，由此带来的间接损失将是巨大的。

再次是健康风险。受影响地区的居民健康、被污染海域水产品对人体健康的潜在风险以及清理油污工作而给清污工人带来的健康风险也是不容忽视的。

最后是政治危机。大量石油泄漏造成的环境污染、经济损失、健康威胁对当地政府的抢险救灾应急能力是一个巨大的考验，如果救灾不力将导致污染范围扩大，污染造成的损失也随之更加严重，政府的石油战略（开采、运输和管理）将受到质疑。

因此，目前保护和改善海洋生态环境、防止石油污染，已成为世界各国普遍关注的问题。近50年全球严重石油泄漏事件的经过及危害影响如表1.1所示。

表1.1　近50年全球严重石油泄漏事件

时间	事件经过	危害影响
2010年7月16日	中国大连湾“宇宙宝石”油轮输油管道发生爆炸	辉盛达公司和祥诚公司在“宇宙宝石”号暂停卸油作业时继续向输油管道中注入含有强氧化剂的原油脱硫剂，造成输油管道内发生化学爆炸，大火顷刻而发，迅速殃及大连保税区油库，一个10万立方米油罐爆裂起火，导致1500吨原油泄漏
2010年4月20日	美国南部墨西哥湾“深水地平线”钻井平台发生爆炸，3天后沉没	事故造成11人死亡，319万桶原油持续泄漏了87天，原油泄漏形成了一条长达100多km的污染带，2500km^{2}的海水被石油覆盖，引发影响多种生物的环境灾难，其中有超过28万只海鸟死亡
2007年11月11日	俄罗斯油轮“伏尔加石油139”号遇狂风解体沉没	装载4700吨重油的“伏尔加石油139”号在刻赤海峡遭遇狂风，解体沉没，3000多吨重油泄漏，导致出事海域严重污染
2002年11月19日	装载有7.7万吨燃油的巴哈马籍油轮“威望”号在西班牙海域遭遇恶劣天气断裂并沉没	至少6.3万吨重油泄漏，随船体沉入3600米深海底，泄漏污染的海洋长达400km。法国、西班牙及葡萄牙共计有数千千米海岸受污染，数万只海鸟死亡
1999年12月12日	马耳他油轮“Ericka”号在法国西北部海域遭遇风暴，断裂沉没	泄漏1万多吨重油，沿海400km区域受到污染，法国海岸被300万加仑（美制）石油污染，20多万只海鸟死亡，当地渔业资源遭到致命打击
1996年2月15日	利比里亚油轮“海洋女王”号在威尔士海岸搁浅	14.7万吨原油泄漏，导致超过2.5万只水鸟死亡
1993年6月5日	利比里亚“布里尔”号搁浅在苏格兰东北的设特兰群岛海域	泄漏2600万加仑（美制）石油
1992年12月3日	希腊油轮“爱琴海”号在西班牙西北拉科鲁尼亚港附近触礁搁浅，后在狂风巨浪冲击下断为两截	6万多吨原油泄漏，污染加利西亚沿岸200km区域
1989年3月24日	美国埃克森公司“埃克森·阿尔迪兹”号在阿拉斯加威廉王子岛海岸触礁搁浅	泄漏4165万升原油，几百公里海岸线受污染，30万只海鸟和5000多头海獭、海豹死亡，当地鲑鱼和鲱鱼近于灭绝，数十家企业破产或濒临倒闭
1979年6月3日	墨西哥湾克斯托克1号探测油井发生井喷	100万吨石油流入墨西哥湾，产生大面积浮油
1978年3月16日	利比里亚油轮“阿莫科·卡迪兹”号在法国西部布列塔尼附近海域沉没	23万吨原油泄漏，沿海400km区域受到污染
1967年3月17日	利比里亚油轮“托雷·卡尼翁”号在英国锡利群岛附近海域沉没	12万吨原油倾入大海，浮油漂至法国海岸

注：1桶原油=158.98升=42加仑（美制），美制1加仑=3.785升，英制1加仑=4.546升；一吨油的体积数=$1/p$ m^3，一吨油=（$1/p$）×6.29桶油，p为原油密度（吨/m^3）

原油产地不同，其密度亦有变化。原油密度从0.7972吨/m^{3}到0.972吨/m^{3}不等，相应的1桶原油重量则从7.89吨到6.47吨不等。如大庆原油密度为0.8602，胜利101油库原油密度为0.9082，所以，大庆原油换算系数=6.29/0.8602=7.31，胜利原油换算系数=6.29/0.9082=6.93，即1吨原油分别为7.31桶油和6.93桶油

1.1.3　船舶与海洋平台全生命周期的防污染要求

从目前已生效和即将生效的公约法规来看，船舶设计、建造、营运、维修及拆解的

每个阶段均需要满足相应的环保要求，实现船舶从摇篮到坟墓的全生命周期的绿色化，海洋平台的防污染要求，也在朝绿色化方向发展。

防污染控制技术可分为三个层次：安全、防污染、绿色环保。应该说，在不同的社会经济发展阶段，人们对于这三个层次的认识及迫切性是不同的。首先，安全是船舶及海洋平台的生命线，没有安全，其他一切功能就无从谈起。因此，保证安全性是首要的，如稳性与强度，就应满足法定的最低要求。否则，就会因稳性或强度不足而发生事故，导致货油或燃油泄漏，从而造成污染事故。其次是防污染的要求，尽量控制污染物对环境造成的破坏及对人体健康的影响，使其降到可接受的程度。防污染需要相应的措施，如机舱需要设置残油舱、污油水舱等并配备相应的防污染设备，考虑这些设备及其系统管系的布置等，这些措施的实施都会对船舶的经济性带来不利的影响。因此，防污染是一把双刃剑，是追求经济效益与兼顾环保要求的博弈。最后，现代防污染的要求主要着眼于绿色环保，应尽可能低消耗，实现低排放与高能效，以达到绿色环保的可持续发展目标。船舶防污染控制技术具体层次如图 1.3 所示。

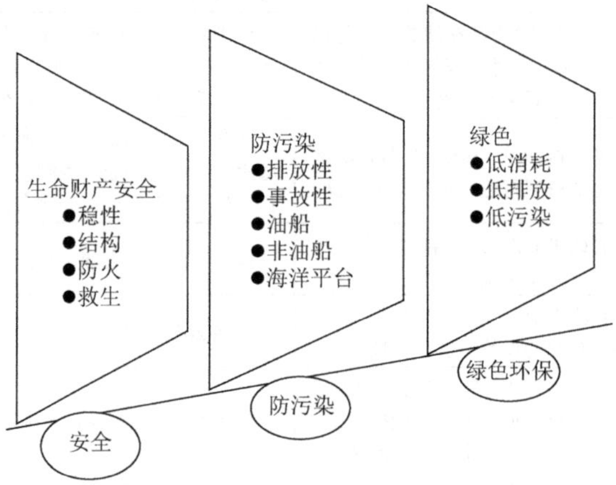

图 1.3　船舶防污染控制技术的层次

防污染要求随着社会发展而不断变化，也随着经济发展水平提高而不断提高。最近几年船舶防污染从传统的常规污染防治逐渐向绿色环保的方向发展，追求低消耗与低排放的低碳发展模式（图 1.4）。防污染方式也从被动式符合规范及事后处理，转变到事前预防的主动式全生命周期，满足绿色环保要求（图 1.5）。

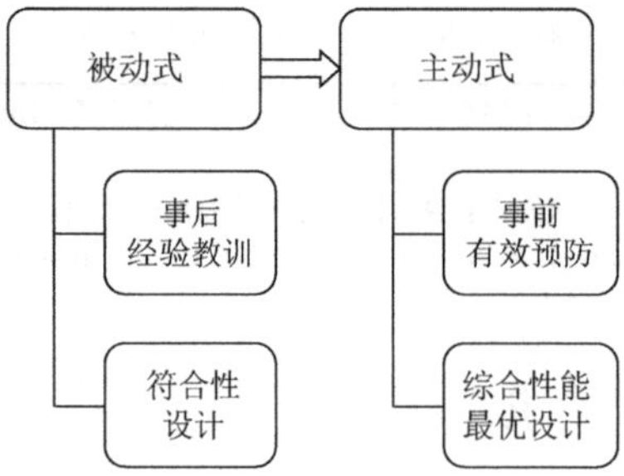

图 1.4　防污染发展模式的变化

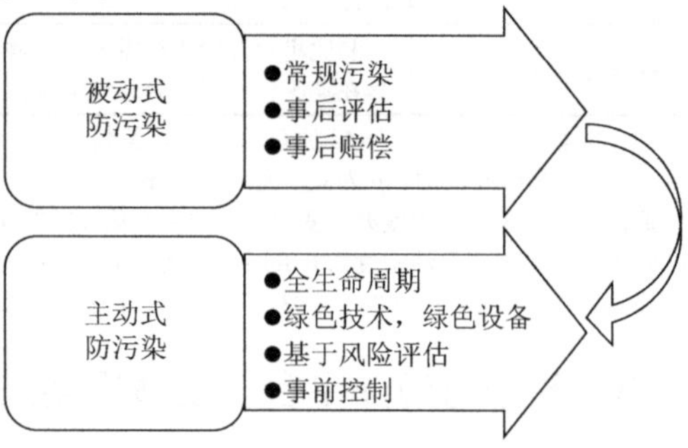

图 1.5　防污染方式的转变

随着EEDI、SEEMP等绿色环保指标的强制性生效，船舶的防污染要求从传统侧重于设计与营运阶段的防污染方式扩展到了全生命周期防污染模式。防污染的层次也从注重事后被动防污染转到事前主动式防污染。如EEDI指标的生效，意味着船舶从设计阶段就需要全面考虑其环保性能，并从各方面研究降低EEDI指标的措施与途径。

1. 船舶

（1）设计：除了常规的防污染措施（机舱设置残油舱、污油水舱；油船设置双层壳双层底结构；机舱设置生活污水处理装置及垃圾处理装置等）之外，尽可能从源头上实现低消耗与低排放。可以从型线、分舱、上层建筑形式、船机桨配合、绿色新能源应用等方面着手加以研究。另外，还要考虑2017年9月8日正式生效的《压载水公约》的实施，以及压载水处理设备的选用及其对系统布置及电力负荷等方面带来的影响。

（2）建造：主要控制货舱及压载舱的舱室涂层性能及船体涂漆的绿色环保性能。

（3）营运：传统的防污染目标是排放控制与达标排放操作，并做好全部排放操作记录，如不达标则留存在船上。油船、化学品船等危险品运输船需要在船上配备相应的应急计划，还要进行必要的应急演习与应急处理模拟。绿色环保规范的目标则是SEEMP的制定执行和EEOI的评估等。另外，应执行《压载水公约》，对压载水进行有效处理和控制。

（4）拆解：针对传统拆船业对环境造成的严重污染，严格按照绿色拆船公约要求进行拆解，保证工作人员及其作业水域环境的安全与防污染。

船舶全生命周期各阶段的防污染如图1.6所示。

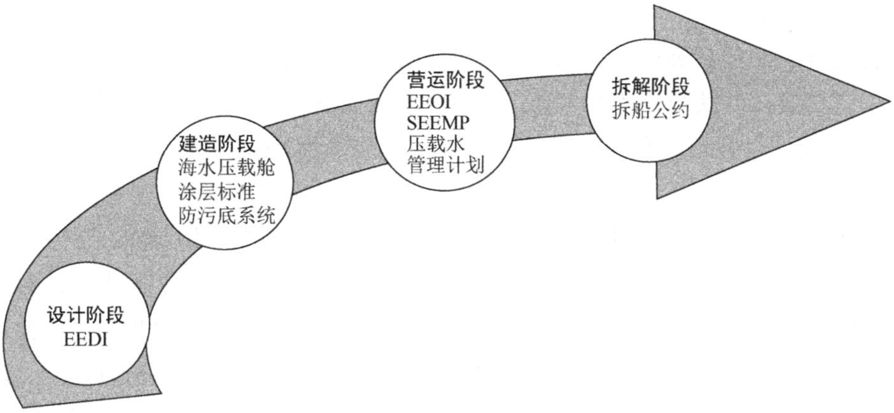

图1.6　船舶全生命周期各阶段防污染

2. 海洋平台

船舶和海洋平台的防污染公约及法规要求既有相似点，又有不同点。相似点是指两者皆需满足《国际防止船舶造成污染公约》中相应的防止油类污染、防止生活污水污染、防止垃圾污染、防止空气污染等方面的要求，但是具体的要求及排放标准仍有不同。由于海洋平台生产作业的特殊性，除了受制于《国际防止船舶造成污染公约》，还需要满足平台作业海域沿岸国的法律法规要求。

（1）设计：跟船舶相比，目前相关 IMO 公约尚无对海洋平台的 EEDI 等绿色指标的要求，但是绿色环保也将是其发展方向。

（2）营运：机舱污油水、生活污水、垃圾、空气污染等的处理及排放控制，既受制于《国际防止船舶造成污染公约》，还与平台作业海域的沿岸国家法律法规相关，如挪威北海对污油水的排放标准就远远高于《国际防止船舶造成污染公约》的要求。还有，对于空气排放，欧盟、北美、澳大利亚等地区的排放标准也高于 IMO 的要求。另外，除了常规污染源，海洋平台作业过程中还会产生较多的钻井粉尘与岩屑，所以对于钻井粉尘和岩屑有特殊的防污染要求。这是船舶所没有的污染类型。

其他方面，即平台的建造、维修、拆解等阶段，尚无国际公约对海洋平台提出与污染相关的环保要求。

1.2　国际防污染公约及国内防污染法规

1.2.1　IMO

在了解国际防污染公约与国内防污染法规之前，首先介绍 IMO 机构及其相应职责，以便读者更好地理解公约与法规。

IMO 由大会、理事会、五个委员会、九个分委员会和秘书处等组成[16,29]。

1.2.1.1　大会（Assembly）

大会是该组织的最高权力机构，它由全体会员国的代表组成，通常每两年召开一次例会，如有必要，可以召开特别大会。其主要职责如下：选举理事国组成理事会；审议批准工作计划、财务预算和财政安排；审议通过技术性决议和其下属机构提交的其他报告。

从 1959 年 1 月召开第 1 届大会至 2015 年 11 月召开第 29 届大会，已经历了 50 余年，第 25 届大会决议的编码为 A.989（25）～A.1010（25）。第 29 届大会决议的编码为 A.1093（29）～A.1109（29）。每届大会均通过若干项决议，其中相当多的决议与船舶设计、建造和安全等相关。例如，2017 年 1 月 1 日开始生效的《极地规则》、新的强制性规则《国际船舶使用气体或其他低闪点燃料安全规则》《内罗毕国际船舶残骸清除公约》生效、A.744（18）《散货船和油船检验期间的强化检查方案指南》、A.868（20）《为减少有害水生物和病原体传播的对船舶压载水控制和管理的指南》、A.962（23）《IMO 拆船指南》和 A.1001（25）《在全球海上遇险与安全系统（GMDSS）中提供业务的移动卫星通信系统的衡准》、A.1045（27）《关于引航员登离船装置的建议案》等。另外大会还通过了海上安全委员会（Maritime Safety Committee，MSC）及 MEPC 的若干会议报告。

IMO 大会决议编码的含义如下：A 表示 IMO 大会，阿拉伯数字表示决议编号，括号内罗马数字表示大会届数（从第 13 届开始，大会届数以阿拉伯数字表示），ES 表示特别举行的大会，例如，A.109（ES.Ⅲ）表示第Ⅲ届特别大会通过的109号大会决议。

1.2.1.2 理事会（Council）

理事会在大会休会期间作为权力机构行使全权职能，它是IMO内唯一通过选举产生的机构。理事会由40个理事国组成，任期两年。

A类理事国：在提供国际航运服务方面具有最大利害关系的国家，数量为10个。

B类理事国：在国际海上贸易方面具有最大利害关系的国家，数量为10个。

C类理事国：在国际航运方面具有特别利害关系并保证如把他们选进理事会将使世界所有主要地区均有代表的国家，数量为20个。

2015～2017年40个理事国组成如下：

（1）A类理事国：中国、希腊、意大利、日本、挪威、巴拿马、韩国、俄罗斯、英国、美国。这也是中国连续第14次担任IMO A类理事国。

（2）B类理事国：阿根廷、孟加拉国、巴西、加拿大、法国、德国、印度、荷兰、西班牙、瑞典。

（3）C类理事国：澳大利亚、巴哈马、比利时、智利、塞浦路斯、丹麦、埃及、印度尼西亚、肯尼亚、利比里亚、马来西亚、马耳他、墨西哥、摩洛哥、秘鲁、菲律宾、新加坡、南非、泰国、土耳其。

一般A类理事国和B类理事国历届基本无变化，但C类理事国会有部分调整。

理事会是IMO的执行机构，负责监督该组织的工作。其主要职责如下：协调该组织各机构的活动；审议工作计划和财务预算草案并提交大会审议批准；受理各委员会及其他机构提出的报告和建议案并连同理事会的意见和建议一并提交大会；无记名投票选举秘书长报请大会批准任命；就该组织与其他组织的关系问题达成协议或做出安排，报请大会批准后生效。

1.2.1.3 委员会（Committee）

IMO的全部技术工作由五个委员会（MSC、MEPC、法律委员会、技术合作委员会和便利委员会）执行，这些委员会都由所有会员国的代表组成。

1. MSC

MSC是IMO的最高技术机构，其主要职责是研究本组织范围内助航设备、船舶建造和装备、船员配备、避碰规则、危险货物装卸、海上安全、航道信息、航海日志、航行记录、救助救生、海上事故调查以及直接影响海上安全的任何其他事宜。MSC每年召开一至两次会议。

MSC还负责审议与海上安全有关的MSC决议（MSC Resolution）、通函（MSC/Circ.）等。例如，MSC.133（76）《检查通道技术规定》、MSC.215（82）《所有类型船舶专用海水压载舱和散货船双舷侧处所保护涂层性能标准》、MSC.244（83）《散货船和油船空舱保护涂层性能标准》和MSC.246（83）《用于搜救作业的自动识别系统搜救发送器（AIS-SART）的性能标准》，以及MSC/Circ.403《驾驶桥楼视野的指南》、MSC/Circ.1135

《船上和岸上保留的建造完工图纸》、MSC/ Circ.1175《船上拖带和系泊设备指南》等。

IMO MSC 决议编码的含义如下：MSC 表示 IMO MSC 会议，阿拉伯数字表示决议编号，括号内阿拉伯数字表示第几次 MSC 会议，例如 MSC 第 84 次会议决议的编码为 MSC.255（84）～MSC.266（84）。

IMO MSC 通函编码的含义为：MSC/Circ.表示 IMO MSC 通函（Circulars），阿拉伯数字表示通函编号。

2. MEPC

MEPC（海上环境保护委员会）的主要职责是审议本组织范围内有关防止和控制船舶所造成的污染问题，为大会通过的有关公约、规则及其修正案制订实施措施。此外，MEPC 为各国提供有关防止和控制船舶对海上污染的科学技术实用资料并提出有关建议和拟定指导原则。MEPC 还组织区域性合作及其与其他国际组织的合作，以防止和控制船舶对海上环境的污染。

起初 MEPC 是大会的附属机构，成立于 1973 年 11 月，1985 年升格为《海事组织公约》所规定的正式机构。MEPC 每年召开一至两次会议，例如，2008 年 3 月 31 日至 4 月 4 日召开的 MEPC 第 57 次会议和 2008 年 10 月 6 日至 10 月 10 日召开的第 58 次会议。

MEPC 还负责审议与防止和控制船舶所造成的污染问题有关的 MEPC 决议（MEPC Resolution）、通函（MEPC/Circ.）等。例如，MEPC.102（48）《船舶防污底系统检验与发证指南》、MEPC.124（53）《压载水排放指南（G6）》、MEPC.127（53）《压载水管理和压载水管理计划编制指南（G4）》、MEPC.149（55）《压载水排放设计和建造标准指南（G11）》和 MEPC.166（56）《国际散装运输危险化学品船舶构造与设备规则》（IBC CODE）的 2007 年修正案，以及 MEPC/Circ.468《国际防止船舶造成污染公约附则 I 经修改的第 13G 条和第 13H 条的执行》等。

IMO MEPC 决议编码的含义如下：MEPC 表示 IMO MEPC 会议，阿拉伯数字表示决议编号，括号内阿拉伯数字表示 MEPC 第几次会议，例如 MEPC 第 57 次会议决议的编码为 MEPC.169（57）～MEPC.172（57）。

IMO MEPC 会议通函编码的含义如下：MSC/Circ.表示 IMO MEPC 会议通函，阿拉伯数字表示通函编号。

3. 法律委员会（Legal Committee，LEG）

LEG 的主要职责是处理本组织范围内的任何法律事宜，同时履行其他有关国际文件所赋予的职责。

LEG 的建立，是由于“托雷・卡尼翁”号触礁后流失的原油污染了英国西南海岸和法国西北海岸之间的广大水域。因此，在国际上产生了控制事故性油污的新课题以处理海上事故引起的污染损害，这涉及沿岸国家采取必要措施的权利、船舶所有人的责任以及损害赔偿等法律责任问题。1969 年 11 月 29 日在比利时布鲁塞尔召开的海上污染损害国际法律会议通过了两个公约，即《1969 年国际干预公海油污事故公约》(International Convention Relating to Intervention on the High Seas in Cases of Oil Pollution Casualties，1969)，此公约规定了主权国海岸遭受船旗国船舶造成的污染时有权采取措施；《1969 年国际油污损害民事责任公约》(International Convention on Civil Liability for Oil Pollution Damage，1969)，此公约规定了造成污染的责任方，即船舶所有人根据船舶大小而定的最高限额赔偿受害方。

1971 年 12 月，法律委员会召开会议，通过了《1971 年国际油污损害赔偿基金公约》(International Convention on the Establishment of an International Fund for Compensation for Oil Pollution Damage，1971)，其目的是使油污事故受害方获得补偿。

政府间海事协商组织(Intergovernmental Maritime Consultative Organization，IMCO，根据 1975 年 11 月召开的第Ⅸ届大会的该组织公约修正案，于 1982 年 5 月 22 日起更名为 IMO) 于 1975 年正式成立了 LEG。1984 年 4～5 月的 LEG 会议将《1969 年国际油污损害民事责任公约》范围从油污扩大到有毒和危险的物质方面。

LEG 制定和管理的其他方面的国际文件如下：《1971 年国际海上核材料运输民事责任公约》(Convention Relating to Civil Liability in the Field of Maritime Carriage of Nuclear Material，1971)；《1974 年海上载运旅客及其行李雅典公约》(Athens Convention Relating to the Carriage of Passengers and Their Luggage by Sea，1974)；《1976 年海事索赔责任限制公约》(Convention on Limitation of Liability for Maritime Claims，1976)；《1996 年国际海上运输有毒有害物质的损害责任和赔偿公约》(International Convention on Liability and Compensation for Damage in Connection With the Carriage of Hazardous and Noxious Substances by Sea，1996)；《2001 年燃料舱油污损害民事责任国际公约》(International Convention on Civil Liability for Bunker Oil Pollution Damage，2001)。

4. 技术合作委员会 (Technical Co-operation Committee，TC)

TC 的任务是审议由联合国有关计划署资助、本组织作为执行或协调机构的技术合作项目，以及自愿提供给本组织的信用资金资助的任何技术合作项目和技术合作领域内与本组织活动有关的事务，还有审查 IMO 秘书处有关技术合作方面的工作。其最终目的是鼓励和促进成员国为贯彻 IMO 通过的技术措施采取技术合作计划。

5. 便利委员会 (Facilitation Committee，FAL)

FAL 是理事会的一个附属机构，负责减少或消除国际航运业中不必要的手续等方面工作，其宗旨是减少有关手续和简化有关文件。具体来说就是对各国港口办理船舶进出口手续单证和程序等方面进行协调、简化和统一。FAL 成立于 1972 年 5 月，1991 年升格为与其他四个委员会具有同等法律地位的机构。

IMO 组织机构示意图如图 1.7 所示。

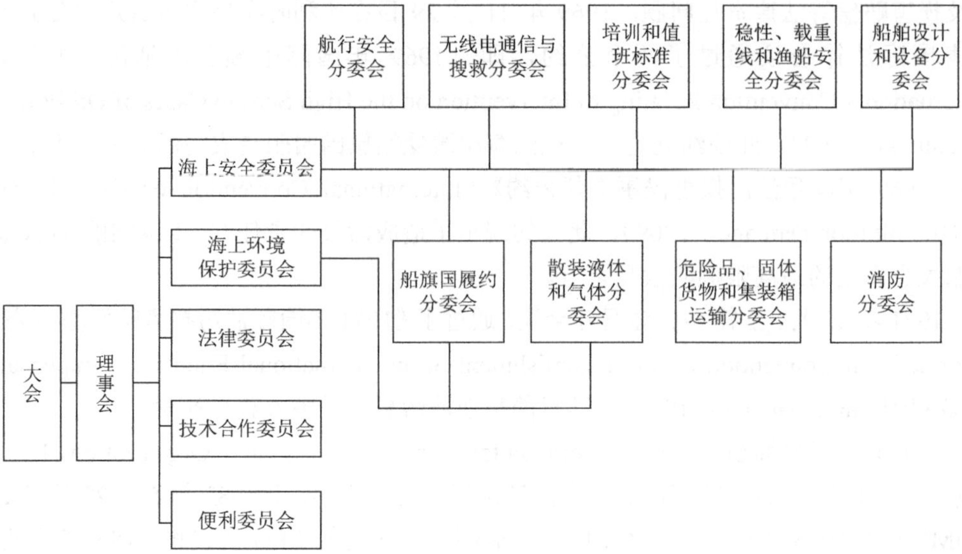

图 1.7　IMO 组织机构图

资料来源：www.imoship.com.cn

1.2.2　国内外防污染公约

1. 国际航行海船防污染公约及规则

国际航行海船均需要满足 IMO 已生效的国际防污染公约与规则要求。从阶段上看，涵盖了船舶设计、建造、营运及拆船等全生命周期，每个阶段都有相应的防污染公约或规则的约束。主要的防污染公约与规则如表 1.2 所示，其中，《国际防止船舶造成污染公约》内容最全面，对会造成海洋及空气污染的船舶结构、设备、系统、附件、材料及管系等均做了详细的规定。

表 1.2　国际航行海船的防污染公约及规则

序号	公约与规则名称		生效日期
1	《SOLAS 公约》（2014 年版）	Ⅶ危险货物运输 A．包装危险货物运输 A-1．固体散装危险货物运输 B．散装运输危险化学品船舶构造和设备 C．散装运输液化气体船舶构造和设备 D．船舶运输密封装辐射性核燃料、钚和强放射性废料的特殊要求	2014 年 7 月 1 日

续表

序号	公约与规则名称		生效日期
1	《SOLAS 公约》（2014 年版）	Ⅱ-2 构造-防火、探火和灭火 G．危险货物运输	2014 年 7 月 1 日
2	《国际防止船舶造成污染公约》	附则Ⅰ 防止油类污染规则	1983 年 10 月 2 日
		附则Ⅱ 控制散装有毒液体物质污染规则	1987 年 4 月 6 日
		附则Ⅲ 防止海运包装有害物质污染规则	1992 年 7 月 1 日
		附则Ⅳ 防止船舶生活污水污染规则	2003 年 9 月 27 日
		附则Ⅴ 防止船舶垃圾污染规则	1988 年 12 月 31 日
		附则Ⅵ 防止船舶造成空气污染规则	2005 年 5 月 19 日
		附则Ⅵ 防止船舶造成空气污染规则修正案［MEPC.203（62）］——船舶能效规则	2013 年 1 月 1 日
3	《国际散装运输危险化学品船舶构造和设备规则》（又称为《IBC 规则》）		1986 年 7 月 1 日
4	《国际散装运输液化气体船舶构造和设备规则》（又称为《IGC 规则》）		1986 年 7 月 1 日
5	《2001 年国际控制船舶有害防污底系统公约》（又称为《AFS 公约》）		2008 年 9 月 17 日
6	《2009 年香港国际安全与环境无害化拆船公约》（以下简称《拆船公约》）		2009 年 5 月 15 日
7	《压载水公约》		2016 年 9 月 8 日通过，于 2017 年 9 月 8 日生效
8	中国船级社（China Classification Society，CCS）《绿色船舶规范》（2015 年版）		2015 年 7 月 1 日生效（第 1 版于 2012 年 10 月 1 日生效）

在设计阶段，需要考虑并满足相关要求的防污染公约有《国际防止船舶造成污染公约》《IBC 规则》《IGC 规则》《压载水公约》《拆船公约》等；

在建造过程中，需要满足《AFS 公约》等；

在营运过程中，需要满足《国际防止船舶造成污染公约》、《压载水公约》的排放控制要求；

在拆船阶段，则需要遵循《拆船公约》。

在不同的生命阶段，船舶需要遵循相应的公约开展业务。而设计阶段则需要尽可能全面了解全部公约与规则的要求，从源头上防止设计缺陷的发生。

挂中国国旗的海船，所有与法定检验相关的法定技术规则按照航区分为国际航行和国内航行两部分，即《国际航行海船法定检验技术规则》和《国内航行海船法定检验技术规则》，由中国海事局负责颁布实施。其中，前者要求与 IMO 的相关公约完全一致。该规则包含若干分册，内容涵盖了 IMO 的全部相关公约及规则。其中，《国际防止船舶造成污染公约》在第 3 分册的第 5 篇中。为方便读者查阅，下面列出其全部目录[30]。

第 1 分册：第 1 篇 检验与发证；第 2 篇 吨位丈量；第 3 篇 载重线。

第 2A 分册：第 4 篇 船舶安全——第 1 章，第 2 章。

第 2B 分册：第 4 篇 船舶安全——第 3 章～第 13 章，包括救生设备、无线电通信、航行安全、货物装运、危险货物的装运、核能船舶、船舶安全营运管理、高速船安全措施、信号设备、散货船的附加安全措施、加强海上安全的特别措施。

第 3 分册：第 5 篇 防止船舶造成污染的结构与设备；第 6 篇 船员舱室设备；第 7

篇 乘客定额与舱室设备；第 8 篇 其他船舶附加要求。

第 4A 分册：附则 1 国际散装谷物安全运输规则；附则 2 国际高速船安全规则；附则 3 关于国际海事组织文件包括的所有船舶完整稳性规则；附则 4 特种用途船安全规则。

第 4B 分册：附则 5 国际散装运输危险化学品船舶构造与设备规则；附则 6 国际散装运输液化气体船舶构造与设备规则。

目前其最新版本为《国际航行海船法定检验技术规则》（2008）。

除了法定要求之外，船舶还需要满足船级社的相关入级要求。CCS 对国际航行海船的入级规范及建造规则最新版为《国际航行海船入级规范》（2015）[31]。该规范包含 6 个分册，目录如下。

第 1 分册：第 1 篇 入级规则。

第 2 分册：第 2 篇 船体。

第 3 分册：第 3 篇 轮机；第 5 篇 货物冷藏。

第 4 分册：第 4 篇 电气装置；第 7 篇 自动化系统。

第 5 分册：第 6 篇 消防；第 8 篇 其他补充规定。

第 6 分册：第 9 篇 散货船和油船结构。

2. 国内航行海船防污染法规

对于国内航行海船，防污染要求包含在《国内航行海船法定检验技术规则》中。其内容基本与国际公约要求一致，不过根据船舶的航区及船长大小，部分要求会有所降低[32-46]。

国内航行船舶根据航区可分为海船、内河船、江海联运三大类型。每种船型中船长较小的有单独的规范（船长小于 20m），其他特殊船型有高速船、化学品船与液化气体船等，均有特定的入级与建造规范。

国内航行海船应遵循的法定检验技术规则或建造规范如下所示：

（1）中国海事局《国内航行海船法定检验技术规则》（2011）；

（2）中国海事局《沿海小型船舶法定检验技术规则》（2007）；

（3）CCS《国内航行海船入级规则》（2014）；

（4）CCS《国内航行海船建造规范》（2014）；

（5）CCS《散装运输化学品船舶构造与设备规范》（2016）；

（6）CCS《散装运输液化气体船舶构造与设备规范》（2016）；

（7）CCS《海上高速船入级与建造规范》（2015）；

（8）CCS《沿海小船入级与建造规范》（2005）。

内河船舶法定检验技术规则或建造规范如下所示：

（1）中国海事局《内河船舶法定检验技术规则》（2011）；

（2）中国海事局《内河小型船舶法定检验技术规则》（2007）；

（3）CCS《钢质内河船入级与建造规范》（2016）；

（4）CCS《内河船舶入级规则》（2016）；

(5)CCS《内河小型船舶建造规范》(2006);
(6)CCS《内河高速船入级与建造规范》(2016)。
浮船坞及海上移动平台规范及建造规范如下所示:
(1)CCS《浮船坞入级规范》(2009);
(2)CCS《海上移动平台入级与建造规范》(2016)。

3. 国内防污染的相关条例

中国政府及相关部门相继颁布了一系列船舶与海洋工程防污染法规与条例,如1983年颁布的《海洋环境保护法》(2000年修订)、1983年制定的《船舶污染物排放标准》、2011年6月1日生效的《船舶污染海洋环境应急防备和应急处置管理规定》等,具体如表1.3所示[16]。

表1.3 中国政府及相关部门颁布的防污染法规

序号	法规与条例名称	颁布单位(主管单位)	生效日期
1	《海洋环境保护法》	中华人民共和国	1983年3月1日 (2000年4月1日)
2	《海洋倾废管理条例》	中华人民共和国	1985年3月6日
3	《防止船舶污染海域管理条例》	中华人民共和国(港务监督局)	1983年12月29日
4	《防治船舶污染海洋环境管理条例》	中华人民共和国(交通运输部)	2010年3月1日
5	《海上交通安全法》	中华人民共和国	1984年1月1日
6	《水污染防治法》	中华人民共和国	2008年6月1日
7	《海洋石油勘探开发环境保护管理条例》	中华人民共和国	1983年12月29日
8	《船舶污染物排放标准》(GB 3552—1983)	中华人民共和国(城乡环境保护部)	1983年10月1日
9	《防止拆船污染环境条例》	中华人民共和国	1988年6月1日
10	《防治海洋工程建设项目污染损害海洋环境管理条例》	中华人民共和国	2009年11月1日
11	《船舶及其有关作业活动污染海洋环境防治管理规定》	中华人民共和国(交通运输部)	2011年2月1日
12	《船舶污染海洋环境应急防备和应急处置管理规定》	中华人民共和国(交通运输部)	2011年6月1日

1.2.3 不同防污染公约的比较

《国际防止船舶造成污染公约》包含6个附则,内容分别为船舶油类防污染、有毒液体物质防污染、海运包装有害物质防污染、船舶生活污水防污染、船舶垃圾防污染、船舶对空气的防污染。这6个附则已分别实施,属于强制性公约要求[1-5]。

《SOLAS公约》(2009)Ⅶ“危险货物运输”中,分别规定了包装危险货物、固体散装危险货物、散装运输危险化学品、散装运输液化气体、密封装运辐射性核燃料、钚和强放射性废料等船舶的防污染要求。它们分别需要遵守一定的国际规则,《SOLAS公约》规定,与这些污染相关的规则属于强制性规则,通过法定检验后签发相应的法定证书。这些规则介绍如下。

(1)《国际防止船舶造成污染公约》。

（2）①《SOLAS 公约》Ⅱ-2“构造-防火、探火和灭火”第 19 条“危险货物运输”，对于从事危险货物运输的船舶，其消防安全要求需要从以下方面特殊考虑：供水、着火源、探测系统、通风、舱底水泵送、人员保护、手提式灭火器、机器处所限界面的隔热、水雾系统、滚装处所的分隔等。②《SOLAS 公约》Ⅶ“危险货物运输”。③《SOLAS 公约》（2009）Ⅸ“船舶营运安全管理”指出《国际安全管理规则》是指经 IMO A.741（18）通过并经修订的《国际船舶安全营运和防止污染管理规则》（又称为《ISM 规则》），该规则属于强制性要求，适用于 1998 年 7 月 1 日及以后的客船；1998 年 7 月 1 日及以后的 500 总吨位及以上的油船、化学品液货船、气体运输船、散货船及高速船；2002 年 7 月 1 日及以后的 500 总吨位及以上的其他货船和海上移动式钻井平台。

（3）《国际海运危险货物规则》。

（4）MSC.268（85）决议通过并经修订的《国际海运固体散货规则》。

（5）MSC.4（48）通过的《IBC 规则》。

（6）MSC.5（48）通过的《IGC 规则》。

（7）MSC.88（71）通过的《国际船舶安全装运密封装辐射性核燃料、钚和强放射性废料规则》（又称为《INF 规则》）。

1.2.4 防污染公约的法定证书与法定检验

与船舶污染源相关的每类污染，均需要通过相应的法定检验，获得法定证书，并配备相关文书。

1.2.4.1 防污染法定证书及文书

1. 船舶防污染法定证书

（1）国际防止油污证书（International Oil Pollution Prevention Certificate）。

（2）国际防止生活污水污染证书（International Sewage Pollution Prevention Certificate）。

（3）国际防止空气污染证书（International Air Pollution Prevention Certificate）。

（4）国际能效证书（International Energy Efficiency Certificate）。

（5）防止船舶垃圾污染检验证明（Statement of Garbage Pollution Prevention From Ships）。

（6）船舶装运危险货物适装证书（Document of Compliance With the Special Requirements for Ships Carrying Dangerous Goods）。

（7）国际防止散装运输有毒液体物质污染证书（International Pollution Prevention Certificate for the Carriage of Noxious Liquid Substances in Bulk）。

（8）国际散装运输危险化学品适装证书（International Certificate of Fitness for the Carriage of Dangerous Chemicals in Bulk）。

（9）国际散装运输液化气体适装证书（International Certificate of Fitness for the

Carriage of Liquefied Gases in Bulk）。

（10）国际装运INF货物适装证书（International Certificate of Fitness for the Carriage of INF Cargo）。

（11）防污底系统符合证明/防污底系统记录（Statement of Compliance With Anti-Fouling System/Record of Anti-Fouling System）。

（12）压载水管理计划（the Ballast Water Management Plans，BWMP）。

2. 船舶法定防污染文书

除了防污染法定证书外，船上还需具备一系列防污染文书：

（1）船上油污应急计划（Shipboard Oil Pollution Emergency Plan，SOPEP）。每艘150总吨位及以上的油船和每艘400总吨位及以上的非油船，应备有船籍港所在主管机关认可的船上油污应急计划。

（2）船上有毒液体物质海洋污染应急计划（Shipboard Marine Pollution Emergency Plan for Noxious Liquid Substance，SMPEP）。每艘150总吨位及以上核准装载散装有毒液体物质的船舶，应备有主管机关批准的船上有毒液体物质海洋污染应急计划。

（3）垃圾管理计划（Garbage Management Plan，GMP）。凡400总吨位及以上或小于400总吨位但准载15人以上的船舶，应备有船员遵守的垃圾管理计划，该计划须经船籍港所在主管机关批准。

（4）油类记录簿（Oil Record Book，ORB）。凡150总吨位及以上的油船和400总吨位及以上的非油船，均应备有油类记录簿Ⅰ“机器处所的作业”，150总吨位及以上的油轮，还应备有油类记录簿Ⅱ“货油和压载的作业”。

（5）散装运输有毒液体物质船舶货物记录簿（Cargo Record Book，CRB）。凡《国际防止船舶造成污染公约》附则Ⅱ适用的船舶应备有一本货物记录簿。

（6）程序和布置手册（Procedures and Arrangement Manual，P&A手册）。每艘核定散装运输有毒液体物质的船舶，应持有一本经主管机关认可的程序和布置手册。

（7）危险货物舱单或配载图（Dangerous Goods Manifest or Stowage Plan，DGMSP）。每艘装运危险货物的船舶，均应具有一份特别清单或舱单，按照《SOLAS公约》Ⅶ-2的分类，列出船上危险货物及其位置。标明所有危险货物的类别并标明其在船上位置的详细配载图，可代替特别清单或舱单。

3. 海洋平台防污染法定证书

CCS《海上移动平台入级与建造规范》（2016）规定，海上移动平台防污染需要满足《国际防止船舶造成污染公约》要求，法定证书如下：海上移动平台防止油污证书；海上移动平台防止生活污水污染证书。

1.2.4.2　法定检验

与船舶的其他性能（如船体的稳性、结构、舾装、轮机、电气等专业）类似，与防污染法定证书相关的要求也需用法定检验来确认。确认合格后签发相应的法定证书。内容包括初次检验、年度检验、中间检验、换证检验及特殊检验。各种检验的具体定义及内涵可参见文献[16]。

1.3　防污染发展趋势及要求

1.3.1　低碳博弈的时代要求

“低碳经济”的概念最早正式出现于2003年的英国能源白皮书《我们的能源：创建低碳经济》中，在其后的“巴厘岛路线图”中被进一步肯定。2008年世界环境日主题定为“转变传统观念，推行低碳经济”，更是希望国际社会能够重视并采取措施将低碳经济的共识纳入决策之中。

目前，国际社会并没有关于低碳经济的统一定义，各国提出的与低碳相关的概念也存在差异。狭义的低碳经济是以减少排放为主要目标，构建以低碳技术、低碳产品为竞争手段的新型低碳市场及其贸易规则与财税体系。从广义的理解来看，其核心应该是把减少碳排放的理念整合到社会经济的各项活动中，通过建立经济高效、能源节约、低碳排放的生产方式和消费方式，形成可持续的低碳能源系统、技术体系和产业结构，实现经济增长、能源安全、技能、环保与温室气体减排等多重目标。

低碳经济是人类社会实现可持续发展的必由之路。低碳经济时代的到来不可逆转，低碳经济将催生新的经济增长点，它将与全球化、信息技术一样，成为重塑世界经济版图的强大力量。低碳经济是人类社会继农业化、工业化和信息化之后的第四次浪潮。

低碳经济带给人类的影响将是空前的，它将从精神世界和自然世界带来根本性的改变，是对传统的一种颠覆。从精神世界来说，低碳经济将给人们的世界观、价值观、道德观以及生活方式、消费方式、思维方式等带来改变；对自然世界而言，它带来的变化就更加直观，它不仅会使人类与自然更加和谐相处，同时还能改变世界经济、政治格局，引领科学技术向低碳化方面迈进，加速世界工业变革，走可持续发展之路。目前，人们对于低碳经济的认识尚处于初级阶段，还有待于进一步探索和发现。但有一点可以肯定，那就是低碳经济对人类社会的影响比人们现在的认知还要深远。

发展低碳经济作为协调社会经济发展与应对气候变化的基本途径，成为越来越多国家的共识。欧盟现在把低碳经济作为未来发展的方向，视其为一场“新的工业革命”，提出了领先的发展中国家（advanced developing countries）的概念，并强调航空和海洋运输的减排目标应纳入哥本哈根联合国气候变化大会；日本制定了《低碳社会行动计划》，并将低碳社会作为未来的发展方向和政府长远发展目标；2007年，美国参议院提出《低碳经济法案》，2009年5月又通过《清洁能源安全法案》；等等。

全球环境问题的实质，是各国家和地区在全球化趋势下对环境要素和自然资源利用的再分配。可以说，低碳经济规则将成为世界未来经济发展的新规则。

但是，低碳经济将产生新的技术标准和贸易壁垒。低碳经济的发展必将导致以低碳为代表的新技术、新标准及相关专利的出现，最先开发并掌握相关技术的国家将成为新的领先者、主导者乃至垄断者，其他国家将面临新的技术贸易壁垒。从这个角度来看，全球正面临着一次绿色变革。

欧盟及日本等地区和国家分别提出发展低碳经济和建立低碳社会，是基于各自的利益及其全球战略，希望通过倡导发展低碳经济来提高自己的竞争力和保持优势，并在低碳相关领域取得进展。发展低碳经济面临的重要问题是成本和市场问题。此外，由于开发低碳技术或产品的成本较高，需要同时满足能源多方面的目标来获取共同利益，也给低碳经济带来一定程度的不利影响。

中国在应对全球气候变化问题上也在做着种种努力，2007 年 6 月正式发布了《中国应对气候变化国家方案》，接着发布了《中国的能源状况与政策》白皮书，着重提出能源多元化发展，将可再生能源发展正式列为国家能源发展战略的重要组成部分。2007 年 9 月 8 日，胡锦涛主席在亚太经济合作组织第 15 次领导人会议上，郑重提出了四项建议，即“发展低碳经济”、研发和推广“低碳能源技术”“增加碳汇”“促进碳吸收技术发展”，明确主张发展低碳经济，令世人瞩目[47]。

1.3.2 IMO 公约的绿色使命及低碳经济下的防污染公约发展

近年来，国际上针对航运业排放的研究越来越多，根据 IMO 专家组的研究报告数据，2007 年航运业 CO_2 排放 11 亿吨，到 2020 年，将达到 14 亿吨。国际油轮独立船东协会也发布了类似的研究报告，航运业目前每年消耗 20 亿桶燃油，排放了超过 12 亿吨的 CO_2，约占全球总排放量的 6%，同时，SO_x 排放量和 NO_x 排放量分别占全球总排放量的 20%和 30%，航运业产生的温室气体排放量是航空业的两倍。有预测认为，到 2020 年全球航运业将需要 4 亿吨燃油，温室气体的排放量将在目前基础上增加 75%。各种研究报告也逐渐将航运业的温室气体排放问题放到聚光灯下，作为国际社会关注的焦点之一。在此背景下，航运业、造船业面临的挑战也愈加严峻，催生了更加安全、环保、节能的“绿色船舶”。

在国际社会压力下，IMO 防污染从以前单纯关注海洋污染向水空一体化的立体方向发展，这是 IMO 从局部防止海洋污染，到大面积海洋保护，乃至发展全方位海陆空环境保护的过程。新形势下，IMO 法规框架下的环境保护公约也在与时俱进。一方面是传统的防污染公约内涵在扩展，如《国际防止船舶造成污染公约》中防止空气污染规则修订及生效，包括严格的不同排放区域的 SO_x 和 NO_x 的排放问题及排放控制标准；另一方面，是加速新的防污染公约的生效步伐，如环保方面控制 CO_2 排放问题上的 EEDI、SEEMP、EEOI 的强制生效，从设计和建造阶段对船舶能效水平进行规范。另外还有广义绿色环保要求的《拆船公约》《压载水公约》及《AFS 公约》等[48,49]。

1.《国际防止船舶造成污染公约》防污染要求的扩展

《国际防止船舶造成污染公约》是贯彻IMO环保理念和措施的主体法规，在传统防止油污染、化学品污染、垃圾污染和生活污水污染方面有着重要贡献。

在40多年时间里，《国际防止船舶造成污染公约》不断被修订与完善，例如，单壳油船至2010年淘汰计划、油船泵舱双层底保护、船舶燃油舱双壳保护等，每一次修订与完善都对业界造成了巨大影响。

近年来，随着人类对气候变暖以及空气污染危害的认识越来越清晰，船舶对空气危害论愈演愈烈，《国际防止船舶造成污染公约》附则Ⅵ随之进入激烈而漫长的讨论和修订过程中，并有可能对业界造成重大的影响。1997年，IMO出台了《国际防止船舶造成污染公约》附则Ⅵ，并于2005年5月19日生效，主要致力于解决船舶造成的区域性空气污染问题。然而，八年时间过去，当初被认为是最环保运输工具的船舶，已成为人们心目中又一环境杀手。这一颠覆性的结论，导致附则Ⅵ一生效就面临着过时的尴尬境地。IMO控制船舶区域污染的行为受到欧美及一些国际组织的指责。国际清洁运输公会的报告认为，IMO在控制空气污染方面的努力未能与航运业的增长和技术发展相适应，并且IMO立法过程、运作机制太复杂，受到方便旗等航运利益方的控制。这些不利因素导致IMO被斥不作为，导致欧盟以采取单边立法行动相威胁。

在国际大潮的驱动下，IMO秘书长与欧盟领导人进行了会谈，最终使欧盟同意不另行立法，同意在IMO的框架下依据国际环境法的相关原则进行减排。IMO也决定对刚刚生效的附则Ⅵ进行重新审议并修订。修订工作从2005年开始，由于各方的争议和分歧，修订工作的完成时间从2007年推迟到2008年。在2008年2月散装液体和气体分委会第12次会议上形成修正意见草案，最终在2008年10月的MEPC第58次会议上通过了附则Ⅵ的修正案。修订内容主要涉及：补充定义、增加排放技术试用船舶的免除条件、消耗臭氧物质系统的记录、修订和补充柴油机NO_x排放标准、修改燃油硫含量标准、补充对产生挥发性有机化合物（volatile organic compounds，VOC）物质的船舶的VOC管理计划和燃油可获得性的相关要求等。

柴油机NO_x排放标准分三个层次：Tier Ⅰ，全球区域标准，适用于1990年1月1日或以后至2000年1月1日以前建造的船舶上安装的输出功率超过5000kW且每缸排量在90L或以上的船用柴油机，同时也适用于2000年1月1日或以后至2011年1月1日以前建造的船舶上安装的船用柴油机；Tier II，全球区域标准，适用于2011年1月1日或以后建造的船舶上安装的船用的柴油机；Tier III，适用于2016年1月1日或以后建造的船舶上安装的柴油机，同时也适用于在排放控制区（emission control areas，ECAs）内航行的船舶排放控制。当船舶在ECAs外航行时，可按Tier Ⅱ标准排放。同时，对NO_x技术规则全面修订，主要纳入原先的统一解释内容，修改台架试验条件和排气量计算公式、补充直接测量和检测方法要求、新增现有柴油机NO_x排放检验发证要求。

硫氧化物（SO_x）和颗粒物质的排放标准：船上使用的任何燃油的硫含量应不超过下述限值：2012年1月1日以前为4.50%；2012年1月1日及以后为3.50%；2020年1月1日及以后为0.50%。当船舶在排放控制区内航行时，船上使用的燃油的硫含量不应超出下列限值：2010 年 7 月 1 日以前为 1.50%；2010 年 7 月 1 日及以后为 1.00%；2015 年 1 月 1 日及以后为 0.10%。燃油硫含量由燃油供应商提供相应的文件证明。

对 CO_2 的减排措施的讨论不断进入议事日程，2009 年的 MEPC 第 59 次会议制定了新船能效设计指数计算方法临时指南、能效设计指数自愿验证临时指南、船舶能效管理计划制定导则、船舶能效营运指数自愿使用指南。MEPC 在 2011 年 7 月 15 日以 MEPC. 203（62）决议通过了船舶能效规则并纳入《国际防止船舶造成污染公约》附则Ⅵ中，已经于 2013 年 1 月 1 日生效实施。船舶能效要求包括新造船 EEDI 及所有船舶的 SEEMP 两个方面，与船舶的设计、审图、建造及检验工作密切相关。船舶 EEDI 指数是衡量新造船能效技术水平的一个重要指标，SEEMP 是促进船舶营运能效管理水平的一个重要实施文件。

另外，《国际防止船舶造成污染公约》与《SOLAS 公约》联合推出的化学品船规则和液化气体船规则，对化学品的载运和排放、液化气体的载运和排放，从安全和防污染两个方面做出了详细规定，在国际海运环保中发挥着重要的作用。这些规则包括：《IBC 规则》《散装运输危险化学品船舶构造和设备规则》（以下称为《BCH 规则》）；液化气体船规则——《IGC 规则》《散装运输液化气体船舶构造与设备规则》（又称为《GC 规则》）。

2. 《拆船公约》

长久以来，拆船业被认为是对环境、安全、健康影响较大的行业。以印度为例，拆船业人命事故率是采矿业的 6 倍左右，工人“石棉肺”问题普遍，拆船厂周围水源和土壤污染严重。1998 年，挪威首次提出处理退役商船的问题，拆船问题逐渐浮出水面，进入 IMO 的议事日程，并在 2003 年 IMO 大会上通过了自愿性的《IMO 拆船指南》。IMO 在 2005 年召开的第 24 届大会上批准制定一个强制性的拆船新法律约束性文件。最终，《拆船公约》在 2009 年获得通过。

3. 《压载水公约》

为解决船舶压载水传播有害水生物和病原体对环境造成的危害，IMO 于 2004 年 2 月通过了《压载水公约》[50]，公约将在合计吨位占全球商船吨位 35%的 30 个国家批准 12 个月后生效。

《压载水公约》是 IMO 第一个涉及生物技术的公约。压载水处理技术包括物理、化学、生物技术，或者多种技术的组合，当采用某种技术杀灭或清除压载水中的有害水生物时，可能同时引发次生危害或造成二次污染。因此，《压载水公约》中要求船舶上的压载水处理技术必须提交 IMO MEPC 下的专门小组评估后，再经 MEPC 批准。截至 2016 年 9 月，全球共 43 家公司使用活性物质的压载水处理系统（ballast water management System，BWMS）获得 IMO 的最终批准，69 家公司的 BWMS 获得主管机关/船级社的型式认可（包括非活性物质的 BWMS，其中中国有 16 家，生产能力能够满足 CCS 入级船舶要求）。

《压载水公约》中提出船舶要按时间表满足压载水排放的性能标准，船舶按照建造时间分为现有船和新造船。其中，压载水容量不同，有不同的履约时间。

《压载水公约》对不同压载舱容积的船要求按时间表满足 D-1 标准或 D-2 标准，最终都要满足 D-2 标准。由于该公约通过时尚未有成熟的压载水处理技术，公约允许船舶将压载水置换（D-1 标准：压载水交换包括溢流法、置换法，即在远海将在港装入的压载水排出，重新装入深水水域的海水）作为一种过渡性措施。在远海进行压载水置换对船舶安全有不利影响，经置换的海水也难以保证满足公约中严格的生物控制指标。所以，为满足公约 D-2 标准的生物控制指标要求，各国都在积极研制船上压载水处理技术，以达到取代压载水置换方法的目标。

在《压载水公约》尚未达到生效条件时，澳大利亚、美国和欧洲一些国家已通过国内立法要求进入其国家水域的船舶压载水必须符合压载水管理的有关要求，并通过港口国控制（port state control，PSC）进行监督检查。

《压载水公约》生效后，针对不同时间建造的船舶，公约要求应符合强制性的 D-2 压载水排放性能标准，目前满足这一标准基本上通过船舶安装获得型式认可的 BWMS 实现。

由于现行公约条款对公约生效前建造的船舶有即刻追溯性，为避免《压载水公约》生效后要求这些船舶立即满足 D-2 标准（即安装 BWMS），IMO 于 2013 年 12 月 4 日通过了 A.1088（28）大会决议，对公约 B-3 中不同时间建造的船舶满足 D-2 标准的时间表进行了调整，具体如表 1.4 所示。

表 1.4　压载水 D-2 标准实施时间表[50]

船舶建造日期	压载水容量/m^3	D-2 标准强制实施日期
2009 年以前	1500～5000（含 1500 和 5000）	在 2017 年 9 月 8 日后的首次换证检验时
	小于 1500 或大于 5000	在 2017 年 9 月 8 日后的首次换证检验时
2009 年及以后至 2017 年 9 月 8 日前	小于 5000	在 2017 年 9 月 8 日后的首次换证检验时
2009 年及以后至 2012 年前	大于等于 5000	在 2017 年 9 月 8 日后的首次换证检验时
2012 年及以后至 2017 年 9 月 8 日前	大于等于 5000	在 2017 年 9 月 8 日后的首次换证检验时
2017 年 9 月 8 日及以后	所有	在交船时

受《压载水公约》约束的“新船”（指 2017 年 9 月 8 日及以后建造的船舶）应在交船时满足 D-2 标准（即只要其设有压载舱就必须安装 BWMS），“现有船”（指非“新船”的船舶）应在 2017 年 9 月 8 日之后的首次国际防止油污证书换证检验时满足 D-2 标准。其中，首次换证检验指《国际防止船舶造成污染公约》附则 I 的换证检验。D-2 标准实施日期之前船舶应满足 D-1 标准。

4. 《AFS 公约》

2001 年 10 月 5 日，IMO 通过了《AFS 公约》，规定该公约在获得占全球商船总吨位 25%的 20 个国家批准 12 个月后生效。随着巴拿马政府于 2007 年 9 月 17 日加入《AFS 公约》，接受该公约的国家达到了 25 个，占世界商船总吨位 38.11%，满足了公约生效的条件，该公约于2008年9月18日生效。《AFS公约》包括21个条款，4个附则，其基本要求如下：2003年1月1日起，所有船舶不允许再施涂或重新施涂含有有机锡（tributyltin，TBT）物质的防污漆；2008年1月1日起，对于已经施涂含有TBT的防污漆的现有船舶，不包括在2003年1月1日前建造并在2003年1月1日或以后未进行坞修的固定和移动式平台、浮式储存装置（floating storage units，FSUs）、浮式生产、储存和卸货装置（floating production，storage and offloading units，FPSOs），要么将有害防污漆一次性清除，要么在原有的有害防污漆表层涂上一层封闭漆形成封闭层，然后再涂上无TBT的防污漆。

由于该公约在具体条款上有以上两个确定的时间表要求，由此产生了对是否追溯和如何追溯的法律上的解释问题。

以欧盟为代表的一些地区和国家认为应按原公约的时间表进行追溯，并且已将其纳入欧盟2003年通过的第782/2003号法令，即对于进入欧盟水域的其他船舶，要求其在过渡期末日（2003年7月1日至《AFS公约》生效）或2008年1月1日（两日期取早者）后满足《AFS公约》的要求。

目前各大油漆商已经具备了供应满足《AFS公约》的涂料。此公约主要对外壳涂层进行要求，对中国船舶工业影响不大。

海事环保法规一般可以分为三类：事先防范类、应急处理类、事后赔偿类。以上介绍的《国际防止船舶造成污染公约》《拆船公约》《压载水公约》及《AFS公约》都属于事先防范类。而在应急处理类中，最主要的是《1990年国际油污防备、反应和合作公约》。事后赔偿类包括《1996年国际海上运输有毒有害物质的损害责任和赔偿公约》《1969年国际干预公海油污事故公约》《国际油污损害民事责任公约》（1969年、1976年、1984年）和《国际油污损害赔偿基金公约》（1971年、1984年、1992年）等。

5. EEDI

IMO在拟采取的船舶温室气体减排措施中，主要从技术、营运和市场三方面考虑。1997年《国际防止船舶造成污染公约》缔约国大会上，IMO通过一项决议与《联合国气候变化框架公约》合作，研究船舶CO_2排放问题。之后，IMO一直寻求船舶温室气体减排措施，在MEPC第56次会议上成立温室气体通信组，在MEPC第57次会议上，许多船东组织提交提案，要求制定"强制性新造船CO_2设计指数"，认为制定这种技术性标准能够与操作性措施和市场机制措施分离开来。在MEPC第58次会议上，巴西提出将新造船CO_2设计指数改为新船EEDI，以便更加确切地反映IMO目前的工作。MEPC第59次会议制定了新船能效设计指数计算方法临时指南，认可新的EEDI公式为临时导则，并敦促各国进行试用，以便进一步完善和改进。EEDI迅速成为国际海事界各方关注和争论的焦点。

在2009年3月MEPC组织召开的船舶温室气体减排工作组会间会议上，各国对IMO拟推出的新船EEDI公式进行了深入讨论，原则上同意按照近10年所造船舶的有关数据考虑基线。

国际船舶节能减排的大势不可逆转，EEDI及SEEMP已经在2013年1月1日强制生效。

EEDI 是一个被强制实施的船舶能效设计指数，其深层含义是船舶设计时每单位船舶运输所创造的社会效益（货运量）而产生的环境成本（CO_2 的排放量），不考虑船舶的运营情况，只考虑船舶设计采用的各种能效改进措施。EEDI 对船舶设计、生产工艺技术、配套设备、新能源技术应用等提出了更高要求。

6. 被动防污海域的出现

在《国际防止船舶造成污染公约》中，出现了很多针对不同排放物质而设立的排放控制海域。

根据海洋学和生态条件以及海运情况，IMO 在《国际防止船舶造成污染公约》附则Ⅰ、附则Ⅱ、附则Ⅴ、附则Ⅵ中分别指定了一些特殊区域，规定了特殊的、强制性的环境保护要求，对排放做了更严格的限制。《国际防止船舶造成污染公约》中确定了四类特殊区域：一是油类物质的排放要求更为严格的特殊区域；二是防止有毒液体物质的特殊区域；三是防止垃圾的特殊区域；四是硫氧化物、氮氧化物和颗粒物质的排放控制区域。这四类特殊排放控制区包括的海域不完全一样，所指定的具体海域参见后面相关章节的介绍。

2009 年，美国和加拿大联合提议，将美国和加拿大沿岸设为《国际防止船舶造成污染公约》附则Ⅵ第 13 条和第 14 条下的 NO_x、SO_x 及颗粒物质 ECAs。该区域设定的宽度达到 200n mile，甚至伸展到了夏威夷，这与专属经济区的宽度一致。在 MEPC 第 59 次会议上审议时，有国家对此质疑，认为范围过大，该指定的区域会形成先例，导致世界上所有海洋都变成 ECAs，而且会造成低硫油供不应求，但多数代表团表示支持。根据技术组审议结果，MEPC 批准了将美国和加拿大沿海水域指定为 ECAs 的建议，并期望在 MEPC 第 60 次会议上能够通过。2010 年 3 月 26 日环保会分别以 MEPC.189(60)、MEPC.190（60）决议通过了《国际防止船舶造成污染公约》附则Ⅰ和附则Ⅵ修正案，MEPC.189（60）对附则Ⅰ进行修正，新增在南极区域使用或载运油类的特殊要求。规定自 2011 年 8 月 1 日或以后，所有在南纬 60° 以南区域航行的船舶，除为保证船舶安全或进行搜救作业之外，禁止将“重级别油”作为燃油载运和使用或作为货物载运。MEPC.190（60）对附则Ⅵ进行了修正，在氮氧化物（NO_x）、硫氧化物（SO_x）和颗粒物质（PM）排放中增加了北美排放控制区域。这两个决议于 2011 年 8 月 1 日起生效。

另外，全球部分海域的生态特征、社会经济、科学特征等方面具有特殊意义，而这些特征又特别容易受国际航运活动的破坏。为此，IMO 提出了特别敏感海域的概念，根据所确定的标准，识别出此类型海域并将其指定为特别敏感海域，要求船只在经过此类海域时，要采取特别的安全措施，以便保护海洋和沿岸栖息地的生物多样性。

截至 2009 年，IMO 已经认定了 12 个特别敏感海域：澳大利亚的大堡礁，大堡礁特别敏感海域的延伸地区（包括托雷斯海峡、澳大利亚和巴布亚新几内亚），古巴的撒巴那-卡玛居埃群岛，哥伦比亚的马尔佩洛岛，美国的佛罗里达礁岛群周围海域，丹麦、德国和荷兰的瓦登海，秘鲁的帕拉卡斯国家保护区，西欧水域，西班牙的加那利群岛，厄瓜多尔的加拉帕哥斯群岛，波罗的海海域（不包括俄罗斯海域）等国家海洋保护区。

7. 中国造船业面临的挑战和CCS的目标

陆续生效的新公约、新规则对船舶设计、生产工艺技术、配套设备、新能源技术应用等提出了更高要求，如何更快适应绿色环保节能的新要求，是中国船舶设计和建造工业面临的更大更严峻的挑战。如强制性新船EEDI及排放要求的基线对航运业和船舶工业的影响较大，尤其是对造船业影响，会迫使船东及设计院所尽快对各种船型进行绿色化的升级换代。

CCS关注的是，在低碳经济大潮下，航运业、造船业和海上开发及相关配套产业受到哪些冲击，船级社的未来如何发展，以及船级社如何才能为航运业、造船业、海上开发及相关产业提供满足国际公约的低碳技术规范、标准的支撑，与业界共同应对低碳经济大潮的冲击，走可持续发展的低碳经济之路。

CCS相继推出了《绿色船舶规范》《节能减排措施实施指南》《船舶燃油消耗限值标准及营运船市场准入燃油消耗限值》等促进船舶节能减排的规范与指南。

CCS结合IMO、国际船级社协会（International Association Classification Society，IACS）和中国政府节能减排的相关要求，深入开展船舶节能减排技术及政策研究，制定和发布CCS及中国船舶技术标准，主要开展以下项目：

（1）研究并制定《绿色船舶规范》，实施节能船舶入级检验与发证服务，力图从燃料、燃烧、排放、能效、线型设计、材料、管理等方面开展工作，着重研究IMO EEDI及其基线。涉及绿色船舶的有关核心技术包括线型优化、结构布置及优化、降阻、NO_x减排、SO_x减排、船桨机匹配、减少振动与噪声、可再生循环、风力助航及相关的配套工程软件等。

（2）按照中国政府的要求，研究并制定与节能减排措施实施有关的指南、船舶燃油消耗限值标准以及营运船市场准入燃油消耗限值，建立营运船舶检测体系，进行船舶燃油消耗报告制度（包括数据库及分析方法）可行性研究，提供船舶建立节能减排体系的技术服务，建立CCS能源效率评估认证体系，开展船舶认证服务。

（3）加强CCS自身的试验和检测实验室能力建设，开展CO_2排放水平评估以及燃油质量检测等。

可以预见，未来船舶行业的竞争，除了安全之外，就是围绕绿色、环保与节能的竞争，谁的产品绿色度更高，在市场上将具有更大的发言权。

第 2 章 《国际防止船舶造成污染公约》及其应用

船舶对水域造成的污染主要分为日常运营过程中产生的船舶废弃物和船舶航行或装卸作业过程中发生事故而产生的污染两种，即操作性污染与事故性污染。其中，前者无论从污染物的数量还是对整个水域水质的影响上都占绝对多数，但事故性污染一旦发生，则可能在短时间内向局部水域排入大量污染物，对周边生态环境产生严重破坏。在过去的一个多世纪中，随着海上运输业的快速发展以及柴油机在船舶上的普遍应用，船舶产生的污染已对海洋环境甚至空气环境造成了严重的破坏。据有关资料统计，海洋环境污染中 35%的污染是由船舶造成的，而造成污染危害最严重的是大型油轮。水域环境遭到严重污染使得鱼的种类和数量明显减少、鸟类数量锐减甚至灭绝、水生物变异、滨海旅游资源遭到破坏，并已影响到人类的健康[17-20,22,51-54]。陈善能等在“国际船舶防污染公约在低碳经济时代下的发展”[49]一文中指出，仅 200 多艘商船每年排放的颗粒物质就约 9980 吨，全球每年排放的氮氧化物气体 30%来自海上船舶。

2.1 《国际防止船舶造成污染公约》发展背景

为了有效控制船舶造成的污染，IMO 在 1973 年 10 月 8 日至 11 月 2 日召开的国际海洋污染会议上通过了《国际防止船舶造成污染公约》。随后 IMO 在 1978 年 2 月 6 日至 17 日召开的国际油船安全和防污染会议通过了 1978 年议定书的修订。涉及船舶造成污染各种成因的规则包括在该公约的五个附则中：油类污染、有毒液体物质污染、海运包装有害物质污染、生活污水污染、垃圾污染。该公约修订后增加了第 6 个附则“防止船舶造成空气污染规则”。对这六类污染，在不同的社会经济发展阶段，人们对其危害的认识及治理的迫切程度不同，因此，从 1983 年至 2005 年，在长达二十余年的时间内，这 6 个附则才相继生效。

另外，在过去几十年，石油工业从浅海到深海再到超深海不断扩张。海洋油气总产量占全球油气总产量的比例已从 1997 年的 20%上升到目前的 40%以上，其中深海油气产量约占海洋油气产量的 30%以上[55]。海洋平台在作业过程中也会产生大量的污油水及 CO_2 等污染物，一旦发生爆炸或火灾事故，还将导致大量原油泄漏，造成严重的海域环境污染。

针对国际社会对海洋环境日益迫切的保护需求，IMO 对《SOLAS 公约》和《国际防止船舶造成污染公约》两大海事支柱性公约体系不断审视梳理，先后对防油污标准、空气污染中 NO_x 和 SO_x 的排放标准等不断进行修订。

2.2 附则 I：防止油类污染

油类污染分为机器处所的机舱含油舱底水和残油（油泥）处理及油船货油舱洗舱后产生的污油水、残油和污压载水残余物的处理。《国际防止船舶造成污染公约》附则 I 对油类污染的预防措施主要分为三个层面：①结构；②防污染设备；③排放控制。

所有船舶机器处所的防污染包括：残油油舱设置，燃油舱与滑油舱的保护；配备防污染设备；排放控制标准。

油船货油舱区的防污染包括：在货油舱区设置双层壳双层底结构，并设置污油水舱；配备防污染设备；排放控制标准。

2.2.1 名词定义

1. 油类

油类指包括原油、燃油、油泥、油渣和炼制品《国际防止船舶造成污染公约》附则 II 所规定的石油化学品除外）在内的任何形式的石油，以及不限于上述一般原则，在《国际防止船舶造成污染公约》附则 I 中所列的物质。

2. 原油

原油指任何天然存在于地层中的液态烃混合物。

3. 油性混合物

油性混合物指含有任何油分的混合物。水中油性混合物的含量一般用溶质质量浓度（mg/L）表示。

4. 燃油

燃油指船舶所载有并用作其推进和辅助机器的燃料的任何油类。

5. 重大改建

重大改建指实质上改变了该船的尺度或装载容量，或改变了该船的类型，或根据主管机关的意见，这种改建的目的实际上是为了延长该船的使用年限。

6. 最近陆地

最近陆地指距按照国际法划定领土所属领海的基线。

7. 防止油类污染的特殊区域

在特殊区域中，由于其海洋学和生态学以及其交通的特殊性质等方面公认的技术原因，需要采取特殊的强制办法防止油类物质污染海洋。特殊区域包含：①地中海区域；②波罗的海区域；③黑海区域；④红海区域；⑤海湾区域；⑥亚丁湾区域；⑦南极区域（南纬 60°以南）；⑧西北欧水域（包括北海及其入口、爱尔兰海及其入口、克尔特海、英吉利海峡及其入口以及紧靠爱尔兰西部的大西洋东北海域）；⑨阿拉伯海的阿曼区域。

8. 油量瞬间排放率

油量瞬间排放率指任一瞬间每小时排油量（升）除以同一瞬间船速（节）之值。

9. 污油水舱

污油水舱指专用于收集舱柜排出物、洗舱水和其他油性混合物的舱柜。

10. 清洁压载水

一个舱清洗后，在晴天从一静态船舶将该舱中的排出物排入清洁而平静的水中，不会在水面或邻近的岸线上产生明显的痕迹，或者形成油泥、乳化物沉积于水面以下或邻近的岸线上，则该舱内的压载水是清洁的。如果压载水是通过经主管机关认可的排油监控系统排出的，而根据这一系统测定查明该排出物的含油量不超过 $15ml/m^3$，则尽管有明显的痕迹，仍应确定该压载水是清洁的。

11. 专用压载水

一个舱与货油及燃油系统完全隔离并固定用于装载压载水，则该舱内的压载水是专用压载水。

12. 专用压载舱

专用压载系统是与货油和燃油系统完全隔绝的系统。但是可通过一可拆短管与一个货泵相连接的方法，在紧急时排放专用压载水。在这种情况下，专用压载的连接管上应装有止回阀，以防止油进入专用压载舱。可拆短管应装在泵舱内明显的位置，其附近应显著放有限制其使用的永久性告示。

载重量为 20 000 吨及以上的原油油船及载重量为 30 000 吨及以上的成品油油船，均应设置专用压载舱（special ballast tank，SBT）。

13. 清洁压载舱

在抵港装货后，清洁压载水与固定压载舱内的压载水一起排入港内水域。清洁压载舱（clean ballast tank，CBT）容量等于专用压载舱、隔离舱及艏艉尖舱舱容之和。隔离舱与艏艉尖舱专门用于装载压载水，且与压载水泵有固定管路连接。

在 1982 年 6 月 1 日或以前交船的载重量为 40 000 吨及以上的成品油油船，均应设置专用压载舱，并应符合相关要求，或按规定采用清洁压载舱方式，并应配有《清洁压载舱操作程序》手册。清洁压载舱应装油分计，舱中的压载水排放应由油分计进行连续监测，且这种油分计应自动启动。

14. 原油洗舱系统

在油轮卸油的同时，将一部分具有一定压力（一般为 10kgf/cm^2[①]左右）的原油用洗舱机喷射到正在卸油或卸空的货油舱内壁和构件等表面，用于打碎、溶解沉淀凝固的石蜡、沥青等油渣，并随货油一起卸出油舱，这种用原油作为清洗剂清洗货油舱的方法称为原油洗舱。这种洗舱法是目前防止油轮洗舱污染海洋的有效方法。由于清洗剂由原先的海水改为原油，如果清洗管路漏油就会污染海洋，产生的大量石油气可能会造成火灾，必须对此采取安全措施。因此，在进行原油洗舱之前，每次都要先对整个管路系统进行压力试验，确认惰性气体系统性能完好且无故障。原油洗舱装置及其附属设备与布置，应符合《原油洗舱系统设计、操作和控制技术条件》的全部规定。根据《国际防止船舶造成污染公约》规定，载重量为 20 000 吨及以上的原油船应设置原油洗舱系统（crude oil wash，COW）。

15. 惰性气体系统

原油通过洗舱机喷进油舱内，会产生大量的油蒸气，这样很危险，控制油舱内气体最常用的方式是使舱内气体含氧量降低到石油气不能燃烧的程度。试验表明，惰性气体系统（inertia gas system，IGS）能够达到这样的效果。原油船上主要用锅炉烟气来产生货油舱所需要的惰性气体系统。

16. 船长

船长指量自龙骨顶部的最小型深 85%处水线总长的 96%，或沿该水线艏柱前缘至舵杆中心的长度（两者取大者）。对设计为具有倾斜龙骨的船舶，计量该长度的水线应与设计水线平行。船长表示为 L，单位为 m。

17. 艏艉垂线

艏艉垂线应取自船长的前后两端，艏垂线应与计量船长水线上的艏柱前缘相重合。

18. 船中部

船中部指在船长的中部。

19. 船宽

船宽指船舶的最大宽度，对于金属船壳的船舶是从船中部量至两舷肋骨型线，对于船壳为任何其他材料的船舶则是从船中部量至两舷船壳的外表面。船宽表示为 B，单位为 m。

① $1kgf/cm^2=9.806\,65\times10^4Pa$。

20. 载重量（DWT）

载重量指船舶在相对密度为 1.025kg/m^3 的水中处于与勘定的夏季干舷相应的载重线时的排水量和该船的空载排水量之间的差，单位为吨。

21. 空载排水量

空载排水量指船舶在舱柜内没有货物、燃油、滑油、压载水、淡水和锅炉给水，以及消耗物料、乘客和船员及其行李时的排水量，单位为吨。

22. 渗透率

某一处所的渗透率指该处所假定要被水占据的容积和该处所总容积之比。

23. 周年日期

周年日期指与国际防止油污证书期满之日对应的每年的该月该日。

2.2.2 所有船舶的机器处所的防污染

船舶机器处所有主机、辅机等使用燃油、滑油的设备，会产生大量污油水。如果不加控制任意排放污油水，会对港口水域造成不可忽视的污染。

2.2.2.1 机器处所防污染总要求

《国际防止船舶造成污染公约》附则 I 规定，机器处所的防污染要求设置机舱残油舱及标准排放接头，配置滤油设备，按照排放控制区内和控制区外的排放控制标准进行排放作业并做好全部排放作业记录，具体要求如表 2.1 所示。

表 2.1 所有船舶的机器处所防污染要求[1]

分 项	条款号	法规要求
结构	第 12 条	残油（泥）舱
	第 12A 条	燃油舱保护
	第 13 条	标准排放接头
设备	第 14 条	滤油设备
操作性 排油的控制	第 15 条	排油控制
	第 16 条	油类与压载水的分隔和艏尖舱内载油
	第 17 条	油类记录簿 I “机器处所的作业”

2.2.2.2 残油（油泥）舱

凡 400 总吨位及以上的船舶，应参照其机型和航程长短，设置一个或几个足够容量的舱柜，接收不能以其他方式处理的残油（泥），如由于净化燃油、各种润滑油和机器处所中的漏油所产生的残油。

进出残油（油泥）舱的管系，除所述的标准排放接头外，应无直接排向舷外的接头。

机舱应设置大小合适的残油（油泥）舱，根据下面三类情况设置合适的残油（油泥）舱舱容。

（1）对不用燃油舱装压载水的船舶，其最小残油（油泥）舱舱容（V_1，单位为 m^3）应按下列公式计算：

$$V_1 = K_1CD$$

式中，$K_1 = 0.015$（对于主机使用净化重燃油的船舶）或 $K_1 = 0.005$（对于使用柴油或用前不需净化的重燃油的船舶）；C 为日燃油消耗量（吨）；D 为可将油泥排放岸上的港口间最长航行时间（天），如无精确数据，应采用 30 天。

（2）当这类船舶设有匀化器，油泥焚烧炉或其他经认可的船上油泥控制装置时，用以代替上述规定的最小油泥舱舱容（V_1）应为上述（1）中计算值的 50%，或者 V_1=1m^3（对于 400 总吨位及以上但小于 4000 总吨位的船舶），或 V_1=2m^3（对于 4000 总吨位及以上的船舶），两者取大者。

（3）对用燃油舱装压载水的船舶，其最小残油（油泥）舱舱容（V_2，单位为 m^3）应按下列公式计算：

$$V_2 = V_1 + K_2B$$

式中，V_1 为上述（1）或（2）所定油泥舱舱容，m^3；$K_2 = 0.01$（对于重燃油舱）；或 $K_2 = 0.005$（对于柴油燃油舱）；B 为也可用来装燃油的压载水舱舱容（吨）。

2.2.2.3 机器处所防污染的滤油设备及排放标准

根据《国际防止船舶造成污染公约》附则 I 第 14 条～第 17 条的要求，本节整理船舶吨位与防油污染标准的对应关系如表 2.2 所示。

表 2.2 船舶吨位与防油污染标准[1]

序号	船舶类型	排放区域及滤油设备规格
1	小于 400 总吨位的船舶	南极区域以外的任何区域内： 尽可能设有将油类或油性混合物留存船上的舱柜，或滤油设备正在运转以确保未经稀释的排出物含油量不超过 15ml/m^3
2	大于等于 400 总吨位且小于 10 000 总吨位的船舶	排放入海含油混合物的含油量不超过 15ml/m^3
3	大于等于 10 000 总吨位的船舶	排放入海的含油混合物的含油量不超过 15ml/m^3，应装有报警装置，在不能保持这一标准时发出报警； 应装有在排出物的含油量超过 15ml/m^3 时能保证自动停止油性混合物排放的装置
4	处于不载运货物的迁移航程中的船舶	不必安装滤油设备； 船舶应设有储存柜，其容积足够留存船上所有含油舱底水
5	固定不动的旅社客船和水上仓库类船舶	
6	任何专门在特殊区域内航行的船舶	主管机关确认在船舶停靠的足够数量的港口或装卸站设有足够的接收设备接收该含油舱底水； 当需要持有国际防止油污证书时，应在证书中签署，说明该船专门从事在特殊区域内的航行； 排放的数量、时间和港口记入油类记录簿 I 内
7	任何按《国际高速船安全规则》发证（或其尺度和设计在该规则范围之内），从事定期营运且返程时间不超过 24 小时的船舶，包括这些船舶不载运旅客/货物的迁移航程	

2.2.2.4 机器处所污油水的排放条件

机舱油类防污染主要通过设置必要舱容的残油（泥）舱，布置相应的污油水处理装置，若达到排放标准、满足排放条件则可以排放入海，并将所有操作记录在油类记录簿Ⅰ中。

1. 污油水可以排放入海的条件

（1）将油类或油性混合物排放入海，是为保障船舶安全或救护海上人命所必需者。

（2）将油类或油性混合物排放入海，是船舶或其设备遭到损坏的缘故，但须在发生损坏或发现排放后，为防止排放或使排放减至最低限度，采取了一切合理的预防措施。

（3）将经主管机关批准的含油物质排放入海，用以对抗特定污染事故，以便使污染损害减至最低限度。但任何这种排放均应经拟进行排放所在地区的管辖国政府批准。

2. 400 总吨位及以上的船舶在特殊区域外的排放条件

（1）船舶正在航行途中。

（2）油性混合物经滤油设备处理以后。

（3）未经稀释的排出物含油量不超过 15ml/m^3。

（4）油性混合物不是来自于油船的货泵舱的舱底。

（5）油船中油性混合物未混有货油残余物。

3. 400 总吨位及以上的船舶在特殊区域内的排放条件

（1）船舶正在航行途中。

（2）油性混合物经具有报警和自动停止装置的滤油设备处理以后。

（3）未经稀释的排出物含油量不超过 15ml/m^3。

（4）油性混合物不是来自于油船的货泵舱的舱底。

（5）油船中油性混合物未混有货油残余物。

4. 禁止排放情况

不能排放入海的残油应留存在船上，随后排入接收设备。

南极区域禁止任何船舶将任何油类或油性混合物排放入海。

5. 对南极区域以外任何区域内小于 400 总吨位船舶的要求

对小于 400 总吨位的船舶，应尽可能将油类和油性混合物留存在船上，以便随后排放至接收设备或按照下列标准排放入海：

（1）船舶正在航行途中。

（2）船舶所设的由主管机关认可的设备正在运转以保证未经稀释的排出物含油量不超过 15ml/m^3。

（3）油性混合物不是来自于油船的货泵舱的舱底。

（4）油船中油性混合物未混有货油残余物。

6. 油类记录簿 I “机器处所的作业”

凡 150 总吨位及以上的油船，以及 400 总吨位及以上的非油船，均应备有油类记录簿 I “机器处所的作业”。

每当船舶进行下列任何一项机器处所的作业时，均应逐舱填写油类记录簿 I：

（1）燃油舱的压载或清洗。

（2）燃油舱污压载水或洗舱水的排放。

（3）油性残余物（油泥和其他残油）的收集和处理。

（4）机器处所所积存的舱底水向舷外排放或处理。

（5）添加燃油或散装润滑油。

2.2.3 燃油舱及货泵舱保护

1. 燃油舱保护

燃油舱保护的要求适用于 2010 年 8 月 1 日及以后交船的燃油舱总舱容为 $600m^3$ 及以上的所有船舶，燃油舱单个舱容不得超过 $2500m^3$。保护要求不适用于单个最大舱容不超过 $30m^3$ 且总舱容不大于 $600m^3$ 的燃油舱。

燃油舱总舱容为 $600m^3$ 及以上的船舶，其燃油舱下面应设置双层底加以保护，双层底高度为 $h=B/20$（m）或 2m，两者取小者。h 最小值为 0.76m。

保护燃油舱的双层壳宽度，根据燃油舱总容量不同而有所变化。分如下两种情况：

（1）燃油舱总舱容为 $600m^3$ 及以上但小于 $5000m^3$ 的船舶，其燃油舱应布置在船舷侧壳板型线内侧且均应距离不小于 w。边舱宽度 $w=0.4+\dfrac{2.4C}{20\,000}$（m），式中，$C$ 为燃油舱充装至 98%时的总舱容，单位为 m^3，w 最小值为 1m。但对单舱舱容小于 $500m^3$ 的燃油舱，w 最小值为 0.76m。

（2）燃油舱总舱容为 $5000m^3$ 及以上的船舶，其燃油舱应布置在船舷侧壳板型线内侧且均应距离不小于 w。$w=0.5+\dfrac{C}{20\,000}$（m）或 2m，两者取小者，w 最小值为 1m。

如果燃油舱布置无法满足上述双层底或双层壳的要求，那么船舶应符合用概率方法评估的燃油意外泄漏性能标准，即平均泄油量参数 O_M 应满足下列要求：

当 $600m^3 \leqslant C < 5000m^3$ 时

$$O_M \leqslant 0.0157-1.14\times10^{-6}\times C$$

当 $C \geqslant 5000m^3$ 时

$$O_M \leqslant 0.010$$

式中，O_M 为平均泄油量参数。

平均泄油量参数的计算公式及符号含义参见 2.2.7 节。

2. 货泵舱保护

货泵舱保护的要求适用于在 2007 年 1 月 1 日或以后建造的载重量为 5000 吨及以上的油船。

货泵舱应设有双层底，并且在任一横截面，各双层底舱或处所的深度应使货泵舱底和船舶基线之间垂直于船舶基线量取的距离 h 不小于以下规定的值：$h = B/15$（m）或 h=2m，两者取其小者。h 的最小值为 1m。

如果货泵舱的底板高出基线以上所要求的最小高度（例如平底船尾式设计），则在货泵舱处不需要双层底构造。

压载水泵应进行合适布置，确保从双层底舱抽水能有效地进行。

尽管有以上的规定，但如货泵舱进水后不会导致压载水或货油的泵吸系统无法运行，则不必设置双层底。压载管系允许位于货泵舱双层底内，但任何管系的损坏不得导致货泵舱内的泵失效。保护货泵舱的双层底可以是空液舱或者压载舱，在不受其他规则禁止时为燃油舱。

2.2.4　油船货油舱的防污染

油船货油舱一旦发生泄漏将会导致严重的海洋环境污染。因此，油船货油舱的结构保护是《国际防止船舶造成污染公约》的重要内容。货油舱的防污染也分为三个方面：①结构方面，主要在货油舱区设置双层壳双层底及相应容量的污油水舱，并使双层壳双层底所形成的专用压载舱的容量满足所有载况下的浮态要求，同时分舱满足完整稳性、破舱稳性衡准及意外泄油性能参数的衡准要求。污油水舱所需容量根据货油舱容量及洗舱方式来确定。②设备方面，规定 150 总吨位及以上的油船应配备油/水界面探测仪、含油分计的排油监控系统。如果是原油船还需要配原油洗舱机等。③排放控制方面，特殊区域外与特殊区域内分别有不同排放标准，以及小于 150 总吨位的油船也有特殊排放要求。

《国际防止船舶造成污染公约》附则 I 第 19 条规定，对于 1996 年 7 月 6 日或以后交船的载重量为 600 吨及以上的油船，应设置双层壳双层底结构。分为载重量为 600～5000 吨的油船、5000 吨及以上的油船两种情况，要求设置的双层壳双层底计算公式有所不同。其中，双层壳宽度与载重量相关，双层底高度与船宽相关。

2.2.4.1　载重量为 5000 吨及以上的油船要求（第 19.2 条和第 19.3 条）

每艘载重量为 5000 吨及以上的油船，在整个货油舱区，应由下述专用压载舱或非载运油类的舱室处所加以保护，双层壳厚度及双层底高度根据载重量或船宽计算而得，并且压载舱容量有要求，在任何装载条件下船舶应该安全航行，且满足一定的船舶浮态要求。

1. 设置边舱或处所

边舱或处所应伸展到舷侧全深或从双层底顶端到最上层甲板，无论船舶的舷缘是否为圆弧形。各边舱或处所的布置应使得全部货油舱皆位于这些舱或处所壳板型线的内侧面。在与舷侧壳板垂直的任何剖面处测得距离 w 值，如图 2.1 所示，w 不得小于下式计算值：$w = 0.5 + \frac{DW}{20\,000}$（m）或 w=2m 两者取小者，w 最小值为 1m。

2. 设置双层底舱或处所

每一双层底舱或处所的任一剖面的垂直深度应为货油舱双层底与船底壳板型线之间的垂直距离 h。如图 2.1 所示，h 不得小于下式计算值：$h = \frac{B}{15}$（m）或 h=2m 两者取小者，h 最小值为 1m。

3. 舭部弯曲区域或舭部无明显弯曲的部位

当 h 和 w 不相等时，w 值应在基线以上超过 1.5h 处选取，如图 2.1 所示。

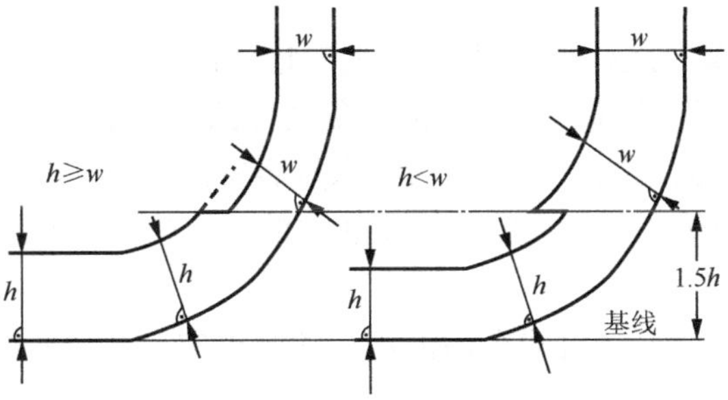

图 2.1 货油舱边界线

2.2.4.2 载重量 5000 吨以下的油船的要求（第 19.6 条）

载重量在 600～5000 吨的油船，双层底与双层壳的设置应符合 2.2.4.1 节的要求，或满足下列要求。

（1）至少设有双层底舱，或处所的高度应满足 $h = \frac{B}{15}$（m），h 最小值为 0.76m。

在舭部弯曲区域和舭部无明显弯曲的部位，货油舱边界线应与船中部横剖面平底线平行，如图 2.2 所示。

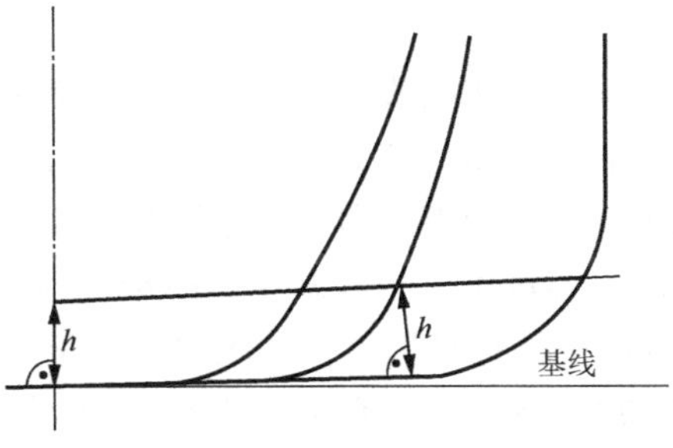

图 2.2 5000 吨以下油船的货油舱边界

（2）各货油舱应按照每舱容积不超过 700m^3 进行布置，或者满足下列要求：$w=0.4+\dfrac{2.4DW}{20\,000}$（m），$w$ 最小值为 0.76m。

油船双层壳双层底的设置要求汇总如表 2.3 所示。

表 2.3　油船双层壳双层底的要求

条款	载重量/吨	边舱宽度 w/m	双层底高度 h/m
第 19.2 条 第 19.3 条	≥5000	$\min\left(\left(0.5+\dfrac{\text{DWT}}{20\,000}\right),2\right)$	$\min\left(\dfrac{B}{15},2\right)$
第 19.6 条	600～5000	每货油舱容积小于等于 700m^3 或者 设置边舱：$\min\left(\left(0.4+\dfrac{2.4\text{DWT}}{20\,000}\right),0.76\right)$	$\min\left(\dfrac{B}{15},0.76\right)$

2.2.4.3　污油水舱

除了设置专用压载舱之外，《国际防止船舶造成污染公约》附则 I 第 29 条要求油船还要设置一定容量的污油水舱，以存放清洗货油舱的污油水。

150 总吨位及以上的油船，应设有污油水舱装置。

（1）应有清洗货油舱和从货油舱将污压载水的残余物与洗舱水过驳至经主管机关批准的污油水舱的适当设备。

（2）该系统将油性废弃物过驳至污油水舱的过程中，应使排入海中的任何排出物符合排油控制的相关规定。

（3）污油水舱（或一组污油水舱）的布置，应有留存洗舱后所产生的污油水、残油和污压载水残余物所必需的容量，此总容量不得小于船舶载油容量的 3%。

（4）在 1979 年 12 月 31 日以后交船的载重量 70 000 吨及以上的油船至少应设置两个污油水舱。

（5）污油水舱的设计，特别是其入口、出口、挡板或堰（如设有）的位置，应能避免油类的过分湍流和被带走或与水形成乳化。

污油水舱容量可适当减小，其条件如下：

（1）油船设有洗舱装置，当污油水舱装入洗舱水后，如果这些水量足以用来洗舱，并供给喷射器（如适用时）作为驱动液，同时该系统无需再添加水，则其污油水舱或一组污油水舱的总容量可减至不小于该船载油容量的 2%。

（2）船舶设置专用压载舱或清洁压载舱，或设置使用货油舱清洗系统，污油水舱的容量可以减小至不小于该船载油容量的 2%。对于这种船舶，当污油水舱装入洗舱水后，如果这些水量足以用来洗舱，并供给喷射器（如适用时）作为驱动液，同时该系统无需再添加水，则其污油水舱的总容量可进一步减至该船载油容量的 1.5%。

（3）对于兼装船，倘若仅在具有平坦舱壁的舱内装载货油，污油水舱总容量可减至 1%。这个容量还可进一步减至 0.8%，其条件是当污油水舱装入洗舱水后，如果这些水量足以用来洗舱，并供给喷射器（如适用时）作为驱动液，同时该系统无需再添加水。

满足一定条件可以免除设置污油水舱，其免除条件如下：对于专门从事续航时间为 72 小时或更少且距最近陆地 50n mile 以内的航行的油船，如果该油船仅在一个缔约国境内的港口或装卸站之间从事营运，主管机关可免除设置污油水舱及排污监控设备的要求。免除的必需条件是该油船应将所有油性混合物留存船上供随后排入接收设备，并且经主管机关确认这些油性混合物的接收设备是足够的。

2.2.4.4 货油舱及污油水舱区的防污染设备及文书

150 总吨位及以上的油船应配备含油分计的排油监控系统、油/水界面探测仪，如果是原油船还需要配原油洗舱系统等。

排油监控系统应设有一个记录器，用以提供每海里排放升数和总排放量或含油量和排放率的连续记录。这种记录应能鉴别时间和日期，并至少应保存三年。每当有排出物排放入海时，排油监控系统应立即开始工作，并应保证在油量瞬间排放率超过相应排放条件（参见 2.2.4.5 节）时，自动停止排放任何油性混合物。排油监控系统遇到任何故障应立即停止排放。按照适用情况，排油监控系统应满足 A.496（Ⅻ）决议通过的《油船排油监控系统指南和技术条件》、A.586（14）决议通过的《经修订的油船排油监控系统指南和技术条件》或 MEPC.108（49）决议通过的《修订的油船排油监控系统指南和技术条件》。

油/水界面探测器能迅速而准确地测定污油水舱中的油/水界面，其他舱柜如需进行油水分离并从其中将排出物直接排放入海，也应配备这种探测器。具体要求参见 MEPC.5（ⅩⅢ）决议通过的《油/水界面探测器技术条件》。

每艘在 1982 年 6 月 1 日以后交船的 20 000 载重吨及以上的原油油船应设置使用原油洗舱的货油舱清洗系统，并备有《原油洗舱操作和设备手册》。主管机关应保证该系统在该船第一次载运原油航行以后的一年内或载运适合于原油洗舱的原油的第三个航程结束时（两者发生较晚者）完全符合本条的要求。原油洗舱装置及其附属设备与布置应符合主管机关所制订的要求，即 IMO 通过的《原油洗舱系统设计、操作和控制技术条件》的全部规定。

凡 150 总吨位及以上的油船，应备有油类记录簿Ⅱ“货油和压载的作业”。

每艘 150 总吨位及以上的油船和每艘 400 总吨位及以上的非油船，应备有主管机关认可的《船上油污应急计划》。

所有载重量为 5000 吨或以上的油船均应备有破损稳性和剩余结构强度岸基电脑计算快速响应程序。

2.2.4.5 污油水排放操作及控制标准

1. 原油洗舱

原油洗舱应按照《原油洗舱操作和设备手册》进行操作。

关于货油舱的压载，应在每一压载航次开始之前，用原油清洗足够的货油舱，以便根据该油船营运的方式及预期的气候情况将压载水只装在经过原油清洗的货油舱内。

2. 操作记录

每当船舶进行下列任何一项货油/压载作业时，均应逐舱填写油类记录簿Ⅱ：
（1）货油的装载；
（2）航行中货油的过驳；
（3）货油的卸载；
（4）货油舱中清洁压载舱的压载；
（5）货油舱的清洗（包括原油洗舱）；
（6）压载水排放，但从专用压载舱排放者除外；
（7）排放污油水舱的水；
（8）污油水舱排放作业后，所使用的阀门或类似装置的关闭；
（9）污油水舱排放作业后，为隔离清洁压载舱与货油和扫舱管路所需阀门的关闭；
（10）残油的处理。

3. 特殊区域外的排放条件

满足如下条件，船舶可以将油类或油性混合物排放入海：
（1）油船不在特殊区域之内；
（2）油船距最近陆地 50n mile 以上；
（3）油船正在航行途中；
（4）油量瞬间排放率不超过 30L/n mile；
（5）排入海中的总油量，对于 1979 年 12 月 31 日或以前交船的油船，不得超过这项残油所属的该种货油总量的 1/15 000，对于 1979 年 12 月 31 日以后交船的油船，不得超过这项残油所属的该种货油总量的 1/30 000；
（6）油船所设的排油监控系统以及污油水舱正在运转。

4. 特殊区域内的排放条件

当油船在特殊区域内时，禁止将船上货油区域的油类或油性混合物排放入海。

无论特殊区域内或外，清洁或专用压载水的排放不受上述《国际防止船舶造成污染公约》排放条件的约束。

5. 150 总吨位以下的油船排放条件

要求该吨位的油船将油留存在船上，随后将所有的经污染的洗涤液排入接收设备。用于冲洗和流回到储存柜中的全部油和水应排入接收设备，除非设有适当的装置以保证对允许排入海水中的流出物有足够的监测以符合排放要求。

2.2.5 油船专用压载舱容量

油船设置双层壳双层底形成的边舱及双层底舱为专用压载舱。《国际防止船舶造成污染公约》附则Ⅰ规定了不同载重吨船型对专用压载舱的设置标准，专用压载舱的容量需要满足船舶一定的浮态要求。《国际防止船舶造成污染公约》附则Ⅰ第 18.1～18.5 条为专用压载舱的舱容衡准，具体要求如下：对载重量为 20 000 吨及以上的原油油船及载重量为 30 000 吨及以上的成品油油船，均应设置专用压载舱，并应尽可能均匀地沿货油舱长度布置。但是为减少船体总梁弯曲应力、船舶纵倾等所附加的专用压载舱的可布置在船内的任何位置。

专用压载舱容量的确定，应使船舶可以不依靠货油舱装载压载水而安全地压载航行。

在所有的情况下，在航行的任何过程中，不论处于何类压载情况，包括只是空载加压载水的情况在内，专用压载舱的容量应至少能使船舶的吃水和吃水差均应符合下列各项要求：

（1）船中部型吃水（不考虑任何船舶变形）最小值如下：$d_{\mathrm{m}}=2.0+0.02L$，d_{m} 单位为 m；

（2）向艉纵倾的吃水差不得大于 $0.015L$；

（3）艉垂线处的吃水无论如何不得小于达到螺旋桨全部浸没所必需的吃水。

在天气非常恶劣的少数航次中，船长认为必须在货油舱中加装额外压载水以保证船舶安全时，货油舱可装载压载水。对于原油油船，许可的额外压载水应只装载在该船驶离卸油港之前业已按规定要求以原油清洗过的货油舱内。

《国际防止船舶造成污染公约》附则Ⅰ对船长小于 150m 的油船专用压载舱舱容计算提供了替代评估方法，确定船舶最小吃水和吃水差满足作为专用压载舱的要求，分别参见第 18.5 条及其解释 33.1 和 33.2，附则Ⅰ中附录Ⅰ提供了三种计算公式以确定专用压载舱的油船最小吃水。这些公式基于理论研究和不同结构形状油船的实践检验，不同的结构外形反映了有关推进器露出水面、振动、拍击、失速、横摇、进坞及其他因素的变化程度。此外，这些计算公式还包括一些有关假定的海况资料。

2.2.6 油船完整稳性和破损稳性衡准

2.2.6.1 油船的完整稳性衡准

由于油船货油舱的自由液面影响较大，因此国际航行油船除了需要满足 IMO 2008 完整稳性准则（2008 IS Code）的 A 部分的要求之外，还必须满足《国际防止船舶造成污染公约》附则Ⅰ第 27 条对油船的完整稳性要求。

每艘在 2002 年 2 月 1 日或以后交船的 5000 载重吨及以上的油船，在可能出现的货物和压载水最恶劣装载工况（符合良好操作惯例且包括液货过驳作业的中间阶段）下的任何营运吃水，应符合以下规定的完整稳性衡准要求。在所有情况下，压载水舱应假定为存在自由液面。

（1）在港内，按横倾 0° 时自由液面修正的初稳性高度应不小于 0.15m。

（2）在海上，适用下列衡准：①复原力臂曲线以下的面积，至横倾角 θ=30° 应不小于 0.055m·rad，至横倾角 θ=40° 或其他进水角 θ_f（如果 θ_f<40°）应不小于 0.09m·rad。此外，复原力臂曲线以下的面积在横倾角 30° 与 40° 之间或 30° 与 θ_f（如果 θ_f<40°）之间，应不小于 0.03m·rad。②在横倾角等于或大于 30° 处，复原力臂应至少为 0.20m。③最大复原力臂最好在横倾角大于 30° 但不小于 25° 处。④按横倾 0° 时自由液面修正的初稳性高度应不小于 0.15m。

《国际防止船舶造成污染公约》附则 I 第 27 条稳性衡准要求有以下两个方面：一是港内装卸作业时的稳性和船舶初稳性衡准，即经自由液面修正后的初稳性高应不小于 0.15m；二是大角度稳性衡准，即上述在海上的完整稳性衡准要求。

《国际防止船舶造成污染公约》附则 I 第 27 条稳性衡准的关键点在于要求以设计的方法而不是以操作的方法解决稳性问题，它要求不仅考虑航行过程中的稳性而且还须考虑装/卸载过程中的稳性。

对“可能的最恶劣的情况”有如下解释:

（1）压载舱 1%装载（含艏艉尖舱），且自由液面取装载手册中的最大自由液面；

（2）货油舱 98%装载；

（3）调整货油比重，使排水量相应调整，以使 KM（KM=KG+GM，其中 KG 为重心高，GM 为初稳性高）值取到最小；

（4）油水舱装满，按实际比重计算。

2.2.6.2　油船破损稳性衡准

《国际防止船舶造成污染公约》附则 I 第 28 条规定：150 总吨位及以上的油船，在任何营运载况下，假定破损范围内，假定损坏沿船长的一切可设想的位置处，应该满足相应的破损稳性衡准。

1. 油船破损舱组

（1）对于船长超过 225m 的油船，在船长范围的任何位置上。

（2）对于船长大于 150m 但不超过 225m 的油船，在船长范围的任何位置上，但船艉部的机器处所的后舱壁及前舱壁位置除外。机器处所应按单舱浸水处理。

（3）对于船长不超过 150m 的油船，除机器处所外，在船长范围内相邻横向舱壁间的任何位置上。对于船长为 100m 或 100m 以下的油船，如需要符合本条要求而不能对其营运性能有重大损坏时，主管机关可以放宽这些要求。

油船在货油舱内未载有油类（任何残油除外）时的压载状态应不予考虑。

油船破损舱组的情况，根据上述规定可概括为：船长超过 225m 的油船，两舱破损（包括机舱）；船长大于 150m 但不超过 225m 的油船，两舱破损（机舱单舱破损）；船长不超过 150m 但大于 100m 的油船，单舱破损（机舱除外）。100m 及以下的油船，根据情况由主管机关适当放宽要求。

2. 油船假定破损范围

油船假定破损范围按照破损位置分为船侧破损、船底破损、底部擦损。破损范围按照纵向、横向、垂向三个方向分别定义，具体见表 2.4。

表 2.4 油船假定破损范围

破损位置	破损方向	破损范围	
舷侧破损	纵向范围	$\frac{1}{3}L^{\frac{2}{3}}$ 或 14.5m，取小者	
	横向范围	$\frac{B}{5}$ 或 11.5m，取小者 （在夏季载重线水线平面上自舷侧向船内中心线垂直量取）	
	垂向范围	自基线以上无限制（从中心线的船底外板型线量起）	
船底破损	纵向范围	$\frac{1}{3}L^{\frac{2}{3}}$ 或 14.5m，取小者（距船舶艏垂线 0.3L 范围内）	$\frac{1}{3}L^{\frac{2}{3}}$ 或 5m，取小者（船舶的其他部位）
	横向范围	$B/6$ 或 10m，取小者（距船舶艏垂线 0.3L 范围内）	$B/6$ 或 5m，取小者（船舶的其他部位）
	垂向范围	$B/15$ 或 6m，取小者（从中心线的船底外板型线量起）	
底部擦损（在 1996 年 7 月 6 日或以后交船的 20 000 载重吨及以上的油船，增加的假定破损）	纵向范围	75 000 载重吨及以上的船舶：自艏垂线量起 0.6L； 小于 75 000 载重吨的船舶：自艏垂线量起 0.4L	
	横向范围	船底任何位置的 $B/3$	
	垂向范围	外部船体损坏	

如果任何比表 2.4 规定的最大范围小的损坏会造成更为严重的情况，则应对这种损坏予以考虑。

考虑两舱破损时横向水密舱壁的损坏，横向水密舱壁的间距至少应等于表 2.4 中舷侧破损纵向范围，才被认为是有效的。如横向水密舱壁的间距较小，在该损坏范围内的一个或几个舱壁假定不存在。

考虑单舱破损时相邻两横向水密舱壁间的损坏，主横向水密舱壁、形成边舱或双层底舱界线的横向水密舱壁，均应假定为不受损坏，除非相邻舱壁的间距小于假定损坏的纵向范围，或者在横向水密舱壁上有一个长度大于 3.05m 的台阶或凹入部分，位于假定损坏的穿透部分。

3. 油船破损稳性衡准

（1）下沉、横倾和纵倾的最后水线，在可能发生继续浸水的任何开口的下缘以下。这种开口包括空气管和以风雨密门或风雨密舱盖关闭的开口，但以水密人孔盖与平舱口盖、保持甲板高度完整性的小水密货油舱口盖、遥控水密滑动门以及永闭式舷窗等关闭的开口可以除外。

（2）在浸水的最后阶段，不对称浸水所产生的横倾角不得超过 25°，但如甲板边缘无浸没现象，则这一角度最大可增至 30°。

（3）浸水最后阶段的稳性，复原力臂曲线在平衡点以外的范围至少为 20°，相应的最大剩余复原力臂在 20° 范围内至少为 0.1m，且在此范围内曲线下的面积应不少于 0.0175m·rad，则该稳性是足够的。在此范围内，无保护的开口不应被浸水，开口能够关闭保持风雨密者，可以被浸水。

（4）主管机关应确信在浸水的中间阶段稳性是足够的。

（5）借助于机械的平衡装置，例如设有阀或横贯水平管，不应作为减少横倾角或获得剩余稳性最小范围的措施以满足上述（1）～（3）的要求，并且在使用平衡装置的所有阶段中，都应保持有足够的剩余稳性。用大横剖面导管连接的处所可认为是相通的。

4. 渗透率

由于破损而浸水的处所的渗透率如表 2.5 所示。

表 2.5　渗透率

处所	渗透率
供装载物料的处所	0.60
起居舱室	0.95
机器处所	0.85
空的处所	0.95
供装载消耗液体的处所	0～0.95
供装载其他液体的处所	0～0.95

5. 自由液面影响

对于每一独立舱室，自由液面的影响应按 5° 横倾角来计算。对于部分装载的舱柜，主管机关可要求或允许按大于 5° 横倾角来计算自由液面的修正。

2.2.7　油船的意外泄油性能参数评估

2.2.7.1　适用范围

《国际防止船舶造成污染公约》附则 I 第 23 条规定，2010 年 1 月 1 日或以后交船的 5000DWT 及以上的油船应满足意外泄油性能参数的衡准要求。对于 5000DWT 以下的油船则继续采用原先的对货油舱尺度限制和布置的方式来控制泄油量。

2.2.7.2　基本定义

载重线吃水（d_S）：指自船中处的型基线至相应于船舶核定夏季干舷的水线之间的垂直距离，单位为 m。

水线（d_B）：指自船中处的型基线至相应于 30%型深的水线之间的垂直距离，单位为 m。

船宽（B_S）：系指在最深载重线吃水处或下面的船舶最大的型宽，单位为 m。

船宽（B_B）：系指在水线处或下面的船舶最大的型宽，单位为 m。

型深（D_S）：指自船中处量至上甲板舷侧的型深，单位为 m。

容积（C）：指 98%满舱时货油的总容积，单位为 m^3。

2.2.7.3 计算平均泄油量参数的假定

货物区域长度指所有载运货油的货舱区，包括污油水舱。货舱指所有的货油舱、污油水舱和燃油舱。船舶假定为装载至载重线吃水处，而无纵倾或横倾。

所有的货油舱应假定为装载至其 98%的容积。货油的名义密度计算如下：$\rho_n = 1000\text{DWT} / C$，单位为 kg/m^3。

计算泄油量时，在货物区域范围内的每一个处所均要考虑，包括货油舱、压载舱和其他非载油处所，渗透率取 0.99。

2.2.7.4 意外泄油量参数衡准

为了在碰撞或搁浅事故中防止油污染，《国际防止船舶造成污染公约》规定对于 5000DWT 及以上的油船，需要计算其意外泄油性能参数，并满足一定的衡准要求。5000DWT 以下的油船，通过货油舱尺度限制和布置达到防污染的目的。

（1）对 5000DWT 及以上的油船，平均泄油量参数 O_M 应满足下列要求：

当 $C \leqslant 200\,000\text{m}^3$ 时，$O_M \leqslant 0.015$；

当 $200\,000\text{m}^3 < C < 400\,000\text{m}^3$ 时，$O_M \leqslant 0.012+$（0.003/200 000）（$400\,000-C$）；

当 $C \geqslant 400\,000\text{m}^3$ 时，$O_M \leqslant 0.012$。

（2）对 5000DWT 和 200 000m^3 之间的兼装船，可应用下列平均泄油量参数：

当 $C \leqslant 100\,000\text{m}^3$ 时，$O_M \leqslant 0.021$；

当 $100\,000\text{m}^3 < C \leqslant 200\,000\text{m}^3$ 时，$O_M \leqslant 0.015+$（0.006/100 000）（$200\,000-C$）。

所进行的计算应使主管机关满意，证明考虑了兼装船增加的强度以后，其意外泄油性能至少等同于尺度相同且 $O_M \leqslant 0.015$ 的标准双壳油船。

2.2.7.5 平均泄油量参数计算

油船意外平均泄油量参数计算采用组合计算法，由底部破损平均泄油量 O_{MB} 及侧向破损平均泄油量 O_{MS} 加权之和（单位为 m^3），除以货舱总容积 C，即可求得无量纲的平均泄油量参数：

$$O_M = (0.4O_{\text{MS}} + 0.6O_{\text{MB}}) / C$$

1. 油船底部破损平均泄油量

对于底部破损，应分别计算 0m 和−2.5m 潮汐条件下的平均泄油量，然后组合如下：

$$O_{\text{MB}} = 0.7O_{\text{MB}(0)} + 0.3O_{\text{MB}(2.5)}$$

式中，$O_{\text{MB}(0)}$ 为 0m 潮汐条件下的油船底部破损泄油量，m^3；$O_{\text{MB}(2.5)}$ 为−2.5m 潮汐条件下的油船底部破损泄油量，m^3。

（1）0m 潮汐条件下的油船底部破损泄油量：

$$O_{\text{MB}(0)} = \sum_{i}^{n} P_{B(i)} O_{B(i)} C_{\text{DB}(i)}$$

式中，i 表示所考虑的每个货油舱；n 为货油舱的总数；$P_{B(i)}$ 为贯穿货油舱 i 底部的破损概率；$O_{B(i)}$ 为货油舱 i 的泄油量，单位为 m^3；$C_{DB(i)}$ 为考虑留存油量的系数。

（2）−2.5m 潮汐条件下的油船底部破损泄油量：

$$O_{MB(2.5)}=\sum_{i}^{n}P_{B(i)}O_{B(i)}C_{DB(i)}$$

式中，$i,n,P_{B(i)},C_{DB(i)}$ 的含义同上；$O_{B(i)}$ 为潮汐变化后货油舱 i 的泄油量，m^3。

以压力平衡原则为基础按照下列假定计算每个货油舱的泄油量 $O_{B(i)}$：①船舶假定为搁浅且纵倾和横倾均为零，潮汐变化前的搁浅吃水等于载重线吃水；②破损后货油油位的计算如下：

$$h_c=[(d_s+t_c-Z_1)\rho-1000p/g]/\rho_n$$

式中，h_c 为 Z_1 以上货油舱货油的液位高度，单位为 m；t_c 为潮汐变化，潮汐的减少以负值表达，单位为 m；Z_1 为基线以上货油舱内最低点的高度，单位为 m；ρ 为海水密度，取 $1025kg/m^3$；如安装惰性气体系统，正常的超压 p 取不小于 5kPa，如未安装惰性气体系统，超压 p 可取 0Pa；g 为重力加速度，取 $9.81m/s^2$；ρ_n 为名义货油密度，单位为 kg/m^3。

除非另有规定，对于以船底板为界限的货油舱，$O_{B(i)}$ 应不小于货油舱 i 所载货油总量的 1%，以考虑初次交换损失和海流和波浪引起的动力影响。

在底部破损中，货油舱泄出的一部分油可能被非载油的舱室留存。这种影响近似于应用如下的每个舱的系数 $C_{DB(i)}$：对于以下面为非载油舱室为界限的货油舱，$C_{DB(i)}$=0.6；对于以船底板为界限的货油舱，$C_{DB(i)}$=1.0。

2. 油船侧向破损平均泄油量

$$O_{MS}=C_3\sum_{i}^{n}P_{S(i)}O_{S(i)}$$

式中，i 表示所考虑的每个货油舱；n 为货油舱的总数；$P_{S(i)}$ 为贯穿货油舱 i 侧向破损的概率；$O_{S(i)}$ 为货油舱 i 侧向破损的泄油量，单位为 m^3，假定其等于货油舱 i 在 98%装载率时的总容积；当在货油舱内具有两个纵向舱壁且这些舱壁在货物区域范围内是连续的，则 C_3=0.77，对于所有其他的船舶，C_3=1.0。

3. 舱室底部破损概率的计算方法

根据舱室纵向、横向、垂向破损范围查表 2.6（底部破损概率表）可得相应破损概率，然后根据下式可求得任意舱室底部破损概率：

$$P_B=P_{BL}P_{BT}P_{BV}$$

式中，$P_{BL}=1-P_{BF}-P_{BA}$，是以 X_a 和 X_f 为界限的纵向区域内延伸的破损概率；

$P_{BT}=1-P_{BP}-P_{BS}$，是以 Y_P 和 Y_S 为界限的横向区域内延伸的破损概率；

$P_{BV}=1-P_{BZ}$，是由 Z 定义的界限之上垂向延伸的破损概率。

$P_{BA},P_{BF},P_{BP},P_{BS}$ 和 P_{BZ} 应采用线性内插法从表 2.6 中查取，其中，P_{BA} 为破损全部位于 X_a/L 位置后部的概率；P_{BF} 为破损全部位于 X_f/L 位置前部的概率；P_{BP} 为破损全部在油舱左舷外的概率；P_{BS}为破损全部在油舱右舷外的概率；P_{BZ}为破损全部在油舱之下的概率。

舱室界限X_A, X_F, Y_P, Y_S和Z应按以下方式确定：X_A为自船长的最后端至所计及舱室的最后一点的纵向距离，单位为 m；X_F为自船长的最后端至所计及舱室的最前一点的纵向距离，单位为 m；Y_P为自位于水线处或下面的舱室的最左的一点至位于船舶中心线右舷$B_B/2$垂直平面的横向距离，单位为 m；Y_S为自位于水线处或下面的舱室的最右的一点至位于船舶中心线右舷$B_B/2$垂直平面的横向距离，单位为 m；Z为在舱室长度方向上Z的最小值，在任何给定的纵向位置上，Z为该纵向位置处船底板最低一点至该纵向位置处舱室最低一点之间的垂直距离，单位为 m。

P_{BZ}应按如下公式计算：

当$Z/D_S \leqslant 0.1$时，

$$P_{BZ} = [14.5 - 67(Z/D_S)](Z/D_S)$$

当$Z/D_S > 0.1$时，

$$P_{BZ} = 0.78 + 1.1(Z/D_S - 0.1)$$

P_{BZ}应取不大于 1。

表 2.6 底部破损概率表

X_A/L	P_{BA}	X_F/L	P_{BF}	Y_P/B_B	P_{BP}	Y_S/B_B	P_{BS}
0	0	0	0.969	0	0.844	0	0
0.05	0.002	0.05	0.953	0.05	0.794	0.05	0.009
0.10	0.008	0.10	0.936	0.10	0.694	0.10	0.032
0.15	0.017	0.15	0.916	0.15	0.644	0.15	0.063
0.20	0.029	0.20	0.894	0.20	0.594	0.20	0.097
0.25	0.042	0.25	0.870	0.25	0.544	0.25	0.133
0.30	0.058	0.30	0.842	0.30	0.444	0.30	0.171
0.35	0.076	0.35	0.810	0.35	0.394	0.35	0.211
0.40	0.096	0.40	0.775	0.40	0.344	0.40	0.253
0.45	0.119	0.45	0.734	0.45	0.297	0.45	0.297
0.50	0.143	0.50	0.687	0.50	0.253	0.50	0.344
0.55	0.171	0.55	0.630	0.55	0.211	0.55	0.394
0.60	0.203	0.60	0.563	0.60	0.171	0.60	0.444
0.65	0.242	0.65	0.489	0.65	0.097	0.65	0.494
0.70	0.289	0.70	0.413	0.70	0.063	0.70	0.544
0.75	0.344	0.75	0.333	0.75	0.413	0.75	0.594
0.80	0.409	0.80	0.252	0.80	0.482	0.80	0.644
0.85	0.482	0.85	0.170	0.85	0.553	0.85	0.694
0.90	0.565	0.90	0.089	0.90	0.032	0.90	0.744
0.95	0.658	0.95	0.026	0.95	0.009	0.95	0.794
1.00	0.761	1.00	0	1.00	0.775	1.00	0.844

4. 舱室侧向破损概率的计算方法

根据舱室纵向、横向、垂向破损范围查表 2.7（侧向破损概率表）可得相应破损概率，然后根据下式可求得任意舱室侧向破损概率：

$$P_S = P_{SL}P_{SV}P_{ST}$$

式中，$P_{SL}=1-P_{Sf}-P_{SA}$，是以 X_A 和 X_F 为界限的纵向区域内延伸的破损概率；

$P_{SV}=1-P_{SU}-P_{SL}$，是以 Z_L 和 Z_U 为界限的垂向区域内延伸的破损概率；

$P_{ST}=1-P_{SY}$，为由 Y 定义的界限之外横向延伸的破损概率。

P_{SA}，P_{SF}，P_{SL}，P_{SU} 和 P_{SY} 应采用线性内插法从表 2.7 中查取，其中，P_{SA} 为破损全部位于 X_A/L 位置后部的概率；P_{SF} 为破损全部位于 X_F/L 位置前部的概率；P_{SL} 为破损全部在油舱下面的概率；P_{SU} 为破损全部在油舱上面的概率；P_{SY} 为破损全部在油舱外的概率。

舱室界限 X_A, X_F, Z_L, Z_U 和 Y 应按如下方式确定：

X_A 为自船长的最后端至所计及舱室的最后一点的纵向距离，单位为 m；

X_F 为自船长 L 的最后端至所计及舱室的最前一点的纵向距离，单位为 m；

Z_L 为自型基线至所计及舱室的最低一点的垂直距离，单位为 m；

Z_U 为自型基线至所计及舱室的最高一点的垂直距离，单位为 m，Z_U 不应大于 D_S；

Y 为在所计及舱室和船侧外板之间垂直于中心线量取的最小水平距离，单位为 m。

P_{SY} 应按如下公式计算：

当 $Y/B_S \leqslant 0.05$ 时，

$$P_{SY}=[24.96-199.6(Y/B_S)](Y/B_S)$$

当 $0.05<Y/B_S<0.1$ 时，

$$P_{SY}=0.749+[5-44.4(Y/B_S-0.05)](Y/B_S-0.05)$$

当 $Y/B_S \geqslant 0.1$ 时，

$$P_{SY}=0.888+0.56(Y/B_S-0.1)$$

P_{SY} 应取不大于 1。

表 2.7　侧向破损概率表

X_A/L	P_{SA}	X_F/L	P_{SF}	Z_L/D_S	P_{SL}	Z_U/D_S	P_{SU}
0	0	0	0.967	0	0	0	0.968
0.05	0.023	0.05	0.917	0.05	0	0.05	0.952
0.10	0.068	0.10	0.867	0.10	0.001	0.10	0.931
0.15	0.117	0.15	0.817	0.15	0.003	0.15	0.905
0.20	0.167	0.20	0.767	0.20	0.007	0.20	0.873
0.25	0.217	0.25	0.717	0.25	0.013	0.25	0.836
0.30	0.267	0.30	0.667	0.30	0.021	0.30	0.789
0.35	0.317	0.35	0.617	0.35	0.034	0.35	0.733

续表

X_A/L	P_{SA}	X_F/L	P_{SF}	Z_L/D_S	P_{SL}	Z_U/D_S	P_{SU}
0.40	0.367	0.40	0.567	0.40	0.055	0.40	0.670
0.45	0.417	0.45	0.571	0.45	0.085	0.45	0.599
0.50	0.467	0.50	0.467	0.50	0.123	0.50	0.525
0.55	0.517	0.55	0.417	0.55	0.172	0.55	0.452
0.60	0.567	0.60	0.367	0.60	0.226	0.60	0.383
0.65	0.617	0.65	0.317	0.65	0.285	0.65	0.317
0.70	0.667	0.70	0.267	0.70	0.347	0.70	0.255
0.75	0.717	0.75	0.217	0.75	0.413	0.75	0.197
0.80	0.767	0.80	0.167	0.80	0.482	0.80	0.143
0.85	0.817	0.85	0.117	0.85	0.553	0.85	0.092
0.90	0.867	0.90	0.068	0.90	0.626	0.90	0.046
0.95	0.917	0.95	0.023	0.95	0.700	0.95	0.013
1.00	0.967	1.00	0	1.00	0.775	1.00	0

2.2.7.6 5000DWT 以下的油船货油舱尺度和布置限制

对于 5000DWT 以下的油船，每一货油舱的长度，不得超过 10m 或下列各值之一，取较大者：

（1）未在货油舱内设置纵向舱壁时为 $(0.5b_i/B+0.1)L$，但不超过 0.2L。

（2）在货油舱内中心线上设置纵向舱壁时为 $(0.25b_i/B+0.15)L$。

（3）在货油舱内设置两个或两个以上纵向舱壁时：①对于边货油舱，为 0.2L。②对于中间货油舱，当 $b_i/B \geqslant 0.2L$，为 0.2L；当 $b_i/B < 0.2L$ 时，分两种情况，即未设置中心线纵向舱壁时为 $(0.5b_i/B+0.1)L$，设置中心线纵向舱壁时为 $(0.25b_i/B+0.15)L$。其中，b_i 为所考虑的边舱宽度，即在相应于勘定的夏季干舷水平面上，自舷侧向舱内垂直量取的从船侧到相关货舱纵向舱壁外侧之间的最小距离，单位为 m。

2.2.8 油船结构变化及发展

在早期的航运历史中，油船多是单壳船体，货舱舱容大、载重量系数高、经济性好，但是一旦发生事故，货油会大量泄漏，造成巨大的经济损失，并导致严重的海洋生态污染。

单壳油船事故造成的环境污染及后续巨大的清污费用，促使 IMO 加快了对双壳油船立法的步伐，提前淘汰单壳油船。

下面介绍油船分舱结构发展历史[56]。

1. 单壳油船

19 世纪 80 年代，石油作为能源开始应用于各领域，为了对石油实现规模运输，世界上建成了载重量为 3000 吨的专用油船，随着后来石油运输业的发展，油船的吨位也在逐步增大。刚开始出现的专用油船为单壳油船，如图 2.3 所示。该结构形式简单、重量轻、建造方便，早期的油船多采用这种形式。

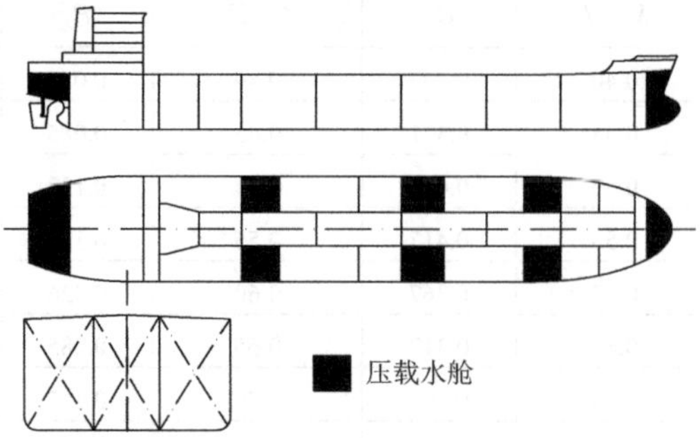

图 2.3　单壳油船

在营运过程中，单壳油船海损事故不断发生。法国联合德国和比利时向 MEPC 提交了修改《国际防止船舶造成污染公约》附则 I 第 13G 条的提案，大幅度缩短了单壳油轮的使用年限，加快了淘汰老龄单壳油轮的进程。2001 年 5 月，IMO MEPC 第 46 次会议以 MEPC.95（46）和 MEPC.94（46）号决议分别通过了《国际防止船舶造成污染公约》附则 I 第 13G 条的修正案和相应的船舶状态评估计划，并于 2002 年 9 月 1 日生效，要求第 1 类单壳油船的最终淘汰日期为 2007 年，第 2 类、第 3 类单壳油船的最终淘汰日期为 2015 年，如表 2.8 所示。对于分别要求在 2005 年和 2010 年以后继续营运的第 1 类和第 2 类单壳油船，必须通过状态评估计划的检验。

表 2.8　油船种类划分及淘汰时间

种类	载重量/t	货物种类	类型	淘汰时间/年
第 1 类	≥20 000	原油、燃油、重柴油、润滑油	不符合《国际防止船舶造成污染公约》附则 I 中 1（26）定义的新油船要求	2003～2007
	≥30 000	上述油类以外的油*		
第 2 类	≥20 000	原油、燃油、重柴油、润滑油	符合《国际防止船舶造成污染公约》附则 I 中 1（26）定义的新油船要求	2003～2015
	≥30 000	上述油类以外的油*		
第 3 类	5000≤DWT<20 000	原油、燃油、重柴油、润滑油		2003～2015
	5000≤DWT<30 000	上述油类以外的油*		

*包括澄清油、柴油、芳烃油（不包括植物油）、馏分油、瓦斯油、汽油、喷气燃料、沥青溶液、石脑油

2003 年 12 月 1～4 日，MEPC 在其位于伦敦的总部召开了 MEPC 第 50 次会议。该会议通过了有关单壳油船加速淘汰的修订案，包括为油船延长申请状态评估计划和禁止单壳油船装载重等级油的新规则，并于 2005 年 4 月 5 日在默认接受程序下强制执行。

修订的《国际防止船舶造成污染公约》附则 I 第 13G 条，将第 1 类油船的最后淘汰日期由 2007 年提前到 2005 年，将第 2 类和第 3 类油船的最后淘汰日期由 2015 年提前到 2010 年。在修订的规则之下，状态评估计划适用于船龄在 15 年或以上的所有单壳油船。在修订规则之前，状态评估计划适用于所有在 2005 年之后继续运营的第 1 类油船和所有在 2010 年之后继续运营的第 2 类油船。修订的规则允许挂旗国主管机关准许

状态评估计划结果满意的第 2 类油船在 2010 年之后继续运营，此种继续运营不超出船舶在 2015 年的交船周年日或其船龄未达到交船日后的 25 年，取其早者。

这两次《国际防止船舶造成污染公约》的修改使适用该条款的单壳油船吨位范围扩大，适用油轮载运的油品的种类增多。同时以列表的形式规定了单壳油船淘汰的年限，缩短了单壳油船的使用日期，大大加快了淘汰老龄单壳油船的进程。对油船运输业、造船业都产生重大影响，使油船的更新速度大大加快。

2. 双底油船

随着油船数量的增多和尺寸的增大，以及石油海运量的不断增多，大型油船不断因触礁、碰撞等事故使原油大量流出，不仅造成财产损失、人员伤亡，而且使海洋污染越来越严重，引起社会各界的广泛关注。船舶造成的油污染的事实证明，船舶污染海洋的危险性正日益严重。油船泄漏或海损所引起的海洋污染比其他运输船舶更严重，对海洋环境的破坏是巨大而深远的。随着人们对海洋环境保护的意识的提高，人们对船舶安全尤其是对油船安全性不断提出更高的要求。

《国际防止船舶造成污染公约》提高了排油标准，规定了某些区域禁止排油。其目标是减少油水混合物的数量以保证接收设施够用。主要特点如下：①设专用压载舱，专门用于装载压载水；②COW，利用货油洗舱改变了以往用海水冲洗舱壁的状况，不产生废油；③配备接收设施，《国际防止船舶造成污染公约》要求各国政府为所有船舶准备废油接收设施，并制定了相应的指南和手册。

《国际防止船舶造成污染公约》还规定了新的油船必须符合关于分舱和稳性的要求，使得船舶能够在碰撞或搁浅以后不致沉没。规定专用压载舱应位于碰撞和搁浅事故中最易受损位置以减少事故性溢油，在分布上满足保护位置指标要求。《国际防止船舶造成污染公约》1983 年修正案规定不准在艏尖舱装油，因为艏尖舱在发生碰撞时最容易受损。

这些规定的出现，使稳定了 80 余年的单底单壳最小干舷油船这一传统的基本船型发生了重大变化。油船设计时必须考虑货油区的专用压载舱，由此产生增加容积的需求使船舶型深加大，导致现代油船变成了富裕干舷船。保护位置的要求使船型发生两个变化：一是左右纵舱壁分别向两舷靠拢，使边压载水舱变得狭长，成为双层船壳，这增加了舷侧方向的保护位置，带来的问题是中油舱宽度加大；二是货油舱加装双层底，使船底成为有效保护面，可计入其保护面积。这两个变化使油船出现了双舷侧、双层底船型，如图 2.4、图 2.5 所示。

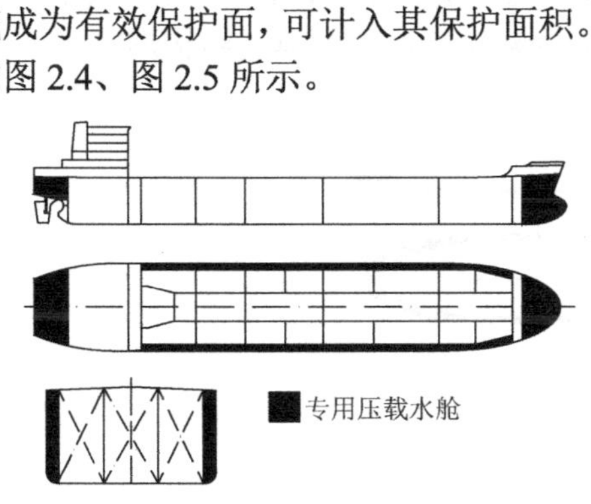

图 2.4　双舷侧型

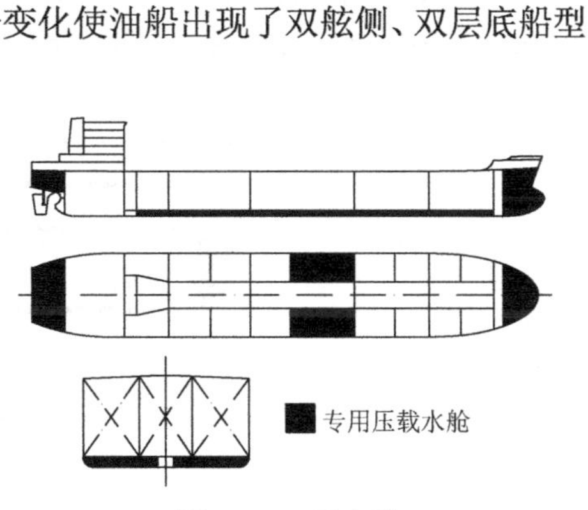

图 2.5　双层底型

为进一步提高油船安全性，防止事故的发生，IMO 通过《SOLAS 公约》对油船做出了严格的特殊规定。

（1）惰气系统：在某些情况下微小的火花就足以引起巨大灾难，因而油船防火尤为重要。按公约要求，所有的新油船和现存 20 000 总吨位以上油船应配备惰气系统，利用锅炉废气经处理后作为惰性气体。

（2）双重设备：为了保证出现机械故障后船舶的安全航行，《SOLAS 公约》要求油船操纵设备的必要部分和其他航行设备双重配置。

（3）加强检查：1995 年以后对船龄 5 年及 5 年以上的所有油船和散装船舶实行加强检查以保证及时发现缺陷。该措施被认为是消除低标准船舶的有效手段。

（4）强制性船舶报告：1996 年 1 月起，各国政府可向 IMO 建议在某些具有特别的环境和航行危险的区域建立强制船舶报告制度，要求船舶在到达指定的区域时向有关当局汇报船舶和货物的详细情况。

（5）强制拖带：1996 年 1 月起，所有 20 000 总吨位及以上的新油船应在船艏部或艉部设置紧急拖带装置，现存船舶应在第一次干坞计划期间配置，但不得迟于 1999 年 1 月。

（6）其他措施：其他有关油船安全的公约包括 1972 年《国际海上避碰规则》（该规则对于油船等操纵性比较差的船舶有特别规定）、STCW 公约（对油船船员做出了特别要求）和 IMO 1993 年通过的《国际船舶安全营运和防止污染管理规则》（以下简称《国际安全管理规则》）（于 1998 年对油船生效）。1998 年以后，没有达到规则要求的船公司将无法继续经营。

3. 双壳油船

自《国际防止船舶造成污染公约》生效以来，IMO MEPC 根据各成员国的公约执行情况，以及造船业和防污染设备生产技术方面的发展情况，再加上全世界对环境保护的重视，对该公约进行了多次讨论研究。1989 年在美国阿拉斯加发生的“埃克森 • 阿尔迪兹”号触礁搁浅事故加速了船舶防污染研究。研究成果之一即是对油船船体结构的进一步改进。

1992 年 3 月，IMO MEPC 第 32 次会议正式批准通过《国际防止船舶造成污染公约》（1992）修正案。该修正案要求 1993 年 7 月 6 日后签订的载重量 600～5000 吨的油船必须设置双层底结构，载重量 5000 吨以上的油船设置双层壳结构，现在已经在营运的单底结构总吨位小于 5000 的油轮在 2015 年后必须改为双层底结构，对于总吨位大于 5000 的油轮在 2010 年后必须改为双层壳结构，图 2.6 为双层壳船型的典型结构形式。

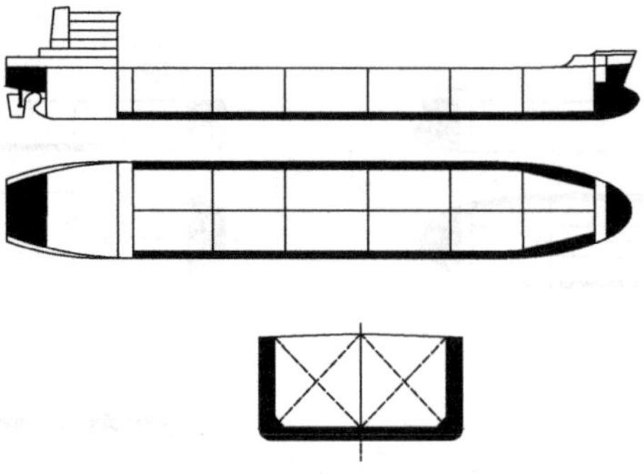

图 2.6　双层壳船型

《国际防止船舶造成污染公约》（1992）修正案是油船发展史上的划时代文件，此后油船的设计必须遵循它的约定。为了满足它的要求，造船界对船体提出了双层壳双层底的结构。常见的等效结构有 4 种，分别是 L 型、U 型、边纵舱壁通至舭部组成边舱，以及内底板与纵舱壁连接组成双层底舱，内底通至舷侧，边纵舱位于内底之上，如图 2.7 所示。随后，日本三菱公司提出的中高甲板油船方案和 Bjoihman 提出的“哥伦布鸡蛋”新型油船方案，都是双层壳结构的等效设计。中高甲板结构形式如图 2.8 所示。其特点是舷侧设双壳结构，在底部不设双层底，而在中舱设中高甲板。中高甲板离底板的高度是由底舱货油对底板压力小于底板外板处海水压力决定的，中高甲板和上甲板之间用通气管连接。当底部受损时，由于底舱油压力低于海水压力，海水进到底舱内，防止漏油。“哥伦布鸡蛋”型油船结构如图 2.9 所示，船触礁时和中高甲板油船一样靠海水平衡差防止泄油。横向碰撞时，翼舱上部作为专用压载舱，下部由于海水平衡差防止了油的泄流。据称，采用这种结构，压载舱容积可比双层壳船体减少 60%～80%。

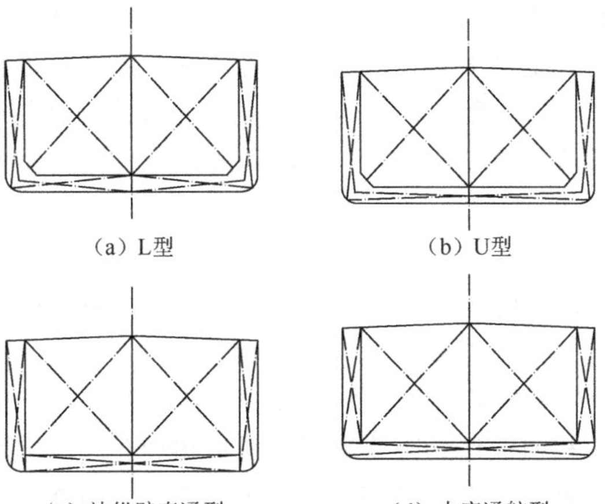

（a）L型 （b）U型

（c）边纵壁直通型 （d）内底通舷型

图 2.7 双壳双层底划分形式

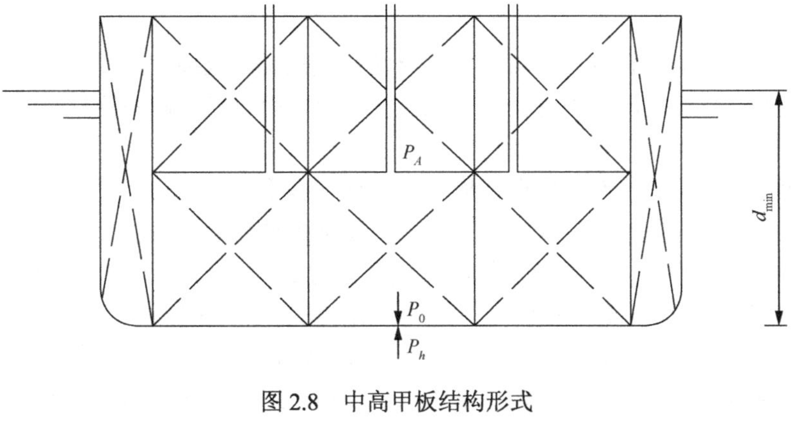

图 2.8 中高甲板结构形式

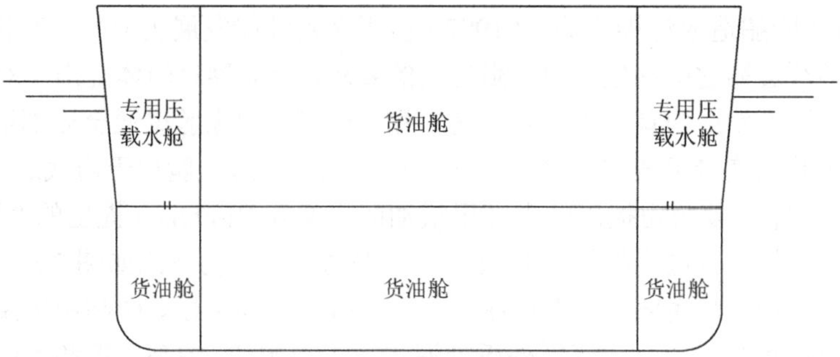

图 2.9 “哥伦布鸡蛋”型结构形式

将油船改为双层壳结构，可使油船在整个液舱范围内与海洋之间以 2～3m 宽度的空间分割开，形成两个隔层。双层船壳在低速的情况下发生一般性意外事故时，仅外层船体承受力被击穿，液货依旧保持在船壳内，因此可以有效地防止海上溢油的发生，减少海上污染。这是将油船改为双层壳结构的最重要的原因。从建造工艺上看，采用双层壳结构，货油舱具有光滑完整平面、无骨架，大量减少钢材表面加工的工作量和特涂面积。由于油舱内构件较少，洗舱干净、没有死角。总体来看双层壳结构具有如下特点：

（1）遇到中小型事故（触礁、碰撞）时，若只有外壳受损而内壳不受损，则能保证不漏油。

（2）因为构件布置在双壳内，因此货舱内壁无骨架，有利于清舱、洗舱及维护。

（3）对总强度和剪切强度都有利。但因中和轴位置比单底结构低，为保证甲板的总强度，在甲板上增加钢材，所以重量比单底结构重一些。

（4）双层壳结构纵向和横向桁材的强度比单壳结构的纵向、横向桁材更为有利。双层壳结构的桁材把外板和内板作为附连翼板，其中和轴在高度中心附近，而单层壳结构桁材只把外板作为附连翼板，中和轴在靠外板处，离自由翼板较远，不利于其强度。

（5）因为双层壳容积由压载容积大小决定，故不必设专用压载舱。

（6）现有的双层壳结构内所有纵、横构件交叉在一起，建造有困难，焊接量大，通风、维护均不方便。

（7）对于双层壳结构内、外板和扶强材的强度来说，双层壳结构不如单层壳结构。因为单层壳结构外板的压力内外会互相抵消一部分，而双壳结构外板和内板只是单面作用[3]。

由此可知，将油船改为双层壳结构将会出现一些不可忽视的问题：船体结构重量增加、造价提高。一般情况下，双层壳油船造价比常规油船高 15%～25%。油船船体钢材重量占空船重量比例较大，据专家估计，载重量为 3 万～15 万吨的单层壳油船船体钢材重量约占空船重量的 70%～85%，而双层壳比单层壳船体重 6%～10%。为了减少船体重量，现在研究出的解决方法有两种，即采取较短的船长和采用高强度钢以减少钢材厚度。一般常规油船，如果纵向构件采用高强度钢，重量可减少 18%～20%。但采用高强度钢，船的建造成本会大大增加。

双层壳结构的疲劳断裂问题比单层壳结构严重得多。单层壳板和骨材上所作用的动、静压力会内外抵消一部分，而双层壳上作用的动、静压力不能抵消，其压力较大。

因此，货舱周边和双层壳压载舱相交接板和骨材的疲劳问题应特别加以注意。同时，为减轻空船重量，许多双层壳船舶大量采用高强度钢。采用高强度钢会存在以下的问题：高强度钢抗疲劳强度稍低于普通钢，当它受到高应力的反复冲击作用时，它的抗疲劳寿命短于普通钢材制成的同样的船体构件，而且在同样的腐蚀情况下，与较厚的普通钢板相比，高强度钢会先腐蚀完。而双层壳油船的钢结构表面积大，受海水侵蚀的表面积大，增大了涂装维修的费用。因此，双层壳结构的疲劳和腐蚀是需要认真考虑并解决的问题。

4. 油船共同规范

船舶事故尽管在各种交通事故中所占的比例是最低的，但仍难以满足当今社会追求与环境和谐、寻求可持续发展的更高要求。特别是在欧洲和美国等地区，一旦发生船舶溢油等海事事故立即会引起社会的高度关注，给海事界带来巨大压力，因此，建造更安全的船舶在国际上越来越成为共识。值得关注的是，近年来国土安全利益超越航运利益的发展趋势，使规则的调整不仅关注单船安全，而且还关注航行于本国水域船舶对环境的影响。从近些年发生的船舶事故来看，船舶结构缺陷是一个不容忽视的原因。因此，IMO 的部分成员国对一些船级社的船舶建造规范标准偏低以及执行标准不统一提出了质疑。在这种背景下，2001 年 IACS 开始研究船舶结构共同规范。2005 年 6 月 13 日，IACS 举行成员船级社首席执行官（chief executive officer，CEO）会议，并就共同规范达成一致，决定 2005 年 10 月 1 日 IACS 所有成员同时通过油船和散货船两套规范，规范归 IACS 各成员船级社所有，并于 2006 年 4 月 1 日生效。在此日期以后签订合同的油船、散货船必须符合 IACS 共同规范的要求。

IACS 制定船舶结构共同规范，目的是使各船级社的规范在结构尺寸上取得一致，消除 IACS 成员中在船舶结构最小尺寸上的竞争，同时使各船级社的经验共享。制定统一的船舶建造标准，还可以抵制低标准船舶的建造，满足工业、航运界对“坚固、耐用”船舶的需求，更好地保证海上安全和保护海洋环境，追求高品质航运。共同规范是应工业界“坚固而耐久的船舶”要求而开发的，与船板厚度偏薄型的规范相比，其安全性明显增强，用钢量有所增加，造船成本有所上升，但新规范采用了新的设计理念，钢材分布更趋合理。与现有规范相比，共同规范是一部比较“中性”的规范，比较适合中国船舶工业。同时，新的标准体系还会推动船舶的更新换代，促进造船业市场的发展，为造船产业向新兴造船国家转移腾出市场空间，淡化新兴市场对原有市场的冲击[6]，为中国造船工业实现由大到强的能力跨越提供一次机遇。

共同规范以净尺度代替现行的建造厚度为基础的检验标准，对检验体系有很大影响。净尺度概念的引入使得模糊的建造尺寸设计方法退出单一的规范体系，明确了维护标准。为满足共同结构规范要求的“安全、坚固、耐用”以及达到 25 年大西洋海况下的航行寿命，新造油船所需的钢料也有所增加，图 2.10 为共同规范推荐的六种双层壳油船的典型布置。专家预测评估表明：增加的钢材重量将为 2%～7%。其中，苏伊士型油船约增加 6%～7%的钢材重量，阿芙拉型油船的增加量为 2%～5%，超大型油船钢材增加量为 900～1200 吨。考虑到不同部位的受力情况、强度要求、腐蚀程度、疲劳等不同，油船船体应重新设计。

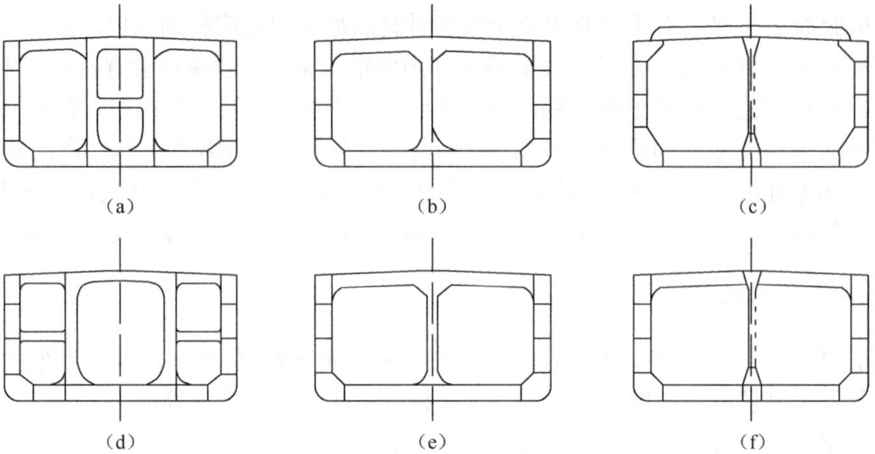

图 2.10　六种双层壳油船的典型布置

5. *船舶潜在泄油量设计方案研究*

油船的合理分舱是控制其在碰撞、搁浅等事故中溢油量的有效措施。不同的分舱方案下，溢油量不同，钢料重量增加量也不同，因而，不同的分舱方案其经济性亦不同。至于双层壳宽度、双层底高度应该取多大值，与船体主尺度及载货量的关系是什么，均需要通过一定的研究方案详细分析比较后才能得出。1991 年，挪威皇家理工研究委员会组织挪威海事管理局、挪威船东协会和挪威船级社共同对 VLCC 潜在泄油量进行了联合研究。下面介绍其分舱方案及结果与结论[57]。

泄油计算以碰撞或搁浅损伤的位置和区域的现有统计资料为基础，考虑了统计误差，应用了概率分析程序。基于首部在楔形顽石上碰穿和搁浅这一保守的假设，对其碰撞和搁浅过程进行分析。沿船体在 51 个位置考虑了碰撞，在 51 个横剖面位置有 7 处考虑了搁浅。计算结果以累计概率曲线绘出，其泄油概率等于或小于给定量。由此，可用不同方案的曲线比较泄油量的大小。综合这些曲线，就可得出每艘船的总流出量指标，再按研究的主要目的来排列各种设计方案。计算是按碰撞和搁浅分别进行的，然后基于全世界的事故分析，假定碰撞/搁浅的概率分布为 40/60，将其结果进行综合得出总指标。

该船型主尺度要素如下：DWT=280 000 吨，L=315m，B=57.2m，D=30.4m，d=20.8m，C_B=0.83。该船设计为单底单壳、两道纵舱壁，并设有满足《国际防止船舶造成污染公约》要求的专用压载舱边舱。

研究方案共设计了 10 个不同的分舱形式，前提条件是保证所有 10 种变化方案的主要量度相同，载货量和压载水量也大致相同。10 种分舱方案概括如表 2.9 所示。

表 2.9　油船潜在泄油量设计方案

方案序号	货油舱列数	纵舱壁个数	底	壳
1A	6	2	双底	单壳
1B	9	1	双底	双壳
2	6	2	双底	单壳
3B	9	0	单底	双壳

续表

方案序号	货油舱列数	纵舱壁个数	底	壳
4	5	2	双底（压载舱在 No.4）	单壳
4A	5	2	双底（压载舱在 No.5）	单壳
4B	6	2	双底（压载舱在 No.6）	单壳
5	11	0	艏部及 No.1 与 No.2 货舱区为双底	双壳
6	4	2	边舱为双底，中部为单底	单壳
7	12（舱长为《国际防止船舶造成污染公约》要求的一半）	2	单底	压载水隔舱装载

所有方案在碰撞及搁浅时的泄油量与常规油船船型（泄油指数为 100）的比较如图 2.11～图 2.15 所示。如图 2.11 所示，在碰撞时所有具有双层壳和/或双层底的方案（1A、1B、3B 和 5）泄油指数为常规船型泄油指数的 30%～50%。同样，具有许多短舱和两边具有间隔的压载舱的第 7 种方案也是有效果的。从图 2.12 和图 2.13 可见，在搁浅时具有双层底的方案（1A、1B、2、4、4A）对于防止泄油是非常有效的，其泄油指数为

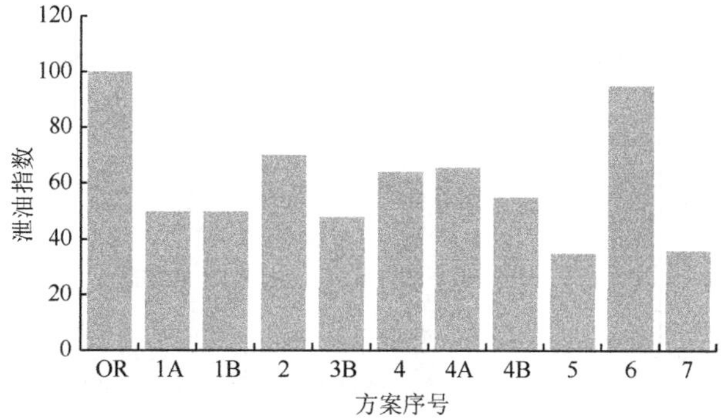

图 2.11 不同方案在碰撞时的泄油量比较

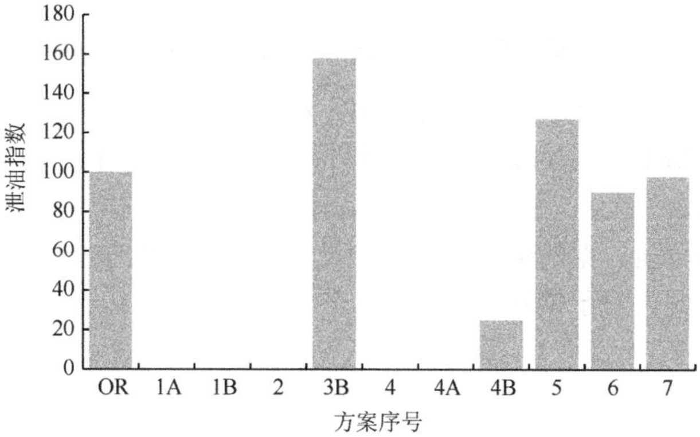

图 2.12 不同分舱方案在搁浅情况下的泄油量比较（5kn）

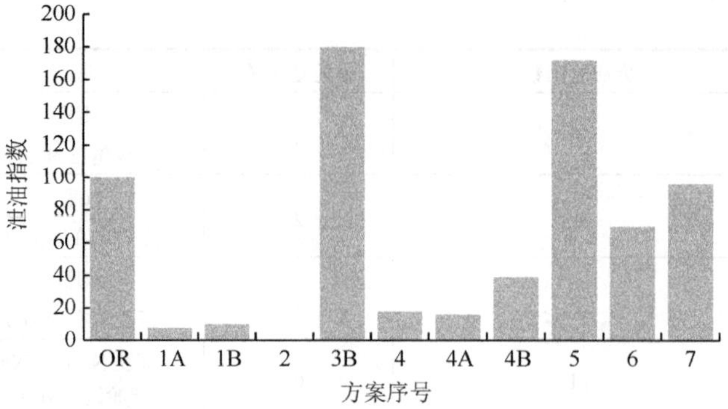

图 2.13　不同分舱方案在搁浅情况下的泄油量比较（10kn）

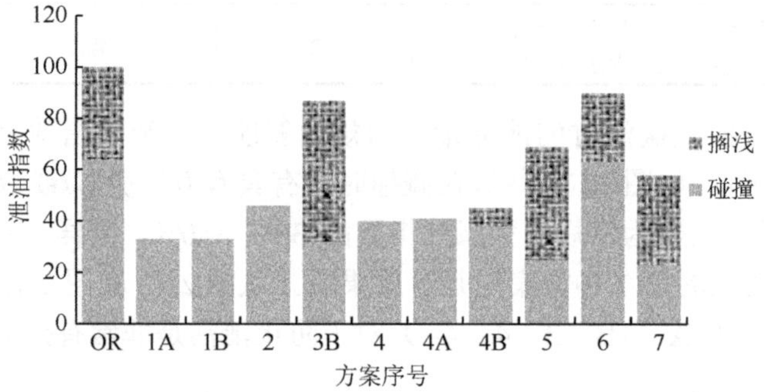

图 2.14　全速（5kn）时不同分舱方案在碰撞与搁浅时的泄油量比较［碰撞（40%）～搁浅（60%）］

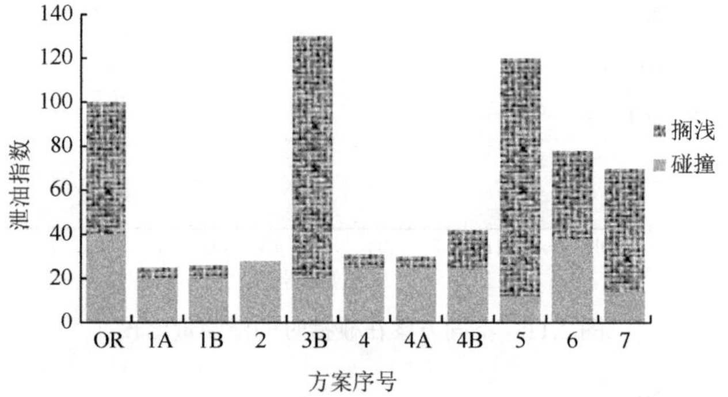

图 2.15　全速（10kn）时不同分舱方案在碰撞与搁浅时的泄油量比较［碰撞（40%）～搁浅（60%）］

常规船型泄油指数的 0～20%。从图 2.14 和图 2.15 可见，不同航速下碰撞和搁浅同时发生的泄油指数分布情况，效果较好的方案为 1A、1B、2、4、4A、4B，泄油指数为常规船型的 20%～40%。

同时，对不同分舱方案的钢料重量增加量进行计算，结果如表 2.10 所示。可以看出，不同的分舱方案，对于钢料重量的变化各不相同。

表 2.10 不同分舱方案下钢料重量变化

方案序号	重量变化/%	方案序号	重量变化/%
OR	0	4A	+4.0
1A	+14.7	4B	+3.3
1B	+13.3	5	+3.0
2	+6.5	6	+6.2
3B	−0.3	7	+6.3
4	+4.0	—	—

2.3 附则 II：散装有毒液体物质污染规则

2.3.1 基本定义

1. 化学品规则

散装化学品规则指由 IMO MEPC 以 MEPC.20（22）决议通过的《BCH 规则》。

国际散装化学品规则指由 IMO MEPC 以 MEPC.19（22）决议通过并经修正的《IBC 规则》。

2. 液体物质

液体物质指温度为 37.8℃时，绝对蒸汽压力不超过 0.28MPa 的物质。

3. 有毒液体物质

有毒液体物质指《IBC 规则》第 17 章或第 18 章的污染类别栏中所指明的列为 X、Y 或 Z 类的任何物质。

4. 残余物

残余物指任何需处理的有毒液体物质。

5. 残余物/水混合物

残余物/水混合物指以任何目的加入水的残余物，例如，油舱清洗的洗舱水、舱底含油污水。

6. 液货船

化学品液货船指经建造或改建用于散装运输《IBC 规则》第 17 章所列的任何一种液体货品的船舶。

有毒液体物质（noxious liquid substances，NLS）液货船指经建造或改建用于散装运输有毒液体物质货物的船舶，包括《国际防止船舶造成污染公约》附则 I 定义的核准用于散装运输全部或部分有毒液体物质货物的油船。

7. 黏度

高黏度物质指在卸货温度下黏度等于或高于 50MPa·s 的 X 或 Y 类有毒液体物质。低黏度物质指非高黏度物质的有毒液体物质。

8. 固化有毒液体物质

系指其熔点低于 15℃，处于卸载时熔点以上不到 5℃的温度，或物质的熔点等于或高于 15℃，处于卸载时熔点以上不到 10℃的温度的固体有毒液体物质。

2.3.2 散装有毒液体物质分类

有毒液体物质根据 A1 生物积聚、A2 生物退化、B1 急性毒性、B2 慢性毒性、D3 长期健康影响、E2 对海洋野生生物及海底生态环境的影响等几个方面分类。不同有毒液体货物具有不同的毒性，具体分类标准见附录 D。有毒液体物质分类分为四类，毒性及危害性依次降低，相应的防污染措施及标准也依次降低，具体定义如下。

1. X 类

这类有毒液体物质如果从洗舱或排除压载的作业中排放入海，将会对海洋资源或人类健康产生重大危害，因而应严禁向海洋环境排放该类物质。

2. Y 类

这类有毒液体物质如果从洗舱或排除压载的作业中排放入海，将会对海洋资源或人类健康产生危害，或对海上的休憩环境及其他合法利用造成损害，因而对排放入海的该类物质的质和量应采取限制措施。

3. Z 类

这类有毒液体物质如果从洗舱或排除压载的作业中排放入海，将会对海洋资源或人类健康产生较小的危害，因而对排放入海的该类物质应采取较严格的限制措施。

4. OS 类

以 OS 形式被列入《IBC 规则》第 18 章污染类别栏目中的物质，并经评定认为不能列入上述所定义的 X、Y 或 Z 类物质之内，这些物质如果从洗舱或排除压载的作业中排放入海，目前认为对海洋资源、人类健康、海上休憩环境或其他合法的利用并无危害。排放仅含有 OS 类物质的舱底水、压载水或其他残余物、混合物，不受《国际防止船舶造成污染公约》附则Ⅱ任何要求的约束。

2.3.3 散装有毒液体物质防污染措施

1. 设计、构造、设备、布置和操作要求

装运散装的有毒液体物质船舶的设计、构造、设备、布置和操作应符合相关规定，以便将危险物质不受控制排放入海的情况减至最低限度。

1986 年 7 月 1 日或以后建造的化学品液货船应符合《IBC 规则》第 17 章确定的有毒液体物质的船舶的设计、构造、设备、布置和操作等要求。

对核准散装运输《IBC 规则》第 17 章确定的有毒液体物质的非化学品液货船或非液化气体运输船，主管机关应根据指南，具体参见 A.673（16）决议和 MEPC.148（54）决议制定适当措施。

2. 泵吸和管路的标准要求

与泵吸和管路要求相关的残余物标准、水下排放口的数量、布置及最小直径等，均需满足规定要求。残余物排放标准不断趋于严格。散装有毒液体物质的要求如表 2.11 和表 2.12 所示。

表 2.11 泵吸和管路及残余物标准

<table>
<tr><th>交船日期</th><th>泵吸和管路</th><th>X/Y 类物质的数量要求</th><th>Z 类物质的数量要求</th><th>性能试验</th></tr>
<tr><td>1986 年 7 月 1 日以前</td><td>均应设置泵吸和管路</td><td>确保每一核准装运 X 或 Y 类物质的舱内及其相关管路内的残余物不超过 300L</td><td>确保每个核准装运 Z 类物质的舱内及其相关管路内的残余物不超过 900L</td><td>进行性能试验</td></tr>
<tr><td>1986 年 7 月 1 日或以后但在 2007 年 1 月 1 日以前</td><td>均应设置泵吸和管路</td><td>确保每一核准装运 X 或 Y 类物质的舱内及其相关管路内的残余物不超过 100L</td><td>确保每个核准装运 Z 类物质的舱内及其相关管路内的残余物不超过 300L</td><td>进行性能试验</td></tr>
<tr><td>2007 年 1 月 1 日或以后</td><td>均应设置泵吸和管路</td><td colspan="2">以确保核准装运 X、Y 或 Z 类物质在每个舱内及其相关管路内的残余物不超过 75L</td><td>进行性能试验</td></tr>
<tr><td>2007 年 1 月 1 日以前</td><td>未能符合本条第 1 行和第 2 行所述为 Z 类物质设置泵吸和管路要求的非化学品液货船</td><td colspan="2">均不适用数量要求。如液舱排空到最实际的程度，视为达到符合标准</td><td>无</td></tr>
</table>

表 2.12 水下排放口布置

<table>
<tr><th>交船日期</th><th>载运物质种类</th><th>排放口位置</th><th>排放口直径</th><th>排放口位置</th><th>污液舱</th></tr>
<tr><td>2007 年 1 月 1 日以前</td><td>Z 类</td><td>无强制规定设置排放口</td><td>—</td><td rowspan="3">应位于液货舱区域内舭部弯曲处附近，其布置应避免船舶吸入海水使残余物/水混合物重新吸入</td><td rowspan="3">不要求配置专用污液舱，液货舱可被用作污液舱</td></tr>
<tr><td>2007 年 1 月 1 日或以后</td><td>Z 类</td><td>应设置一个或几个排放口</td><td rowspan="2">排放方向与船壳板成直角：
$d=\dfrac{Q_d}{5L_d}$</td></tr>
<tr><td>无日期规定</td><td>X、Y 类</td><td>应设置一个或几个排放口</td></tr>
</table>

联合国下属环境规划署的 GESAMP 1969 年成立，其宗旨是就海洋环境保护向联合国提出科学建议。他们对各类有毒液体物质进行了研究和分类，根据其对人体及环境的毒性及危害性大小进行相应的划分，具体分类指南可参见附录 D。

3. 排放标准

如果允许将 X、Y 或 Z 类物质，临时评定为此类物质的残余物，含有此类物质的压载水、洗舱水或其他混合物排放入海，应符合下列排放标准：

（1）船舶在海上航行，自航船航速至少为 7kn，非自航船航速至少为 4kn；

（2）在水线以下通过水下排放口进行排放，不超过水下排放口的最高设计速率；

（3）排放时距最近陆地不少于 12n mile，水深不少于 25m。

在 2007 年 1 月 1 日以前建造的船舶，对于将 Z 类物质或临时评定为此类物质的残余物、含有此类物质的压载水及洗舱水、其他混合物在水线以下排放入海并无强制规定。

对于 Z 类物质，主管机关可对仅在本国主权或所辖水域内航行的悬挂其国旗的船舶免除关于排放时距最近陆地不小于 12n mile 的要求。

4. 禁止排放区域

禁止任何有毒液体物质或含有此类物质的混合物排放入南极海域。南极海域指南纬 60° 以南海域。

2.4　附则Ⅲ：防止海运包装有害物质污染规则

2.4.1　适用范围及定义

附则Ⅲ适用于所有装运包装有害物质的船舶。有害物质指《国际海运危险货物规则》[3] 确定为海洋污染物的物质。

每一缔约国政府应颁布或促使颁布关于包装、标志、标签、单证、积载、限量和例外的详细要求，以防止或最大限度减少有害物质对海洋环境的污染。

2.4.2　海运包装有害物质识别标准

根据包装有害物质的识别指南，符合下列任何一种识别标准的物质均为有害物质。

1. 急性 1

96 hr LC_{50}（对鱼类）≤1mg/L

48 hr EC_{50}（对甲壳动物）≤1mg/L

72 或 96 hr ErC_{50}（对海藻或其他水生物）≤1mg/L

2. 慢性 1

96 h LC_{50}（对鱼类）≤1mg/L
48 h EC_{50}（对甲壳动物）≤1mg/L
72 或 96 h ErC_{50}（对海藻或其他水生物）≤mg/L
且该物质不能很快降解和/或 $\log K_{ow}$ ≥4（除非经实验确定 BCF < 500）

3. 慢性 2

1mg/L<96 h LC_{50}（对鱼类）≤10mg/L
1mg/L<48 h EC_{50}（对甲壳动物）≤10mg/L
1mg/L<72 或 96 h ErC_{50}（对海藻或其他水生物）≤10mg/L
且该物质不能很快降解和/或 $\log K_{ow}$ ≥4（除非经实验确定 BCF < 500），除非慢性毒性 NOEC > 1mg/L。

说明： LC（lethal concentration）即引起试验动物死亡的毒物浓度。表示致死浓度时，常在 C 的下方写上一具体数字，以表示引起该死亡百分数的浓度，LC_{50} 指引起 50%试验动物死亡时的毒物浓度。当试验不以死亡作为试验生物对毒物的反应指标，而是观察测定毒物对生物的某一影响，如藻类生长受抑制，常用有效浓度（effective concentration，EC）来表示毒物对试验生物的毒性。EC_{50} 即指半数有效浓度，是指引起 50%试验动物产生某一特定反应，或是某反应指标被抑制一半时的浓度。LC_{50} 及 EC_{50} 的单位通常用 mg/L）或 ml/m^3 来表示。ErC_{50} 为生长抑制 EC_{50} 的表达方法。BCF（bioconcentration factor）为生物积聚系数（生物富集系数）。K_{ow} 为正辛醇/水分配系数。NOEC 为无可观察效应浓度，试验浓度低于产生在统计上有效的有害影响的最低测得浓度。NOEC 没有产生在统计上有效的应受管制的有害影响。

2.4.3 海运包装有害物质防污染措施

根据其所装的特定物质，包装件应能使其对海洋环境的危害减至最低限度。

1. 包装单证

盛装有害物质的包装件，应永久地标以正确的技术名称（不应仅使用商品名称），并应加上永久的标志或标签牌，以指明该物质为海洋污染物。

2. 标志、标签

在所有有关海运有害物质的单证上涉及这些物质名称时，应该使用每种物质的正确技术名称（不应仅使用商品名称），并对该物质注明“海洋污染物”字样。

3. 积载

每艘装运有害物质的船舶，应具有 1 份特别清单或舱单，列明船上所装的有害物质及其位置。

4. 限量

对某些有害物质，由于科学和技术上的合理原因，可能需要在禁止运输或对某一船舶的装载数量方面加以限制。在限制数量时应充分考虑船舶的大小、结构和设备，同时还应考虑这些物质的包装和固有性质。

5. 例外

禁止将以包装形式装运的有害物质抛弃入海，但为保障船舶安全或救护海上人命所必需者除外。

遵守公约规定的情况下，应根据有害物质的物理、化学和生物学上的特性采取相应措施，控制其泄漏物受浪击冲出船外，但这种措施的执行应不致损害船舶和船上人员的安全。

6. 港口国控制

当船舶停靠在另一缔约国港口时，如有明显理由确信该船船长或船员不熟悉船上主要的防止有害物质污染程序，该船应接受该缔约国正式授权官员根据本附则进行的有关操作要求的检查。

在上述情况下，该缔约国应采取措施，确保该船在按本附则的要求调整至正常状态前，不得开航。

2.5 附则Ⅳ～Ⅵ：防止船舶生活污水、垃圾、空气污染规则

2.5.1 防止船舶生活污水污染规则

《国际防止船舶造成污染公约》附则Ⅳ从 1973 年通过后直到 2002 年 9 月 26 日才满足生效条件，于 2003 年 9 月 27 日生效。

2.5.1.1 适用范围

适用范围直接关系到受附则Ⅳ约束的船舶的范围和履约期限。

经修订的《国际防止船舶造成污染公约》附则Ⅳ适用下列国际航行的船舶：

（1）400 总吨位及以上的新船；

（2）小于 400 总吨位且核准载运 15 人以上的新船；

（3）本附则生效之日 5 年以后的 400 总吨位及以上的现有船舶；

（4）本附则生效之日 5 年以后的小于 400 总吨位且核准载运 15 人以上的现有船舶。

这些船舶应按要求配备排放生活污水的设备。

对驶往本公约其他缔约国所管辖的港口或近海装卸站的任何船舶，在按照规定进行初次检验或换证检验后，均应签发国际防止生活污水污染证书。

2.5.1.2 定义、设计要求及排放控制

1. 生活污水

（1）任何型式的厕所和小便池的排出物和其他废弃物；
（2）医务室（药房、病房等）的面盆、淋浴和这些处所排水孔的排出物；
（3）装有活畜禽货的处所的排出物；
（4）混有上述排出物的其他废水。

2. 生活污水系统

凡按要求符合本附则各项规定的船舶，均应配备下列之一的生活污水系统，并应经过主管机关的型式认可：

（1）生活污水处理装置，以 IMO 制定的标准和试验方法为依据，具体参见 MEPC.2（Ⅵ）决议通过的《关于生活污水处理装置国际排放标准的建议和性能试验指南》；

（2）生活污水粉碎和消毒系统，该系统应配备达到主管机关要求的各项设施，用于船舶在离最近陆地不到 3n mile 时临时储存生活污水；

（3）集污舱，集污舱的容量应参照船舶营运情况、船上人数和其他相关因素，能存放全部生活污水，并应设有能指示其集存数量的目视装置，集污舱的容量和构造均应达到主管机关要求。

3. 标准排放接头

为了使接收设备的管路能与船上的排放管路相连接，两条管路均应装有符合标准的排放接头。

2.5.1.3 生活污水排放控制

除了特殊情况（为了船上人员安全）之外，应禁止将生活污水排放入海。可以排放的情况如下：

（1）船舶在距最近陆地 3n mile 以外，使用所认可的系统，排放业经粉碎和消毒的生活污水，或在距最近陆地 12n mile 以外排放未经粉碎和消毒的生活污水。但在任何情况下，不得将集污舱中储存的生活污水顷刻排光，而应在航行途中，船舶以不小于 4kn 的船速航行时，以中等速率排放，排放率应由主管机关予以批准。

（2）船舶所设经批准的生活污水处理装置正在运转，该装置已由主管机关验证符合操作要求，同时该装置的试验结果已写入该船的国际防止生活污水污染证书。此外，排出物在其周围的水中不应产生可见的漂浮固体，也不应使水变色。

2.5.1.4 国际防止生活污水污染证书

该证书应注明下列信息：

生活污水处理装置的类型、制造厂名称，符合 MEPC.2（Ⅵ）决议规定的排放标准；
粉碎机的类型、制造厂的名称、消毒后生活污水的标准；
集污舱总容量、位置；
将生活污水排往接收设备的管路装有标准通岸接头。

2.5.2　防止船舶垃圾污染规则

2.5.2.1　适用范围

防止船舶垃圾污染规则适用于所有船舶。400 总吨位及以上的船舶和核准载运 15 名或以上人员的船舶以及固定或移动平台，均应备有一份船员必须遵守的垃圾管理计划。该计划应就收集、储藏、加工和处理垃圾以及船上设备使用等提供书面程序，还应指定负责执行该计划的人员。

2.5.2.2　船舶垃圾的定义

船舶垃圾是指产生于船舶通常的营运期间，并要不断地定期予以处理的各种食品、日常用品和工作用品的废弃物（不包括鲜鱼及其各个部分）。废弃物是指被抛弃的、无用的、不需要的或多余的物质，包括食品废弃物、生活废弃物、货物装卸废弃物、维修废弃物、油抹布、污染抹布、营运废弃物、货物残余物等。

2.5.2.3　船舶垃圾的来源

船舶垃圾产生的途径很多，综合起来有以下几个方面：

（1）运输货物而产生的离散和捆系用品的残物，如稻草席、胶合板、纸、硬纸板、金属丝、塑料衬料等包装材料；

（2）由于船舶维修和保养而产生的油漆废料（湿的和干的）、铁锈、油破布、更换零件的包装材料、索具的废物（钢质的、植物纤维的、合成的绳索与织物等）、修理机械和设备的废料（润滑油、油烟、耐火砖、水垢、焦渣、用过的零件、纸板、金属板和金属条切屑废料、纸板屑、木屑、各种天然的和合成的材料等）；

（3）日常生活和卫生保健工作带来的一些日常生活垃圾和各种废弃物，包括食品废弃物、医疗废弃物、纸制品、织物、玻璃、金属饮料罐、陶器、塑料等；

（4）船舶动力或生活用燃油产生的污油泥。

2.5.2.4　排放要求及排放控制

可以排放的情况按照特殊区域内、特殊区域外划分，配备一定规格的处理设备，处理后按照规定的距岸距离进行排放。

1. 特殊区域外的垃圾排放控制

只有在船舶处于在航行时可以排放，并满足下列要求：

（1）食品废弃物经粉碎机或研磨机处理，颗粒不大于 25mm 的，可在距最近陆地 3n mile 外排放；

（2）未经处理的食品废弃物可在距最近陆地 12n mile 外排放；

（3）无法用常用卸载方法回收的货物残留物可在距最近陆地 12n mile 外排放，且货物残留物不得含有被列为有害海洋环境的物质；

（4）动物尸体应尽可能远离最近陆地。

另外，还规定了当船舶处于在航或非在航时都可排放的情况，即货舱、甲板和外表面的清洗水含有清洁剂或添加剂可以排放入海，但这些物质不得危害海洋环境。

2. 特殊区域内的垃圾排放控制

只能在船舶处于在航时排放，并应要求：

（1）食品废弃物经粉碎机或研磨机处理，颗粒不大于 25mm 的，且未受其他类型垃圾污染，可在距最近陆地 12n mile 外排放；

（2）对于无法用常用卸载方法回收的货物残留物，应包含在洗舱水中且必须保证货舱洗舱水中不含有对海洋环境有害物质，出发港和目的港都在特殊区域之内，且航程不出特殊区域，港口没有足够的接受设施，方可在距最近陆地 12n mile 外排放；

（3）甲板和外表面的清洗水含有清洁剂或添加剂可以在船舶处于在航和非在航状态时排放入海，但这些物质不得危害海洋环境。

3. 垃圾排放的特殊控制区域

在该区域中，由于其海洋学和生态学的情况及其运输的特殊性质等公认的技术原因，要求采取特殊的强制办法以防止垃圾污染海洋。

该区域指如下区域：地中海区域、波罗的海区域、黑海区域、红海区域、海湾区域、北海区域、南极区域和大加勒比海区域。

2.5.3 防止船舶空气污染规则

船舶是当今国际贸易最主要的货物运输工具，全球超过 70%的贸易是通过海运完成的。运输船舶采用的动力装置主要为燃烧重质柴油的主机，航行过程中排放出大量废气。1988 年，MEPC 会议将挪威提交的关于空气污染范围问题纳入其工作计划。1990 年，挪威向 MEPC 提交了一份关于船舶造船空气污染的报告。该报告说明了全球船舶所产生的硫氧化物、氮氧化物等有害物对空气的污染程度。其中，船舶每年排放的氧化硫为 450 万～600 万吨，约占全球氧化硫排放总量的 4%，氮氧化物排放量每年约为 500 万吨，占全球排放总量的 7%。在交通密集的海峡、港口，船舶柴油机致使空气污染越来越严重，并随外贸激增而加重。在很多城市，船舶运输业已经成为空气恶化的最大污染源。

因此，船舶废气污染问题，尤其是硫氧化物污染控制已经到了刻不容缓的地步。

经修订的《国际防止船舶造成污染公约》附则Ⅵ于 2010 年 7 月 1 日生效，其中 MEPC.202（62）决议和 MEPC.203（62）决议通过的修正案已经于 2013 年 1 月 1 日生效。修正案进一步扩大了 ECAs，提高了不同控制区在不同履约期限的排放控制标准，提出了 EEDI 和 SEEMP 的实施与检验发证。

2.5.3.1　适用范围

防止船舶造成空气污染规则适用于所有船舶。

凡 400 总吨位及以上的船舶以及所有固定和移动钻井平台及其他平台，应进行法定检验，确保其设备、系统、附件、布置和材料完全符合本附则的适用要求。按规定进行初次或换证检验后，应签发国际防止空气污染证书。对小于 400 总吨位的船舶，主管机关可制订适当措施，以确保其符合本附则的适用规定。

符合 MEPC.203（62）决议通过的修正案的新船，应满足能效指标要求，然后签发国际船舶能效证书。

2.5.3.2　排放控制要求

船舶排放物主要为硫化物、氮氧化物和二氧化碳，前两者是石化燃料的主要污染源，后者则会带来温室效应。根据海事单位的统计，船舶排放的硫化物占全球 4%，氮氧化物的排放占比约为 7%，二氧化碳的排放则为 3%～3.5%。

船舶排放控制的途径分别如下：通过限制安装含有消耗臭氧物质的灭火系统、其他系统和设备来控制消耗臭氧物质；通过设置柴油机功率和转速一定时的氮氧化物排放标准来满足氮氧化物排放极限；通过燃油硫含量来控制硫氧化物和颗粒物的排放；通过安装经认可的蒸气收集系统来控制挥发性有机化合物的排放；船上装备焚烧炉及控制燃油质量等。

1. 消耗臭氧物质

2005 年 5 月 19 日以前安装的含有消耗物质（氢化氟烃）的灭火系统、其他系统和设备可继续使用，2020 年 1 月 1 日前允许安装的含有氢化氟烃的系统可继续使用，此外，所有船上应禁止使用含有消耗臭氧物质的新装置。

2. 氮氧化物

每一台安装在船舶上的输出功率超过 130kW 的船用柴油机，NO_x 排放限制量（按 NO_2 的总加权排放量计算）在表 2.13 限值内，其中 n 为发动机额定转速（曲轴转速），否则应禁止使用。船舶建造时间越往后，柴油机的排放标准越严格。船用柴油机分为三个等级：Ⅰ级、Ⅱ级、Ⅲ级。等级越高，排放标准越严格。

表 2.13　船用柴油机氮氧化物排放控制标准

等级	排放标准/［g/（kW·h）］	转速 n/（r/min）	适用范围
Ⅰ	17.0	$n<130$	2000 年 1 月 1 日或以后至 2011 年 1 月 1 日前建造的船舶
	$45.0\times n^{-0.2}$	$130\leqslant n<2000$	
	9.8	$n\geqslant 2000$	
Ⅱ	14.4	$n<130$	2011 年 1 月 1 日或以后至 2016 年 1 月 1 日前建造的船舶
	$44.0\times n^{-0.23}$	$130\leqslant n<2000$	
	7.7	$n\geqslant 2000$	
Ⅲ	3.4	$n<130$	2016 年 1 月 1 日或以后建造的船舶
	$9.0\times n^{-0.2}$	$130\leqslant n<2000$	
	2.0	$n\geqslant 2000$	

对于 2000 年 1 月 1 日以前建造的船舶，应满足Ⅰ级标准。

在 ECAs（北美区域和美国加勒比海区域）内航行的船舶，应满足Ⅲ级标准。在 ECAs（北美区域和美国加勒比海区域）外航行的船舶，应满足Ⅱ级标准。ECAs 的范围见 2.5.3.3 节。

3. 硫氧化物和颗粒物质

为了有效控制硫化物的产生，MEPC.203（62）规定了船上使用的任何燃油硫含量不超过一定限制，并且指定了 ECAs，在 ECAs 内外硫含量标准不同，具体见表 2.14 所示。燃油硫含量应由供应商提供符合要求的文件证明。

表 2.14　2010～2020 年 ECAs 内和 ECAs 外的最高船用燃料硫含量

实施时间	ECAs 外硫含量/%	实施时间	ECAs 内硫含量/%
2012 年 1 月 1 日以前	4.5	2010 年 7 月 1 日以前	1.5
2012 年 1 月 1 日及以后	3.5	2010 年 7 月 1 日及以后	1.0
2020 年 1 月 1 日及以后	0.5	2015 年 1 月 1 日及以后	0.1

2020 年 1 月 1 日之前，对于 2011 年 8 月 1 日或以前建造的船舶，不适用于表 2.14 中 ECAs 内的硫含量控制标准。

使用不符合上述 ECAs 内规定燃油的船舶，在其进入或离开 SO_x ECAs 之前应携有一份书面程序，表明燃油转换如何完成，在其进入 ECAs 之前留有足够的时间对燃油供给系统进行全面冲洗，以去除所有硫含量超过 ECAs 内排放标准的燃油燃料。燃油转换作业在进入 ECAs 以前完成或离开该区域后开始，并应将每一燃油舱中的低硫燃油的容积、日期、时间及船舶位置记录在主管机关规定的航海日志中。

对于 ECAs 外 2020 年 1 月 1 日的硫含量标准的评审应在 2018 年以前完成，考虑符合标准的燃油全球市场供应和需求，对燃油市场发展趋势进行分析，以确定燃油能否按期达标。经 MEPC 组织的专家组评审后如果判定船舶无法符合要求的硫排放标准（最高 0.5%），在 ECAs 外的硫含量排放标准应于 2025 年 1 月 1 日生效。

4. 挥发性有机化合物

如要在缔约国管辖的港口或装卸站对液货船产生的VOC排放加以控制，缔约国应向IMO提交一份通知书。该通知书应包括所需控制的液货船的尺度、需要蒸气释放控制系统的货物种类以及该控制的生效日期等信息，至少在生效日期之前6个月提交。

所有指定在其管辖的港口或装卸站对来自液货船的VOC释放进行控制的缔约国政府，应保证在其指定的港口和装卸站配备经IMO制定的安全标准认可的蒸气排放控制系统，并确保该系统的安全操作和防止造成船舶的不当延误。

适用的液货船应配备由主管机关根据IMO制定的蒸气排放收集系统安全标准而认可的蒸气排放收集系统，并在货物装载过程中使用该系统。

载运原油的液货船应备有并实施经主管机关认可的VOC管理计划，该计划应包括：

（1）为装载、海上航行、卸货时的VOC排放减至最低限度提供书面程序；

（2）考虑到原油洗舱产生的额外VOC；

（3）制定负责实施该计划的人等。

5. 船上焚烧炉型式认可和操作限制

每一台船上焚烧炉都应拥有IMO型式认可证书，接受规定的型式认可试验。

在型式认可试验中使用符合相关标准的燃料/废物，以确定焚烧炉的运转在所规定的限制之内。

6. 燃油质量

船上燃烧用的燃油应符合下列要求：

（1）燃油应为石油精炼产生的烃的混合物，但并不排除少量用于改善某些方面性能的添加剂的混用；

（2）燃油应不含无机酸；

（3）燃油应不包含会使船舶安全遭受危险或对机械性能有不利影响、对人员造成伤害、从总体上增加空气污染的任何附加的物质或化学杂质：

船上燃烧用的燃油应提交交付单，及附有一份所供燃油的代表样品。该样品应由供应商代表和船长或负责加油作业的人员在完成加油作业后密封并签署，且由船方控制直到燃油被基本消耗掉，其保存期自加油日期算起应不少于12个月。

燃油交付单包括如下信息：接收燃油的船舶名称和IMO编号、港口、支付开始日期，船用燃油供应商的名称、地址和电话号码，产品名称、数量、15℃时的密度（kg/m^3）、硫含量（%），一份由燃油供应商代表签署和证明的声明，以证明所供燃油符合表2.13的要求及燃油质量的其他相关要求。

2.5.3.3　SO_x及颗粒物质ECAs

ECAs除了波罗的海区域、北海区域，增加北美区域（美国和加拿大太平洋海岸附近，位于美国、加拿大、法国的大西洋海岸，以及美国墨西哥湾海岸附近)、夏威夷群岛海岸附近、美国加勒比海区域(包括位于波多黎各自由邦和美属维京群岛大西洋和加勒比海岸附近等区域，详细的区域经纬度定义此处略去)，以及根据《国际防止船舶造成污染公约》附则Ⅵ附录Ⅲ中设定的衡准和程序指定的任何其他海域，包括任何港口区域。

2.5.3.4 氮氧化物（NO_x）排放控制区

指北美区域(具体的区域参见上条)以及根据《国际防止船舶造成污染公约》附则Ⅵ附录Ⅲ中设定的衡准和程序指定的任何其他海域，包括任何港口区域。

2.5.3.5 船舶能效规则

船舶能效规则的内容（EEDI 计算与验证及 SEEMP 的制定）参见第 9 章的相关内容。

第 3 章　散装运输危险化学品船舶构造和设备规则及应用

近年来世界化学工业，尤其是石化工业和塑料工业的快速发展和磷酸等化学产品贸易量的增加，致使世界化学品海运量逐年增加，中国亦是如此。一般来说，化学品都具有易燃易爆、毒性、强腐蚀性、易反应性及易挥发性等特征，船舶散装运输和装卸过程比其他散装运输货物更具危险性，因此，如何保证其安全可靠地运输与装卸是化学品船舶设计的关键。如果船舶安全得不到保障，将可能引发货物的泄漏，从而造成严重的污染后果。

船舶运输危险货物影响因素众多，包括船员、船上货物、船舶自身及航行海域安全，一旦发生事故，后果不堪设想。因此，重要的国际公约与法规都对危险品货物运输有严格的要求。《SOLAS 公约》在明确规定 1986 年 7 月 1 日或以后建造的化学品液货船，包括小于 500 总吨位者，应符合《IBC 规则》，这属于强制性要求。在《IBC 规则》之前，IMO 建议化学品船舶应符合《BCH 规则》，但是在国际上，《BCH 规则》不属于强制性要求。除了《BCH 规则》及《IBC 规则》，化学品船舶应满足的另一个主要规则是《国际防止船舶造成污染公约》附则Ⅱ。《BCH 规则》和《IBC 规则》主要解决的是船舶安全危险性方面的问题，如火灾危险、健康危险和化学品反应性危险等，而《国际防止船舶造成污染公约》附则Ⅱ则主要解决海洋环境污染方面的问题。与这方面有关的化学品通常是指有毒液体物质，根据对海洋环境造成的污染危害程度，有毒化学品被分为 X、Y、Z 及 OS 类[16]。《IBC 规则》（2005）中定义的有毒液体物质有 452 种，而《IBC 规则》（2009）定义的有毒液体物质达 722 种。《IBC 规则》（2016）中有毒液体物质增加了 30 种，达到 752 种。由此可见，有毒液体物质的种类随着社会经济与化工科技的发展在不断增加。

对于兼做油船的化学品船舶还要满足《SOLAS 公约》对油船的要求以及《国际防止船舶造成污染公约》附则Ⅰ的要求。除上述国际公约和规则外，化学品船舶还要满足相关船级社的有关要求。

3.1　《IBC 规则》背景介绍

化学品由于其特殊的物理、化学等性能，为了保证安全作业，对散装运输这些化学品的船舶的船体结构和设备有特殊的要求。这就是《IBC 规则》的由来，该规则经历了漫长的发展过程。

3.1.1　《IBC 规则》发展

为了确保货物的安全运输，必须对船舶设计和设备等整个系统进行评估。《IBC 规则》旨在为海上散装运输危险化学品和有毒液体物质提供一个安全载运的国际标准。每种货物可能具有一个或多个危险特性，包括易燃性、毒性、腐蚀性和反应性，以及对环境带来的危害。《IBC 规则》考虑到这些有关的货物特性，根据所载运货物的危害程度确定一种船型，规定了这类船舶（不论吨位大小）的设计和建造标准以及船上应配备的设备，以便使其对船舶、船员及环境所造成的危害减至最少。安全运输货物的其他重要方面，如培训、操作、交通控制和港口作业等，参见 MSC 其他相关规则的要求。

1971 年 10 月 12 日 IMO（当时称为政府间海事协商组织）制定并通过了《BCH 规则》，该规则于 1972 年 4 月开始生效。《BCH 规则》的目的在于提供一个统一的安全运输散装化学品的国际规则。它提出了涉及这类运输船舶的结构特性，以及考虑到货物特性的这类船舶所必须具备的设备。该规则的基本思想是把海上运输的化学品按其具有的危害性进行分类，并将这些危害与运输这些货物的船舶类型联系起来。不同类型的船舶，其货物防护和自救能力的程度也不同，化学品的危害性越大，对船型的要求就越高。

《BCH 规则》生效后至 1983 年，被修正了十多次，其间，国际上有一些新的需同时适合于《BCH 规则》及《GC 规则》的船舶建成，而这两个规则之间又有不统一的地方。为此，1983 年 IMO 又通过了《IBC 规则》。

《IBC 规则》适用于 1986 年 7 月 1 日或以后建造的任何型号的船舶。该规则被《SOLAS 公约》采用并作为其第七章，要求新的化学品船舶应符合《IBC 规则》的要求，并进行检验和发证，属于强制性规则。

现有船舶继续（自愿地）执行《BCH 规则》。《BCH 规则》适用于 1986 年 7 月 1 日之前建造的船舶，属于非强制性规则。

1985 年 12 月 5 日 MEPC 通过了《国际防止船舶造成污染公约》附则Ⅱ的修正案，同时形成两个附件，将《IBC 规则》和《BCH 规则》的防污染方面置于《国际防止船舶造成污染公约》的约束之下，补充要求为每一条化学品船应配备程序与布置手册。该手册指明了如何排放有毒液体物质及船舶要设置符合手册所规定的设备和布置，增加了具有污染危害性产品最低限量一览表。

《IBC 规则》（1998）是基于 MSC 以 MSC.4（48）决议通过的原始文本，为了响应 1973 年国际海洋污染会议第 15 号决议，MEPC 第 22 次会议以 MEPC.19（22）决议通过决议案，扩大《IBC 规则》内容使其包括防止海洋污染方面以实施《国际防止船舶造成污染公约》附则Ⅱ。《IBC 规则》版本的发展历程如表 3.1 所示[53]。

表 3.1　《IBC 规则》发展历程

序号	决议	通过日期	接受日期	生效日期
1	MSC.10（54）	1987 年 4 月 29 日	1988 年 4 月 29 日	1988 年 10 月 30 日
2	MSC.14（57）	1989 年 4 月 11 日	1990 年 4 月 12 日	1990 年 10 月 13 日
	MEPC.32（27）	1989 年 3 月 17 日	1990 年 4 月 12 日	1990 年 10 月 13 日
3	MSC.28（61）	1992 年 12 月 11 日	1994 年 1 月 1 日	1994 年 7 月 1 日
	MEPC.55（33）	1992 年 10 月 30 日	1994 年 1 月 1 日	1994 年 7 月 1 日
4	MSC.50（66）	1996 年 6 月 4 日	1998 年 1 月 1 日	1998 年 7 月 1 日
	MEPC.69（38）	1996 年 7 月 10 日	1998 年 1 月 1 日	1998 年 7 月 1 日

续表

序号	决议	通过日期	接受日期	生效日期
5	MSC.58（67）	1996年12月5日	1998年1月1日	1998年7月1日
	MEPC.73（39）	1997年3月10日	1998年1月10日	1998年7月10日
6	MSC.102（73）	2000年12月5日	2002年1月1日	2002年7月1日
7	MSC.176（79）	2004年12月9日	2006年7月1日	2007年1月1日
	MEPC.119（52）	2004年10月15日	2006年7月1日	2007年1月1日
8	MSC.219（82）	2006年12月8日	2008年7月1日	2009年1月1日
	MEPC.166（56）	2007年7月13日	2008年7月1日	2009年1月1日
9	MSC.340（91）	2012年11月30日	2013年12月1日	2014年6月1日
	MEPC.225（64）	2012年10月5日	2013年12月1日	2014年6月1日
10	MSC.369（93）	2014年5月22日	2015年7月1日	2016年1月1日
	MEPC.250（66）	2014年4月4日	2015年7月1日	2016年1月1日

从《SOLAS公约》1983年修正案生效日期（1986年7月1日）和《国际防止船舶造成污染公约》附则Ⅱ（1987年4月6日）实施日期起，《IBC规则》成为强制性要求。

关于有毒液体物质的规则比较见表3.2所示。

表3.2　有毒液体物质法规的比较[16]

规则名称	有毒液体物质分类	适用范围	执行标准
《国际防止船舶造成污染公约》附则Ⅱ	X、Y、Z和OS类	1986年7月1日或以后建造的化学品液货船应符合《IBC规则》；《IBC规则》中的有毒液体物质的非化学品液货船或非液化气体运输船，应符合指南（A.673（16）决议），1986年7月1日以前的船舶符合《BCH规则》	根据建造时间及液货品种确定；签发国际防止散装运输有毒液体物质污染证书
《IBC规则》（2016）	第17章列出可以散装运输并对船舶结构和设备有最低要求的液体化学品物质752种；第18章列出无最低要求的液体货物46种	适用于1986年7月1日或以后建造的船舶	强制执行，签发国际散装运输危险化学品适装证书
《BCH规则》	第6章列出可以散装运输并对船舶结构和设备有最低要求的液体化学品物质68种；第7章列出无最低要求的液体货物40种	适用于1986年7月1日以前建造的船舶	自愿执行，签发船舶装运危险货物适装证书
《SOLAS公约》	要求以《IBC规则》为依据进行检验与发证		强制执行

以上法规的相同点如下：控制有毒液体物质的排放降低到最低限度；证书具有同等效力。不同点如下：有毒液体货物的品种与分类不同；适用于不同建造时间的船舶；签发何类型的证书；自愿执行还是强制执行。

《SOLAS公约》《国际防止船舶造成污染公约》《IBC规则》中都对有毒液体物质的安全运输提出了要求。液体化学品等危险货物安全运输的参与方及其关系如下[54]：IMO负责化学品安全和污染危害性评估的技术部门是海洋环境科学问题联合专家组/有害物质评估（Evaluation of Hazardous Substance，EHS）工作组，MEPC下属的散装液体和气体分委会的化学品安全和污染危害性评估工作组负责评估、起草关于化学品运输的安全和防污染的相关通函、导则以及《国际防止船舶造成污染公约》附则Ⅱ和《IBC规则》修改的建议。

化学品交付运输的一般程序如下：准备运输一种产品前（有毒或无毒的液体物质，见MEPC.1/Ciro.512，第1.2.3条），首先看它是不是已被列入《IBC规则》第17章～第19章中的同义名栏目、散装液体和气体分委会的相关通函或最新版的MEPC.2/Ciro.的产品，若是，则按既定的载运要求运输；若不是，再通过IMO检查是不是属于现有的"三方协议"的产品或以前曾有的"三方协议"下的产品。若是，主管机关可寻求加入现有"三方协议"或参考曾有的"三方协议"；若都不是，就要通过临时评估，建立新的"三方协议"，确定临时载运条件。适当时，提交海洋环境科学问题联合专家组/有害物质评估工作组评估并制定危害性数据表，进一步提交散装液体和气体分委会的化学品安全和污染危害性评估工作组审议和评估，逐步确定运输条件。

3.1.2　基本定义

1. 闪点

闪点（flash point）是指可燃性液体挥发出的蒸气在与空气混合形成可燃性混合物并达到一定浓度之后，遇火源时能够闪烁起火的最低温度。在此温度下燃烧无法持续，但如果温度继续攀升则可能引发大火。当可燃性液体液面上挥发出的燃气与空气的混合物浓度增大时，遇到明火可形成连续燃烧（持续时间不小于5s）的最低温度称为燃点。燃点高于闪点。闪点的高低也是可燃性液体是否安全的重要指标。

闪点是可燃性液体储存、运输和使用的一个安全指标，同时也是可燃性液体的挥发性指标。闪点低的可燃性液体挥发性高、容易着火、安全性较差。

油品的危险等级是根据闪点来划分的。从闪点可判断油品组成及鉴定油品发生火灾的危险性。油品闪点在45℃以下的为易燃品，如汽油、煤油；闪点在45℃以上的为可燃品，如柴油、润滑油。挥发性高的润滑油在工作过程中容易蒸发损失，严重时甚至会引起润滑油黏度增大，影响润滑油的使用。油品预热时温度不许达到闪点，一般不超过闪点的2/3。

一般要求可燃性液体的闪点比使用温度高20～30℃，以保证使用安全和减少挥发损失。

从防火角度考虑，希望油的闪点、燃点高一些，两者的差值大一些。而从燃烧角度考虑，则希望闪点、燃点低一些，两者的差值也尽量小一些。

闪点是表征易燃可燃液体火灾危险性的一项重要参数，在消防工作中有着重要意义：闪点是可燃液体生产、储存场所火灾危险性分类的重要依据，是甲、乙、丙类危险液体分类的依据。可燃液体生产、储存厂房和库房的耐火等级、层数、占地面积、安全疏散、防火间距、防爆设施等的确定和选择要根据闪点来确定。液体储罐及堆场的布置和防火间距等也要以闪点为依据。此外，闪点还是选择灭火剂和确定灭火强度的依据。

根据消防工程设计及应用和闪点的不同将可燃液体分为三大种类。

甲类液体：闪点小于 28℃的液体（如原油、汽油等）。

乙类液体：闪点大于或等于 28℃但小于 60℃的液体（如喷气燃料、灯用煤油）。

丙类液体：闪点大于 60℃以上的液体（如重油、柴油、润滑油等）。

测定闪点的方法有两种：开口闪点（GB/T 267—1988）和闭口闪点（GB/T 261—2008）（或者称为开杯闪点、闭杯闪点）。一般闪点在 150℃以下的轻质油品用闭杯法测闪点，重质润滑油和深色石油产品用开杯法测闪点。同一个油品，其开杯闪点较闭杯闪点高 20～30℃。

2. 燃点

燃点是指可燃物质在没有外部火花、火焰等火源的作用下，因受热或自身发热并蓄热所产生的自行燃烧。将化学物质置于某个温度或以上的环境中，它会自燃，该温度称为自燃点或自燃温度。自燃点是指在规定条件下，不用任何辅助引燃能源而达到引燃的最低温度。燃点对可燃固体和闪点较高的液体具有重要意义，在控制燃烧时，需将可燃物的温度降至其燃点以下。

受热自燃：可燃物被外部热源间接加热使其达到一定温度时，未与明火直接接触就发生燃烧，这种现象叫受热自燃。可燃物靠近高温物体时，有可能被加热到一定温度而被"烤"着火；在熬炼（熬油、熬沥青等）或热处理过程中，受热介质因达到一定温度而着火。以上都属于受热自燃现象。

本身自燃：可燃物在没有外部热源直接作用的情况下，由于其内部的物理作用（如吸附、辐射等）、化学作用（如氧化、分解、聚合等）或生物作用（如发酵、细菌腐败等）而发热，热量积聚导致升温，当可燃物达到一定温度时，未与明火直接接触而发生燃烧，这种现象叫本身自燃。煤堆、干草堆、赛璐珞、堆积的油纸油布、黄磷等的自燃都属于本身自燃现象。

3. 易燃货物

《IBC 规则》规定，闪点＜23℃的货物为高度易燃货物，23℃≤闪点≤60℃的货物为易燃货物，闪点＞60℃的货物为非易燃货物（non-flammable，NF）。

4. 空气反应物质

空气反应物质是指与空气发生反应并造成潜在危险的货物，如形成的氧化物会导致爆炸。

5. 遇水反应物质

化学品遇水反应等级分为三类，如表 3.3 所示。

表 3.3　化学品遇水反应等级

遇水反应指数	定义
2	接触水后，产生有毒、易燃或腐蚀性气体或气雾的化学品
1	接触水后，发热或产生无毒、不可燃或无腐蚀性气体的化学品
0	接触水后，不产生上述两类反应的化学品

注：遇水反应指数（water reactivity index，WRI）

6. 腐蚀皮肤

化学品对皮肤的危害程度分类如表 3.4 所示。

表 3.4　化学品对皮肤的危害程度分类

危害程度	造成皮肤完全坏死的接触时间	观察时间
严重腐蚀皮肤	≤3min	≤1h
高度腐蚀皮肤	>3min 且≤1h	≤14 天
轻微腐蚀皮肤	>1h 且≤4h	≤14 天

7. 急性吸入中毒

急性吸入中毒分类如表 3.5 所示。

表 3.5　急性吸入中毒分类

危险程度	吸入剂量（LC_{50}）/［mg/（L·4h）］
高	≤0.5
较高	>0.5 且≤2
中等	>2 且≤10
轻微	>10 且≤20
没有	>20

8. 急性皮肤中毒

化学品对皮肤接触毒性分类如表 3.6 所示。

表 3.6　化学品对皮肤接触毒性分类

危险程度	皮肤接触剂量（LD_{50}）/（mg/kg）
高	≤50
较高	>50 且≤200
中等	>200 且≤1000
轻微	>1000 且≤2000
没有	>2000

9. 误食急性中毒

化学品误食急性中毒分类如表 3.7 所示。

表 3.7　化学品误食急性中毒分类

危险程度	口腔吸收剂量（LD_{50}）/（mg/kg）
高	≤5
较高	＞5 且≤50
中等	＞50 且≤300
轻微	＞300 且≤2000
没有	＞2000

10. 长期接触对哺乳动物有害

如果某货物符合下列任一标准，则标为长期接触毒性类型：已知或怀疑将导致癌症、诱导突变、影响后代、神经中毒、损伤免疫系统或其他非致命剂量但造成特殊器官不可逆性中毒及其他相关影响。这类影响可通过 GESAMP 危险品档案或其他已知途径获取。

11. 皮肤过敏

符合以下情况的货物确定为皮肤过敏剂：如果证明相当数量的人员在皮肤接触该货物后发生过敏；有相关动物检验的阳性结果。

如果采用皮肤过敏的辅助测试，则不低于 30%的动物反应可认定为阳性。如果采用非辅助性测试，则不低于 15%的动物反应可认定为阳性。当从鼠耳膨胀测试或局部淋巴结化验中取得阳性结果，即可证明该货物将导致皮肤过敏。

12. 呼吸道过敏

符合以下情况的货物确定为呼吸道过敏剂：

（1）如果证实该物质可导致人体呼吸道过敏症状；

（2）如果相关动物测试结果呈阳性；

（3）如果货物标为呼吸过敏剂且无证据证明非呼吸道过敏剂。

13. 电气装置温度等级（针对闪点＜60℃或加热至闪点范围 15℃以内的物质）

国际电工委员会（International Electrotechnical Commission，IEC）定义的温度等级如下：在实际操作条件下，设备的额定功率（或有关的过载）造成的表面部分暴露在易燃气体中存在危险的最高温度。

电气装置温度等级选择最接近或低于货物自燃温度的最大表面温度。

14. 电气装置设备分类（闪点＜60℃的货物）

IEC 将易燃气体中固有安全的相关电气装置分为以下几组。

（1）Ⅰ：容易产生甲烷的矿石（IMO 不使用）。

（2）Ⅱ：其他行业的装置。进一步根据最大试验安全间隙（max experiment safety gap，MESG）、气体/气雾的最小点燃电流（minimum ignite current，MIC）分为ⅡA、ⅡB 和ⅡC。最大试验安全间隙，指在规定的试验条件下，一个壳体充有一定浓度的被试验气体与空气的混合物，点燃后，通过 25mm 长的接合面均不能引燃壳体爆炸性气体混合物的外壳接合面之间的最大间隙。

15. 特殊运输控制条件

特殊运输控制条件指为避免危险反应而采取的特殊措施，包括以下几项。

（1）抑制：加入化合物（通常为有机化合物）来延缓或阻止某些不良化学反应，如腐蚀、氧化或聚合。

（2）稳定：加入某种物质（稳定剂）来避免化合物、混合物或溶剂改变形态或化学特性。这种稳定剂可延缓反应速率、保持化学成分平衡、防止氧化、保持颜色和其他成分的乳化状态或防止胶状颗粒受到冲击。

（3）惰化：在液舱的膨胀余位内加入气体（通常是氮气），以防止可燃性货物/气体混合物的产生。

（4）温度控制：保持货物温度在一定范围内，以避免有害反应或者保持液体的低黏度，方便泵系工作。

（5）衬垫和通风：仅适用于特别情况下的特殊货品。

3.1.3　液体散货的最低安全和污染标准

《IBC 规则》第 17 章规定了液体散货的最低安全和污染标准[3]，符合下列一项或多项标准的货物将视为有害物质（具体定义参见 3.1.2 节）。

（1）吸入剂量 LC_{50}≤20mg/（L·4h）。

（2）皮肤接触剂量 LD_{50}≤2000mg/kg。

（3）口腔吸收剂量 LD_{50}≤2000mg/kg。

（4）长期接触对哺乳动物的毒性。

（5）造成皮肤过敏。

（6）造成呼吸道过敏。

（7）腐蚀皮肤。

（8）遇水反应指数≥1。

（9）为避免危险反应必须进行惰化、抑制、稳定、温控或液货舱环境控制。

（10）闪点＜23℃，且爆炸/着火范围（空气中含量所占比例）≥20%。

（11）自燃温度≤200℃。

（12）污染类别属于 X 类或 Y 类（表 3.8），或者符合表 3.9 中 11～13 规则的标准。

表 3.8　有毒液体物质分类指南［《国际防止船舶造成污染公约》（2011）附则Ⅱ］

<table>
<tr><th>规则</th><th>A1 生物积聚</th><th>A2 生物退化</th><th>B1 急性毒性</th><th>B2 慢性毒性</th><th>D3 长期健康影响</th><th>E2 对海洋野生生物及海底环境的影响</th><th>类别</th></tr>
<tr><td>1</td><td>—</td><td>—</td><td>≥5</td><td>—</td><td>—</td><td>—</td><td rowspan="4">X</td></tr>
<tr><td>2</td><td>≥4</td><td>—</td><td>4</td><td>—</td><td>—</td><td>—</td></tr>
<tr><td>3</td><td></td><td>NR</td><td>4</td><td>—</td><td>—</td><td>—</td></tr>
<tr><td>4</td><td>≥4</td><td>NR</td><td>—</td><td>—</td><td>CMRTNI</td><td>—</td></tr>
<tr><td>5</td><td>—</td><td>—</td><td>4</td><td>—</td><td>—</td><td>—</td><td rowspan="7">Y</td></tr>
<tr><td>6</td><td>—</td><td>—</td><td>3</td><td>—</td><td>—</td><td>—</td></tr>
<tr><td>7</td><td>—</td><td>—</td><td>2</td><td>—</td><td>—</td><td>—</td></tr>
<tr><td>8</td><td>≥4</td><td>NR</td><td>—</td><td>非 0</td><td>—</td><td>—</td></tr>
<tr><td>9</td><td>—</td><td>—</td><td>—</td><td>≥1</td><td>—</td><td>—</td></tr>
<tr><td>10</td><td>—</td><td>—</td><td>—</td><td>—</td><td>—</td><td>Fp、F 或 S 若非无机物</td></tr>
<tr><td>11</td><td>—</td><td>—</td><td>—</td><td>—</td><td>CMRTNI</td><td>—</td></tr>
<tr><td>12</td><td colspan="6">任何不符合规则 1～11 以及 13 衡准的货品</td><td>Z</td></tr>
<tr><td>13</td><td colspan="6">所有如下货品：A1 栏中≤2；A2 栏中为 R；D3 栏中为空白；E2 栏中为非 Fp、F 或 S（如非有机物）；在 GESAMP 有害曲线图中所有其他栏中为 0（零）</td><td>OS</td></tr>
</table>

表 3.9　危险化学品分类指南［《IBC 规则》（2016）21.4.5.1 节］

<table>
<tr><th>规则序号</th><th>A1</th><th>A2</th><th>B1</th><th>B2</th><th>D3</th><th>E2</th><th>船舶类型</th></tr>
<tr><td>1</td><td>—</td><td>—</td><td>≥5</td><td>—</td><td>—</td><td>—</td><td rowspan="2">1</td></tr>
<tr><td>2</td><td>≥4</td><td>NR</td><td>4</td><td>—</td><td>CMRTNI</td><td>—</td></tr>
<tr><td>3</td><td>≥4</td><td>NR</td><td>—</td><td>—</td><td>CMRTNI</td><td>—</td><td rowspan="8">2</td></tr>
<tr><td>4</td><td>—</td><td>—</td><td>4</td><td>—</td><td>—</td><td>—</td></tr>
<tr><td>5</td><td>—</td><td>—</td><td>3</td><td>—</td><td>—</td><td>—</td></tr>
<tr><td>6</td><td>—</td><td>NR</td><td>3</td><td>—</td><td>—</td><td>—</td></tr>
<tr><td>7</td><td>—</td><td>—</td><td>—</td><td>≥1</td><td>—</td><td>—</td></tr>
<tr><td>8</td><td>—</td><td>—</td><td>—</td><td>—</td><td>—</td><td>Fp</td></tr>
<tr><td>9</td><td>—</td><td>—</td><td>—</td><td>—</td><td>CMRTNI</td><td>F</td></tr>
<tr><td>10</td><td>—</td><td>—</td><td>—</td><td>—</td><td>—</td><td>S</td></tr>
<tr><td>11</td><td>≥4</td><td>—</td><td>—</td><td>—</td><td>—</td><td>—</td><td rowspan="4">3</td></tr>
<tr><td>12</td><td>—</td><td>NR</td><td>—</td><td>—</td><td>—</td><td>—</td></tr>
<tr><td>13</td><td>—</td><td>—</td><td>≥1</td><td>—</td><td>—</td><td>—</td></tr>
<tr><td>14</td><td colspan="6">所有其他 Y 类物质</td></tr>
<tr><td>15</td><td colspan="6">所有其他 Z 类物质
所有 OS 类物质</td><td>不适用</td></tr>
</table>

表 3.8 及表 3.9 中各项指标的详细定义及相关符号的具体含义见附录 D。

3.1.4　化学品分类

3.1.4.1　《IBC 规则》最低要求一览表

《IBC 规则》第 17 章对散装运输危险化学品从不同角度做出了安全规定，并列表表示（见附录 E）。表列部分栏说明如下：

（1）货物名称（a 栏）：

任何散装运输货物的货运单据中应使用货物名称。任何附加的名称可放在货物名称后的括号内。货物名称有可能与本规则以前版本所提供的名称不一致。

（2）污染类别（c 栏）：X、Y、Z。X 污染最严重，Y 次之，Z 最低。

（3）危害性（d 栏）：分为 S、P、S/P 三类。

S 指本规则所包括的具有安全危害性的货物；

P 指本规则所包括的具有污染危害性的货物；

S/P 指本规则所包括的同时具有安全危害性和污染危害性的货物。

（4）船型（e 栏）：根据货物的危险程度分为 1 型、2 型、3 型等 3 个船型。

1：1 型船舶；

2：2 型船舶；

3：3 型船舶。

（5）舱型（f 栏）：1 型、2 型、G 型、P 型等 4 个舱型。

1：独立液货舱（4.1.1）；

2：整体液货舱（4.1.2）；

G：重力液货舱（4.1.3）；

P：压力液货舱（4.1.4）。

（6）液货舱透气（g 栏）。

Cont.：控制式透气；

Open：开式透气。

其中，控制式透气为如下条件：吸入剂量 LC_{50}≤10mg/（L·4h）；长期接触对哺乳类动物有害；导致呼吸道过敏；必须加以特殊运输控制；闪点≤60℃；皮肤腐蚀（≤4h 暴露）。

其余不符合控制透气要求的则为开式透气。

（7）液货舱环境控制（h 栏）。

Inert：惰性法。

Pad：用液体或气体作隔绝的方法。

Dry：干燥法。

Vent：自然或强力通风法。

No：规则无特殊要求。

其中，惰化应满足条件如下：自燃温度≤200℃；与空气反应造成危险；爆炸范围

≥40%空气浓度且闪点<23℃。

干燥：遇水反应指数≥1。

填垫：视情况而定，仅适用于特殊货物。

通风：视情况而定，仅适用于特殊货物。

No：如不适用以上标准，可根据《SOLAS 公约》规定的惰化要求。

（8）电气设备（i 栏）。

温度等级（i′）：T1～T6。

—　无要求

空白　无资料

设备分类（i″）：ⅡA、ⅡB 或ⅡC。

—　无要求

空白　无资料

闪点（i‴）。

Yes：闪点>60℃。

No：闪点≤60℃。

NF：非易燃货物。

如果货物的闪点<60℃或者受热至闪点范围内，设备根据以下标准确定，此外，在i′和 i″栏中加入“—”。

① i′栏：温度等级。

T1：自燃温度≥450℃。

T2：300℃≤自燃温度 450℃。

T3：200℃≤自燃温度 300℃。

T4：135℃≤自燃温度 200℃。

T5：100℃≤自燃温度 135℃。

T6：85℃≤自燃温度 100℃。

② i″栏：设备分类。电气设备分类见表 3.10。

表 3.10　电气设备分类

设备组	20℃的 MESG/mm	MIC 率（货物/甲烷）
ⅡA	≥0.9	>0.8
ⅡB	>0.5 且<0.9	≥0.45 且≤0.8
ⅡC	≤0.5	<0.45

（9）测量（j 栏）。

O：开式测量。

R：限制式测量。

C：闭式测量。

其中，闭式满足下列条件：吸入剂量 LC_{50}≤2mg/（L·4h）；皮肤接触剂量 LD_{50}≤

1000mg/kg；长期接触对哺乳类动物有害；导致呼吸道过敏；皮肤腐蚀（≤3min 暴露）。

限制式满足下列条件：吸入剂量 LC_{50}＞2mg/（L·4h）且≤10mg/（L·4h）；需要特殊运输控制进行惰化；皮肤腐蚀（＞3min 且≤1h 暴露）；闪点≤60℃。

（10）蒸气探测（k 栏）。

F：易燃蒸气。

T：有毒蒸气。

No：规则无特殊要求。

（11）防火（l 栏）。

A：抗乙醇泡沫。

B：普通泡沫（所有非抗乙醇泡沫），其中包括氟化蛋白质和水膜泡沫。

C：水雾。

D：化学干粉。

No：规则无特殊要求。

（12）应急设备（n 栏）。

Yes：应为船上每个人员配足在应急逃生时使用的合适的呼吸防毒面具和眼保护设备，并应符合相应要求。17 章一览表中的 n 栏（应急设备）内标记为“Yes”的货物共 71 种。

No：规则无特殊要求。

（13）特殊要求及操作要求（o 栏）：当专门参照《IBC 规则》第 15 章（特殊要求）、第 16 章（操作要求）时，这些要求应为任何其他栏内的附加要求。

3.1.4.2　化学品分类指南

上述各栏表明化学品的危险性不同，其安全要求亦不相同。散装运输化学品的危险性主要从生物积聚、毒性、对人体长期健康影响、对海洋野生生物及海底环境影响等几方面进行评估，具体划分指南如表 3.8 及表 3.9 所示。基于 GESAMP 危险品范围来确定船舶类型的基本标准如表 3.9 所示。

3.1.5　化学品船舶防污染要求概述

液体化学品的易燃、易爆、反应性、毒性、腐蚀性及污染性等危险特性决定了化学品船设计中的船舶类型、货舱结构形式、货舱材料、通风及隔离舱等方面需要特殊考虑才能保证装卸及运输过程的安全。不同特性对于船舶设计的要求亦不相同，如有毒化学品、遇水反应的化学品、防聚合反应的化学品、高饱和蒸汽压化学品、增加通风量的化学品、酸类化学品等，对于船舶设计的要求也不尽相同。

3.1.5.1　液体化学品的特性

1. 易燃易爆

许多液体化学品燃烧的危险性甚至比石油及其制品还要大，其闪点低，爆炸范围宽，有的自燃点很低。

表 3.11 列出了一些易燃货品与燃烧有关的物理性质。

表 3.11　货品与燃烧有关的物理性质[58]

名称	分子式	英文名	闪点/℃	爆炸极限（下限～上限）/%	自燃点/℃	沸点/℃
二乙醚	$(C_2H_5)_2O$	diethyl ether	−40	1.7～40	180	34
1,2-环氧丙烷	OCH_2CHCH_3	1,2-epoxypropane	−18	1.9～21	430	34
二硫化碳	CS_2	carbon disulphide	−30	1～60	100	46
丙酮	CH_3COCH_3	acetone	−20	2～12.8	465	57
丙烯腈	$H_2C:CHCN$	acrylonitrile	−5	3.1～17	481	77.5
苯	C_6H_6	benzene	−11.1	1.3～8	630	80.1
甲醇	CH_3OH	methyl alcohol	11.1	6.0～36.5	484	64.6

从表 3.11 中可以看出，货物闪点均在 60℃以下，都属于易燃液体，前四种货物属于低闪点。全部货物爆炸下限都小于 10%，而前三种货物的爆炸上限不但大于 12%，而且均大于 20%，自燃点又都很低，静电特性都属于 A 级，因此危险度都很高。按火灾爆炸危险性大小，把二硫化碳、二乙醚这些危险程度特别高的物质列为最高度可燃危险性液体。

2. *反应性*

反应性即化学性质里的不相容性，不相容物品相遇发生反应称为反应性。有货物和货舱材料、货物之间以及货物和制冷剂、润滑剂、空气（包括不活泼气体）、水及杂质的反应等，下面分别叙述。

（1）液体散装化学品与舱壁或构件的反应性。一旦某舱装载了不适装液货，会使舱毁或货损，甚至两者同时发生。在这里强调一下腐蚀反应，氯和水作用生成盐酸，二氧化硫和水作用生成亚硫酸及硫酸，氯乙烯和水接触又能生成氯，这些生成的腐蚀性物质不但会腐蚀钢材，而且进入人的眼睛里或接触皮肤都会给人带来危害。因此，产生这些气体的物品，一定要设法避免和含有水分的空气接触。

（2）不相容货物混溶。因舱室或管线隔离不当，如旧船的管系分离不严，加之操作不正确，对上一票货物的残留液货洗舱不严或装卸、运载过程中产生飞溅而使不相容货物相混溶时，会产生危险反应，不仅会造成货损，而且反应过程中往往伴随发热、发火或压力上升，导致燃烧，以致爆炸或产生毒气，造成灾害性后果。

（3）货物与制冷剂、润滑油是否有反应。货物与制冷剂、润滑油是否有反应要考虑货物残渣等杂质的影响。必要时采用间接式冷却装置或采取其他措施，也可采用润滑油不与货物接触的方法。

残渣及杂质的影响应特别注意下列情况：

（1）装载毒性货物后再装载其他货物。

（2）装载容易产生危险反应的货物后再装载其他货物。

（3）装载要求高纯度的货物，要规定残渣及杂质混入的允许浓度。液体化学品根据使用要求，对纯度有严格的规定，一旦被杂质玷污，就会丧失使用价值。

（4）液货与水发生反应。有的液体危险化学品加水能发生反应，并生成毒性或腐蚀性气体或烟态物质（以液体或固体分散相和气体为分散介质所形成的溶胶，如雾是水滴分散在空气中的气溶胶，烟是固体粒子分散在空气中的气溶胶），包括以水为催化剂而产生聚合反应的物质。

（5）自身反应。在运输容易产生自身反应的货物时，由于这种反应会使温度、压力上升，并可能造成爆炸和生成新物质，必须严格按照规范进行。

自身反应常常与温度条件密切相关，必须对这些液货的温度严加控制，或加阻聚剂，以防止其发生自身反应。自身反应包括聚合反应、凝聚反应和分解反应，以及结晶、自偶氧化还原、水合物及结冰等。

3. 毒性大

强酸、浓碱以及氯化铝溶液等盐类，还有过氧化氢等强氧化剂、福尔马林等强还原剂，其液体对人体组织都能造成严重的灼伤，甚至可引起死亡。但严格来说这些不是毒物，而属于腐蚀品。而当其被吞咽、吸入或其蒸气刺激皮肤、眼睛、黏膜时，又会起毒害作用，这才属于真正的毒物毒害。因此，也要避免与其超过浓度的蒸气接触。

4. 腐蚀性强

广义来讲，腐蚀过程就是使矿物和金属转变成无用产物的化学过程。除了对金属和矿物状态的破坏外，美国运输部还把腐蚀品看做是一种能对人体皮肤组织与其接触处造成明显的破坏或改变的物品。酸、碱类中的很多货物，不仅对皮肤接触处会造成严重损伤，而且对货舱结构材料也会有严重的腐蚀。但腐蚀品远远不止酸、碱，常见的还有溴、三氟化氯、过氧化氢和二氧化硫的水溶液等，氨的水溶液、甲醛等也是腐蚀品。

5. 污染性

IMO防治专家认为，液体化学品货物的运输对海洋环境的危害主要是下列4种形式。

（1）生物积聚的污染。当一种水生物吸收了其周围的一种化学品，并且它含有该化学品的浓度高于周围水中该物质的浓度时，就形成了生物积累，并对该生物造成了中毒和损害。不仅如此，一旦发生积累，食物链中较高级的生物，包括人类在内，都会受到有害影响，这个过程称为生物扩大。

（2）生物资源的破坏。为了测定某物质对生物资源造成的危害，以该物质极毒性试验数据来评定，即以96h的平均毒性极限值来表示，单位是mg/L或ml/m^3。

（3）人类健康的危害。人类吃了积聚毒性物质的鱼类、贝类或喝了含有毒性物质的水会造成急性或慢性中毒。而有些物质是通过人类皮肤接触和吸入刺激人的皮肤、黏膜、眼睛或造成对内部组织的伤害。

（4）休憩环境的损害。休憩环境包括用作休息、娱乐场地的水上环境的各个方面，也包括它的外观。休憩环境被破坏主要是有毒的、刺激性的或有难闻气味的物质存在的结果。

3.1.5.2　化学品特性对船舶设计的要求

根据文献[59]，不同特性的化学品对于船舶设计的要求随之不同。

根据《IBC 规则》，在设计有毒化学品船时，应考虑独立的货舱加热系统且其加热介质不能直接回到机舱，为此，必须使辅锅炉与机械处所隔离，或者在加热系统回路上加设有毒气体检测和回收装置等。

对于遇水反应的化学品船，装运该种货品的货舱不能邻接含水的舱柜。如设货物加热系统，则不允许用水蒸气作为加热介质。

防聚合反应的化学品船载运在常温下易发生聚合反应的化学品，在设计该类化学品船时，应考虑所使用的货舱涂料或货物装卸系统的材质不能对该类化学品起催化作用或破坏抑制剂的作用；保证运输全过程抑制，明确抑制剂选用的责任者；透气系统的设计应能消除化学聚合物导致的堵塞；提供防止货品凝固或结晶的措施；提供防止加热盘管温度可能导致过分加热的措施，如间接低温加热系统。

高饱和蒸汽压化学品即在 37.8℃时蒸汽绝对压力超过 1.013bar①的化学品。在设计该类化学品船时，货物系统应能承受货物在 45℃时的蒸汽压力，否则应提供机械制冷系统。

增加通风量的化学品中要求泵舱通风次数由 30 次/h 加大到 45 次/h 的化学品共计 40 余种。排气口距居住处所、工作区域或其他类似处所的开口及通风口至少 10m 以上，且要高出货舱甲板 4m 以上。

酸类化学品共计 20 余种。装运该类货品的货舱必须与燃油舱隔离，货物处所必须设置测漏仪，必须采用在氢气和空气混合体中使用的经认可的安全型设备。

还有必须使用不锈钢舱运输的化学品以及不得使用不锈钢舱运输的化学品等。

因此，在化学品船舶的设计、建造及营运过程中要充分了解液体化学品的危险特性，从而为正确理解防污染公约与法规的要求进而正确执行奠定基础。

3.2　化学品船舶船型与分舱

根据化学品的危害及污染的严重程度，IBC 规则对船体结构提出相应的防护要求。危害及污染越严重的化学品，对船体结构的防护要求就越高，以保证碰撞或搁浅发生时货物的泄漏及对环境的污染降到最低，同时也兼顾一定的经济性，即危害程度不那么大的货物，对船舶的防护要求可以适当降低。

---

① 1 bar=10^5Pa。

3.2.1　化学品船型与舱型分类

3.2.1.1　化学品船型

根据货物的危险程度不同选择不同的船型。《IBC 规则》适用的船舶应按照下列标准之一进行设计：1 型船舶、2 型船舶、3 型船舶。

1 型船舶指用于运输对环境或安全有非常严重危险的货物的化学品船，需用最有效的预防措施消除此类货物漏逸。

2 型船舶指用于运输对环境或安全有相当严重危险的货物的化学品船，需用有效的预防措施消除此类货物漏逸。

3 型船舶指用于运输对环境或安全有足够严重危险的货物的化学品船，需用中等程度的围护以增加其在破损条件下的残存能力。

因而，1 型船舶用于运输具有最大危险性的化学品；2 型和 3 型船舶用于运输危险性相继减少的化学品。相应地，1 型船舶应能承受最严重的破损标准，其液货舱应位于舷内离外板具有最大规定距离之处。

船舶类型根据以下标准来确定：

1. 船舶类型 1

吸入剂量 LC_{50}≤0.5mg/（L·4h）；
皮肤接触剂量 LD_{50}≤50mg/kg；
口腔吸收剂量 LD_{50}≤5mg/kg；
自燃温度≤65℃；
爆炸范围≥50%空气浓度，闪点＜23℃；
符合表 3.9 中规则 1 或规则 2。

2. 船舶类型 2

0.5mg/（L·4h）＜吸入剂量 LC_{50}≤2mg/（L·4h）；
皮肤接触剂量 50mg/kg＜LD_{50}≤1000mg/kg；
口腔吸收剂量 5mg/kg＜LD_{50}≤300mg/kg；
遇水反应指数=2；
自燃温度≤200℃；
爆炸范围≥40%空气浓度，闪点＜23℃；
符合表 3.9 中规则 3～规则 10 的任一项。

3. 船舶类型 3

船舶类型 3 指《IBC 规则》第 17 章中散装液体货物的最低安全或污染标准不符合船舶类型 1 或 2 且不符合表 3.9 中规则 15 的船舶。

从附录 D 可以看出，污染类别与危害程度的组合确定了船型（1 型、2 型或 3 型）。

如污染类别是 X，危害性是 S/P，船型为 1 型；污染类别是 X，危害性是 S，船型为 2 型；污染类别及危害性为 Y+S/P 或 Y+P，2 型或 3 型船舶；污染类别及危害性为 Z+S/P，船型为 2 型或 3 型；污染类别及危害性为 Z+P，船型一般为 3 型。

要注意，从表 3.8 和表 3.9 可以看出污染类别 X、Y、Z 并不完全对应 1 型船舶、2 型船舶、3 型船舶。船型的确定需要从污染类别及危害性两方面综合考虑。

通过审查货物的安全性和危害性，《IBC 规则》(2016)确定的化学品种类有 752 种，其中，必须用 1 型化学品船的货品共 24 种，2 型化学品船的货品共 423 种，3 型化学品船的货品共 305 种。另外，有部分化学品货物（部分 Z 类物质和全部 OS 物质）的安全性和污染危害性，尚不足以列入《IBC 规则》对船型要求的适用范围，这些产品的运输条件没有强制性要求。不需要满足《IBC 规则》要求的化学品共计 46 种，其中，Z 类污染等级的化学品有 26 种，OS 类污染等级的化学品有 20 种。这些化学品被列在《IBC 规则》第 18 章中。

3.2.1.2　化学品船舶的货舱舱容及舱型

对于每个液货舱的最大允许装货量，要求 1 型船舶载运货物时任一液货舱装的货物量不得超过 1250m^3，要求 2 型船舶载运货物时任一液货舱装的货物量不得超过 3000m^3。液货舱在环境温度下载运液体货物，应考虑所装的货物可能达到的最高温度，以避免在航行期间液货舱被液体涨满。

舱型有 4 种类型：独立液货舱（1）、整体液货舱（2）、重力液货舱（G）、压力液货舱（P）。

1. 独立液货舱

独立液货舱指不与船体结构相连接或不是船体结构的组成部分的货物围护容器。建造和安装独立液货舱是为了尽可能消除（或降至最小）相邻的船体结构的应力或运动所造成的应力。独立液货舱与船体的结构完整性无关。

CCS 规定独立液货舱结构尺寸和布置应根据《散装运输液化气体船舶构造与设备规范》中的有关标准并考虑货物的密度来确定。独立液货舱结构尺寸也可根据《钢质海船入级规范》中有关压力容器的要求进行设计。CCS 接受按照公认的标准设计的独立液货舱。独立液货舱设计时应考虑船舶营运中液货舱的最大压力、货物密度、晃动载荷和船舶运动引起的动载荷对结构尺寸、支承结构和止动结构的影响，有关的计算应提交 CCS 批准。例如，独立液货舱拟承运高温货物，液货舱的支承和止动应考虑液货舱向各方向的膨胀和消除热应力向船体结构传递的热桥。液货舱的所有开口应布置在液货舱顶部并延伸至开敞甲板以上，还应提供从开敞甲板直接进入通道装置，此装置应保持货舱围板与甲板的水密性。

2. 整体液货舱

整体液货舱指构成船体结构的一部分的货物围护容器，且其以相同方式与邻近的船体结构一起承受相同的载荷，它通常是船体的结构完整性所必需的。CCS 规定整体液货舱结构尺寸及布置应满足 CCS 规范对《IBC 规则》船体结构的补充规定的要求。

3. 重力液货舱（G）

重力液货舱指液货舱顶部设计压力不大于 0.07MPa（表压力）的液货舱。重力液货舱可以是独立液货舱或整体液货舱。重力液货舱的建造和试验应按照公认的标准，并考虑载运货物的温度和相对密度。

4. 压力液货舱（P）

压力液货舱指设计压力大于 0.07MPa（表压力）的液货舱。压力液货舱应为独立液货舱，其结构的设计应按照压力容器的公认的标准进行。

舱型根据以下标准确定。

（1）1G 舱型：吸入剂量 LC_{50}≤0.5mg/（L·4h）；皮肤接触剂量 LD_{50}≤50mg/kg；自燃温度≤6℃；爆炸范围≥40%空气浓度，闪点＜23℃；遇水反应指数=2。

（2）2G 舱型：散装液体货物的最低安全或污染标准不符合上述 1G 舱型的均为 2G 舱型。

3.2.1.3　化学品船典型分舱结构

为了减少碰撞或搁浅造成的船体损伤可能导致的化学品液货的失控释放，《IBC 规则》把危险化学品按它们的性质及其释放后对环境的危害程度分为三类，并要求由三种不同类型的船舶来承担运输[60,61]。1 型船舶适用于对环境和安全有非常严重危险的货物，也就是在释放后会造成大范围的影响而不仅仅限于失事船的附近，它要求有最大的预防措施来排除液货外溢的可能性。1 型船舶分舱要求如图 3.1 所示。2 型船舶适用于虽具有相当严重危险但释放后没有大范围影响的货物，它要求采取有效的预防措施来排除液货外溢的可能性。2 型船舶分舱要求如图 3.2 所示。这是用于在港内可能发生的低能量碰撞和搁浅事故中对液货的保护。3 型船舶适用于具有一定危险性的货物，它要求采取适当程度的预防措施来提高船舶受损后的生存力和排除液货外溢的可能性，3 型船舶分舱要求如图 3.3 所示。

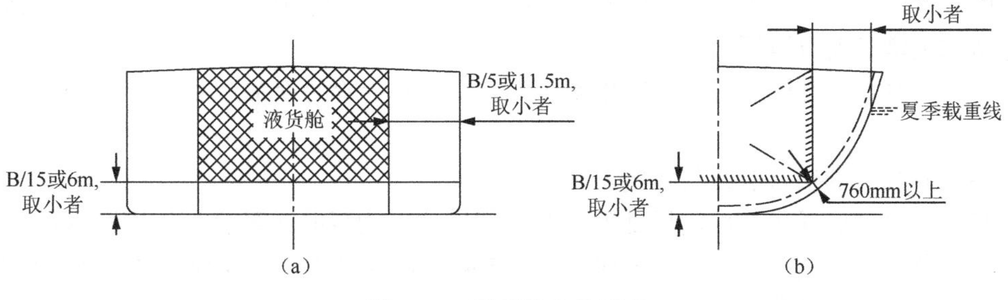

图 3.1　1 型船舶分舱要求

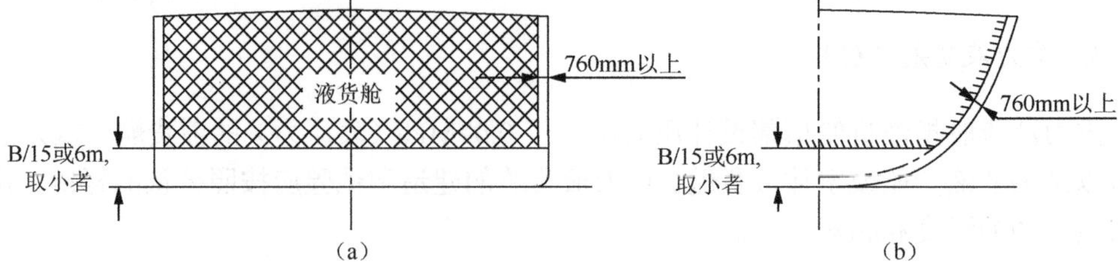

图 3.2　2 型船舶分舱要求

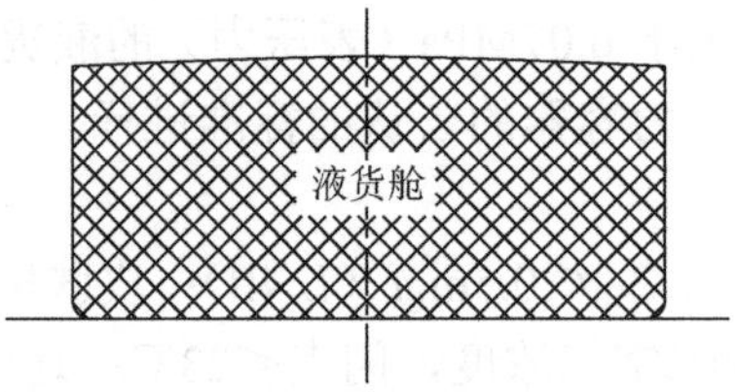

图 3.3　3 型船舶分舱要求

3.2.1.4　舱室分隔要求

由于化学品的特殊性，需要根据运输货物的特性进行相应的货物分隔、起居处所、服务处所、机器处所以及控制站布置，货泵舱布置，进入货物区域内各处所的通道、舱底及压载布置，泵和管路的标志，船首或船尾的装卸装置等，以确保人员安全及装卸货物安全。

1. 货物处所

化学品货物或货物的残余物的液货舱应该与起居处所、服务处所、机器处所、饮用水舱、生活用品储藏室分隔开，可用隔离舱、留空处所、货泵舱、泵舱、空液舱、燃油舱或其他类似处所分隔。

对于装有易与其他货物、货物的残余物或混合物起危险反应的货物、货物的残余物或混合物的液货舱，应满足以下要求。

（1）用隔离舱、留空处所、货泵舱、泵舱、空液舱或装有相容货物的液货舱与装有其他货物的液货舱分隔开；

（2）有独立的泵和不通过装有此类货物的其他液货舱的管系，除非它们被包围在隧道内；

（3）有独立的液货舱透气系统。

货物管系不应通过任何起居处所、服务处所、除货泵舱或泵舱以外的机器处所。

如果货物管系需与货物通风系统隔离，该隔离可通过设计或操作方法达到。有以下情况之一则不应在液货舱使用这种操作方法：

（1）拆卸短管或阀门及封锁管路末端；

（2）串联安装在两个盲通法兰，以按规定检查两个盲通法兰之间的管系泄漏。

艏尖舱和艉尖舱内不应载运化学品货物。

2. 起居处所、服务处所和机器处所以及控制站

起居处所、服务处所或控制站不得设置在货物区域内，液货舱或污液舱不应设置在任何起居处所的前端之后。

为了防止危害性蒸气的侵袭，应适当考虑与液货管系和液货舱透气系统有关的通往起居处所、服务处所和机器处所及控制站的空气进口和开口的位置。

起居处所、服务处所、机器处所和控制站的入口、空气进口和开口不应面向货物区域。它们应位于不面向货物区域的端壁和/或与上层建筑或甲板室面向货物区域的端壁距离至少为船长的 4%但不少于 3m 的上层建筑或甲板室的外侧壁处，但该距离不必超过 5m。在上述限制范围内不得设有门，但不通往起居处所、服务处所或控制站的那些处所如货物控制站和储藏室可以设置门。如果设有这种门，该处所边界的绝热应达到“A-60”标准。驾驶室的门和窗可以设置在上述范围内，只要在设计上能确保对驾驶室的门和窗进行快速和有效的气密和蒸气密关闭。面向货物区域和在上层建筑及甲板室两侧上述范围内的窗和舷窗应当为固定型（非开启式）。在主甲板上的第 1 层舷窗上应装有钢质或等效材料的内盖。

3. 货泵舱

货泵舱的布置应确保以下条件：

（1）在任何时候都能从扶梯平台或舱底板通行而不受限制；

（2）货物装卸操作所需的一切阀能让穿着保护服的人员不受限制地到达。

所有扶梯和平台上都应设有栏杆。正常出入泵舱的扶梯不应垂直设置，而且应在适当间隔处设置平台。在货泵舱内应装有能处理货物泵和阀的排泄物或任何可能的泄漏物的设施。供货泵舱用的舱底管系应能从货泵舱外进行操作。应设有一个或几个污液舱，用以储存受污染的舱底水或洗舱水。还应配备标准通岸接头或其他设备，以便把污液输送至岸上接收设备。泵的排放压力表应装在货泵舱之外。由穿过舱壁或甲板的轴驱动机器时，应在舱壁或甲板处安装有高效润滑的气密装置或能确保永久气密的其他设施。

4. 进入货物区域内各处所的通道

进入货物区域内的隔离舱、压载舱、液货舱和其他处所的通道应直接通到开敞甲板，并应能确保对上述舱室的全面检查。进入双层底处所的通道可以通过货泵舱、泵舱、深隔离舱、管隧或类似舱室，但其通风方面必须予以考虑。

通过水平开口、舱口或人孔的通道，其尺寸应能让携带自给式呼吸器及穿着保护服的人员上下扶梯不受阻碍。还应设置一无障碍的开口，以便从该处所底部提升受伤人员，该开口的最小尺寸不得小于 600mm×600mm。

提供处所整个长度和宽度的通道的垂直开口或人孔最小净开口不得小于 600mm×800mm，且离船底板的高度不大于 600mm，除非设有格栅或其他脚踏板。

5. 舱底及压载布置

用来固定压载舱服务的泵、压载管路、透气管路和类似设备应独立于服务液货舱的类似设备和液货舱本身。邻接液货舱的固定压载舱的排放装置应设在机器处所和起居处所的外面。

对液货舱进行压载充装时，可以使用服务于固定压载舱的泵，从舱顶甲板将压载水注入，但注入管路与液货舱或液货舱管路不应固定连接，且应在注入管路上设置止回阀。

用于货泵舱、泵舱、留空处所、污液舱、双层底舱和类似处所的舱底水泵装置应位于货物区域内。但留空处所、双层底舱和压载舱用双层舱壁与含有货物或货物残余物的液货舱相隔开时例外。

3.2.2 化学品船舶附加标志

化学品船舶检验合格后签发散装运输危险化学品适装证书。散装化学品液货船的附加标志如下。

（1）船舶类型附加标志：化学品液货船（chemical tanker）。

符合《IBC 规则》要求和 CCS《钢质海船入级规范》第 2 篇第 5 章要求的双壳结构、适宜于装载《国际防止船舶造成污染公约》附则 I 的货物的货船，在“oil and chemical tanker”后加注“double hull”附加标志。对于执行加强检验程序的船舶，应授予“ESP”附加标志。

（2）其他附加标志。根据船舶预防货物漏逸的保护程度，在船舶类型附加标志“chemical tanker”后分别加注下述附加标志：

1 型（Type 1）

2 型（Type 2）

3 型（Type 3）

液货舱结构件尺寸根据拟载货物特性按最大设计压力、最高温度和最大货物密度确定，将加注下述附加标志：

最大压力　×××MPa（maximum pressure　×××MPa）

最高货物温度　×××℃（maximum temperature　×××℃）

最大货物密度　×××kg/m^3（maximum cargo density　×××kg/m^3）

对于防腐材料或防腐措施也有相应附加标志，如下所示：

不锈钢（stainless steel）

装设防腐衬板（lined with corrosion resistant lining）

3.2.3 化学品船舶完整稳性

适用《IBC 规则》的船舶的干舷按现行《国际载重线公约》核定最小干舷。船舶在所有航海条件下的稳性应达到 CCS 所接受的 IMO 完整稳性衡准要求。

在计算消耗液体的自由液面对装载状态的影响时，每种液体至少应假定有一对横向液舱或一个中间液舱存在自由液面，且所考虑的液舱或液舱组合应是自由液面影响最大的液舱。计算未破损舱室的自由液面影响应使用 CCS 可接受的方法。

固体压载通常不应使用在货物区域的双层底处所。但是，当出于考虑稳性的原因不可避免将在这种处所使用固体压载时，其布置应根据需要进行调整，以确保因底部破损引起的冲击载荷不会直接被传递到液货舱结构。

应向船长提供一本装载和稳性资料手册。该手册应包含典型的营运和压载状态、估算其他装载状态的规定以及船舶残存能力的汇总等详细资料。此外，该手册应包含足够资料以确保船长能用安全且适航的方式装载货物和操纵船舶。

3.2.4　化学品船舶破损稳性

在碰撞或搁浅情况下，化学品船舶应具有一定的抗破损能力。通过假定的破损范围及船型确定船舶破损组合，并需满足相应的破损稳性衡准。

1. 破损假定

化学品船舶的假定破损范围见表 3.12。

表 3.12　化学品船舶的假定破损范围

破损范围		破损位置及大小	
		距艏垂线 0.3L 范围内	船舶的其他部位
船底破损	纵向范围	$\frac{1}{3}L^{\frac{2}{3}}$ 或 14.5m，取小者	$\frac{1}{3}L^{\frac{2}{3}}$ 或 5m，取小者
船底破损	横向范围	$\frac{B}{6}$ 或 10m，取小者	$\frac{B}{6}$ 或 5m，取小者
船底破损	垂向范围	$\frac{B}{15}$ 或 6m，取小者（从中心线的船底外板型线量起）	$\frac{B}{15}$ 或 6m，取小者（从中心线的船底外板型线量起）
舷侧破损	纵向范围	$\frac{1}{3}L^{\frac{2}{3}}$ 或 14.5m，取小者	
舷侧破损	横向范围	$\frac{B}{5}$ 或 11.5m，取小者（在夏季载重线水线平面上从舷侧向船内中心线垂直量取）	
舷侧破损	垂向范围	自基线以上无限制（从中心线的船底外板型线量起）	

若任何破损的范围小于上述规定的假定破损最大值，但却会导致船舶出现更严重的状态，则应对此类破损予以考虑。

2. 液货舱位置

对液货舱位置的要求以所载运货物有关的船型而定。

液货舱应设在船内下述位置。

(1)1 型船舶：与舷侧外板的距离应不小于表 3.12 中船侧破损规定的横向破损范围，与中心线的船底外板型线的距离应不小于船底破损规定的垂向破损范围，其任何部位与船体外板的距离都应不小于 760mm。本条要求不适用于用来稀释洗舱污水的液舱。

（2）2 型船舶：与中心线处的船底外板型线的距离应不小于表 3.12 中船底破损规定的垂向破损范围，但其任何部位与船体外板的距离都应不小于 760mm。本条要求不适用于用来稀释洗舱污水的液舱。

（3）3 型船舶：不要求。

除 1 型船舶外，安装于液货舱中的吸口阱可以伸入到规定的船底破损的垂向范围内。但此类吸口阱应尽量小，且在内底板以下的伸入部分的深度应不超过双层底高度的 25%或 350mm（取小者）。当无双层底时，独立液货舱吸口阱的伸入部分的深度在船底破损上限以下应不超过 350mm。

3. 浸水假定

应经计算予以证实该船舶满足残存要求。计算中应考虑船舶的设计特性，破损舱室的布置、形状和所装载货物，液体的分配、相对密度和自由液面的影响，以及所有装载状态下的吃水和纵倾。

假定破损处所的渗透率如表 3.13 所示。

表 3.13　假定破损处所的渗透率

处所	渗透率
物料储存处所	0.60
起居处所	0.95
机器处所	0.85
留空处所	0.95
装消耗液体的处所	0～0.95*
装其他液体的处所	0～0.95*

*部分充装的舱室的渗透率应与舱室所载运的液体量相一致

凡遇破损穿透的液舱，应假定其液体完全从该舱流失，并由海水来取代达到最终平衡面的水线。在规定的纵向最大破损范围内的每一水密分隔，如果在假定破损组合下所述位置遭受破损，则应假定为该分隔被穿透。当小于实际最大破损范围时，则应假定较小破损范围内的水密分隔或水密分隔组是被穿透的。

船舶应设计成能以有效的布置使不对称浸水减至最低程度。

4. 破损组合

（1）1 型船舶：应假定在其长度范围内的任何部位经受破损。

（2）船长超过 150m 的 2 型船舶：应假定在其长度范围内的任何部位经受破损。

（3）船长为 150m 或以下的 2 型船舶：应假定在其长度范围内除尾机型机舱边界舱壁之外的任何部位经受破损。

（4）船长超过 225m 的 3 型船舶：应假定在其长度范围内的任何部位经受破损。

（5）船长为 125m 或以上但不超过 225m 的 3 型船舶：应假定在其长度范围内除尾机型机舱边界舱壁之外的任何部位经受破损。

（6）船长小于 125m 的 3 型船舶：应假定在其长度范围内除尾机型机舱之外的任何部位经受破损，但机舱浸水后的船舶残存能力应满足主管机关规定。

对于小型的 2 型和 3 型船舶，如不能全部满足上述（3）和（6）的要求，可采取能保持同等安全程度的替代措施，但需经主管机关认可。

5. 残存要求

船舶在上述破损标准下，经受假定的最大破损范围。在稳定平衡状态下，应满足下述衡准。

（1）浸水的任何阶段。

考虑下沉、横倾和纵倾后的水线应低于可能发生连续浸水或向下浸水的任何开口的下缘。此类开口应包括空气管和以风雨密门或舱口盖用作关闭装置的开口，但可以不包括那些用水密人孔盖和水密平舱口盖、能保持甲板高度完整性的小型水密液货舱舱口盖、遥控操纵的水密滑动门以及非开启式舷窗作为关闭设施的开口。

由于不对称浸水引起的最大横倾角不应超过 25°，若不出现甲板浸没，此角度可增加到 30°。浸水中间阶段的剩余稳性力臂应使主管机关满意，但不应明显低于最终平衡状态的要求。

（2）浸水后的最终平衡状态。

复原力臂曲线在平衡位置以外应有一个 20° 的最小横倾范围，且在 20° 横倾范围内的最大剩余复原力臂至少为 0.1m，在此范围内，该曲线下的面积应不小于 0.0175m·rad。在上述横倾范围内，未被保护的开口不应被浸没，除非相关处所已被假定浸水，在此范围内上述（1）所列出的任何开口和能被风雨密关闭的其他开口均允许被浸没。

应急电源应能正常工作。

3.3　化学品船舶防污染控制技术

一般来说，化学品都是有毒、有腐蚀性的液体，因此，在这些货物运输过程中对船体、船上设备、人身安全和环境的保护是必须要考虑的，这也是化学品船舶设计的关键所在。《IBC 规则》从多方面对此进行了规定，确保其运输及装卸过程的安全性，以避免污染事故的发生[3,62-64]。

《IBC 规则》第 17 章规定了化学品散装运输的最低要求，可分为两类：第一类要求适用于化学品液货船，而不论其装载何种化学品。属于这一类的有对起居设备、电气设备和灭火系统的要求。第二类要求取决于某一特定货品的危险性，内容包括船型、液舱型式、液舱透气、环境控制、电气设备规格、测量、蒸气探测、呼吸和眼睛保护等。该规则还明确了对某一特定化学品的特殊要求。

化学品船舶防污染控制技术的内容首先是货物围护系统，根据液货舱设计压力分为重力液货舱和压力液货舱。重力液货舱可以是独立式的或整体式的液货舱，压力液货舱必须是独立式的液货舱。独立式液货舱的设计应满足压力容器的设计规范要求，整体式的液货舱应满足 CCS 对结构的补充规定。

其次是干舷与完整稳性及破损稳性的要求。干舷满足载重线公约要求，完整稳性满足 IMO 完整稳性衡准。破损稳性主要船舶根据货物的危害性大小分为不同的船型，每种船型有相应的假定破损范围及液货舱位置，从而确定双壳宽度及双底高度，最大限度避免碰撞、搁浅等事故发生时液货泄漏及造成污染危害。

上述内容已经在 3.2 节中具体介绍了，在此不再赘述。

然后是船舶布置要求，禁止彼此间会引起危险反应的各种货物积载在相邻液货舱内，禁止对这些货物采用共用的货泵管系和透气系统。还规定液货舱应与机器处所和起居处所相分隔。对起居处所面向或邻近货舱区域的门窗、货泵舱的出入口以及货泵舱由舱底水系统的排放等做了规定，舱底系统必须从货泵舱外进行操作。对进入液货舱区域内各处所的通道开口、舱底和压载布置、泵和管路的识别以及船首或船尾的装卸装置等均有要求[62]。

每个液货舱的最大允许装货量：1 型船舱内载运的货物，在任一液货舱内均不得超过 1250m^3；2 型船舶内载运的货物，其货物量在任一液货舱内均不得超过 3000m^3。

其他还有构造材料、货物温度控制、液货舱透气和除气装置、环境控制、电气装置、防火和灭火、货物区域的机械通风、测量设备、人员保护、特殊要求、操作要求等。其中，电气装置、防火和灭火、货物区域的机械通风、人员保护等要求与《SOLAS 公约》Ⅱ-2 对液体货船的要求相同。

3.3.1　构造材料

用于液货舱连通与其相关的管路、泵、阀、透气管及其接头的构造材料，应适合于所载货物的温度和压力，并应符合认可的标准。通常的构造材料为钢材。选用构造材料时，根据需要应考虑下列要素：

（1）在作业温度下的缺口韧性；

（2）货物的腐蚀作用；

（3）货物与构造材料之间产生有害反应的可能性。

3.3.2　货物温度控制

受规则约束的某些货品要求加热以维持其液态运输，而某些其他货品要求冷却以减少货品的蒸汽压力。为此，载运这些货品的船舶需要在船上设置货物加热和冷却系统。《IBC 规则》规定了这些系统的标准。对于有毒货品关注的是货品可能会泄漏到加热或冷却系统中去。为了减少这种泄漏的危险性，这些货品的加热或冷却系统禁止让其他加热或冷却介质流经机器处所，除非先以试验证明这些介质未受毒质污染。为此应取样检查，并进行检测。

3.3.3　液货舱透气和除气装置及其他要求

《IBC 规则》第 8 章规定了液货舱透气系统的设计要求。许多化学品会释放可燃的或有毒的蒸气，因此液货舱的透气系统必须设计成不仅能确保液货舱的正常换气，而且能及时将装货时释放出的有毒和可燃气体迅速排放到远离船员处所和船上的进气口的一个安全距离。同时，必须有除气装置的保护，以防止甲板上的火焰进入透气系统和液货舱。

《IBC 规则》第 9 章为环境控制，液货舱内的蒸气空间以及在某些情况下液货舱的周围空间可要求具有特别的大气控制。该规则明确规定了某些货品所需的液货舱环境控制的型式。除了未受控制的大气状态，液货舱的环境控制通常有以下四种不同方式。

（1）惰化法：用不助燃且不与货物反应的气体或蒸气充入液货舱及其管系和《IBC 规则》第 15 章（特殊要求）有规定的液货舱周围空间，以维持状态。

（2）隔绝法：用能使货物与空气隔绝的液体、气体或蒸气充入液货舱及其管系，以维持状态。

（3）干燥法：用大气压力下露点为-40℃或更低的干燥气体或蒸气充入液货舱及其管系，以维持状态。

（4）通风法：进行强制通风或自然通风。

《IBC 规则》第 13 章为测量设备，规定了液货舱应设三种测量装置：开敞式装置、限制式装置和封闭式装置。蒸气探测设备对于易燃和有毒货物是必要的，以便船员了解蒸气的危险程度。

《IBC 规则》第 14 章为人员保护。货物的装卸作业要求采用防护服和设备，以避免人员与腐蚀性或有毒货品发生直接皮肤接触。同时还要求配置额外的设备，以便船员在可能发生的应急情况中使用。此外还包括了对消防人员的装备、呼吸器、担架、15 分钟应急逃生呼吸器、医药急救设备、眼冲洗和消防污染站的要求。

《IBC 规则》第 18 章为不适用本规则的货品名单，从安全和污染危害性方面进行审查，列出了其危害性尚不足以纳入规则适用范围的液体货品名单。

3.3.4　化学品船舶设计实例

化学品船在海上运输的货物安全等级高于其他普通液货船，因此化学品船的分舱原则不仅要满足相关国际公约、规则及入级船级社规范要求，还要综合考虑完整稳性、破舱稳性及压载水置换的要求对稳性和总纵强度的影响，对压载舱和货舱的布置做合理的优化。化学品船船体分舱需要满足的规范公约，除了《国际防止船舶造成污染公约》《SOLAS 公约》和 MEPC 对液货船的要求外，还要满足《IBC 规则》的要求[65,66]。

以 53 000 吨特涂舱化学品/成品油船的分舱为例，要考虑的处所及相应的公约法规条款如下：

货舱区双壳保护（《IBC 规则》第 2 章、《国际防止船舶造成污染公约》附则 I 第 19 条）；

泵舱双层底保护（《国际防止船舶造成污染公约》附则 I 第 22 条）；

燃油舱双壳保护［MEPC.141（54）］；

压载舱容量大小及布置（《国际防止船舶造成污染公约》附则 I 第 18 条）；

货舱舱容大小及布置（《IBC 规则》第 16 章、《国际防止船舶造成污染公约》附则

Ⅰ第 26 条）；

货物分隔（《IBC 规则》第 3 章）；

艏尖舱位置（《SOLAS 公约》Ⅱ-1 章第 B-12 条）。

根据载运的货物清单进行系统配置，需要考虑以下方面：船型/舱型、污染级别、货舱通风、货舱环境控制、电气设备、透气形式、蒸气控制、防火、结构材料、呼吸及眼睛保护。

第 4 章　散装运输液化气体船舶构造和设备规则及应用

随着人们环保意识的提高，全社会对于可持续发展及宜居性有了更高的要求。全球碳排放及 SO_x 和 NO_x 的排放成为控制空气污染的重点，因此清洁能源的开发利用成为迫切需要。传统意义上，清洁能源指的是对环境友好的能源，环保、排放少、污染程度小，包括非再生能源和可再生能源。可再生能源是指原材料可以再生的能源，如水力发电、风力发电、太阳能、生物能（沼气）、海潮能等能源。非再生能源是指在生产及消费过程中能减少对生态环境的污染的能源，包括低污染的化石能源（如天然气等）和利用清洁能源技术处理过的化石能源，如洁净煤、洁净油等。因此清洁能源的准确定义如下：对能源清洁、高效、系统化应用的技术体系。其含义有三点：第一，清洁能源不是对能源的简单分类，而是指能源利用的技术体系；第二，清洁能源不但强调清洁性，同时也强调经济性；第三，清洁能源的清洁性指的是符合一定的排放标准。

LNG 作为一种清洁能源逐渐得到社会的青睐与认同[67]。由于它具有清洁、高效的特点，在燃烧相同热值的情况下，排放的 CO_2 比石油少 25%，比煤少 40%，液化后体积只有气体的 1/600，且世界储量巨大，具有良好的应用前景。LNG 的主要成分是甲烷，在常压下沸点为-163℃，空气中可燃极限为 5%～15%，是一种低温、可压缩、易燃的气体，具有比重轻、无毒、不腐蚀等特性。天然气从气田开采出来，到最终被终端用户使用，需要一个运输过程，采用经济、合理和适宜的运输方式就成为天然气能够被广泛利用的前提。LNG 的输送方式目前主要有两种：①管道运输；②船舶运输[68]。管道运输只有在 1650～3300km 范围内时才会有明显的经济效益。而 LNG 的进出口国之间往往相隔万里，跨洲、跨洋长距离运输的艰巨任务，只有 LNG 船能够胜任。

另外，随着中国石油工业的发展，许多城镇已开始使用液化石油气（liquefied petroleum gas，LPG）做燃料[69]。LPG 是炼油厂在进行原油催化裂解与热裂解时所得到的副产品，这些产品属于碳氢化合物，容易液化，可压缩到原体积的 1/250～1/33。由于其具有无色、无味、无毒、含硫量低、燃烧充分、污染小等特点，在燃料市场也具有强大的竞争力，其中，水运优势尤为明显。

由于 LNG 及 LPG 等散装液体船舶采用低温运输，液化气体易挥发，存在安全隐患。LNG 在储存过程中的沸腾和翻滚现象，容易导致天然气蒸发释放，既浪费能源，又容易引起爆炸，对设备、船体及港口的安全造成极大的威胁。因此，IMO 制定了《IGC 规则》以保证该类液货的运输和装卸安全。

4.1 《IGC 规则》背景介绍

《IGC 规则》[4]的目的是为散装液化气体和某些其他物质的海上安全运输提供一个国际标准。每一种货物可能具有一个或多个危险特性，包括易燃性、毒性、腐蚀性、反应性、低温及压力。某些货物在低温或者压力状态下进行运输，有可能进一步产生其他危险。根据该规则所包含货物的危险性，确定运输所需的某种船型，规定这类运输船舶的设计和建造标准，及其所应装配的设备，以便使其对船舶、船员和环境所造成的危害减至最少。

严重的碰撞或搁浅可能造成液货舱破损，导致货物事故性排放。此种排放可能引起货物的蒸发和扩散，在某些情况下可能导致船体的脆性断裂。该规则的要求是根据现有的知识和技术，尽可能减少这种危险性。

《IGC 规则》主要是针对船舶设计和设备的规定。为了确保能安全运输货物，必须对整个系统进行评估。主要包括如下内容：船舶残存能力和液货舱位置；船舶布置；货物围护系统，处理用压力容器及液体、蒸气和压力管路系统；构造材料；货物压力/温度控制；液货舱透气系统；环境控制；电气装置；防火与灭火；货物区域内的机械通风；仪表（测量、气体探测）；人员保护；液货舱的充装极限；用货物作燃料；特殊要求；操作要求；最低要求一览表。

《IGC 规则》与《IBC 规则》是一致的，某些要求通风洗舱的危险化学品货物可以用液化气体船载运。

IMO 在 20 世纪 60 年代末、70 年代初就研究制定了有关 LNG 的建造使用规则[67]。目前，主要有三种规则，即《GC 规则》《现有散装运输液化气体船舶规则》和《IGC 规则》。

《GC 规则》是 IMO 在 1975 年 11 月 12 日通过 A.328（Ⅸ）决议后实施的，于 1976 年 10 月 31 日生效。它对 1976 年 12 月 31 日及以后、1986 年 7 月 1 日前安放龙骨或处于相应阶段、重大改建的液化气体船适用。同时，它对 1976 年 12 月 31 日前安放龙骨、在 1980 年 6 月 30 日以后交付使用的液化气体船也适用。

《现有散装运输液化气体船舶规则》也是这次会议通过 A.329（Ⅸ）决议后实施的规则。该规则又称为《现有船 GC 规则》，于 1976 年 10 月 31 日生效。它是对《GC 规则》的补充，主要适用于 1976 年 10 月 31 日以前交付使用的液化气体船。

《IGC 规则》是 IMO MSC 于 1983 年 6 月 17 日通过决议 MSC.5（48）后实施的，于 1986 年 7 月 1 日生效。它主要适用于 1986 年 7 月 1 日以后安放龙骨或处于相应阶段、重大改建的液化气体船。

《IGC 规则》于《SOLAS 公约》1983 年修正案在 1986 年 7 月 1 日生效后作为该公约强制性要求，随后经过多次决议案形式进行修订（表 4.1）。

表 4.1 《IGC 规则》发展过程中的决议案

序号	决议案	通过日期	接受日期	生效日期
1	MSC30（61）	1992 年 12 月 11 日	1994 年 1 月 1 日	1994 年 7 月 1 日
2	MSC17（58）	1990 年 5 月 24 日	—	2000 年 2 月 3 日
3	MSC32（63）	1994 年 5 月 23 日	1998 年 1 月 1 日	1998 年 7 月 1 日
4	MSC59（67）	1996 年 12 月 5 日	1998 年 1 月 1 日	1998 年 7 月 1 日
5	MSC103（73）	2000 年 12 月 5 日	2002 年 1 月 1 日	2002 年 7 月 1 日
6	MSC.177（79）	2004 年 12 月 10 日	2006 年 1 月 1 日	2006 年 7 月 1 日
7	MSC.220（82）	2006 年 12 月 8 日	2008 年 1 月 1 日	2008 年 7 月 1 日
8	MSC.370（93）	2014 年 5 月 22 日	2015 年 7 月 1 日	2016 年 1 月 1 日

4.1.1 适用范围及相关定义

1. 适用范围

《IGC 规则》适用于各种尺度（包括 500 总吨位以下）从事散装运输该规则第 19 章所列的温度为 37.8℃时其蒸汽压力超过 0.28MPa（绝对压力）的液化气体和其他货物的船舶。该规则适用于在 2016 年 7 月 1 日或以后安放龙骨或处于相似阶段的船舶。

2. 相关定义

（1）临界温度：使物质由气态变为液态的最高温度叫临界温度。每种物质都有一个特定的温度，在这个温度以上，无论怎样增大压强，气态物质都不会液化，这个温度就是临界温度，即液体能维持液相的最高温度。降温加压是使气体液化的条件，但只加压不一定能使气体液化，还取决于气体是否在临界温度以下。临界温度越低，越难液化。要使气体液化，必须具备一定的低温技术和设备，使它们达到各自的临界温度以下，而后再用增大压强的方法使其液化。

（2）沸点：货品呈现蒸汽压力等于大气压力时的温度。沸腾是在一定温度下液体内部和表面同时发生的剧烈汽化现象，液体沸腾时候的温度被称为沸点，即液体的饱和蒸汽压与外界压强相等时的温度。不同液体的沸点是不同的，沸点随外界压力变化而改变，压力低，沸点也低。沸点低的液体一般易汽化，而沸点高的液体一般较难汽化。

（3）蒸汽压力：在规定温度下液体上方饱和蒸汽的平衡压力（绝对压力），单位为 Pa。饱和蒸汽压指当液体汽化的速率与其产生的气体液化的速率相同时的气压。

在相同的大气压下，不同的液体其沸点亦不相同。在一定的温度下，各种液体的饱和蒸汽压亦一定。

《IGC 规则》中的液化气体的沸点是指在 1 标准大气压力下的沸点。

将气体液化的条件是加压或低温。沸点很低的液化气体易挥发，运输过程需要低温设备和技术来保持货物温度在其沸点之下，以尽量减少蒸气挥发，所以一般采用常压低温方式进行运输。而临界温度高的液化气体不易液化，一般采用高压方式使其液化，所以运输方式为全压方式。介于两者之间的液化气体则采用既加压又降温的方式进行运输。

设计蒸汽压力指表压力。

（4）MARVS：液货舱释放阀的最大允许调定值（表压力）。

（5）留空处所：在货物区域内的货物围护系统外部的围蔽处所，但不包括货舱处所、压载舱、燃油舱、货泵舱、压缩机舱或人员正常使用的任何处所。

（6）主屏壁：当货物围护系统含有两层周界时被用于装货的内层构件。

（7）次屏壁：货物围护系统中被设计成能暂时容纳可能从主屏壁泄漏的液货的液密外层构件，同时也可以防止船体结构的温度会下降至不安全的程度。

（8）相对密度：一定体积货品的质量与等体积淡水的质量之比。

4.1.2 《IGC 规则》概述

《IGC 规则》中所考虑的气体的危险性包括火灾、毒性、腐蚀性、反应性、低温及压力等，该规则规定了 32 种散装液化气体的船舶设计及设备要求，其中 10 种物质也包括在《IBC 规则》中[4,70]。《IGC 规则》对 32 种液化气体散装船舶运输的最低要求包括下列项目。

（1）货物名称。

（2）联合国编号。

（3）船型：有 1G、2G、2PG、3G 等 4 种船型。船型不同，破损标准不同，越危险的货物其防护要求越高，分别设置相应的船舶双层壳宽度与双层底高度以满足破损稳性的要求。

（4）舱型：有薄膜型货舱、独立型货舱、内部绝热型货舱。其中薄膜型有整体液货舱、薄膜液货舱、半薄膜液货舱；独立型有 A 型（IHISPB 型）、B 型（Moss 型）、C 型独立液货罐。

（5）液货舱内蒸气空间的控制：惰化、干燥或不处理。

（6）蒸气探测：F——易燃蒸气的探测；T——有毒蒸气的探测；O——氧气分析仪；F+T——易燃和有毒蒸气探测。

（7）测量所许可的类型：间接型、封闭型、限制型。

（8）医疗急救指南表（medical first aid guide，MFAG）。

（9）特殊要求：主要有人员防护、货舱系统特殊要求等。其中，人员防护主要针对有毒液货，需要配备防毒面具、防毒手套、防毒服等。

（10）液体相对密度（在大气压力沸点下），水的相对密度为 1。

（11）气体相对密度，空气的相对密度为 1。

（12）沸点（℃）：液体变为气体的最低温度。若温度高于此值，液货将会挥发。

（13）临界温度（℃）：气体变为液体的最高温度。此值越高，气体越不容易被液化。

4.1.3 散装运输液化气体船舶分类

常见的液化气体船种类有：LPG 船、LNG 船、压缩天然气（compressed natural gas，CNG）船等。

4.1.3.1 液化气体船的运输方式

液化气体采用哪种方式进行运输，取决于物质的沸点和临界温度等参数。《IGC 规则》第 19 章中货物沸点分布范围为-195～34.2℃。其中氮的沸点最低，为-195℃，其他如甲烷（液化天然气）的沸点为-161.5℃，乙烯为-103.9℃。环氧丙烷的沸点最高，为 34.2℃，其次为异戊二烯为 34℃。货物的临界温度分布范围为-82.5～211℃。其中，异戊二烯的临界温度最高，达 211℃，其他如环氧丙烷临界温度为 209.1℃，环氧乙烯的临界温度为 195.7℃，最低的临界温度为甲烷（液化天然气）−82.5℃。

根据载运液化气体的沸点和临界温度，货物被液化的方式不同，相应有 3 种运输方式：全压式、全冷式、半冷式。通常，货物沸点低于−45℃的货物围护系统多采用半冷式或全冷式方式，货物临界温度在 45℃以上的货物围护系统多采用全压式。

当船舶拟载运《IGC 规则》和《IBC 规则》共同包括的货物时，该船舶应按其所载运货物情况同时符合这两个规则的相关要求。

1. 压力式液化气体船

货物在常温状态下装运，液货舱是根据压力容器标准设计的。一般采用 C 型独立液货舱，液货舱一般为圆筒形卧罐或球罐，不需要绝热物和再液化设备，没有温度/压力控制装置，故操作简单，但其空间利用率低，载货量小，所以此类船大部分为小型船。处于环境温度状态，液货舱内压力为环境温度下的液化气饱和蒸汽压，一般设计压力为 1.75MPa，液货舱必须承受货物在环境温度下的饱和蒸汽压力，以维持液化气的液化状态。适合装载临界温度大于 45℃的液化气，主要用来装运 LPG、氨、氯乙烯等（图 4.1）。

2. 冷压式液化气体船

货物以低于常温状态载于有绝热物包裹的独立舱内，船上设有控制货物温度/压力的再液化装置。冷压式液化气体船分为特定货物专用船和多用途冷压式液化气体船。由于此船设计压力比压力式船小，液舱壁厚度可适当减小，从而降低了对建造材料的要求，进而降低了制造成本。此类船通常有完整的双层底，有些船有项顶边压载舱，无次屏壁结构，运输效率高。货舱形式为圆筒形、球形或双联圆筒形（图 4.2）。

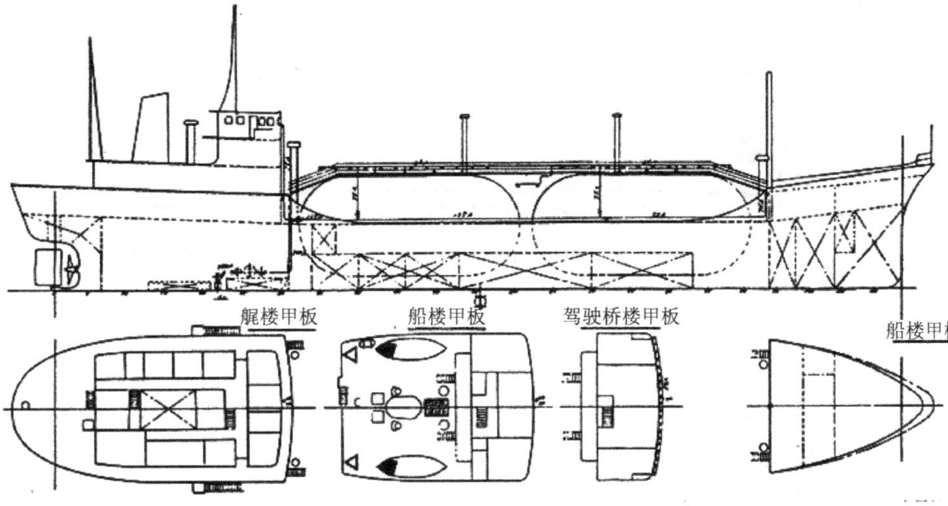

图 4.1　压力式 LPG 运输船（进德丸号）[71]

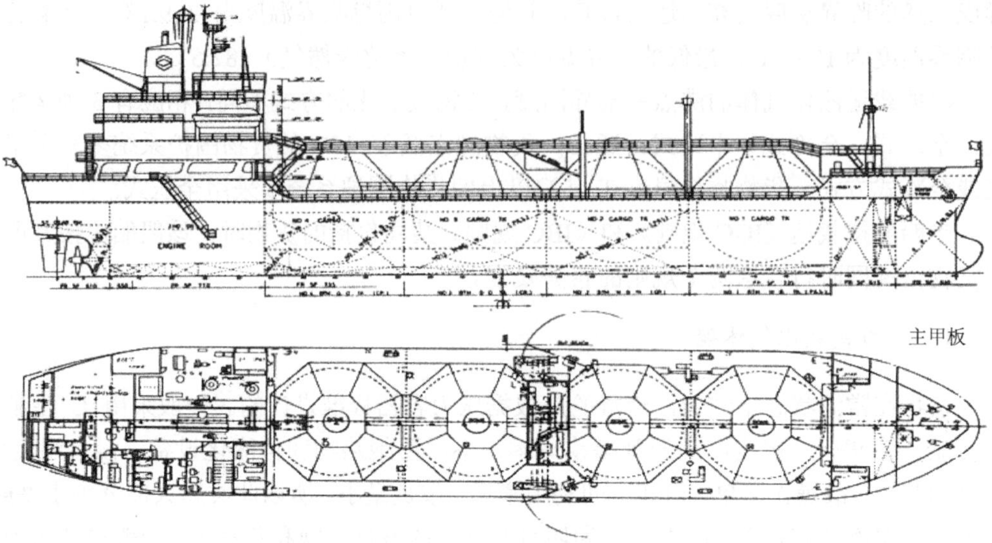

图 4.2　冷压式运输船（GUARUJA 号）[71]

3. 冷却式液化气体船

按运输货物的不同，全冷式液化气体船又可分为全冷式 LPG 船和全冷式 LNG 船。

全冷式 LPG 船：在接近大气压下装运货物，设计最低温度-48℃，故该类船液货舱的隔热性能要求较高。货舱形式主要有带双层船壳的独立液货舱、带单层船壳但有双层底及顶边压载舱的独立液货舱、带双层船壳的整体液舱和半薄膜液货舱。普遍采用带单层船壳但有双层底及顶边压载舱的 A 型独立液货舱，设置完整的次屏蔽。液货舱与船壳之间的处所，必须填充干燥的低露点的惰性气体，并维持一定的正压，以保证无空气和湿气。该类船最大的优点是，低温使液货的压缩比增大，故液体的密度增大，从而能运输更多的货物，提高了船舶的空间利用率，进而提高了船舶的经济效益（图 4.3）。

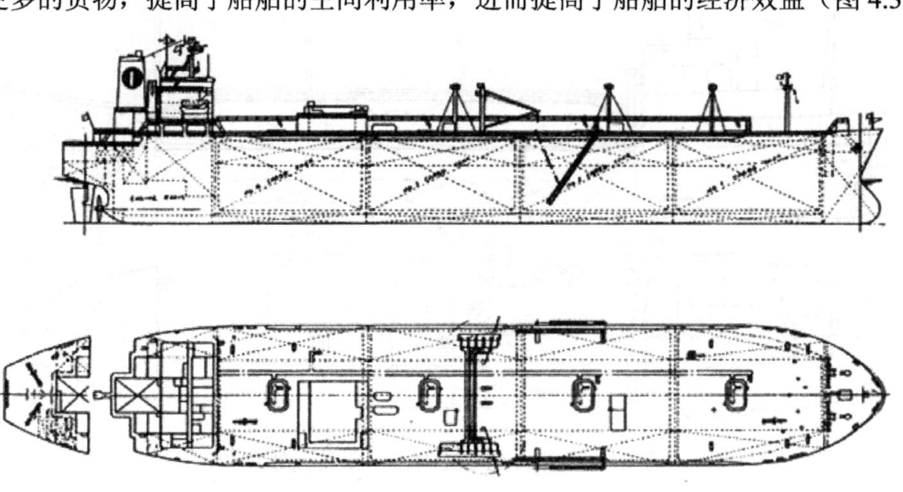

图 4.3　全冷式 LPG 运输船（玄海丸号）[71]

全冷式 LNG 船：在大气压下以-163℃左右低温储存运输。不设货物蒸气的再液化装置，蒸汽轮机使用 LNG 蒸发气作为锅炉燃料。这种液化气船其液货舱目前主要有三大类，即 Gaz-Transport 薄膜液货舱、Technigaz 薄膜液货舱和 Kvaermer Moss 球罐形（B 型）独立舱[72]，液货舱主次屏蔽间处所均应填充干燥的惰性气体。对 A 型独立液货舱和薄膜液货舱均要设置完整的次屏蔽结构以保护船壳结构（图 4.4）。

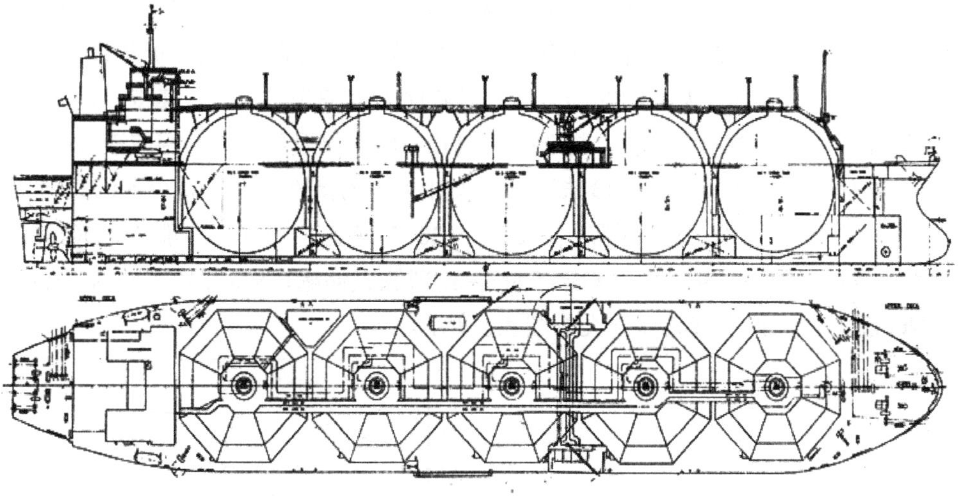

图 4.4　日本第一艘 LNG 船（尾州丸号）[71]

通过对以上几种货物围护系统及运输方式进行总结，列出表 4.2。

表 4.2　液化气体船的种类与液货罐构造[73,74]

<table>
<tr><th colspan="2" rowspan="2">船型</th><th colspan="2">储存方式</th><th colspan="2">液货舱</th><th rowspan="2">主要货物</th><th rowspan="2">备注</th></tr>
<tr><th>设计压力</th><th>温度</th><th>构造方式</th><th>类型</th></tr>
<tr><td colspan="2">压力式</td><td>常温下的货物压力</td><td>常温</td><td>压力容器方式</td><td>C 型</td><td>LPG，氨等</td><td>能承受压力，不耐低温；
货重与船重之比为 2∶1；
圆筒形或球罐形；
多用于小船</td></tr>
<tr><td colspan="2">冷压式</td><td>任意</td><td>任意</td><td>压力容器方式</td><td>C 型</td><td>乙烯，LPG 等</td><td>设有再液化装置；
货重与船重之比为 4∶1；
圆筒形或球罐形</td></tr>
<tr><td rowspan="2">全冷式</td><td>LPG</td><td>约 1 个大气压</td><td>最低 -48℃</td><td rowspan="2">不必采用压力容器结构，但必须承受低温</td><td>A、B、C 型；半薄膜舱；内部绝热舱；整体液货舱</td><td>LPG</td><td rowspan="2">设有温度/压力的系统；
采用耐低温材料；
货重与舱重比例达到 8∶1；
大型船较多</td></tr>
<tr><td>LNG</td><td>约 1 个大气压</td><td>-163℃</td><td>A、B 型和薄膜液货舱</td><td>LNG</td></tr>
</table>

4.1.3.2　液化气体船的货物维护系统

根据运输货物的特性，液化气体船选择不同的货物维护系统。《IGC 规则》确定的船舶货物维护系统有 5 种：独立式、薄膜式、半薄膜式、整体式及内部绝热液货舱等形式。

应用较广泛的 LNG 船的货物维护系统有独立式和薄膜式两种。独立式储罐由自身支持，与船体互相独立，包含 A 型、B 型和 C 型三种类型。其中，A 型为菱形或 IHISPB 型；B 型为球罐形或 Moss 型；C 型为压力容器型，C 型独立储罐由圆筒形筒体和半球形封头组成，承压性能好，无需次屏壁，属于通用型技术，无专利限制，在经济性上具有优势，主要用于中小型 LNG 船。

薄膜式储罐[75]可分为 Technigaz 型和 Gaz-Transport 型两种，前者储罐内壁为波纹型，其特点是可加工许多预制件，缩短造船时间。由于保温层较薄，相应液货装载空间较大，但保温材料较贵，并且保温采用黏结方式。后者储罐内壁为平板型，其特点是只能预先加工少量部件，但制造相对简单，制造时间较长。由于保温层较厚，相应液货装载空间较小，保材料采用可渗透气体的珍珠岩，以添加更多的惰性气体，减少保温材料费用。以上两者均设置完整的二级防漏隔层。2011～2015 年完工的 LNG 船中，50%采用了 Technigaz 薄膜式储罐，30%采用 Gaz-Transport 薄膜式储罐，8%采用了 Moss 独立式储罐。LNG 船货物维护系统具体分类如图 4.5 所示。

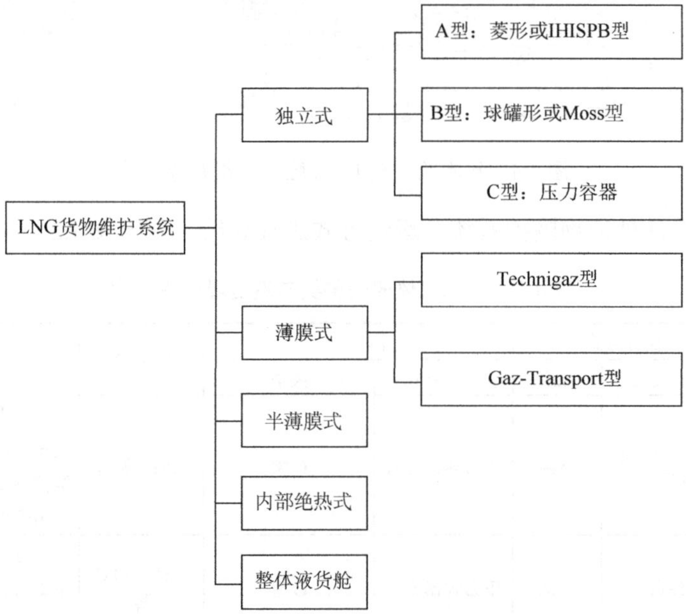

图 4.5　LNG 船货物维护系统分类

薄膜型分为以下几种。

（1）TZ: Technigaz Mark Ⅰ/Ⅱ/Ⅲ，由法国 Technigaz 公司研制。

（2）GT: Gaz Transport No.82/85/88/96，由法国 Gaz Transport 公司研制。

（3）GTT CS-1: Combined System，结合了 TZ Mark Ⅲ和 GT No.96 货舱的特点，因 Gaz Transport 与 Technigaz 于 1995 年合并，故称 GTT。

独立液舱型分为以下几种。

（1）菱形：由日本石川岛播磨重工集团研制，也称为 IHISPB 型。

（2）球罐型：由挪威 Moss Rosenberg 公司在 1970 年研制，技术由挪威 Moss Maritime 公司掌握，也称为 Moss 型。

（3）C 型：独立的压力容器型。一般用于中小型的 LNG 运输船，载重量在 10 万 m^3 及以下。

4.1.3.3　LNG 不同分类及典型船型的舱室形式

根据货物系统、动力系统及货舱容积等方面不同，LNG 可分为不同类型。

1. 根据货物系统分类

（1）传统 LNG 船。

（2）具有再液化装置的 LNG 船。由于天然气在环境大气压力下在 LNG 船上以液态的形式接近−163℃沸点下长距离运输，航行当中不可避免地会有热量漏入系统，部分货物蒸发，超过 20 天蒸发的蒸发气大约等于总容量 3%。为了维持液货舱内的压力接近大气压力，蒸发的蒸发气必须在货舱内处理。一般情况下，对蒸发气的处理有两种方法：一种是在以蒸汽轮机、双燃料发动机或燃气轮机作为动力装置的 LNG 船上把蒸发气用作主机、锅炉的燃料；另一种是安装某种形式的再液化装置（reliquification equipment），将超压的蒸发气重新冷凝液化后再送回到液货舱内。

（3）具有再气化装置的 LNG 船——LNG-RV（regasification vessel）。该船具有再气化系统，在船上将 LNG 气化后通过海底管道送至岸上储存设施。采用 LNG-RV 型船，在岸上不必专门投资修建 LNG 船的停靠码头及其相关设备，只要通过敷设在海底的管道就可以把天然气输送到岸上的储存设施。LNG-RV 型船适宜天然气消费量不大的用户、临时出现天然气需求的用户或对天然气需求量急速增加的用户。LNG-RV 型船每艘造价比目前同容量级（如 13.8 万 m^3 级）的 LNG 船高 2000 万美元。

2. 根据动力系统分类

（1）蒸气推进（steam turbine）。

（2）双燃料柴油机（due diesel engine）。

（3）双燃料柴油机＋电力推进（double fuel，DFDE）。

（4）燃气轮机（gas turbine）。

3. 根据货舱容积分类

（1）中小型 LNG 船：容积≤100 000m^3。

（2）大型 LNG 船：容积为 125 000～165 000m^3。

（3）超大型 LNG 船：卡塔尔灵便型 LNG 船（Q-Flex），21 万 m^3；卡塔尔最大型 LNG 船（Q-Max），26 万 m^3。

大型 LNG 的常见船型有 Moss 型、SPB 型、薄膜型，如图 4.6～图 4.8 所示。

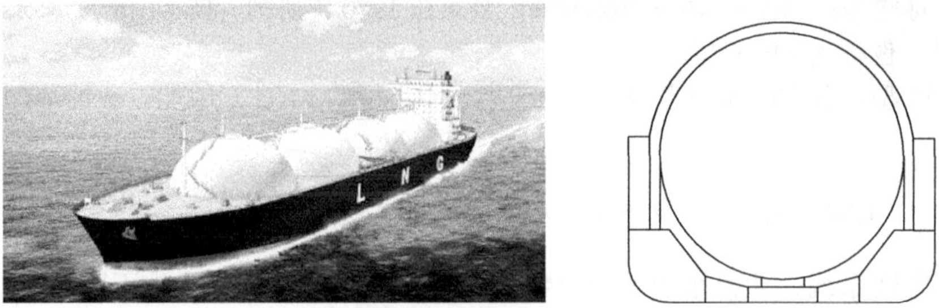

图 4.6　Moss 型 LNG 船舶及货舱型式[72]

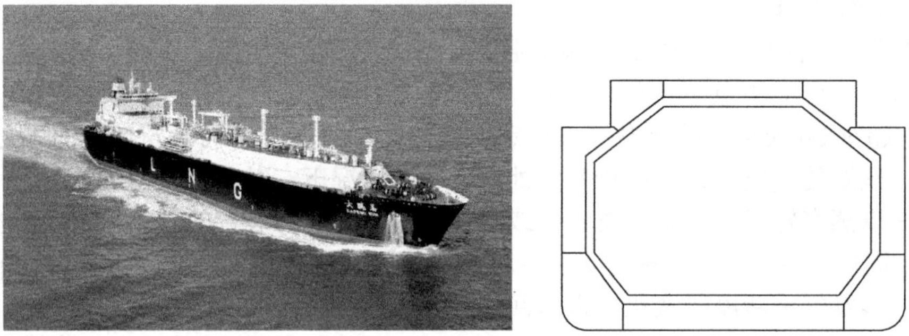

图 4.7　GTT 型 LNG 船舶及货舱型式[72]

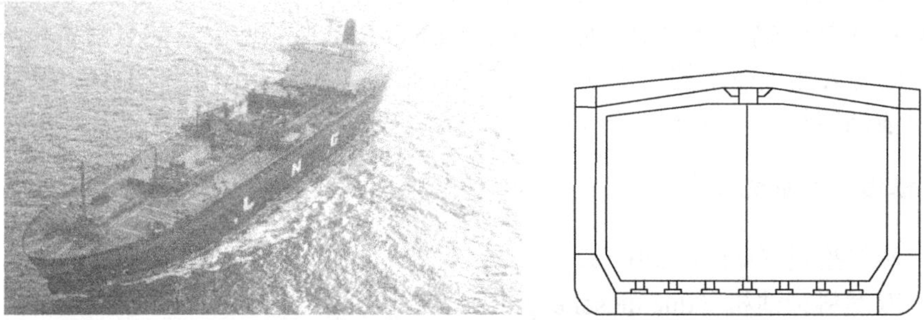

图 4.8　SPB 型 LNG 船舶及货舱型式[72]

4.2 《IGC 规则》要求

符合《IGC 规则》有关规定从事国际航行的液化气体船，经初次检验或换证检验合格后，应给予签发国际散装运输液化气体适装证书，并根据要求授予相应的附加标志。

4.2.1 液化气体船舶附加标志

散装运输液化气体船的附加标志如下。

（1）船舶类型附加标志：液化气体船（liquefied gas carrier）。

(2) 其他附加标志：根据船舶预防货物逸漏的保护程度以及液货舱与船舶外板之间的距离要求确定。

① 在船型附加标志“liquefied gas carrier”后分别加注下述附加标志及其含义：

1G 型（Type 1G）：采用最严格防漏保护措施。

2G 型（Type 2G）：采用相当严格的防漏保护措施。

2PG 型（Type 2PG）：适用 $L \leqslant 150$m，采用相当严格的防漏保护措施，且货物装载于释放阀最大调定值（MARVS）至少为 0.7MPa（表压力）、设计温度为-55℃或以上的 C 型独立液货舱。

3G 型（Type 3G）：采用中等防漏保护措施。

② 液货舱结构件尺寸的设计按最大设计压力确定，应加注最大允许压力限制的附加标志，如：

最大压力　×××MPa（maximum pressure　×××MPa）

③ 对按核定设计货物温度载运的液货舱，应加注货物最低温度附加标志：

最低温度　×××℃（mininmum temperature　×××℃）

④ 根据货物围护系统的型式，分别加注附加标志：

A 型独立液货舱（type A independent tank）

B 型独立液货舱（type B independent tank）

C 型独立液货舱（type C independent tank）

整体液货舱（integral tank）

薄膜液货舱（membrane tank）

半薄膜液货舱（semi-membrane tank）

内部绝热液货舱（internal insulation tank）

⑤ 液货舱温度/压力控制方式，加注相应的附加标志：

货物蒸发气再液化　LG

压力积聚（蓄压）　PA

4.2.2　液化气体船舶分舱与破损稳性

液化气体船破损稳性与分舱的要求跟化学品船类似，需要根据船型进行破损假定计算及其破损稳性计算与校核。

4.2.2.1　破损假定

液化气体船舶假定的最大破损范围如表 4.3 所示。

表 4.3　液化气体船舶假定的最大破损范围

破损范围		破损位置及大小	
		距艏垂线 0.3L 范围内	船舶的其他部位
船底破损	纵向范围	$\frac{1}{3}\left(L^{\frac{2}{3}}\right)$ 或 14.5m，取小者	$\frac{1}{3}\left(L^{\frac{2}{3}}\right)$ 或 14.5m，取小者
	横向范围	$\frac{B}{6}$ 或 10m，取小者	$\frac{B}{6}$ 或 5m，取小者
	垂向范围	$\frac{B}{15}$ 或 2m，取小者（从中心线的船底外板型线量起）	$\frac{B}{15}$ 或 2m，取小者（从中心线的船底外板型线量起）
舷侧破损	纵向范围	$\frac{1}{3}\left(L^{\frac{2}{3}}\right)$ 或 14.5m，取小者	
	横向范围	$\frac{B}{5}$ 或 11.5m，取小者（在夏季载重线水线平面上从舷侧向船内中心线垂直量取）	
	垂向范围	向上无限制（从中心线的船底外板型线量起）	

若任何破损范围小于表 4.3 规定的最大值，但会引起更为严重后果，则对此类破损应加以考虑。

4.2.2.2　液货舱位置

对液货舱位置的要求以所载运货物有关的船型而定。液货舱应设在舷内下述位置。

（1）1G 型船舶：与舷侧外板的距离应不小于表 4.3 规定的横向破损范围，及在中心线上距与底外板型线的距离不小于表 4.3 规定的垂向破损范围，其任何部位与船外板的距离都应不小于 d：①如果 $V_c \leqslant 1000\text{m}^3$，$d$=0.8m；②如果 $1000\text{m}^3 < V_c < 5000\text{m}^3$，$d=0.75+V_c\times0.2/4000$m；③如果 $5000\text{m}^3 \leqslant V_c < 30\,000\text{m}^3$，$d=0.8+V_c/25\,000$m；④如果 $V_c \geqslant 30\,000\text{m}^3$，$d$=2m。

V_c是指包括气室和附属物的单个液货舱在 20℃时的 100%总设计容积。对于有共同舱壁的液货舱而言，该总容积是指该共同舱壁相邻的所有液货舱的总容积，d 是在任何横截面内，从外板型线处，以垂直于外板的角度开始测量的数值，如图 4.9、图 4.10 所示。

（2）2G/2PG 型船舶：在中心线上距船底板型线应不小于表 4.3 中舷侧破损的垂向范围，其任何部位都应不小于上述（1）中所述的 d 值（见图 4.9、图 4.11 所示）。

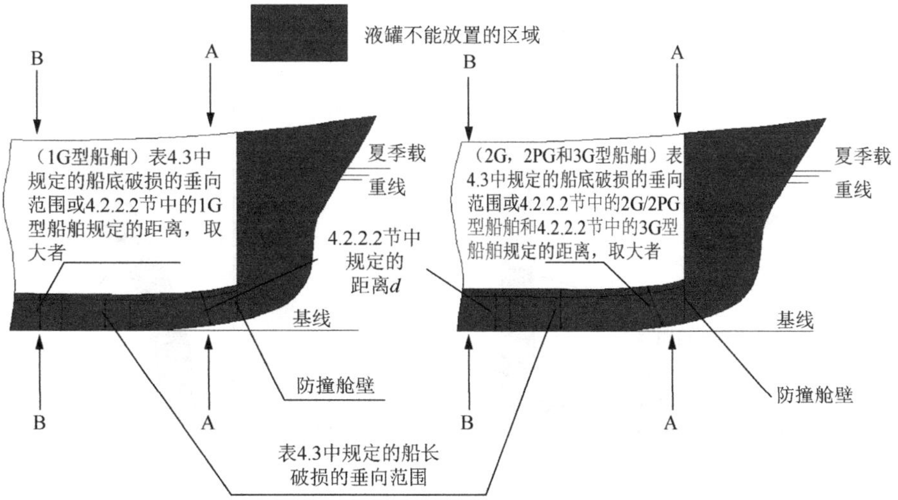

图 4.9　中纵剖面——1G,2G,2PG 和 3G 型船舶[4]

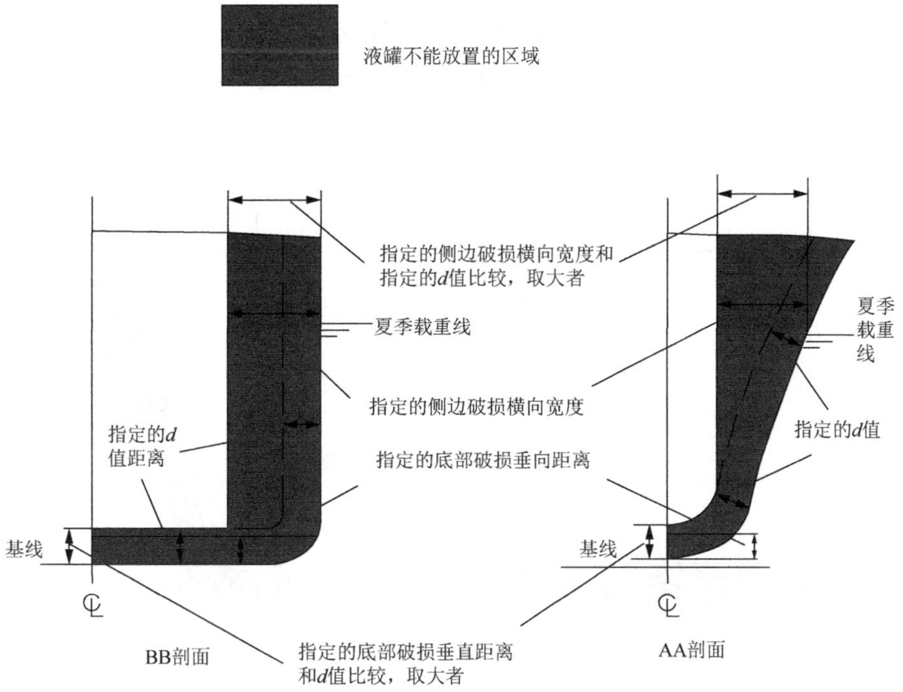

图 4.10　《IGC 规则》要求的 1G 型船舶液货舱位置[4]

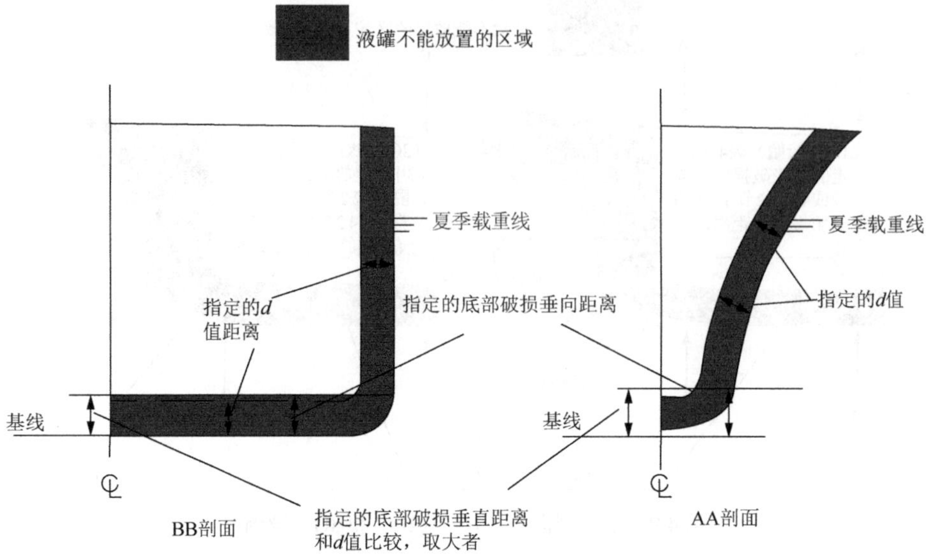

图 4.11 《IGC 规则》要求的 2G 型和 2PG 型船舶液舱位置[4,76]

（3）3G 型船舶：在中心线上距船底板型线应不小于表 4.3 中舷侧破损的垂向范围，其任何部位都应不小于 d，d=0.8m，自船底板型线量起（见图 4.9、图 4.12）。

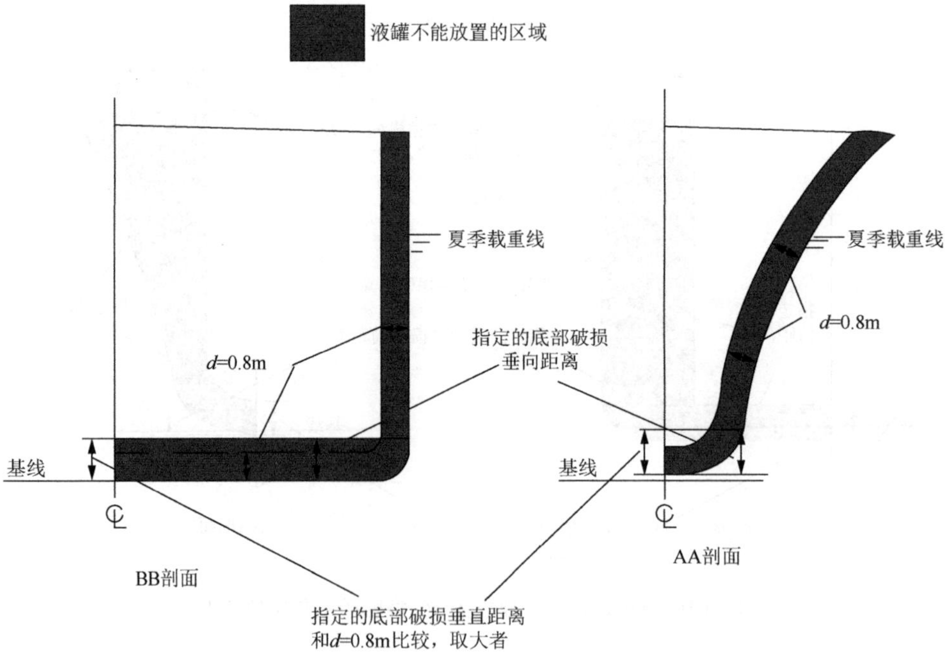

图 4.12 《IGC 规则》要求的 3G 型船舶液货舱位置[4,76]

（4）不同种类液货舱的破损位置量取方法。

垂向位置：船底破损的垂向范围都是从基线量起（不含船底板厚）。对于薄膜液货舱，量至内底的内表面（包含内底板厚，但不包含绝热层）；对于半薄膜液货舱，船底破损的垂向范围应量至内底的外表面（不包含板厚，也不包含绝热层）；对于其他种类液货舱（包括独立菱形液货舱、球形液货舱、压力型液货舱）则量至液货舱底的内表面（包含内底高度、绝热层厚度及液货舱板厚）。

舷侧位置：舷侧破损的横向破损范围都是从舷侧外板的内表面量起（不含舷侧板厚）。对于薄膜液货舱，量至船侧纵舱壁的内表面（包含内壳板厚，但不包含绝热层）；对于半薄膜液货舱，船侧破损的横向破损范围应量至船侧纵舱壁的外表面（不包含板厚，也不包含绝热层）；对于其他种类液货舱（包括独立菱形液货舱、球形液货舱、压力型液货舱）应量至液货舱侧壁（包含内壳板厚、绝热层厚度及液货舱板厚）。

4.2.2.3　浸水假定

假定破损处所的渗透率如表 4.4 所示。

表 4.4　假定破损处所的渗透率

处所	渗透率
物料储存处所	0.60
起居处所	0.95
机器处所	0.85
留空处所	0.95
货舱处所	0.95**
装消耗液体的处所	0～0.95*
装其他液体的处所	0～0.95*

*部分充装的舱室的渗透率应与舱室所载运的液体量相一致

**若基于具体计算渗透率可采用其他值。参见 SOLAS 公约第Ⅱ-1 章 B-1 部分的解释（海安会 MSC/Circ.651 通函）

4.2.2.4　破损标准

不同船型的船舶应在下述假定的破损部位破损，以计算其残存能力。在假定浸水情况下经受住假定破损。

（1）对于 1G 型船舶，应假定在其船长范围内的任何部位均能经受破损。

（2）船长大于 150m 的 2G 型船舶，应假定在其船长范围内的任何部位均能经受破损。

（3）船长等于或小于 150m 的 2G 型船舶，应假定在其船长范围内的任何部位任一舱壁均能经受破损，但不包括邻接于尾机型机舱边界壁。

（4）对于 2PG 型船舶，应假定在其船长范围内的任何部位均能经受破损，但不包括间距超过表 4.3 所规定的纵向破损范围的横向舱壁。

（5）船长等于或大于 80m 的 3G 型船舶，应假定在其船长范围内的任何部位均能经受破损，但不包括间距超过表 4.3 规定的纵向破损范围的横舱壁。

(6)船长小于 80m 的 3G 型船舶，应假定在其船长范围内的任何部位均能经受破损，但不包括间距大于表 4.3 规定的纵向破损范围的横舱壁和尾部机器处所的破损。

对于小型的 2G、2PG 和 3G 型船舶，如不能全部满足上述（3）～（5）的要求，可采取能保持同等安全程度的替代措施，但需经主管机关认可。

4.2.2.5　残存要求

船舶在上述 4.2.2.4 小节的破损标准下，经受假定的最大破损范围（表 4.3）。在稳定平衡状态下，应满足下述衡准。

1. 浸水的任何阶段

计及下沉、横倾和纵倾后的水线应位于可能产生连续进水或向下（注灌）进水的任何开口的下缘。此类开口应包括空气管和用风雨密门或舱口盖关闭的开口，但不包括用水密人孔盖关闭的开口和水密平舱口、能保持甲板高度完整性的小型水密液货舱舱口盖、能遥控操纵的水密滑动门和固定式（非开启）舷窗。

不对称浸水引起的最大横倾角应不超过 30°。

浸水中间阶段的剩余稳性，不应比最终平衡阶段所要求的值小。

2. 浸水后的最终平衡阶段

复原力臂曲线在平衡位置应有 20° 的最小范围，在 20° 范围内最大剩余复原力臂至少为 0.1m，在此范围内该曲线下的面积应不小于 0.0175m·rad。20° 范围可从平衡位置与 25° 角（或 30°，如果甲板未发生浸没）之间开始的任何角度测量。在此范围内未加保护的开口不应被浸没，除非这些处所已被假定浸水。在此范围内上述 1.所列的任何开口及能以风雨密关闭的其他开口可以允许浸没。

应急电源应能工作。

4.2.3　液化气体船舶防污染控制技术

《IGC 规则》（2016）第 19 章规定了散装运输液化气体船舶的安全及防污染等各方面的最低要求。要达到安全及防污染的最低要求，除了 4.2.2 节介绍的船型及相应的破损稳性衡准外，还需要考虑货物围护系统的结构设计（货物温度及设计压力）、受压容器及液体/蒸汽和压力管路系统、构造材料及焊接工艺要求、货物压力/温度控制、液货舱透气系统、环境控制、电气装置、防火和灭火、货物区域内的机械通风、仪表（测量、气体探测）、人员保护、液货舱的充装极限、货物作燃料时、特殊要求、操作要求等。其中，有些部分需要满足《SOLAS 公约》对液货船的相关要求，如防火和灭火，应满足《SOLAS 公约》Ⅱ-2 中对液货船的要求，不论其吨位大小。但是也有一些条款需要被《IGC 规则》所代替，如用于冷却、防火及船员防护的水雾系统覆盖范围及出水量、安装固定式化学干粉灭火系统以便扑灭货物区域甲板上的火灾等。

电气装置应符合《SOLAS 公约》Ⅱ-1D 部分对载运易燃货品船舶的要求，应配备使易燃货品失火和爆炸危险程度降到最低的电气装置。合格防爆型电气装置可以安装的危险区域包括：距离任何液货舱出口、气体或蒸汽出口、货物管路法兰、货物阀门及货泵舱和货物压缩机舱的入口和通风开口 3m 范围以内的开敞甲板上的区域或开敞甲板上的非围蔽处所；在整个货物区域的开敞甲板上和开敞甲板上的货物区域前后各 3m 范围，距甲板以上高度为 2.4m 的区域内；距货物围护系统的露天外表面为 2.4m 的区域内。

概括起来，主要的防护措施有三个层次：一是选择合适的船型和货物维护系统，根据货品的临界温度和沸点等参数，进行船型选择及货物维护系统设计，一般包括最高设计温度和最大设计压力，分别考虑液货舱的隔热层设置、低温冷却设备等；二是进行分舱结构设计，考虑双层底、双层壳及隔离舱布置；三是构造材料的选择及货物的温度压力控制等。

4.2.3.1　液货舱的结构设计

散装运输液化气体船的液货舱型特点如表 4.5 所示。

表 4.5　散装运输液化气体船的液货舱型特点

舱型		设计蒸汽压力 不超过下列数值/MPa	载运液货品的特点	是否船体结构一部分
整体液货舱		0.025～0.07	沸点不低于-10℃	是
薄膜液货舱		0.025～0.07	—	是，薄膜液货舱壁
半薄膜液货舱		0.025～0.07	—	是，半薄膜液货舱壁，薄膜相邻处能承受热胀冷缩
独立液货舱	A 型	0.07（重力液货舱）	传统船体结构分析程序设计的液货舱	否
	B 型	0.07（重力液货舱）	模型试验、精确分析手段和方法确定应力水平、疲劳寿命和裂纹扩展特性的液货舱	否
	C 型	不小于计算值（按照一定计算公式）	符合压力容器标准	否
内部绝热液货舱		0.025～0.07（船体一部分）	1 型液货舱（绝热层仅起主屏蔽作用）	是
		可大于 0.07（独立液货舱结构）	2 型液货舱（绝热层起主屏蔽和次屏蔽作用）	否

4.2.3.2　船舶布置

船舶布置从如下几方面进行考虑。

1. 货舱处所及其相邻处所的要求

货舱处所应位于 A 类机器处所的前方，且应与机器处所、锅炉处所、起居处所、服务处所、控制站、锚链舱、饮用水舱、生活用水舱以及储物舱隔开。

若货物围护系统不设有次屏蔽，则货舱处所与上述处所之间，或与其下面或外侧的处所之间，可用隔离舱、燃油舱形成 A-60 级分隔的全焊接结构的单层气密舱壁予以分隔。如果相邻处所内不存在点火源或火灾危险，则采用气密 A-0 级分隔也可。

若货物围护系统内设有次屏蔽，则货舱处所与上述处所之间，或与其下面或外侧存在点火源或火灾危险的处所之间，应用隔离舱或燃油舱予以分隔。如果相邻处所内不存在点火源或火灾危险，则可用单层 A-0 级气密舱壁予以分隔。

若在要求设有次屏壁的货物围护系统内载运货物，则应符合下列规定：

当货物温度低于-10℃时，货舱处所与海水之间应设置双层底；

当货物温度低于-55℃时，货舱处所还须设置构成边舱的纵舱壁。

2. 起居处所、服务处所、机器处所和控制站的布置要求

任何起居处所、服务处所、机器处所和控制站不应位于货物区域内。对货物围护系统要求设置次屏壁的船舶，应将起居处所、服务处所和控制站面向货物区域的舱壁布置成能避免仅因甲板或舱壁的单一破损而使货物舱的气体进入这些处所。

为了防止有害蒸气进入起居处所、服务处所、机器处所和控制站，在确定上述处所的空气进口和开口的位置应考虑货物管路、货物透气系统以及机器处所内气体燃烧装置排出的废气对上述处所的影响。

起居处所、服务处所、机器处所和控制站的入口、空气进口和开口不应面向货物区域，它们应设置在不面向货物区域的端壁上，或设置在上层建筑、甲板室的外侧壁上。这些开口与面向货物区域上层建筑或甲板室的端壁之间的距离至少为船长的 4%，且不小于 3m，但不必超过 5m。面向货物区域和在上述距离内的上层建筑或甲板室两外侧壁上的窗和舷窗应是固定（非开启）型。驾驶室的窗可以为非固定型，而门可位于上述范围内，只要它们设计成能确保迅速而有效地气密和蒸气密。最上层连续甲板以下外板上的舷窗以及在第 1 层上层建筑或甲板室的舷窗均应为固定（非开启）型。

3. 货泵舱和货物压缩机舱的布置

货泵舱和货物压缩机舱均应位于露天甲板上，且应位于货物区域内。按照《SOLAS 公约》1983 年修正案Ⅱ-2 第 58 条的规定，货泵舱和货物压缩机舱在防火要求方面应做同样处理，任何货物控制室均应位于露天甲板以上，且可位于货物区域内。货物控制室可设于起居处所、服务处所或控制站内。对于通往货物区域内各处所的通道，对货舱处所、留空处所、认为有气体危险处所和液货舱进行布置时，应考虑身穿防护服和携带呼吸器的人员能进入上述任何处所并进行检验，且在人员受伤时，能将昏迷的伤员从该处所救出。

4.2.3.3　构造材料

船体的外板和甲板以及所有相连的扶强材均应符合公认标准的要求，除非由于低温货物的影响使设计条件下的材料计算温度在-5℃以下。此时的材料应符合低温条件下的材料属性要求，假定周围海水和空气的温度分别为 0℃和 5℃。在设计条件下，应假定完整的或部分的次屏壁处于大气压力下的货物温度状态，对于没有设置次屏壁的液货舱，应假定主屏壁处于货物温度状态。

构成次屏壁的船体材料、不构成船体结构部分的次屏壁中的金属材料及构成次屏壁

的绝热材料等，应分别满足相应的材料标准要求。

建造液货舱、货物处理用压力容器、货物管系和货物处理用管系、次屏壁以及与货物运输有关的相邻船体结构所用的板材、型材、管子、锻件、铸件和焊接件等都有特殊要求。构造材料包括轧制材料、锻件和铸件，不同的材料的最低设计温度对应的化学成分、热处理方法、冲击试验（试验温度和最小平均冲击值）等特性有所不同。构造材料如果为焊接件，则对焊接件有要求，主要包括液货舱和压力容器的焊接工艺、无损探伤等。

由于所处位置或环境条件的不同，如适用时，绝热材料应具有适当的防火和阻止火焰传播的性能，并应受到足够的保护，以防止水蒸气的渗透和机械损伤。

对用作绝热的材料应进行下列性能试验（如适用时），以确保它们适合于预定的用途：

（1）与货物的相容性。

（2）在货物中的可溶性。

（3）货物的吸收作用。

（4）收缩量。

（5）时效。

（6）封闭气泡含量。

（7）密度。

（8）机械性能。

（9）热膨胀。

（10）耐磨性。

（11）凝聚性。

（12）热传导性。

（13）抗振性。

（14）防火和阻止火焰传播的性能。

构造材料按设计温度范围及适用构件划分为如下几类：

（1）设计温度不低于 0℃的液货舱和处理用压力容器所用的板材、管材（无缝管和焊接管）、型材和锻件。

（2）设计温度为-55～0℃的液货舱、次屏壁和处理用压力容器所用板材、型材和锻件。

（3）设计温度为-165～-55℃的液货舱、次屏壁和处理用压力容器所用板材、型材和锻件。

（4）设计温度为-165～0℃的货物管系和处理用管系所用管材（无缝管和焊接管）、锻件和铸件。

（5）对于非液货舱结构材料、次屏蔽船体材料及次屏蔽的绝热材料等，其船体结构所用板材和型材。

4.2.3.4　货物温度/压力控制

1. 一般要求

整个货物系统的建造、安装和试验均应使主管机关满意。所使用的结构材料应适合于所载运的货物。

对于正常的营运，其最高的环境设计温度如下。

海水：32℃。

空气：45℃。

对于在特热或特冷区域营运的船舶的设计温度，应由入级的船级社做适当的增减。

除非将整个货物系统设计成在最高设计环境温度条件下能承受货物的最大蒸气表压力，否则，应设有下列一种或一种以上的设施，以保持液货舱内的压力低于释放阀的最大允许调定值：

（1）用于调节液货舱压力的机械制冷系统。

（2）利用货物蒸气系统作为符合《IGC 规则》规定的船用燃料的系统或废热系统。此系统可随时使用，包括在船舶停港和航行期间，但要设置能处理过剩能量的设施，如蒸气排泄系统，并应使 CCS 满意。

（3）允许货品升温和使其压力增大的系统。绝热层和液货舱的设计压力均应为所涉及的操作时间和温度提供适当的余量。

（4）除上述设施外，CCS 可允许在海上将货物蒸气排放至大气中，以达到控制某些货物的目的。经港口当局准许，此方法也可在港内采用。

对于《IGC 规则》第 17 章规定的某些有高度危险性的货物，不论是否设有能处理货物蒸气的任何系统，其货物围护系统应能承受在最高环境设计温度条件下的货物最大蒸汽压力。

2. 制冷系统

制冷系统应由一个或多个能在最高环境设计温度下保持所要求的货物压力 / 温度的机组组成。

同时载运两种或两种以上能起危险化学反应的冷冻货物时，应对制冷系统予以特别考虑，以避免货物混合的可能性。若载运这类货物，对于每种货物，均应设有独立的制冷系统。而对于每个制冷系统，均应按规定设有备用机组。但是，如果采用间接或混合系统进行冷却，而且在任何可预见的情况下，热交换器的泄漏不致造成货物的混合，则不必分别装设各自使用的制冷机组。

如果两种或两种以上的冷冻货物在载运条件下不会相互溶解，但在混合时它们的蒸汽压力将有所增大，则应对制冷系统予以特别考虑，以避免货物混合的可能性。

如果制冷系统需要冷却水，则应由专用泵或泵组提供足够的冷却水。该泵（或泵组）至少应有两套海水吸入管路，如有可能，一套应引自左舷海水阀箱，另一套应引自右舷海水阀箱。此外，还应设有一台具有足够排量的备用泵，该备用泵可用作其他用途，只要在它用于冷却时，不影响其他重要的用途。

CCS 还要求从热交换器出来含有货物的水不得引至主机舱。

可以按下列方式之一对制冷系统进行布置。

（1）直接冷却系统：对气化的货物进行压缩、冷凝并将其输回到液货舱。对于《IGC 规则》第 17 章中所规定的某些货物，不得采用这种系统。

（2）间接冷却系统：用制冷剂对货物或气化的货物进行冷却或冷凝，而不对其压缩。

（3）混合系统：将气化的货物压缩后，在货物/制冷剂的热交换器中加以冷凝，然后再将其输回到液货舱。对于《IGC 规则》第 17 章中所规定的某些货物，不得使用这种系统。

所有初级制冷剂和次级制冷剂必须彼此相容并应与其相接触的货物相容。可以在远离液货舱处进行热交换，或通过设置在液货舱内部或外部的冷却盘管进行热交换。

CCS 还要求机械制冷系统应按照《钢质海船入级与建造规范》有关要求进行制造、检验和试验。

中　篇　广义防污染

第 5 章　船舶压载水管理计划及应用

航运是全球一体化的重要载体，由于其良好的经济性，全球贸易量的 80%以上都是通过航运完成。由于安全航行的要求，每艘船均需要装载一定数量的压载水航行。尤其对某些船（如油船）来说，总有一个航程是空载航行，即船上没有装载货物，货舱是空的，此时船舶的吃水较小，如果不加压载水螺旋桨可能会出水，这对于船舶的安全航行是非常不利的。有时候在满载状态下，由于浮态调整的需求（保持适当的尾倾）也需要装载一定量的压载水。因此，为了安全航行，船舶会载运大量的压载水航行在不同的航线上。以一艘 30 万吨 VLCC 为例，其一个航程的压载水量就可达 8 万多吨。据统计，全球每年有 10 亿吨压载水被船舶运往世界各地，其中有超过 3000 种海洋动植物、微生物随压载水被运到世界各地不同的海域。船舶压载水会破坏当地水生物的生态系统平衡和生物链系统，进而影响港口水域的水环境、水生物资源甚至当地的人体健康等。

因此，IMO 对于船舶压载水及其带来的环境风险进行研究，颁布了船舶压载水管理公约及实施导则，但是由于压载水的管理需要技术及相关处理装备的共同配套才能进行，并且不同处置技术及装备对航运经济性的影响不同，让船东从开始理解到接受公约要求并开始履约需要时间。因此，船舶压载水的研究提案从 20 世纪 80 年代就提出来，直到 2004 年《压载水公约》颁布，2005 年压载水置换导则出台，经历了 20 余年的发展历程。

近几年，随着公众对绿色环保的环境要求呼声越来越高，船舶压载水的危害更加不容忽视，因此，压载水公约的生效步伐不断加快。《压载水公约》（2004）规定的生效条件如下：合计商船总吨位不少于世界商船总吨位 35%的不少于 30 个国家签署该公约，并对批准、接受或认可无保留，12 个月后生效。根据 CCS《压载水公约实施指南》（2015）[8]，截至 2014 年 7 月，共有 43 个国家批准了该公约，这些国家总的商船总吨位占世界商船总吨位的 33.76%。随着 2016 年 9 月 8 日芬兰加入该公约，IMO 宣布总计 52 个国家批准了该公约，商船总吨位约占世界商船总吨位的 35.14%，公约达到生效条件，2017 年 9 月 8 日生效[50]。

下面主要以 CCS《船舶压载水管理编制指南》（2017）[7]与《压载水公约实施指南》（2015）[8]为依据介绍压载水管理公约的要求。

5.1　船舶压载水管理计划介绍

5.1.1　船舶压载水管理公约发展历程

从 20 世纪 80 年代起，IMO 开始寻求由于压载水带来生物入侵问题的解决方案。1991 年，IMO 发布《防止船舶压载水和沉积物排放引入有害生物和病原体指南》。1997

年，IMO A.868（20）决议提出如何减少随着压载水装入有害生物机会的建议。2004 年 2 月 14 日，IMO 通过《压载水公约》。2005 年 7 月 22 日，MEPC.127（53）决议通过“压载水管理及制定压载水管理计划导则”。2005 年 7 月 22 日，MEPC.124（53）决议通过“压载水置换导则”。2006 年，CCS 颁布了《船舶压载水管理计划编制指南》。2014 年 7 月 CCS 颁布了《压载水公约实施指南》，并在 2015 年进行了部分更新。

5.1.2 船舶压载水管理公约概述

5.1.2.1 基本定义

（1）压载水：指为控制船舶纵倾、横倾、吃水、稳性或应力而在船上加装的水及其悬浮物。

（2）沉积物：指船上压载水的沉积物质。

（3）压载水管理：指单独或合并的机械、物理、化学和生物处理方法，以清除、无害处置、避免摄入或排放压载水和沉积物中的有害水生物和病原体。

（4）有害水生物和病原体：指水生物和病原体，如果被引入海洋（包括河口）或引入淡水河道，则可能危害环境、人体健康、财产或资源，损害生物多样性、妨碍该区域的其他合法利用。

（5）压载水容量：指船上用于装载、加装或排放压载水的任何液舱、处所或舱室（包括被设计成允许承载压载水的任何多用途液舱、处所或舱室）的总体积容量。

（6）活性物质：指一种物质或水生物，包括病毒或真菌，其对有害水生物和病原体有一般的或特定的作用或抑制作用。

（7）主管机关：指船舶在其管辖下进行营运的国家或地区政府。就有权悬挂某一国家国旗的船舶而言，主管机关指该国政府。对于沿海国为勘探和开发其自然资源行使主权、在毗连于海岸的海底及其底土从事勘探和开发的浮式平台（包括 FSUs 和 FPSOs）而言，主管机关系指该有关沿海国的政府。

（8）港口国当局：指港口国政府授权执行或实施有关国内和国际航运管理措施的标准和规则的任何机构和组织。

（9）船舶：指凡在水域环境中运行的任何类型的船舶，包括潜水器、浮式船艇、浮式平台、FSUs 以及 FPSOs。

（10）船舶压载水管理计划：指《压载水公约》B-1 所述的且存放于船上用于描述特定船舶的压载水管理过程和实施程序的文件。

5.1.2.2 《压载水公约》基本要求

《压载水公约》主要包括通用要求（定义与适用范围等 22 条要求）及附则（船舶压载水的管理和控制）等内容。附则中的具体要求内容见表 5.1。

表 5.1 《压载水公约》的附则内容

序号	内容	说明
A-1	定义	周年日、压载水容量、建造阶段、重大改建、距最近陆地、活性物质
A-2	一般适用性	压载水排放应按压载水管理计划进行
A-3	例外	为确保紧急情况下的船舶安全或海上人命救助所进行的必需的压载水和沉积物的加装或排放等例外情况
A-4	免除	在指定港口或地点间航行的船舶或仅在指定港口或地点间营运的船舶等免除条件
A-5	等效符合	总长度小于 50m、最大压载水容量为 $8m^3$ 的仅用于娱乐或比赛的游艇或主要用于搜救的船艇的等效符合，由主管机关确定
B-1	压载水管理计划	每一船舶均应在船上携带并实施压载水管理计划
B-2	压载水记录簿	每一压载水作业均应及时在压载水记录簿中完整记录
B-3	船舶压载水管理	履约日期及符合标准（见表 1.4）
B-4	压载水更换	为符合第 D-1 条的标准而进行压载水更换的船舶应满足的条件
B-5	船舶沉积物管理	规定清除和处置被指定承载压载水的处所中的沉积物
B-6	高级和普通船员职责	应熟知与其职责相应的船舶压载水管理计划及具体实施
C-1	额外措施	上述 B-1～B-6 节以外的其他压载水处理措施
C-2	关于在某些区域加装压载水的警告和有关的船旗国措施	
C-3	信息通报	C-1、C-2 信息的通报
D-1	压载水更换标准	见 5.1.2 节，三种置换方法
D-2	压载水性能标准	见表 5.2 和表 5.3 所示
D-3	压载水管理系统的认可要求	压载水管理系统必须由相关主管机关认可
D-4	原型压载水处理技术	D-2 条的标准在从本应要求该船符合该标准之日起的五年里不应适用于该船
D-5	IMO 对标准的审核	主管机关定期对标准进行审视和压载水管理系统的社会-经济效果评价
E	压载水管理的检验和发证要求（具体从略）	

表 5.2　压载水排放性能标准 1

可生存生物	数量
≥50μm	<10 个/m^3
≥10μm 和<50μm	<10 个/ml

表 5.3　压载水排放性能标准 2

指标微生物	允许浓度
有毒霍乱弧菌	<1 CFU/100ml 或<1 CFU/g
大肠杆菌	<250 CFU/100ml
肠道球菌	<100 CFU/ml

注：CFU（colony forming unit）为菌落形成单位；指标微生物及其允许浓度是人体健康标准

1. 压载水管理标准

D-1：压载水置换标准。要求置换率为 95%容量，或 3 倍容量。距最近陆地至少 200n mile，水深 200m 以上。

D-2：压载水性能标准，即要求压载水中微生物指标含量达标。微生物含量指标指影响人体健康的有毒霍乱弧菌、大肠杆菌、肠道球菌等分别低于一定限值。

D-3：压载水管理系统的认可要求。

D-4：原型压载水处理技术。

压载水管理和控制要求：按建造日期、压载水容量、排放标准、执行日期分类，建造日期不同及压载水容量不同的船舶需要满足 D-1 或 D-2 标准，强制实施的日期不同，初期为 D-1 标准，过渡期为 D-1 标准与 D-2 标准共存，到最终公约生效后全部满足 D-2 标准。不同年限建造船舶的压载水要求见表 1.4，下面重点介绍一下 D-1 和 D-2 标准，其余不再赘述。

2. D-1：压载水置换标准及置换方法

2016 年以前船舶可采取的管理措施之一是海上压载水置换。D-1 规定了压载水置换标准，置换率为压载舱 95%容量，或泵入排出 3 倍于压载水舱容的水量。并且为了符合 D-1 要求，船舶均应在距最近陆地至少 200n mile、水深至少为 200m 的地方进行压载水置换。

为满足 D-1 标准，IMO 接受以下三种压载水置换方法。

（1）顺序法（sequential method）：该方法也称排空注入法，是指先将用于装载压载水的压载舱抽空，然后用替换的压载水重新注满，以达到置换率至少为压载水体积的 95%。

（2）溢流法（flow-through method）：将替换的压载水泵入用于装载压载水的压载舱，而允许水从溢流口或其他装置流出。采用该方法时，在深海由泵向已注满的压载水舱注水，让水溢流，至少应以 3 倍该舱容积的水量流经该舱。

（3）稀释法（dilution method）：替换的压载水从用于装载压载水的压载水舱顶部注入并同时以相同流速从底部排出，舱内水位在压载水更换作业全过程中保持不变。

方法（2）和（3）都属于泵入排出法，在采用这两种方法时均需要至少以 3 倍该舱容积的水量流经该舱。

3. D-2：压载水性能标准

进行压载水管理的船舶的排放，应达到下列标准：

（1）每立方米中最小尺寸大于或等于 50μm 的可生存生物少于 10 个。

（2）每毫升中最小尺寸小于 50μm 但大于或等于 10μm 的可生存生物少于 10 个。

（3）指示微生物的排放不应超过规定浓度（表 5.2 和表 5.3）。

满足 D-2 标准的方法有两类：一是不使用活性物质的单纯的物理方法，具体包括紫外线、脱氧、絮凝、气体注入、超声波和空洞等方法；二是使用活性物质的方法，包括固液分离-物理过程（漩分和过滤）、消毒杀灭-化学方法（电化学、氯化、臭氧和杀生剂）。

5.1.2.3 压载水附加标志、证书及文件

按照公约要求，安装压载水处理系统的船舶检验合格后签发附加标志：BWMP。船上应配备如下证书和文件：

（1）国际压载水管理证书。

（2）压载水管理计划。

（3）压载水记录簿。

该公约规定：每一船舶均应在船上携带并实施压载水管理计划，并应在船上备有至少载有规定信息的压载水记录簿，以便对压载水进行相应的管理，按照船舶建造日期、压载水容量满足相应的控制排放标准，如果压载水采取置换方式，则需要注意海域和水深的要求。另外，公约还明确了船舶沉积物管理要求及高级和普通船员的职责。

5.2　船舶压载水置换方法

在压载水性能标准生效之前，压载水处理采取置换方式，共有三种方法：顺序法、溢流法和稀释法。下面介绍每种方法的应用及特点。

5.2.1　顺序法

采用顺序法的压载水交换过程要求在船舶动态状况下排出并注入大量的压载水。因在海上附加载荷取决于海况，该压载水交换程序可能同时影响船舶结构，而不同于在港口压载的技术细节。

压载水交换顺序应至少证实取自于批准的稳性手册的下列典型工况：

（1）正常压载工况和（如适用）重压载工况。

（2）包括船上最大压载水容量的装载工况。

（3）具有良好安全极限的典型压载装载工况。

（4）具有临界稳性、进水位置和/或强度的船上压载装载工况。

压载水交换顺序应为每个步骤概述其开始和结束的下列信息：

（1）每个压载舱的压载水容量。

（2）涉及的泵。

（3）估计的时间范围。

（4）在可允许范围内的强度值。

（5）考虑注入或排出过程中自由液面影响的稳性资料。

（6）船首和船尾的吃水值。

（7）其他资料。

建议在每次进行对应的交换步骤后，恢复原状态。通过考虑船舶位置、气象预报、机器性能和船员疲劳程度后，决定是否进行下一个步骤。如果认为任何一个因素存在不利影响，压载水交换过程应予以中止或暂停。

由于不对称的排空或注入，应考虑横倾影响，让所有步骤都能使船舶处于正浮状态。实际操作必须予以控制，使船舶在抽吸过程中不发展倾侧。步骤必须符合纵倾和吃水的要求，以避免在压载水交换过程中出现砰击和螺旋桨出水现象，并保持驾驶台可视距离在允许的极限范围内。如同注入时应避免超压状态一样，由于排空，应避免压载舱内过度的真空状态。每一步骤应核查船舶强度和最小稳性要求的符合性。

制定合适的压载水交换次序，对压载水交换次序各步骤的下列方面进行安全评估：完整稳性；总纵强度；螺旋桨浸没；驾驶室可视范围。安全评估标准如下：完整稳性满足装载手册（或各种装载工况稳性与剪力弯矩计算书）中适用的稳性标准；总纵强度满足装载手册（或各种装载工况稳性与剪力弯矩计算书）中规定的许用值；压载水交换各步骤中的最小艉吃水应使螺旋桨完全浸没；位于船首正前方的驾驶室视线盲区长度满足3倍船长（船长指垂线间长）与1000m之中较小者。

安全评估的校核工况应根据装载计划中的典型装载工况选择下列稳性和/或强度最差的工况：满载中途（消耗品50%）；压载中途（消耗品50%）。

对于集装箱船来说，应考虑满载中途工况，尽量选取额定最大装箱数或较接近最大装箱数的装载工况；对散货船来说，应考虑压载中途（含风暴压载）工况；对液货船来说，应考虑压载中途工况。

5.2.2　溢流法

由于采用溢流法交换压载水船舶的状态变化很小，溢流法具有能在使用顺序法比较勉强的气象条件下使用的优点。

应制定采用溢流法的压载水交换程序，列出各压载舱采用溢流法处理过程的次序。可采用简单的列表形式，指出每一步骤的压载舱及其容量，以及可用的泵和阐明3倍交换容量的估计时间。

当通过超量注入的溢流法用于部分装满的压载舱时，应予以注意，基于安全原因，必须核查是否有可能第一个抽空的压载舱并对其重新装满。否则，如果船舶的状态允许，压载舱必须完全装满并通过装满的压载舱抽吸压载水。在任何情况下，船舶状态的变化，如足够的总纵强度、稳性、平均吃水、艏吃水等应类似于顺序法予以核查。

每进行一个步骤后，通过考虑船舶位置、气象预报、机器性能和船员的疲劳程度决定是否进行下一个步骤。如果认为任何一个因数存在不利影响，压载水交换过程应予以中止或暂停。

溢流法一般用于但不限于下列舱室：重压载工况的压载货舱；轻压载工况的顶边舱；艏艉尖舱等。

对溢流法的安全评估应包括以下方面：压载泵和管路系统，需考虑压载泵的数量、排量和压头；溢流法中压载舱的溢流孔的流量和可用性以及船员培训要求；避免压载水置换中的压载舱压力过高或过低。

在评估中需要考虑以下因素，并在压载水管理计划中提供相应的操作程序、建议和指导：

（1）最大泵速/流速限制，以确保压载舱承受的压力不超过设计值。

（2）各舱同时更换可减小溢流阻力，避免压载舱内压力过高，但需保证各压载舱均能达到3倍的交换体积。

（3）压载管路和溢流管口的布置须考虑压载水更换的效率。

（4）允许的天气条件。

（5）每个舱完成压载水置换的时间或置换的适当顺序。

（6）应当连续监测压载水操作，包括泵、舱内水位、管路和泵的压力等。

（7）压载水置换期间可能要打开的水密门和风雨密门（例如人孔）应当重新密封。

（8）压载水置换引起的船体振动。

（9）人员安全，包括晚上、恶劣天气下、压载水溢流到甲板上和结冰条件下需要人员在甲板上作业时可能需要的防范。

对于现有船舶而言系统设计要求如下：

（1）对于需要改造的系统，须在安全评估报告中给出改造方案和图纸供批准。

（2）当以压载泵最大流量（或最大允许流量）进行压载水溢流交换时，压载舱压力应不大于其设计压力，应通过管路阻力计算或船上试验验证。

对于新造船而言系统设计要求如下：

（1）应远离压载水舷旁排出口和压载水吸入口，防止对吸入的压载水造成污染。

（2）压载水舱内部布置，包括压载水进口及排出口布置，应能使压载水被彻底交换，并有利于沉积物清除。

（3）压载舱空气管面积应不小于压载水注入管面积的 1.25 倍。当在空气管内设置压载水取样管时，应将取样管的面积扣除。

（4）压载水溢流管面积通常应不小于上述要求的空气管的面积。

（5）在压载水停滞现象比较严重的双层底压载水舱和艏艉尖舱，必要时应敷设额外的管路，以提高压载水的交换效率。

（6）除非经过特别批准，带有自动关闭装置的空气管头不适合作为压载水溢流使用。应避免压载水溢流到甲板上。

压载舱溢流阻力计算：溢流法由于舱内始终充满水而避免了弯矩、剪力和局部应力过大等问题，但由于溢流管路存在阻力损失，可能使得压载舱和压载管路压力过高，会给船体结构带来损坏，可以通过溢流阻力计算确保当以压载舱最大允许交换流量进行压载水溢流交换时，压载舱压力不大于其设计压力，即

$$P_{\mathrm{cal}} = \rho g h_p + \Delta p_{\mathrm{dyn}} < P_{\mathrm{design}}$$

式中，P_{design} 指液舱的设计压力，由船体结构设计值确定，MPa；ρ 指海水的密度，kg/m^3；h_p 指至溢流管顶部的高度，m；g 指重力加速度，m/s^2；Δp_{dyn} 指计算的溢流管路溢流阻力，MPa。

当无法获得具体液舱的设计压力时，可以参考船体结构计算的规范公式确定。当液舱装载到空气管或溢流管时，液舱上部静压力 P_{design}(kN/m^2)由下式求得：

$$P_{\mathrm{design}} = \rho g h_{\mathrm{air}} + P_{\mathrm{drop}}$$

式中，h_{air} 指至空气管顶部的高度，不小于 0.76m；P_{drop} 指结构设计时考虑的空气管溢流阻力，MPa。

所以，为保证压载舱不超压，只需满足：

$$\Delta p_{\mathrm{dyn}} < P_{\mathrm{drop}} + \rho g \left(h_{\mathrm{air}} - h_p \right)$$

在压载水溢流交换时，结构设计考虑空气管阻力损失 P_{drop} 可取 25kN/m^2。当采用较

长的管路或者布置有弯头和阀门时，管路压力损失可取较大的数值，但需要提供计算。

溢流管路阻力计算可采用国际公认的计算公式和阻力系数数据进行计算，例如，Hazen-Williams 法、Darcy-Weisbach 法以及《船舶设计实用计划（轮机分册）》中的方法等。

压载舱压力主要和溢流管路的布置以及压载水交换的流量有关。进行水力计算时，可在保证压载舱不超过允许压力的条件下，给出溢流管路的最大允许流量，或者给出管路流量压力降曲线。

应考虑到压载泵实际排量可能大于额定排量，因此，在溢流管路阻力计算中及压载水操作时，应限制压载泵的排量不超过阻力计算中确定的最大允许排量。

多舱同时交换时，需单独计算每个舱的流量。

5.2.3　稀释法

采用稀释法交换压载水具有与溢流法类似的优点。但稀释法采用相同速率的泵入和抽出的方法时应注意被交换压载舱压力过高或过低的安全问题，参见安全程序和注意事项。

应制定采用稀释法的压载水交换程序，列出各压载舱采用稀释法处理过程的次序。可采用简单的列表形式，指出每一步骤的压载舱及其容量，以及可用的泵和阐明 3 倍交换容量的估计时间。

在任何情况下，船舶状态的变化应类似于顺序法予以观察，如足够的总纵强度、稳性、平均吃水、艏吃水等应予以核查。

每进行一个步骤后，通过考虑船舶位置、气象预报、机器性能和船员的疲劳程度决定是否进行下一个步骤。如果认为任何一个因数存在不利影响，压载水交换过程应予以中止或暂停。

稀释法具备溢流法的优点，并且采用单独的泵排出压载水，不会造成压载舱超压，因此，几乎所有的舱都可以采用稀释法进行压载水交换。但由于管系改造复杂，不建议现有船采用。

对稀释法的安全评估应包括以下方面：压载泵和管路系统，需考虑压载泵的数量、排量和压头；保证泵入泵出速率一致，避免压载水置换中的压载舱产生压力或液位变化而产生其他安全问题。

在评估中需要考虑以下因素，并在压载水管理计划中提供相应的操作程序、建议和指导：

（1）保证泵入泵出速率一致，避免压载水置换中的压载舱产生压力。

（2）各舱同时更换时，需保证各压载舱均能达到 3 倍的交换体积。

（3）压载管路和溢流管口的布置须考虑压载水更换的效率。

（4）每个舱完成压载水置换的时间或置换的适当顺序。

（5）应当连续监测压载水操作，包括泵、舱内水位、管路和泵的压力等。

（6）压载水置换引起的船体振动。

系统设计要求如下：

（1）对于需要改造的系统，须在安全评估中给出改造方案和图纸供批准。

（2）应确保泵入泵出压载水的速率一致，为此应设有液位测量、监控和液位高低报警装置。

（3）应远离压载水舷旁排出口和压载水吸入口，防止对吸入的压载水造成污染。

（4）压载水舱内部布置，包括压载水进口及排出口布置，应能使压载水被彻底交换，并有利于沉积物清除。

（5）压载舱空气管面积应不小于压载水注入管面积的 1.25 倍。当在空气管内设置压载水取样管时，应将该面积扣除。

（6）在压载水停滞现象比较严重的双层底压载水舱和艏艉尖舱，必要时应该敷设额外的管路，以提高压载水的交换效率。

（7）多舱同时交换时，需单独计算出每个舱的流量和时间。

5.3　压载水置换过程的安全评估

压载水置换过程会影响到船员和船舶安全，对置换过程进行安全评估是非常必要的。压载水置换过程的安全是采用压载水置换方法的关键。

在达到 D-2 的性能标准的 BWMS 之前，可采用满足 D-1 标准的置换方法作为过渡。为了采用 D-1 标准的三种方法，需要考虑压载水置换过程中船舶及船上人员的安全。

5.3.1　一般要求

根据《压载水公约》的规定，海上压载水置换是 2016 年以前船舶可以采取的管理措施之一。但压载水置换会引起许多安全问题，影响到船舶和船员的安全。因此，针对具体船舶进行压载水置换方法的安全评估，合理制定压载水置换程序是采用压载水置换方法的关键。压载水置换程序和相关指导应反映在压载水管理计划中。

应确保在压载水置换前，与船上所采用的压载水置换方法有关的所有安全问题均得到充分考虑，并且船上相关人员受到适当的培训。应定期审核安全问题、所采用的置换方法的适用性和船员培训问题。

根据公约要求，如果由于恶劣天气、船舶设计、应力、设备故障或任何其他异常情况，船长合理地判定置换压载水会危及船舶、船员或乘客的安全和船舶稳性，则船舶不应遵守公约，在此情况下：船舶如因上述理由而未置换压载水，应将理由记入压载水记录簿；有关港口国或沿海国可要求压载水必须按照其所确定的程序并参照《附加措施包括紧急情况指南》排放。

在采用顺序法的压载水交换过程中，若某些步骤不能完全符合 5.2.1 节的安全评估标准，则应在对以下三方面进行评估的基础上，在压载水管理计划中提醒船长加以注意，告知船长不符合的性质、需要另行考虑的措施和/或采取的预防措施：

（1）压载水交换过程中不符合某一安全标准的步骤和所持续的时间。

（2）这种“不符合”对船舶航行和操纵能力的影响。

（3）需要对压载水交换采取的限制条件（如气象、海况条件）。

在船舶实际营运中，当具备以下前提条件时船长才可作出压载水交换作业的决定：

（1）船舶处于开阔水域。

（2）通航密度较低。

（3）加强航行值班，并增加前方瞭望（如有必要），且与驾驶室有充分联系。

（4）船舶操纵性不会因没有符合某些安全标准而受到不当影响。

（5）气象和海况条件良好，且在预期的交换时间内不会恶化。

5.3.2 安全因素

每种压载水置换方法都存在与其相关的特定安全问题，在为特定船舶选择某一方法时，应考虑如下安全因素：

（1）避免压载水舱超压和负压。

（2）随时可能处于未装满状态的液舱的自由液面对稳性的影响和产生的晃荡负荷。

（3）按照经认可的纵倾和稳性计划充分保持完整稳性。

（4）满足经认可的装载计划中航行状态下的许用弯矩和剪力的要求。

（5）扭矩。

（6）艏吃水和艉吃水及纵倾，特别是驾驶室可视范围、螺旋桨浸没和最小艏吃水。

（7）在更换压载水时波浪引起的船体振动。

（8）在压载水更换期间可能打开的水密门和风雨密门（例如人孔）必须重新锁闭。

（9）最大泵水/流水速率——要确保压载水舱所承受的压力不大于其设计压力。

（10）压载水的内部转移。

（11）允许的气象条件。

（12）在受季节性龙卷风、台风、飓风或严重冰况影响的地区划定气象航线。

（13）装载、卸载压载水和/或内部转移压载水的记录文件。

（14）对可能影响海上压载水更换的各种情况的应急程序，包括气象条件的恶化、泵的故障和动力的丧失。

（15）各舱完成压载水更换的时间或更换的适当顺序。

（16）连续监测压载水作业。监测应包括泵、舱内水位、管路和泵的压力、稳性和应力。

（17）不应更换压载水的状况清单。这些状况可能因恶劣天气、已知的设备故障或缺陷、危及人命或船舶安全的任何其他情况造成的异常的危急状况或不可抗力而出现。

（18）海上压载水更换应避免在结冰的气象条件下进行。但是当完全有必要时，应特别注意船外排放装置、空气管、压载系统的阀门及其控制装置冻结以及甲板上形成冰层所引起的危害。

（19）人员安全，包括晚上、恶劣天气下、压载水溢流到甲板上时和结冰条件下需要人员在甲板上作业而可能需要的预防措施。考虑这些问题，可从职业保健和安全角度，降低人员因压载水溢流到甲板上时甲板表面湿滑以及直接与压载水接触而跌落和受伤的风险。

对某一特定船舶进行安全评估后，应根据所确定的压载水置换方法及船型，在压载水管理计划中为该船提供针对上述安全因素所适用的程序、建议和资料。

5.3.3 安全评估

在为特定船舶确定压载水置换方法时，应对以下方面进行安全评估：

（1）各型船舶经批准的纵倾和稳性计划及装载计划规定的许用航海工况下的稳性和强度安全裕度。还应考虑所要使用的一种或数种压载水更换方法。

（2）压载水泵系和管系。需考虑压载水泵的数量及其排量、压载水舱的尺寸和布置。

（3）压载水舱的排出孔和溢流布置在使用溢流法时的有效性及流量，以及压载水舱溢流点的有效性及流量，防止压载水舱负压和超压。

5.4 满足 D-2 标准的船舶压载水处理方法及系统

要满足 D-2 标准，目前有多种途径处理压载水：机械方法（过滤或分离）、物理消毒法（紫外线照射、气穴现象、脱氧等）、化学处理法（抗微生物剂和药剂）等。不同的处理技术，具有相应的优点及缺点，由其构成的 BWMS 也具有一定的适用性，如布置空间要求、所需电力负荷大小、经济性高低等。

5.4.1 BWMS 应用分析

5.4.1.1 压载水处理方法

1. 机械法

机械法要求全部压载水流经滤器、旋分器或者其他分离器。对于大流量压载水的情况，设备的尺寸可能会带来问题。如果设备是在压载水排放时使用，大量滤出物必须保留在船上，会增加储存负担。

2. 物理消毒方法

紫外线处理通常是在压载水打进和排放时进行，其有效性受到水的浊度的影响，水的浊度会影响光线的穿透能力。脱氧处理可能需要几天的时间才能保证对水生物的杀伤率，另外，压载舱一定要有密闭的通风系统且应被完全惰化。

3. 化学方法

加适量的微生物剂或药剂，通常能在几个小时内达到对水中生物的杀灭率，但压载水排放时可能残留过量的药物，因此通常需要对水中药物进行中和处理，以确保对排放环境无害。另外，如果压载舱中药物浓度过高，还有可能腐蚀压载舱壁。

5.4.1.2 BWMS 的适用性分析

作为一种新产品，由于多种压载水处理技术正处于发展中，BWMS 也有各种型式。每一种系统均有其相应的特点，如使用电解海水法的处理装置对淡水压载水没有处理能力，使用紫外线法的装置对浊度大的压载水处理能力有限，某些处理系统的体积过于庞大，某些系统的功率消耗太大等。而化学处理方法通常使压载水舱中化学杀灭剂达到一定浓度并通过一定时间来保证杀灭率，因此对于短航程可能并不适用。目前，几乎没有一个处理系统能对所有船舶都适用。实际上，BWMS 的选用和安装是一项综合性的工程，会受到船舶特点、航线、处理技术及处理能力等诸多因素的限制，因此，相关各方应结合各种因素进行综合考虑[77]。

在选择 BWMS 时，一般应综合考虑如下几方面的因素：

（1）船舶特点。

（2）处理系统特点。

（3）布置和维护。

（4）其他。

5.4.1.3 船舶特点

1. 船型及压载需求

不同类型船舶的压载能力和压载泵流量相差很大，船舶总压载能力、在任一港口所要求的压载水排放量和装载量亦大不相同。有的船型对压载水依赖性高，如油船和散货船，一般在一个来回的往返航程中有一个航程是空载。需要大量压载水满足船舶安全航行的要求。而有的船舶对压载水依赖性较低，如集装箱船，往返航程中都可以载货，因此一般压载能力较小，不必在一定时间内打进或排出全部压载水。有的船舶有两套压载系统（如油船），一套位于货物区域（危险区域），一套位于机舱区域（安全区域），那么位于危险区域的 BWMS 应该考虑系统的防火防爆能力。

2. 船舶航线

不同航线的港口对于压载水管理要求不同。部分国家或地区对压载水管理采取了高于 IMO 标准的单边行动，对靠泊这些国家或地区的港口的船舶，应考虑符合其相应要求。水的浊度、盐度和泥沙含量对压载水处理技术的功效或维护有影响，选择系统时应加以考虑。还有压载舱内沉积物的影响也需要考虑，因为淤泥中可能含有入侵物种。

5.4.1.4　BWMS 特点

应从处理系统的处理能力、外形尺寸、系统功率、防火防爆等级等方面加以考虑。

处理系统的处理能力应该等于或略大于压载泵最大流量，压载系统的处理能力直接决定了系统的尺寸大小。某些处理系统需要从船舶压载管路安装支线管路，这种管路的安装影响甚至会超过处理系统本身的安装。

处理系统的功率消耗是选型的重要因素，需要预先对船舶电站功率余量进行估算，以保证 BWMS 对功率的额外要求。

处理装置及其所用材料的防护等级及防火等级应满足船级社对其安装位置的要求。特别关注危险区域对于设备防火防爆的要求。

处理系统的压降问题值得注意。某些 BWMS 会导致压载水流量和压力下降。例如，自动冲洗滤器或旋分器，在去除滤出物时可能会损失 10%左右的压头；使用紫外线杀菌技术的处理系统，压载水全部通过处理系统，背压会增加，从而影响泵的流量，因此，会导致压载操作时间延长，同时消耗掉更多功率。

5.4.1.5　布置和维护

BWMS 需要一定的空间来布置，尤其对现有船舶来说，布置压载水系统的空间是一个很大的挑战。同时系统后续的维护保养问题也不得忽视。

从布置和维护角度来看，BWMS 的选型需要考虑如下几方面要求：

（1）船舶信息。为评估处理装置在船舶上的安装位置，特别是现有船，应了解船舶上可安装设备及系统的空间位置（如机舱布置图、泵舱布置图、全船总布置图等）以及船舶压载水系统配置情况（如压载水管系图），以便为合适的压载水系统及其安装提供保障。

（2）与现有压载系统共用。在现有船的系统选用和布置中，应尽可能共用船上现有压载系统，以简化系统的改装方案并方便后续维护保养。

（3）取样。取样位置和取样装置的布置应符合 IMO 压载水取样导则（G2）或 PSC 取样分析检查的相关要求，以便港口国或主管机关授权管理人员检查，确认压载水符合 D-2 的排放标准。

（4）控制和监测。控制系统、报警系统和监测系统组合在一起方便管理。

（5）维护保养。BWMS 作为新开发技术的设备，缺乏相应的使用经验，其可靠性取决于系统的复杂性。船员应熟悉船上所装系统的原理及操作方法、注意事项等，对船员在日常维护保养方面提出了新的要求。

5.4.1.6　其他

某些压载水处理技术可能会改变压载水中化学成分，进而破坏压载舱涂层，加速压载舱和管系的腐蚀等。

压载水处理技术采用的活性物质如臭氧、过氧化氢、二氧化氯和过氧乙酸等化学品，将增大船上操作人员健康和安全的风险，包括环境的风险。

不同处理技术所形成的处理系统除购置成本外，还应考虑后期操作使用成本。包括能量消耗、储存的化学品（活性物质）消耗、备件消耗及培训成本等。

5.4.2 BWMS的布置建议

1. 一般要求

（1）应持有产品认可证书。

（2）系统处理能力与压载泵排量相关。

（3）监测和报警应符合压载水处理系统认可导则（G8）的相关要求。

（4）按照压载水取样导则（G2）的要求提供取样设施。

（5）系统位置应易于到达检查和维修，并有供清洁和更换部件的足够空间。

（6）安装和使用符合船舶稳性和强度的相关要求。

（7）在新造船设计初期，根据压载水处理装置可能使用的工况，将电功率计算入全船用电负荷中，以便选择合适功率的船舶柴油发电机组。

2. 压载水处理设备布置的舱室

BWMS一般可位于机舱、泵舱或其他合适的舱室。

如用于处理来自闪点不超过60℃的油船或化学品船气体危险区域内的压载水，其所在舱室应为等效于闪点不超过60℃液货船上服务于该区域的压载泵舱。

如压载水处理设备可能产生或储存闪点不超过60℃的液体化学物质或气体，其所在舱室应按下列要求进行考虑：

（1）舱室应视为标准IEC60092-502中的1类危险区。

（2）舱室的通风应符合CCS《IBC规则》第12章（货物区域的机械通风）12.1节（货物操作期间经常进入的处所）的相关要求。

（3）舱室的布置（位置、分隔、通道等）应符合CCS《IBC规则》中对货泵舱的要求。

5.5 船舶压载水顺序置换方案研究算例

本节以一艘50 000DWT双壳成品油船为例，说明顺序法压载水置换方案的设计与安全校核过程。因油船属于液货船，根据规范，需要对压载中途和重压载中途两种工况（消耗品50%）进行压载水置换。

轻压载工况时装载压载水的舱有艏尖舱、No.1～No.6压载水舱（P/S）和艉尖舱。

重压载工况时装载压载水的舱有艏尖舱、No.1～No.6压载水舱（P/S）和No.4货油舱（P/S）。

该船的总布置图如图5.1所示，船体主尺度如表5.4所示。

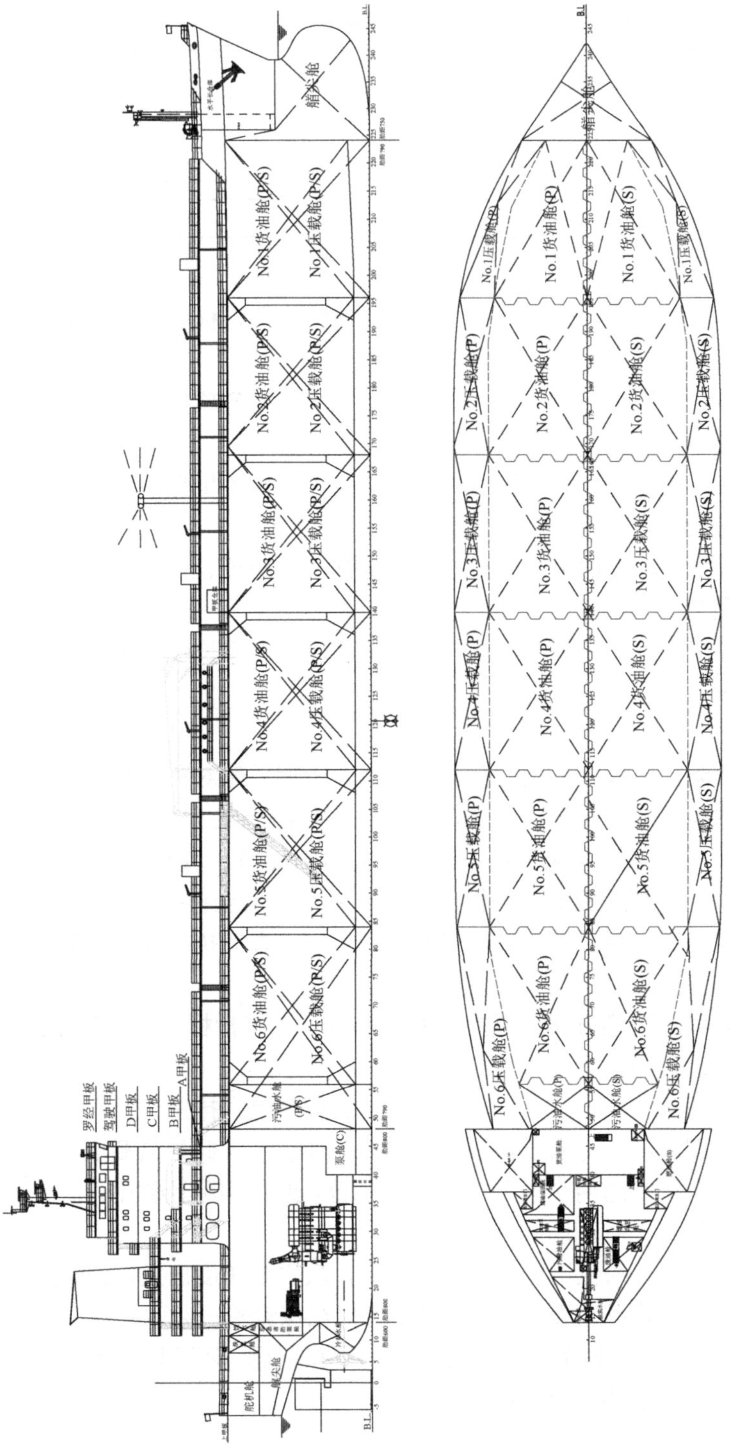

图 5.1　50 000DWT 成品油船总布置图

表 5.4　50 000DWT 成品油船的主尺度　（单位：m）

项目	值
垂线间长（L_{pp}）	186.0
型宽（B）	34.0
型深（D）	18.0
设计吃水（d）	11.5

需要计算的性能指标如下。

（1）完整稳性：置换过程中的每一时刻，完整稳性各项指标都应满足装载手册中的稳性标准。

（2）船体梁强度：置换过程中的每一时刻，船体梁强度各项指标都不能超出装载手册中规定的安全包络许用值。

（3）螺旋桨浸没：置换过程中的每一时刻，压载水交换各步骤中的最小艉吃水都应使螺旋桨保持完全浸没。

（4）艏吃水：置换过程中的每一时刻，艏吃水都不能超过设计最小艏吃水，以避免发生艏部船底抨击载荷。

（5）驾驶室可视范围：位于船首正前方的驾驶室视线盲区长度应满足规范中对驾驶室盲区范围的许用值。

计算步骤如下。

（1）选择置换策略。这里以单舱对称置换为例。所谓单舱对称置换，即每次将左右舷对称的一对压载水舱同时完全排空并同时重新注入洁净压载水的过程。

（2）确定计算步长。从安全角度出发，应该对每对舱室压载水的排空-注入过程进行实时监控，算出每一时刻对应的安全性能指标是否符合安全标准。

（3）在置换方案确定之后，需要将选定的置换方案、方案执行操作步骤、每一步执行过程中船舶的各项性能指标变化写入装载手册。

求解出的轻压载载况置换方案及置换过程中的各项性能指标如图 5.2 所示，重压载载况置换方案及置换过程中的各项性能指标如图 5.3 所示。

这里有两点需要注意一下：一是由于“注入”过程就是“排空”过程的逆过程，因此只需进行单向计算即可；二是由于篇幅有限，为简便说明，此处只截取了“排空”过程中排空一半以及完全排空这两个时刻进行计算示范，但在实际计算中，需要更加精细的计算步长，才能确保每一时刻船舶的安全。

船舶压载水置换有着“绿色造船”的重要意义，从安全角度出发，计算置换过程中船舶性能参数的变化显得格外重要。目前，船舶界也在探索着压载水处理法以及无压载船舶的设计，如果在设计分舱时就考虑到压载水的置换问题，还可以避免船舶无论怎样置换都无法满足稳性等要求的情况出现。

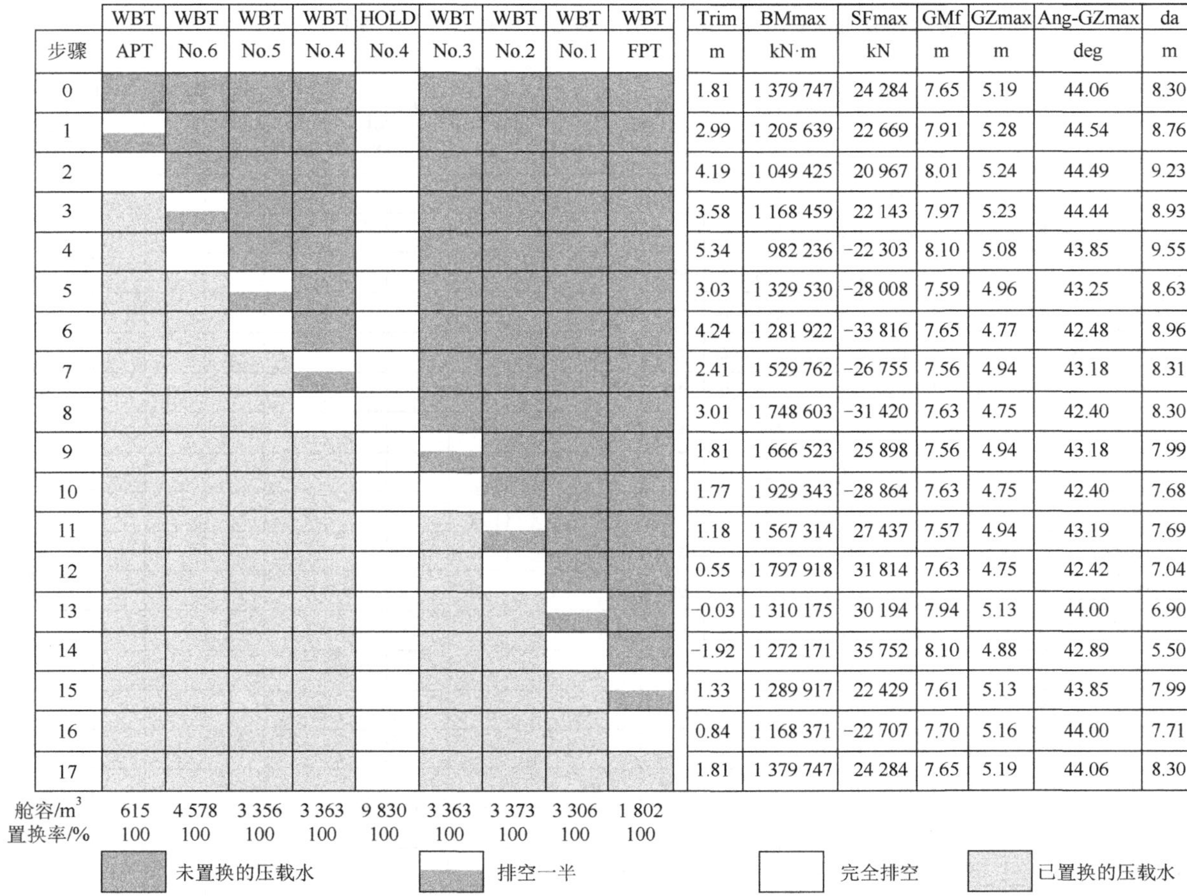

步骤	Trim	BMmax	SFmax	GMf	GZmax	Ang-GZmax	da	df	BV
	m	kN·m	kN	m	m	deg	m	m	m
0	1.81	1 379 747	24 284	7.65	5.19	44.06	8.30	6.50	285
1	2.99	1 205 639	22 669	7.91	5.28	44.54	8.76	5.77	335
2	4.19	1 049 425	20 967	8.01	5.24	44.49	9.23	5.04	400
3	3.58	1 168 459	22 143	7.97	5.23	44.44	8.93	5.35	367
4	5.34	982 236	−22 303	8.10	5.08	43.85	9.55	4.21	486
5	3.03	1 329 530	−28 008	7.59	4.96	43.25	8.63	5.60	340
6	4.24	1 281 922	−33 816	7.65	4.77	42.48	8.96	4.72	410
7	2.41	1 529 762	−26 755	7.56	4.94	43.18	8.31	5.89	314
8	3.01	1 748 603	−31 420	7.63	4.75	42.40	8.30	5.30	346
9	1.81	1 666 523	25 898	7.56	4.94	43.18	7.99	6.18	291
10	1.77	1 929 343	−28 864	7.63	4.75	42.40	7.68	5.91	295
11	1.18	1 567 314	27 437	7.57	4.94	43.19	7.69	6.51	269
12	0.55	1 797 918	31 814	7.63	4.75	42.42	7.04	6.49	255
13	−0.03	1 310 175	30 194	7.94	5.13	44.00	6.90	6.93	237
14	−1.92	1 272 171	35 752	8.10	4.88	42.89	5.50	7.42	199
15	1.33	1 289 917	22 429	7.61	5.13	43.85	7.99	6.66	271
16	0.84	1 168 371	−22 707	7.70	5.16	44.00	7.71	6.87	256
17	1.81	1 379 747	24 284	7.65	5.19	44.06	8.30	6.50	285

图 5.2　轻压载载况置换方案及置换过程中的各项性能指标

WBT 为压载水舱；HOLD 为货舱；APT 为艉尖舱；FPT 为艏尖舱；Trim 为纵倾值；BMmax 为船体梁最大弯矩；da 为艉吃水；df 为艏吃水；SFmax 为船体梁最大剪力；BV 为驾驶室视线盲区范围；GMf 为经自由液面修正后的初稳性高度值；GZmax 为稳性复原力臂最大值；Ang-GZmax 为稳性复原力臂最大值对应角

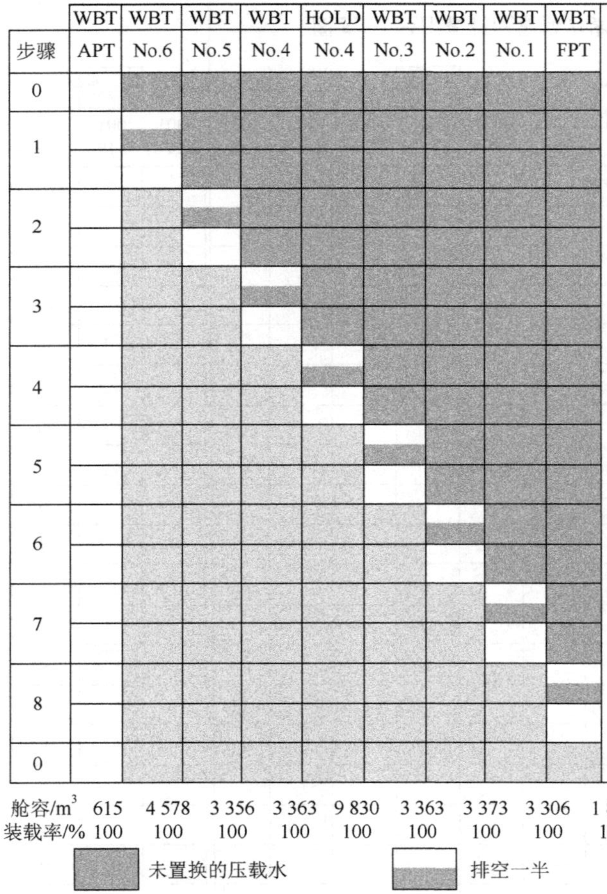

步骤	Trim	BMmax	SFmax	GMf	GZmax	Ang-GZmax	da	df	BV
	m	kN·m	kN	m	m	deg	m	m	m
0	0.86	−540 021	−38 377	5.95	4.45	42.02	9.57	8.70	227
1	−0.92	−605 429	−41 554	6.20	4.59	42.14	8.21	9.12	290
	−2.71	−707 136	−45 070	6.10	4.46	41.60	6.84	9.54	383
2	0.31	498 604	−44 505	5.96	4.45	41.81	8.97	8.66	217
	−0.28	663 812	−50 719	5.87	4.35	41.37	8.34	8.62	207
3	0.92	444 513	−31 315	5.96	4.45	41.81	9.28	8.36	234
	0.93	522 439	−24 229	5.87	4.35	41.37	8.97	8.04	239
4	0.86	618 904	−19 778	6.92	4.99	43.14	8.65	7.78	242
	0.79	1 184 832	−23 113	7.54	5.05	43.55	7.68	6.89	254
5	1.51	439 561	−43 795	5.96	4.45	41.81	9.59	8.08	251
	2.13	604 620	50 037	5.87	4.35	41.37	9.60	7.47	277
6	2.11	−586 442	40 449	5.97	4.45	41.82	9.90	7.79	271
	3.38	−628 490	43 309	5.88	4.35	41.39	10.20	6.83	328
7	2.64	−767 917	−41 320	6.12	4.55	42.09	10.18	7.54	290
	4.44	−994 253	−44 129	6.06	4.47	41.72	10.77	6.33	383
8	2.05	−736 814	−41 257	5.99	4.47	41.96	10.02	7.96	266
	3.22	−935 664	−44 061	5.99	4.46	41.84	10.45	7.23	315
0	0.86	−540 021	−38 377	5.95	4.45	42.02	9.57	8.70	227

图 5.3　重压载载况置换方案及置换过程中的各项性能指标

第 6 章　船舶建造防污染

据统计，造成环境污染的排放物 70%来自制造业，每年约产生 55 亿吨无害废物和 7 亿吨有害废物[78]。面对全球生态日益恶化、环境与发展的关系日趋紧张的局面，首先要彻底改变传统制造业对环境的末端治理思路和方法，迫切要求制造业全面考虑其制造品整个生命周期对环境的影响，最大限度地节材、节能、降耗、减污。由此，制造业可持续发展的必由之路——绿色制造应运而生。

绿色制造系统的发展主要包含以下三方面[78]。

（1）清洁生产：具体是指既可满足人们的需要，又可合理使用资源和能源，并保护环境的实用生产方法。

（2）环境无害技术：是减少污染、合理利用资源、节约能源与环境兼容技术的总称。

（3）工业生态学：是一种力图按照自然系统来塑造工业体系，以循环经济为指导理念的创新型的可持续发展战略。

绿色制造是制造业的发展趋势和方向，也是船舶和海洋工程装备制造业的发展方向。绿色造船是今后造船业和造船技术发展的必然趋势和关键驱动因素。

绿色船舶制造包含两个层面：一是尽量减少船体涂料对水域可能带来的污染；二是船舶建造过程尽量减少二次污染。第一个层面主要是指建造的船舶应符合《AFS 公约》的相关要求，减少船体油漆涂料对港口水域的污染。第二个层面主要指船舶建造过程中的绿色造船模式，给现代造船模式增加绿色造船的内涵，即节能、节材、降耗、减污等要求全面列入建模和转模之中，以建设资源节约型、环境友好型绿色船舶工业，主要包含绿色设计、绿色工艺、绿色涂装、绿色供应链等。

作为海洋装备制造业的船舶工业，无疑是一个资源、能源消耗高的制造业。其使用和消耗的资源包括钢铁金属、化工材料、动能源、水资源等，并且均消耗巨大，同时也会产生一定的环境污染。“十五”期间，中国船舶工业实现了 21 世纪第一次跨越发展（表 6.1）。2005 年造船总量首次突破 1000 万 DWT，达到了 1212 万 DWT，相比 2000 年，是其的 3.5 倍，2006 年同比增长了约 20%，达到 1452 万 DWT。与此同时，消耗也急剧上升，而且其单位消耗与日本、韩国等先进造船国家相比，尚有较大差距。但进入 21 世纪以来，船舶行业在造船总量大幅攀升的形势下，采取有力措施，降低各类消耗，取得了长足的进步。表 6.2 展示了国内部分主要造船企业能耗降低的良好态势。

表 6.1　中国船舶工业历年造船量[78]

时间/年	年造船量/万 DWT	占全球份额/%
1985	70	1.5
1990	141	6.18
1995	185	5.51

续表

时间/年	年造船量/万 DWT	占全球份额/%
2000	346	7.2
2001	396	8.6
2002	461	9.1
2003	641	10.3
2004	855	14
2005	1212	17
2006	1452	19
2007	1893	23

表 6.2　国内部分主要造船企业平均能耗[78]

类别		万元产值综合能耗/吨（标准煤）	万元产值工业耗电/（kW·h）	万美元产值工业耗电/（kW·h）	万元产值工业耗水/吨	钢材利用率/%
2000 年		0.196	265.5	2195	13	85
2005 年		0.11	199	1645	4.96	88
下降幅度/%		44	25	25	62	—
日、韩造船		—	—	347	—	—
国内先进船厂		0.08	小于 150	小于 1000	4.0	92（单船）
上海市	2005 年	0.88	—	—	125	—
	2006 年	0.873	—	—	—	—
	2010 年	0.7	—	—	105	—
全国平均		1.22	—	—	“十一五”末国家目标为 0.98	—

由表 6.2 可知，2005 年较 2000 年其万元产值综合能耗下降了 44%；万元产值工业耗电下降了 25%；万元产值工业耗水更是下降了 62%之多。国内个别先进造船企业的万元产值综合能耗更降到了 0.08 吨标准煤；其万元产值工业耗电小于 150kW·h；万美元产值工业耗电已降至 1000kW·h 以下。2006 年，船舶工业节能降耗又取得新进展，全行业万元工业增加值能耗为 0.25 吨标准煤，较 2004 年的 0.37 吨标准煤下降了 30%之多。这充分说明了中国船舶工业在提升生产总量的同时，也卓有成效地降低了能耗。

6.1　船舶有害防污底公约

6.1.1　船体油漆造成的污染

当船舶长时间静止地停留在港内或锚地，往往会在船底的表面生成和附着大量的海生物，如藤壶和藻类等，严重影响了船舶主机的功率发挥和船舶的航行速度。为了控制和防止船底海生物附着和生长，目前所有的船东都已普遍采用具有控制、防止和杀伤力的防污底系统。大量科学研究表明这些防污底系统，特别是含有 TBT 的防污底系统，对海洋生物构成了严重的毒害作用和其他长期影响，并严重威胁到人类健康[49]。

IMO 早在 1989 年就意识到了含有 TBT 的船舶防污漆对海洋环境的有害影响。1990 年，MEPC 通过一项决议，建议各国政府采取措施对船长小于 25m 的非铝质船壳的船舶不准使用含 TBT 的防污底系统和不准使用 TBT 渗透率超过每天 $4\mu g/cm^2$ 的防污系统。1999 年 11 月，IMO 通过大会决议，敦促 MEPC 尽快制定出一个全球性的强制的法律文件解决船舶防污底系统的有害影响问题。2001 年 10 月 5 日，IMO 召开国际控制船舶有害防污底系统外交大会，通过了《AFS 公约》。

《AFS 公约》适用于所有在缔约国注册或在缔约国管辖下营运的船舶，所有进入缔约国港口、船坞或离岸码头的船舶，也适用于采油工业的 FSUs 和 FPSOs。该公约要求现有船舶在船壳或外部结构的表面上不得再施涂含有 TBT 的防污底漆；对于已经施涂含有 TBT 的防污底漆，应将其全部清除；或在已经施涂的含有 TBT 的防污底漆上涂上封闭漆，形成一个隔离层来阻挡含有 TBT 的防污底漆的渗出，然后再在其表面上施涂无 TBT 的防污底漆。

《AFS 公约》的制定和实施填补了海洋防污的一块空白，在全球范围内建立了一个规范有害防污底系统机制，是继《国际防止船舶造成污染公约》之后国际海洋环境保护的又一部重要法规，对促进海洋环境保护起到重要的作用。

6.1.2 《AFS 公约》概述

《AFS 公约》于 2008 年 9 月 17 日正式生效。由于公约的生效时间比公约附则 1 对防污底系统控制的规定时间晚，这给缔约国及相关方实施公约带来一定的混乱。为进一步统一和明确防污底系统的检验和发证要求，IMO MEPC 于 2010 年 10 月 1 日以 MEPC.195（61）决议通过了《2010 船舶防污底系统检验和发证指南》，该指南通过即生效，替代 IMO 于 2002 年 10 月以 MEPC.102（48）号决议通过的指南。

与 MEPC.102（48）号决议相比，MEPC.195（61）决议主要增加或修订了以下内容：

（1）明确了对含有 TBT 的防污底系统的具体控制时间及措施（清除或覆盖）。

（2）增加了对 24m 及以上但小于 400 总吨位国际航行船舶的确认要求。

（3）删除了公约生效前的船舶检验内容。

（4）修改了取样和检测的前提条件。

（5）对检验类别和检验项目进行了明确和汇总。

根据 MEPC.195（61）决议，CCS 对《船舶防污底系统检验指南（2008）》[79]进行了修订，编制成《船舶防污底系统检验指南（2011）》。2011 版指南对申请签发和/或签署防污底系统证书（包括防污底系统符合声明）的检验做出了具体规定，该指南替代了 CCS《船舶防污底系统检验指南（2008）》。

1. 适用范围

签发防污底系统证书的检验适用于从事国际航行的 400 总吨位及以上船舶，不包括固定或移动平台、FSUs 和 FPSOs。

船长为 24m 或以上，但小于 400 总吨位的国际航行船舶（不包括固定或移动平台、

FSUs 和 FPSOs），应持有一份由船舶所有人或船舶所有人授权代理签署的防污底系统声明，声明所用防污底系统符合规定要求。适用《AFS 公约》的船舶，防污底系统声明应采用《AFS 公约》附则 4 附录 2 格式，未接受《AFS 公约》的欧盟成员国，应采用欧盟 782/2003 法令附则 3 格式。

所有船舶，包括不适用的固定或移动平台、FSUs 和 FPSOs，进行检验且符合相关要求，则授予 AFS 附加标志。

2. 船舶防污底系统控制要求

船舶防污底系统的控制措施有如下三点。

（1）所有船舶不得应用（施涂）或重新应用（施涂）含有作为生物杀灭剂的 TBT 的防污底系统。

（2）对于现有船（不包括 2003 年 1 月 1 日前建造并在 2003 年 1 月 1 日或以后未曾坞修的固定或移动平台、FSUs、FPSOs），应采取以下两种控制方式：①在 2003 年 1 月 1 日及以后或主管机关规定的之后日期及以后，施涂的含 TBT 的有害防污底系统应予以去除；②在 2003 年 1 月 1 日以前或主管机关规定的之后日期以前，船舶施涂的含 TBT 的有害防污底系统应予以去除，或者用一个封闭涂层覆盖不符合防污底公约要求的防污底系统，以防止有 TBT 的渗出。

（3）可允许少量起化学催化剂作用的 TBT（例如单基和二基代有机锡化合物）存在。从实践看，作为催化剂的 TBT 在每千克干漆中的锡总含量不应超过 2500mg。

3. 防污底系统证书

防污底系统证书包括国际防污底系统证书或防污底系统负荷证明及防污底系统记录，分为通用格式、欧盟格式和中国格式三种。

（1）通用格式包括：①国际防污底系统证书（格式 CAF）及防污底系统记录（格式 RAF），适用于悬挂所有除中国国旗以外其他接受《AFS 公约》的船旗国国旗的船舶；②防污底系统符合证明（格式 SAF）及防污底系统记录（格式 RAF），适用于悬挂未接受《AFS 公约》的非欧盟成员国国旗的船舶。

（2）欧盟格式国际防污底系统证书［格式 CAF（EU）］及防污底系统记录（格式 RAF），适用于悬挂未接受《AFS 公约》的欧盟成员国国旗的船舶。

（3）中国格式国际防污底系统证书［格式 CAF（CHN）］及防污底系统记录［格式 RAF（CHN）］，适用于悬挂中国国旗的船舶。

4. 附加标志

根据船东申请，按相关要求进行检验，确认符合 CCS《钢质海船入级规范》第 8 篇第 8 章的有关防污底系统的相关要求，授予 AFS 附加标志。

5. 船舶检验

防污底系统检验包括初次检验和附加检验。检验应确认船舶防污底系统完全符合规定要求。防污底系统生产商应持有 CCS 工厂认可证书或等效证书，并提供制造厂证明，且能够出具不含有机锡化合物的防污底系统的声明。并且保证合理的装施工程序。

初次检验：指为授予 CCS AFS 附加标志和/或船舶投入营运之前或首次向 CCS 申请签发国际防污底系统证书或防污底系统符合证明时的检验，以确认符合下列规定要求：

（1）IMO《AFS 公约》。

（2）CCS《钢质海船入级规范》。

（3）适用的船旗国要求或区域性法令，如欧盟（EC）No.782/2003 法令以及（EC）No.536/2008 法令等。

附加检验：指船舶防污底系统全部更换和替代时、当其修补范围超过 25%及以上时或船舶发生重大改装时进行的检验，不包括简单的维护保养，如碰擦码头后的补漆。

6.2　广义的绿色造船

建设绿色船舶工业，可从设计、工艺、管理模式等方面入手[78]，主要内容包含以下几方面。

6.2.1　绿色设计

绿色设计是绿色制造的核心，又称面向环境的设计。绿色设计除了全面考虑产品的功能、质量、周期和成本之外，还必须使产品及其制造过程对环境和资源消耗的总体影响减到最小。对船舶设计来讲，要以节能环保的要求来优化船型、优选船用设备及船用材料，并充分满足船东和航运、港口的环保要求。

6.2.2　绿色工艺

针对焊接的高能耗及环境污染（有害气体、烟尘、辐射、噪声等）问题，必须从以下几方面推进绿色工艺。

1. 绿色焊接

（1）焊接材料：针对船厂普遍采用 CO_2 焊的现状，加快研制和推广低烟尘的药芯焊丝和无镀铜、低飞溅的实心焊丝。

（2）焊接工艺：在加速推广各种高效焊接工艺的同时，应加大投入力度，开展激光焊在造船中的应用研究，重点是最有应用前景的混合激光焊加熔化极惰性气体保护焊（metal inertia-gas welding，MIG）/熔化极活性气体保护焊（metal active-gas welding，MAG）、激光加埋弧焊等。这类焊接方法已在欧洲船厂得到应用，国外船级社也制订了激光焊接焊缝的验收规范。

（3）焊接装备：重点研制和推广节能环保型的高效焊接装备。2001 年，日本的造船焊接机械化、自动化率就已经达到 98%，而中国船厂在 20%左右。为此，作为推行绿色焊接的一个重要方面，必须在努力提高电能转换效率的基础上提供机械化、自动化程度高的节能、高效、低污染的绿色焊机。

2. 绿色涂装

涂装过程及涂料是船厂或船舶的主要污染源之一，但近年来这两方面都有长足的改进，主要是预处理线、涂装房及喷涂装备的改进，使之均能满足环保的要求。还有一大批低表面处理、低毒无害化涂料的推出和应用（如无焦油环氧涂料、无锡自抛光涂料、无公害化的无溶剂涂料或水性涂料等）。船舶涂装始终是与环境友好息息相关的主要工艺，随着环境要求的不断提高，要全面推行绿色造船，必须继续大力改进喷砂除锈工艺及相应的粉尘、漆雾收集排放装置，以及低毒、长效、无公害涂料及高效节能低污喷涂装备的研发，以促进绿色造船涂装技术的不断进步。

6.2.3 绿色生产管理

1. 清洁生产

对于船厂日常使用的动能源、水资源、油料等要按照 3R（reduce，reuse，recycle），即减量化、再使用、再循环的原则，大力推行清洁生产，有效地降低各类管线的跑、冒、滴、漏，提高资源利用率，降低各类污染物的排放，进行有效治理。

2. 持续合理工艺流程

以造船总装化为核心，通过流程再造不断合理造船工艺流程，实现精细化管理，以 ISO 14000 环境管理系列标准为基点，推行全方位的造船全过程的绿色管理。

3. 船舶工业绿色供应链建设

从节约企业的各项投入资源入手，促进企业达到真正意义上的绿色运营，实现绿色制造，进而促进中国制造业的可持续发展。打造一条符合中国国情的绿色供应链，企业须要做到“四化”，即流程标准化、研发快捷化、运作协同化、管理适度化，并将经历规范化管理、绿色营运管理、供应链整合及和谐社会四个阶段。

按照绿色供应链和循环经济原则，在全国三大造船基地建立具有相应供给能力的大宗船用物资，如钢材、线缆、涂料等的配送中心。特别要通过船钢联营的方式，抓紧建立依附于钢厂的船用钢材配送中心。

有数据表明，中国制造业的物流成本占企业总成本的 30%～40%（日本占 8.1%），而从原材料进厂到产品转移到客户手中，物流占用了 90%的时间。为此，供应链成为制造业企业增值最大的一块，是企业的第三利润源。船舶工业作为下游制造业，供应链建设的重要性显而易见。因此，通过供应链的完整建设和大幅提高物流效率也是推行绿色造船与建设绿色船舶工业不可或缺的重要环节。

6.3　绿色造船的机遇与挑战

高质量、高效率、低成本及绿色化是制造领域的主题，“中国制造 2025”方兴未艾，绿色制造将成为制造业的增长点，高效、节能、低碳、清洁、环保的制造工艺与装备技术是发展趋势。

6.3.1　绿色造船的机遇

世界 80%以上的商品贸易是通过船舶运输的，大量的船舶产生了大量的 CO_2、NO_x 等气体排放、压载水污染等问题。为保护地球环境，国际社会近年来付出了大量的努力来制定国际公约和区域性法规法则并逐步付诸实施。相关国际公约以及区域性法规法则的制定和实施对绿色工业、绿色造船提出了更高的环保要求。

2004 年 2 月 13 日，IMO 通过了《压载水公约》，2016 年 9 月 8 日达到生效条件，2017 年 9 月 8 日正式生效。

2011 年 1 月起，船舶主机氮氧化物排放 IMO TierⅡ排放控制标准在所有缔约国国际海域内强制实施，Tier Ⅲ标准于 2016 年 1 月 1 日强制实施。

2015 年 12 月 12 日《联合国气候变化框架公约》缔约方会议第二十一次大会在法国巴黎布尔歇会场圆满闭幕，全球 195 个缔约方国家通过了具有历史意义的全球气候变化新协议，该公约成为历史上首个关于气候变化的全球性协定。该公约获得通过后，于 2016 年 4 月 22 日提交联合国最终签署，将在占全球碳排放 55%以上的 55 个国家提交批准文件后正式生效。

《2012 年生活污水处理装置排放标准和性能试验导则》2016 年 1 月 1 日起正式生效，文件号为 MEPC.227（64），该导则针对所有区域船舶（客船除外），并具有强制性。

2015 年，中国提出“中国制造 2025”国家战略，基本方针为“创新驱动、质量为先、绿色发展、结构优化、人才为本”，明确提出“坚持把可持续发展作为建设制造强国的重要着力点，加强节能环保技术、工艺、装备推广应用，全面推行清洁生产。发展循环经济，提高资源回收利用率，构建绿色制造体系，走生态文明的发展道路”，并将海洋工程装备及高技术船舶列为大力推动重点领域突破发展产业之一。

“中国制造 2025”国家战略的实施和一系列新的国际公约及区域法律法规的生效和实施为绿色造船提供了历史发展机遇。

6.3.2　绿色造船的挑战

6.3.2.1　绿色设计挑战

绿色造船的核心是绿色设计，因为绿色设计在很大程度上决定了船舶设计、建造、运营和拆解等整个生命周期各个阶段的绿色环保水平。而专业化人才、国际公约和标准、船型研发核心技术、关键设备配套能力又成为绿色设计的前提。虽然中国已经成为船舶和海洋工程装备制造大国，但严格意义上讲只是总装制造大国。在国际公约和标准的制定、先进船型研发能力、关键配套设备等领域欧美国家以及日本等发达国仍然占据主导地位，其主导着船舶和海洋工程装备技术的发展方向，尤其是绿色造船的发展方向。以上方面，中国还处在从量变到质变的过程之中，当然也不乏在个别方面上中国已经走在了世界前列，但整体而言还需要努力追赶。

1. 专业化研发人才分散和不足

中国南北造船集团，加上近 10 年崛起的中远船务、中集海工等船舶和海洋工程建造新秀，以及一批专业民营设计院所，全国大小船舶研究设计院所共有上百家，几乎每个船厂都有自己的设计所。但真正具有船型自主研发能力的科研院所不足十家，而且研发能力参差不齐，与欧美日韩等发达国家和地区仍有较大差距。研发人员分散、研发投入不足都成为专业化人才成长的障碍。以中船重工为例，拥有船厂近 10 家，每家都有设计所，除大连船舶重工集团的设计研究所外，大多只能做详细设计、生产工艺设计，有的甚至只能做工艺设计，根本不具备研发能力。集团成立的民船技术中心，没能有效将分散的研发人员集中，专业研发人才不足，只能帮下属小船厂做详细设计，专业研发能力无法满足于北方集团技术中心的定位。

2. 国际公约和标准制定话语权不足

欧美发达国家不断推出新的国际标准和提高原有技术指标，如近年来的压载水控制公约、氮氧化物排放控制公约、碳排放控制公约等均提高了绿色设计和绿色制造的要求，既为绿色造船提供了机遇，也提高了技术门槛，形成了技术挑战。经过近 10 年的努力，中国船舶配套企业已经成功攻克压载水处理技术，生产的压载水处理装置取得 IMO 的认可，为中国船舶和海洋工程产业的绿色制造提供了配套保证。但氮氧化物处理等技术及产业化技术还掌握在欧美发达国家手中，中国相关配套企业还需要继续技术攻关。

3. 绿色船型研发能力不足

新船型研发尤其在工程船和海洋工程装备领域，核心技术仍然掌握在欧洲国家手中。欧洲 ULSTEIN 公司 2005 年推出的 X 艏船舶，船体线型大大降低了运行阻力，油耗比常规球鼻艏船舶降低 7%～16%，EEDI 显著降低，具有良好的绿色环保性能，该船型是船舶发展史上的重大技术突破。中国的船舶绿色创新能力，随着近 20 年来船舶工业的快速发展，在设计、建造经验积累的基础上取得了一定的成果。例如，大船集团设计建造的 VLCC 具有良好的 EEDI 和船舶性能，其各项指标已经优于日韩船厂建造的 VLCC，达到国际领先水平。但这样的领先事例还太少，尤其在开创性创新能力上还远远不够，还需要继续努力。

4. 绿色造船关键设备配套能力不足

中国船舶和海洋工程装备关键设备的配套能力不足，尤其在海工装备领域。虽然近

20 年来随着中国制造的更新换代和崛起，锤炼出了一批较好的船舶配套企业，但大多都是常规的船舶配套产品，技术含量不是很高。核心配套的主机、氮氧化物处理系统、发电机、配电系统、动力定位系统等核心技术仍然掌握在欧美企业手中。

6.3.2.2　绿色工艺挑战

造船工艺是绿色造船的实施环节，绿色环保的施工工艺可以确保船舶建造过程节能、降噪、安全、环保，保证造船过程的环境友好性，实现绿色造船。

2006 年 12 月 8 日，IMO 正式通过《所有类型船舶专用海水压载舱和散货船双舷侧处所保护涂层性能标准》，对涂层标准提出了规范化、标准化、环境友好型的更高要求，应该说当时海水压载舱涂层标准的实施给中国造船工业带来了一定的挑战和压力，但经过认真准备和实施，绝大部分船厂经过涂装工艺改进和提高分段设计完整性达到了标准要求，小部分达不到实施标准的小船厂只能退出造船市场。

第7章　绿色拆船公约

随着世界经济的高速发展，近半个世纪以来，国际航运业得到了蓬勃的发展，全球船只的数量急剧增加。但是，每一条船只都有一定的使用寿命，拆船总量肯定是和造船量相关的。长久以来，拆船业被认为是对环境、安全、健康影响较大的行业。以印度为例，它的人命事故率是采矿业的6倍，工人“石棉肺”问题普遍，拆船厂周围水源和土壤污染严重[48]。旧船含有大量的各种有害废弃物，如油类、石棉制品、重金属、油漆等，如果拆解过程中不以安全环保的方式加以处置，极易泄漏造成海洋环境污染，给海洋环境造成严重威胁。拆船作业中的安全、健康与环境问题已经引起了国际社会的广泛关注[49]。

1998年，挪威代表团在MEPC第42次会议上首次提交有关废钢船拆解问题的提案后，MEPC将拆船议题纳入其工作议程与长期目标。2003年12月5日，IMO第23届大会以A. 962（23）号大会决议通过了自愿性的《IMO拆船指南》，2002年巴塞尔公约6次缔约国大会通过了《全部和部分拆船环保安全管技术指南》；2004年，国际劳工组织制定了《拆船全和健康指南（草案）》，但指南并非强制性法规。2005年11月，IMO第24届大会通过了关于制定拆船公约的决议，随后挪威于2006年在MEPC第54次会议上提交了首份拆船公约草案《国际安全与环保拆船公约草案》，初步设定了公约的框架与其所应包含的强制性要求，拆船公约的制定进入实质性阶段。2008年召开的MEPC第57次会议对拆船公约再次进行完善，明确了针对船舶所有人、拆船设施、拆船国政府与船旗国主管机关的各方面强制性要求，并于2008年10月召开的MEPC第58次会议上定稿。《拆船公约》是IMO主要针对拆船业的第一份强制性法律文件，该公约最重要的理念是对船舶有害物质的全程控制。新船应编制有害物质清单（inventory of hazardous material，IHM）第Ⅰ部分，现有船在规定的时间内也应编制有害物质清单第Ⅰ部分。船舶在整个营运阶段，清单应保持更新，只有满足规定要求的拆船厂方能从事船舶的拆解工作。为配合该公约的实施，IMO先后通过了6个配套导则。虽然该公约尚未生效，但国际社会对船舶无害化回收再利用的呼声越来越高，企业、航运界面临着更大的社会责任。越来越多的船厂、船东、制造业愿意提前实施该公约。目前，它在等待生效条件的满足。

《拆船公约》附则“安全与环境无害化拆船规则”是公约的核心部分，共4章26项条款，包括了对船舶和拆船厂的检验发证体系、港口国监督、对拆船厂审批、信息的传递以及报告等要求。

《拆船公约》是国际航运界在促进安全、环保和保护人类健康方面的又一重大举措。它的签署填补了国际拆船法律机制的空白，结束了长期以来全球拆船业缺乏统一国际标准的时代，为全球拆船业开启了新的历史篇章。《拆船公约》建立了全球统一的拆船法律框架，有利于各国加强对拆船业的有效管控，减少拆船给环境、职业健康和安全带来的风险。面对当前国际金融危机引发的新一轮拆船高潮，《拆船公约》对全球航运业、拆船业、造船业更具有非常及时、重要的现实意义，为它们的可持续发展奠定基础。

由于拆解废船可以回收大量钢材和有色金属及可利用的机械设备，拆船业又是一项资源再利用、可持续发展的加工工业，也被称为“无烟冶金工业”。进行环保拆船不仅能给企业带来经济效益，而且也有极好的社会效益[80]。

7.1 《拆船公约》的框架和影响

7.1.1 《拆船公约》的框架

《拆船公约》共有 21 条款项、一个附则——“安全与环境无害化拆船规则”。“安全与环境无害化拆船规则”共 4 章 26 条款项和 6 个附件，包括对船舶和拆船厂的要求以及拆船作业报告要求。《拆船公约》主要结构如图 7.1 所示。

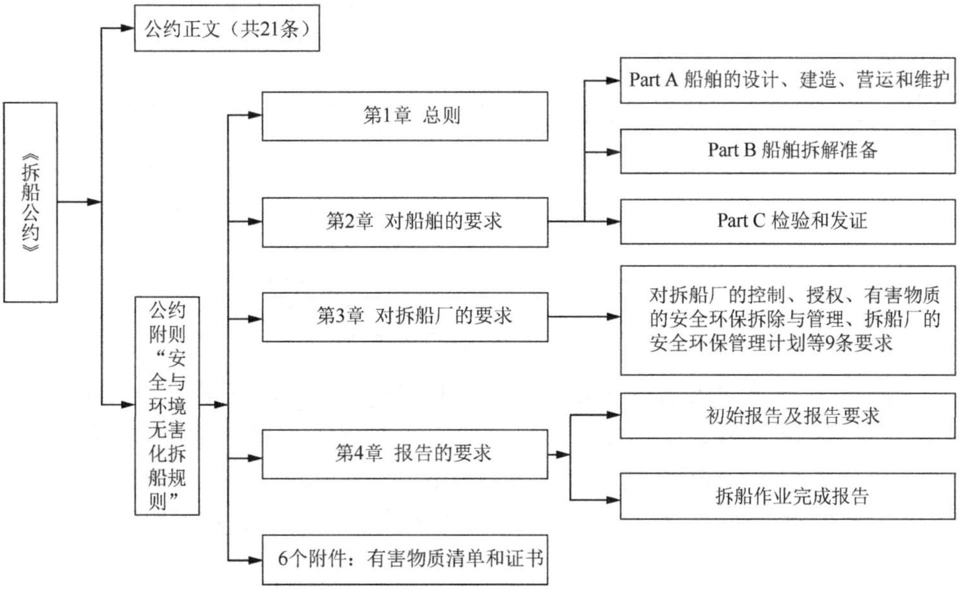

图 7.1 《拆船公约》框架结构[80]

“安全与环境无害化拆船规则”是公约的核心部分，该规则对船舶的有害物质管理从建造、营运到拆船准备和拆解完毕进行了跟踪，对拆船厂的控制、管理、授权、有害物质的安全和环境无害化管理、工人的安全和培训等执行机制进行了约束，具体内容如图 7.2 所示。

7.1.2 《拆船公约》的影响

《拆船公约》第一次将环保理念应用到船舶的整个生命周期，摆脱了传统公约“就事论事”式的传统思维，要求船舶从建造到拆解，整个生命周期都要受到该公约的制约，使绿色船舶理念落地生根。《拆船公约》通过对有害物质清单上的物质进行控制、对

图 7.2 《拆船公约》要求[80]

拆船厂的控制、防止对人员健康和环境的不利影响、有害物质的安全和环境无害化管理、应急部署和响应、工人安全和培训等途径实现安全和环境无害化拆船作业。

公约提出了船舶的绿色通行证（Green Passport）要求，即：列出所有船用有害材料清单；在船舶生命周期中保存该清单；最后一个船东要把清单提交拆船厂；对新造船强制以上要求；对现有船尽量要求。

将受《拆船公约》影响的主要行业有：船用产品生产、供应商；船舶建造、修造业；航运业；拆船业。

公约对船用产品生产、供应商的影响。公约要求生产商、供应商生产或提供的产品不能含有公约附录 1 禁止的材料；对生产附录 1 允许含有受控材料或超过附录 2 规定的阈值材料的产品，提供供应商符合申明，并对申明负责；可能要求对所生产的产品进行试验。将影响原有产品的市场占有率；增加文件和试验要求；供应商需要对含有的附录 1 和 2 材料的产品提供生产商符合申明，并可能需要做试验验证；不排除将来公约生效后不断有新材料被禁止使用，导致某些产品遭受灾难性后果的可能。

公约对船舶建造（修理）业的影响。公约要求在新造（修）船时禁止在船上安装和使用公约禁止的有害材料，按规定使用受公约控制的材料；根据供应商申明制定有害材料清单的第Ⅰ部分；可能需要对新使用的材料进行试验。

因此，《拆船公约》的实施在一定程度上抬高了修、造船价格；使用无害或低害材料的能力将影响船东对船厂的选择；增加文件（制定清单）和试验验证工作；不排除将来公约生效后不断有新材料被禁止使用，导致生产能力方面产生灾难性后果的可能。

公约对航运业的影响。公约要求接受符合公约要求的新造船，按公约的要求修理船舶，维护有害材料清单；船舶接受检验和检查；对将交付拆解的船舶进行预清除，制定有害材料清单的第Ⅱ和第Ⅲ部分；将船卖给符合公约要求的拆船设施单位。

按照要求，船东将增加对有害材料清单的制定和维护工作，接受检验和检查工作；出售废旧船时需要进行预清理；出售废旧船舶时手续复杂化，与拆船厂之间的船舶买卖将面临更多的不确定性和商业风险；现有船与新船的区别在于：被禁止的材料不予追溯，制定清单的要求相对简单。

公约对拆船业的影响。公约要求拆船时拆船单位接受主管机关的检查和批准；建立安全和环保管理体系；拆解前进行报告和申请批准；制定拆船计划；按规定执行拆解作业程序和作业方法。

中国作为造船大国、拆船大国和航运大国，公约的出台及强制性实施将不可避免地对中国的相关产业产生重要影响。由于中国拆船设施水平领先，公约生效后实行的全球统一要求将提升中国拆船业在国际拆船市场的竞争力，将在很大程度上解决待拆船源不足的问题。

7.2 《拆船公约》内容

为防止、降低、尽可能减少及尽实际可能消除拆船对人员健康和环境造成的事件、伤害和其他不利影响，以及在船舶整个营运寿命期间促进船舶安全、保护人员健康和环境，《拆船公约》各缔约国承诺全面充分地实施本公约的规定。

7.2.1 《拆船公约》的基本定义及适用范围

1. 定义

船舶：指在海洋环境中营运或营运过的任何类型的船舶，包括潜水船、浮动艇筏、浮式平台、自升式平台、FSUs和FPSOs，包括已被拆除了船上设备的船舶或被拖曳的船舶。

有害物质：指易于对人类健康和/或环境造成危害的任何材料或物质。

总吨位：指按《1969年国际船舶吨位丈量公约》附则Ⅰ或任何后续公约中的吨位丈量规则计算的总吨位（gross tonnage，GT）。

拆船：指在拆船厂内进行的旨在回收部件和材料供再加工和再利用，并妥善处理有害物质和其他材料的船舶全部或部分拆除活动，包括与此相关的操作，如现场储存、处理部件和材料，但不包括在其他拆船厂内进一步加工或处置。

拆船厂：指用于拆船的特定区域，包括场地、船厂或设施。

拆船公司：指拆船厂的拥有者或从拆船厂拥有者处承担拆船活动经营责任并在承担该责任的同时同意承担本公约规定的所有职责和责任的任何其他组织或个人。

主管机关：指船旗国政府或船舶在其管辖下营运的政府。

新船：指在本公约生效时或生效后签订建造合同的船舶。或如无建造合同，则指在本公约生效时或生效 6 个月后安放龙骨或处于类似建造阶段的船舶或在本公约生效时或生效 30 个月后交付的船舶。

现有船：指非新造船。

新装置：指本公约生效之日后在船上安装的系统、设备、绝缘体或其他材料。

进入安全：指符合下列标准的处所，即空气中的氧气含量和易燃蒸气的浓度在安全限值以内；空气中的任何有毒物质在允许的浓度以内；与适任人员所授权的工作相关的任何残渣或材料在按指示操作时不会导致在现有空气条件下有毒物质不受控制的释放或易燃蒸气的浓度不安全。

热工安全：系指符合下列标准的处所，即具备安全、非爆炸的条件，包括除气条件，以便使用电弧或气焊设备、切割或气割设备或其他明火形式，以及进行加热、打磨或产生火花的操作；符合上面所说“进入安全”条中要求；热工作业后不会导致现有空气条件的改变；为防止产生火焰或火焰扩散，所有相邻处所都已进行清洁、惰化或充分处理。

产品：指船上的机械、设备、材料和涂装的涂层。

供应商：指提供产品的公司，可以是生产厂家、贸易商或代理商。

供应链：指涉及从原材料至成品的材料和货物的供应及采购的系列实体。

阈值：指均质材料中的浓度值。

固定设备：指设备或材料以焊接或螺栓固定等形式牢固地固定在船上，以及在使用时其位置不变，如电缆、垫片/垫圈。

非固定设备：指除了固定设备之外的设备，如灭火器、预先信号、救生圈。

每艘新船上应存放一份有害物质清单。

2. 适用范围

本公约适用于 500 总吨位及以上的国际航行海船，不包括任何军舰、海军辅助船舶和用于政府非商业性服务的其他船舶。然而，对于小于 500 总吨位的船舶或在其整个寿命内仅在船旗国主权或管辖范围内水域营运的船舶，以及各类军船及政府非商业性服务的船舶，各缔约国应通过采取不损害其所拥有或营运此类船舶的操作或操作性能的适当措施，以保证此类船舶在合理和可行的范围内按本公约的规定行事。

对悬挂非本公约缔约国国旗的船舶，各缔约国在必要时应运用本公约的要求，以保证不给予这些船舶较为优惠的待遇。

3. 生效条件

不少于 15 个国家按本公约正文第 16 条已签署本公约并对批准、接受或认可无保留，或已交存必要的批准、接受、认可或加入文件；所述的国家的商船总吨位合计不少于世界商船总吨位的 40%；和所述的国家在过去 10 年的最大年度总拆船量合计不少于该国商船总吨位的 3%。本公约在上述条件满足之日起 24 个月以后生效。

4. 检验和发证

检验类型：初次检验、换证检验、附加检验、最终检验。

证书：国际有害物质清单证书/有害物质清单符合证明。有效期限由主管机关或船级社确定，最长不超过 5 年。

公约对新造船和现有船分别有不同的要求。

初次检验：船舶投入营运之前、首次申请签发国际有害物质清单证书/有害物质清单符合证明或申请 CCS 绿色护照附加标志 GPR 或 GPR（EU）时，应进行初次检验。

换证检验：为保持国际有害物质清单证书/有害物质清单符合证明或 CCS GPR 及 GPR（EU）附加标志的有效性，在期满日期前进行换证检验。

附加检验：应船东申请，在船舶结构、设备、系统、配件、布置和材料经过变动、更换或重大维修后，可根据情况进行总体或局部附加检验。附加检验是自愿性的，可结合其他法定检验（如年度检验）一并进行。

最终检验：在船舶退役和拆解之前，应进行最终检验。签发的国际适合拆船证书/适合拆船符合证明有效期不超过 3 个月。

下列情况下国际有害物质清单证书/有害物质清单符合证明将失效：

（1）证书与实际情况不符，包括有害物质清单第 I 部分未经适当维护和更新，在下一次检验时未对不符合情况进行修正。

（2）船舶更换船旗国后。

（3）未按规定完成换证检验。

7.2.2 《拆船公约》主要要求

1. 对船舶有害物质的控制要求

有害物质清单分为禁止使用的材料和控制使用的材料两大类。禁止使用的有害物质清单如表 7.1 所示，控制使用的有害物质清单如表 7.2 所示。其中，如果禁止使用的有害物质在均质材料中浓度未超过阈值可允许使用，且应在有害物质清单中列出。

表 7.1　禁止使用的有害物质清单（表 A）

编号	材料		清单			阈值水平
			第 I 部分	第 II 部分	第 III 部分	
A-1	石棉		×			0.1%
A-2	多氯联苯		×			50mg/kg
A-3	消耗臭氧材料	CFC	×			无阈值水平
		卤素灭火剂	×			
		其他完全卤化的 CFC	×			
		四氯化碳	×			
		1,1,1-三氯乙烷（甲基氯仿）	×			
		氢化氯氟烃	×			
		氢化溴氟烃	×			
		甲基溴	×			
		溴氯甲烷	×			

续表

编号	材料	清单			阈值水平
		第Ⅰ部分	第Ⅱ部分	第Ⅲ部分	
A-4	含 TBT 作为杀生物剂的防污底系统	×			2500mg 锡总量/kg
A-5	全氟辛烷磺酸	×			10mg/kg（0.001%）

注：A-3 指消耗臭氧物质，无意的微量污染物不应在材料声明和清单中列出，表 7.2 同此；CFC 表示氟氯碳化物

表 7.2　控制使用的有害物质清单（表 B）

编号	材料	清单			阈值水平
		第Ⅰ部分	第Ⅱ部分	第Ⅲ部分	
B-1	镉和镉化合物	×			100mg/kg
B-2	六价铬和六价铬化合物	×			1000mg/kg
B-3	铅和铅化合物	×			1000mg/kg
B-4	汞和汞化合物	×			1000mg/kg
B-5	多溴化联（二）本	×			50mg/kg
B-6	多溴二苯醚	×			1000mg/kg
B-7	多氯化联萘（超过 3 个氯原子）	×			50mg/kg
B-8	放射性物质	×			无阈值水平
B-9	某些短链烃化石蜡（烷类、氯化石蜡 C10～C13、氯基）	×			1%
B-10	溴化阻燃剂	×			100mg/kg

对于含有氢化氯氟烃的新装置可允许在 2020 年 1 月 1 日以前使用，但悬挂欧盟成员国船旗、申请 CCS GPR（EU）附加标志的船舶或申请签发符合欧盟 1257/2013 号法规的有害物质清单符合证明的船舶除外。

对于控制使用的有害物质，可允许使用，但如果其在均质材料中浓度超过阈值，则应予以识别并在有害物质清单中列出。

2. 有害物质清单

有害物质清单可以提供船舶实际存在的有害物质信息，方便拆船厂在拆解船时使用此信息，以决定如何安全和环境无害化管理有害物质。

有害物质清单应按照要求的清单格式标准编制，包括以下三部分内容。

（1）第Ⅰ部分：船舶结构或设备中含有的材料，有 3 个部分，即Ⅰ-1 涂料和涂层系统；Ⅰ-2 设备和机械；Ⅰ-3 结构和船体。表 A（表 7.1）和表 B（表 7.2）对应于有害物质清单第Ⅰ部分。

（2）第Ⅱ部分：操作产生的废料。

（3）第Ⅲ部分：物料。

表 C（附录 G 中表 G.1）对应于有害物质清单第Ⅱ部分和第Ⅲ部分，表 D（附录 G 中表 G.2）对应于第Ⅲ部分。第Ⅰ部分需要在初次检验发证时编制并获得船级社认可。第Ⅱ部分及第Ⅲ部分在最终检验时编制并获得船级社认可。

表 A 中的 A-5 及表 B 中的 B-10，只适用于悬挂欧盟成员国船旗的船舶、申请 CCS GPR（EU）附加标志的船舶或申请签发欧盟 1257/2013 号法规的有害物质清单符合证明

的船舶。

对于表 B 中的 B-8，所有放射源应列入材料声明和清单。放射源系指永久密封在容器中或以固体形式紧密黏结作为放射来源的放射性物质。这包括含有放射性物质的消耗品和工业测量仪器。

表 A 包括《拆船公约》附件 1 物质；表 B 包括拆船公约附件 2 材料；表 C 包括对拆船厂的环境和人员健康潜在有害的项目；表 D 包括不构成船舶整体部分且不太可能在拆船厂进行拆除或处理的常规消耗品。

对于新造船的要求：应检查和确认船舶结构和设备所包含的表 A 和表 B 所列物质符合上述 1.中控制要求，并将该物质及其位置和近似值在有害物质清单第 I 部分列出。

对于现有船舶，则应至少将船舶结构和设备所包含的表 A 所列物质及其位置和近似值在有害物质清单第 I 部分列出，对于表 B 所列物质应尽可能予以识别和列出。

有害物质清单第 II 部分和第 III 部分应在船舶拆解前列出。分别见附录 G 中表 C 和表 D。潜在有害物质共 55 项，分为液体（油性、污水、非油性液体货物残余物等）、气体（爆炸物、易燃物、温室气体）、固体等大类，每类中有若干小项，分别属于第 II 类和第 III 类有害物质。

3. 有害物质位置示意图

有害物质位置示意图按照有害物质清单的标准格式填写。第 I 部分、第 II 部分及第 III 部分的清单，分别按 I -1（涂料和涂层系统）、I -2（设备和机械）、I -3（结构和船体）填写；第 II 部分按操作产生的废料填写；第 III 部分按物料的顺序分别填写名称、位置、近似数量等参数。示例参见附录 G 表 G.7～表 G.14。

如果船舶同一位置安装有一个以上的设备或机械，应再填入其名称和数量。

对于位于一个以上舱室的管系和系统（包括电缆），应填写其相关系统名称（如压载水系统、动力电缆），不必填写该系统所在的舱室。

固体有害物质的标准单位为 kg，对于液体或气体，其单位为 m^3 或 kg。

有害物质“位置”栏的填写，要求位置名称应与船舶布置图相对应，以确保有害物质清单和船舶布置图相一致。

有害物质位置的主要分类：全船、船体部分、轮机部分、外部等。

二级分类：对上述主要分类的细化。如船体部分分为艏部、货物区域、液舱区域、艉部、上层建筑、甲板室；轮机部分可分为机舱、泵舱；外部可分为上层建筑、上甲板、船壳。

位置名称：在二级分类中再划分为具体的舱室或处所。如上层建筑包括居住甲板、罗经甲板、驾驶桥楼甲板、……、驾驶室、机舱控制室、货舱控制室等；船壳包括船壳、底部、水线以下……

4. 常见有害物质在船舶上的分布

常见有害物质在船舶上的分布主要包括表 A 及表 B。禁止使用有害物质主要包括下列 4 类物质：石棉、多氯联苯、消耗臭氧物质（ODS）、含 TBT 作为杀生物剂的防污底系统。

每类有害物质存在于船舶上许多不同的结构和设备中，在不同设备和结构中的位置也不同。如石棉就可在螺旋桨轴、柴油机、涡轮发动机/蒸汽涡轮、锅炉、废气经济器、焚烧炉、辅机、热交换器、阀件、管线与导管、电气设备、空运石棉、居住舱室区域、厨房和餐厅的天花板、地板和墙壁、防火分隔、惰性气体系统、空调系统等设备中不同部位存在。其他有害物质的位置分布具体参见附录 G 表 G.3～表 G.6。

7.2.3 《拆船公约》对设计及建造的要求

造船厂应在设计和建造阶段完成有害物质清单第 I 部分的编制。

船厂应编制新造船订货清单或产品明细表，提交给船级社，该文件可结合船用产品持证清单一并编制，同时应确保其余船舶布置图（如总布置图、防火控制图、救生设备布置图、机舱布置图、居住舱室布置图和液舱布置图等）图纸或证书文件等信息的一致性。

船厂应要求所有供应商在提供产品的同时，提供相应的材料声明、供应商符合声明和其他支持性文件。对于船东订购的产品，船东应协助造船厂收集产品信息。

造船厂应建立书面的购买和控制无石棉材料、设备及部件的供应程序，该程序应包含以下内容：

（1）供应商评估和选择方法。

（2）所供应产品的无石棉验证实践。

（3）制造商提供的无石棉声明。

造船厂应建立对供应链的管控要求，对设计、签订合同、采购、建造、材料声明和供应商符合声明的收集、有害物质清单的编制等过程进行监控，确保符合指南要求。

造船厂应根据以下分类，完成船舶有害物质清单第 I 部分的编制：

（1）涂料和涂层系统。

（2）设备和机械。

（3）船体和结构。

新造船初次检验申请，应向船级社提供以下材料：

（1）有害物质清单第 I 部分，标明船舶结构和设备中不高于阈值的 A 类禁止使用的有害物质的数量和位置；高于阈值水平的 B 类控制使用的有害物质在船上的数量和位置及有害物质的含量。A 类有害物质以高于规定阈值水平的浓度存在于产品中，船厂应该拒绝使用并通知供应商更换为满足规定要求的产品。

（2）造船供应链上供应商提供的材料声明和供应商符合声明或其他支持性文件资料，如 CCS 符合《拆船公约》和/或欧盟 1257/2013 号法规要求的产品认可证书复印件或认可的检测机构出具的检测报告。

在船舶拆解前需进行最终检验。在最终检验前，应完成有害物质清单第 II 部分和第 III 部分的编制。

第 8 章　海洋平台防污染

近几十年来，海洋油气开采从浅海到深海再到超深海不断推进。海洋油气总产量占全球油气总产量的比例已从 1997 年的 20%上升到目前的 40%以上，其中，深海油气产量占海洋油气产量的 30%以上。在世界已发现的油气可采储量中，海洋油气约占 41%。目前，一些海域尤其是深海和北极地区的勘探程度还很低，因此，海洋油气资源的潜力仍然很大。海洋油气的产量和勘探储量的快速增长，带动了海洋钻井平台和海洋采油装备的市场近十年的快速发展。根据 RIGZONE 网站（www.rigzone.com）统计，截至 2009 年 9 月，全球海洋钻井平台总数（包括商用平台和非商用平台）达到 1249 座[55,81]。截至 2012 年，全球共有 260 多座浮式生产平台，其中，约有 160 艘 FPSOs、50 座半潜式生产平台、25 座张力腿平台（tension leg platform，TLP）、19 座单柱式平台（spar platform）等。浮式生产平台主要分布在墨西哥湾、大西洋两岸、北海、东南亚区域[55,81]。FPSOs 主要分布在东南亚（39 艘）、巴西（33 艘）、西非（36 艘），北海和澳大利亚周边海域也保有 FPSOs，分别为 25 艘和 17 艘；TLP 和 Spar 主要分布在墨西哥湾等。截至 2014 年 6 月初，全球共有 224 个浮式生产装置项目处于规划阶段[82]。其中 FPSOs 占 58%，浮式油/气生产装置占 14%，浮式液化天然气生产储油卸油装置/浮式存储再气化装置占 22%，浮式存储/卸载装置占 6%。南美洲、非洲和东南亚仍然是浮式生产装置规划项目的主要区域，占全球浮式生产装置规划项目的 58%，其中南美洲（主要是巴西）44 个，非洲 48 个，东南亚 38 个。

随着海上油气资源的勘探与开采，各类海洋钻井平台和生产平台逐渐成为海上防污染控制和监管不可忽视的方面。各类海洋平台所造成的污染与船舶相比，既有相同之处，也有不同之处。相同之处是海洋平台也有常规船用系统配置，有大量使用燃油的设备，会排放二氧化碳、氮氧化物等废气，以及拥有大量的平台工作人员等，因此，海洋平台也面临着机舱污油水处理与排放、生活污水处理与排放、垃圾处理与排放以及对空气的污染与处理及排放。不同之处是，海洋平台根据作业功能和类型的不同增加了特有的污染源和潜在的巨大油气泄漏和燃爆风险，如果防控和处理不当会造成重大生产安全事故，并由此带来巨大的生命财产损失，甚至是巨大的海洋生态灾难。

鉴于海洋平台的作业特殊性，其防污染与安全密切相关，做好安全工作，减少事故，也就降低了由事故带来的人员伤害及环境污染灾害。因此，国际公约及各国政府主管机关都对海洋平台安全作业及防污染提出了严格要求。

1. 国际公约

（1）《国际防止船舶造成污染公约》。
（2）《1990 年国际油污防备、反应和合作公约》。
（3）《SOLAS 公约》。

（4）《IMO 海上移动式钻井平台规则》（2009）。

其中《国际防止船舶造成污染公约》是海洋平台防污染规则的基石，对海洋平台防污染要求主要范围如下：附则Ⅰ防止油类污染规则；附则Ⅳ防止生活污水污染规则；附则Ⅴ防止垃圾污染规则；附则Ⅵ防止空气污染规则。

2. 船级社规范（具体根据平台建造选取的入级船级社规范）

（1）CCS《海上移动平台入级与建造规范》（2016）。
（2）CCS《海上浮式装置入级规范》（2014）。
（3）美国船级社《海上移动平台入级与建造规范》（2016）。
（4）挪威船级社《平台规范和标准》（2015）。
大多数国际著名船级社均制定了有针对性的海洋平台规范规则。

3. 沿岸国规则或法律法规

（1）《英国北海健康安全环境规则》。
（2）《挪威海上钻井平台规范》。
（3）《美国海岸警卫队规则》。
以及其他区域性法律法规。

8.1 海洋平台防污染及其措施

8.1.1 概述

1. 海洋平台防污染

海洋平台防污染主要分为常规操作防污染和事故性防污染两大种类。

（1）常规操作防污染主要包括污油水排放处理（包括机械处所和开敞甲板泄放）、生活污水排放处理、垃圾排放处理、柴油机烟气排放处理、钻井平台干水泥和散料粉尘排放处理、钻井平台钻井岩屑处理、油气生产平台的生产水处理。

（2）事故性防污染主要制订油污应急计划，包括燃油舱漏油、井口漏油、井喷事故等。

海洋平台作业具有在一定时间内的固定性，其较长时间停留在某海域进行钻探或生产作业，并且，油气资源开发所具有巨大的潜在危险性。因此，必须严格做好常规操作性污染控制，使各项排放控制在国际公约、船级社规范、海域所在国法律法规等要求的范围内；同时，对油气开采所需的井控设备、控制系统采取盈余配置和报警系统，以及完善的监控制度。

常规操作性污染事故会造成附近海域的水质变差、海洋生态变化等局部性危害，影响范围具有可控性。而一旦发生井喷溢油等大型事故性污染，将对周边海域以及沿岸造成灾难性的生态破坏，影响范围具有不可控性。

2. 海洋平台防污染措施

（1）绿色设计和建造：在设计阶段为平台配置有针对性的收集、储存、处理及转运防污染设备、系统和监控系统，使平台各类污染物的排放达到国际公约、船级社规范、作业海域沿岸国法律法规等排放标准，对在平台上无法处理达到排放标准的要进行收集、转运陆地处理，实现海洋平台的“零”污染排放。

（2）日常作业排放管控：平台作业阶段严格执行达标排放，按照海监要求做好平台排放、转运记录，做好处理设备和系统的日常维护保养，确保其正常工作，真正做到“零”污染排放。

（3）杜绝事故性污染：优化配置油气钻采和处理流程、设备、监控系统，增加配置安全盈余，加强日常监管，防事故于未然，杜绝事故性污染发生。

（4）制订油污应急计划：对可控的漏油、溢油进行应急处理，尽量减少海洋环境污染；在不可控井喷等灾难性事故发生时，应尽快撤离平台，首先保证人员生命安全，再想办法综合应对和处理事故。

8.1.2 海洋平台污染事故

本节以 2010 年 4 月 20 日发生的墨西哥湾“深水地平线”钻井平台井喷事故[83]为例进行介绍，其为典型的海洋平台事故性污染，大量原油泄漏，导致墨西哥湾生态灾难，带来巨额经济损失，也造成了恶劣的社会影响。

8.1.2.1 背景介绍

该平台为第五代超深水半潜式钻井平台（图 8.1、图 8.2）。

图 8.1　地平线平台示意图

图 8.2　地平线平台事故图

（1）最大作业水深：8000ft①/2438m。

（2）最大钻井深度：30 000ft/9144m。

（3）尺寸：长 112m，宽 78m，型深 41m。

---

① $1ft=3.048\times10^{-1}m$。

（4）2001 年建成于韩国蔚山（现代重工船厂）。

（5）船级：ABS +A1 DPS-3 Column Stabilized MODU。

（6）船旗：马绍尔群岛。

（7）定员：130 人。

（8）造价：3.65 亿美元。

（9）事故井作业日费：53 万美元。

（10）最大可变载荷：8202 吨。

（11）定位方式：DP-3。

（12）最大航速：4 节。

（13）近期业绩：2009 年 9 月 3 日在墨西哥湾 4130ft/1259m 水深处钻成一口测深 35 055ft/10 685m、垂深 35 050ft/10 683m 的井，刷新了当时深水钻井的世界纪录。

8.1.2.2　事故过程

（1）2010 年 4 月 20 日，当地时间 21:49，正在墨西哥湾作业的“深水地平线”平台钻至 18 000ft/5486m 井深，进行弃井作业注最后一个水泥塞之前，发生井喷起火爆炸，致 11 人失踪，115 人撤离（包括 17 名伤员）。

（2）2010 年 4 月 21 日，四艘消防船赶至事发井位救火。

（3）2010 年 4 月 22 日上午 10:21，平台内部发生连续爆炸，平台最终沉没。

（4）2010 年 4 月 24 日，大量原油从海底井口喷出，最终该事故成为美国历史上最为严重的溢油事故，被称为“国家级的溢油事故”。

8.1.2.3　事故后果

1. 大量原油泄漏

2010 年 8 月 2 日，美国流量技术组织估计该事故漏油总量达到 490 万桶（约 78 万 m^3）。该事故原油日泄漏量见表 8.1。美国外大陆架海域 1960～2009 年漏油总量仅有 23.2 万桶（约 3.7 万 m^3）（表 8.2），这次原油的泄漏量是其 21 倍多。

表 8.1　2010 年“深水地平线”钻井平台事故历次公布的原油日泄漏量

数据来源	发布日期	日泄漏量/桶	日泄漏量/m^3
英国石油公司	4 月 24 日	1 000	160
美国国家海洋与大气局	4 月 28 日	1 000～5 000	160～795
美国国家海洋与大气局	5 月 27 日	12 000～19 000	1 900～3 000
美国国家海洋与大气局	6 月 10 日	25 000～30 000	4 000～4 800
美国流量技术组织	6 月 19 日	35 000～60 000	5 600～9 500
美国国会透露的 BP 公司内部文件	6 月 20 日	最多达 100 000	最多达 16 000
美国流量技术组织	8 月 3 日	62 000	9 857

表 8.2　1960～2009 年美国外大陆架石油平台上的原油泄漏统计

时间阶段/年	外大陆架原油产量/千桶	漏油事件数量	原油泄漏量/千桶	每泄漏一桶原油生产的原油量/千桶
1960～1969	1 460 000	13	99	25
1970～1979	3 455 000	32	106	33
1980～1989	3 387 000	38	7	473
1990～1999	4 051 000	15	2	1592
2000～2009	5 450 000	72	18	296

注：表中只记录了泄漏量在 50 桶以上的事件（数据源自美国内政部报告）

2. 造成墨西哥湾生态灾难

（1）2010 年 4 月 30 日，海岸警卫队接到原油到达路易斯安那州的报告。

（2）2010 年 5 月 19 日，重油登陆路易斯安那州海岸。

（3）路易斯安那州湿地和岛屿上的 400 余种野生物种受到威胁，鲸、海豚、海龟和鸟类大量死亡，到 2010 年 7 月 29 日，收集到的动物遗体达到 3613 具（图 8.3、图 8.4）。

（4）70 人由于石油污染出现病症（呼吸困难、眼痛、胸痛、头痛），其中 8 人入院治疗。

图 8.3　被原油污染的鱼类

图 8.4　被原油污染的鸟类

3. 造成巨额经济损失

（1）分析家初步估计美国沿岸四州渔业直接损失 25 亿美元。——《纽约时报》

（2）2010 年 8 月 3 日，美国旅游协会估计沿岸 3 年内的旅游损失将达到 230 亿美元。

——牛津经济研究院

（3）为了应付处理事故的巨额支出，BP 公司正在出售美国、加拿大和哥伦比亚等处的上游资产和马来西亚的下游工厂。18 个月内出售资产总额将达到 300 亿美元。

——BP 公司官方网站

4. 社会影响巨大

此次事故造成的社会影响巨大，在美国掀起了限制海洋石油开采的声浪。2010 年 5 月 20 日，总统奥巴马下令停止近海石油钻探；5 月 28 日，禁令期限延长至 6 个月，水深超过 500ft 的钻探被停止，致使 32 口井停工。

8.1.2.4 事故原因分析

1. 井的完好性可能存在问题

（1）由套管、水泥和套管密封组成的密封体系，没能阻止地层流体进入井眼。

（2）生产套管固井完成之后，正向和反向压力试验均没有检查出上述密封体系存在的问题。

2. 未能及时采取井控措施

（1）在 20:58 和 21:08 两次出现溢流（井喷前兆），未采取任何井控措施。

（2）在 21:14 继续用海水替换泥浆准备注水泥塞，加速了井喷的发生。

（3）从数据记录来看，井喷前的整个作业过程中均未采取井控措施。

3. 防喷器失效

（1）井喷发生后，防喷器未能将井口封住。

（2）应急解脱装置、自动关闭装置、遥控水下机器人（remote operated vehicle，ROV）干预系统均未能启动。

防喷器存在以下问题：液压系统多处泄漏；经过改装，而无文档记录；液压系统连接错误（本应与可变径管子闸板相连的液压管线，错误地连接到测试闸板上）。

上述原因分析源于 BP 公司和 Transocean 公司内部调查报告。

4. 灭火协调不利

（1）附近各船得到“深水地平线”的船长同意后，只顾向平台上喷水灭火，而没有顾及爆炸后平台浮体破损情况，从而加速了平台的沉没。

——美国海岸警卫队

（2）若平台不沉则原油不会直接喷入海底，各方压力不会如此之大。

8.1.2.5 解决方案

1. 制止井喷的方案

制止井喷的方案及其进展见表 8.3。

表 8.3　制止井喷方案及进展

序号	方案名称	开始实施时间	效果
1	用 ROV 关闭防喷器	2010 年 4 月 23 日开始，持续数天	失败
2	定向救援井	2010 年 5 月 2 日开始钻第一口井，5 月 16 日开始钻第二口井	尚未完工
3	大罩子隔离原油和海水	2010 年 5 月 6 日	失败
4	“大礼帽”隔离原油和海水	2010 年 5 月 11 日	失败
5	插入导油管	2010 年 5 月 14 日	日收集原油 1300 桶
6	顶部压井	2010 年 5 月 26 日	失败
7	低位海下油管截油盖帽	2010 年 6 月 3 日	日收集原油 15 000 桶
8	压井/节流管线导油	2010 年 6 月 16 日	日收集原油 10 000 桶
9	用带闸板的导油装置导流	2010 年 7 月 10 日	完全收集了井口喷出的原油
10	静压压井	2010 年 8 月 3 日	成功

2. 海面浮油处理

海面浮油处理统计见表 8.4。

表 8.4　海面浮油处理统计

项目	数量	
	2010 年 9 月 4 日数据	最多时
调用船舶	3 217 艘	6 470 余艘
调用飞机	63 架	100 余架
动员人力	28 826 人	43 100 余人
围油栏	502km	1 097km
累计收集含油污水	827 026 桶（13.15 万 m^3）	—

8.1.2.6　小结

“深水地平线”钻井平台事故性污染造成了巨大的经济损失和生态灾难，同时也促使政府出台更加严厉的海洋油气开采防污染管控法律法规和要求，并对井控设备及其系统安全技术升级提出了更高的要求。

8.1.3　海洋平台作业特点分析

海洋平台是在海上对海洋资源进行钻探、开采和生产等海上活动的海洋工程装备，其作业具有如下特点：

（1）作业功能相对专一性。海洋平台种类非常多，每一类型平台都具有相对专一的作业功能，如钻井平台、油气开采和生产平台、储油平台等。

（2）作业海域相对固定性。海洋平台作业具有相对固定性，较长一段时间或整个生命周期都处于某一作业海域。所以海洋平台要加强其环保性能，防止对所在海域造成持续性污染。

（3）作业环境相对恶劣性。海洋平台作业过程中工作环境高噪声、高震动、多油污、空间狭小。

（4）作业环境的高危险性。海洋平台大多进行油气钻探、生产和储存作业，危险区错综复杂，潜在恶性事故发生概率较大，工作环境存在高危险性。

8.2　海洋平台防污染公约

海洋平台防污染要求跟船舶防污染要求既有类似的方面，也有其独特的要求。前者是指《国际防止船舶造成污染公约》中 4 类污染源（油类、生活污水、垃圾、空气）对平台的控制要求；后者指平台入级与建造规范中的防污染的要求。

8.2.1　《国际防止船舶造成污染公约》对海洋平台的防污染要求

《国际防止船舶造成污染公约》贯彻海洋平台的设计、建造、营运等环节的整个生命周期。

8.2.1.1　海洋平台防止油类污染

1. 适用范围及要求

《国际防止船舶造成污染公约》附则 I 第 7 章第 39 条规定适用于固定或移动平台，包括钻井装置、用于近海采油和储油的 FPSOs 及 FSUs。

从事海底矿物资源的勘探、开发和相关联的近海加工的固定或移动平台及其他平台，应符合《国际防止船舶造成污染公约》附则 I 适用于 400 总吨位及以上非油船的要求。

与船舶机器处所的防止油类防污染要求一样，通过设置残油舱、布置滤油设备及按照一定的排放控制标准进行排放操作，即对所有涉及排放油类或油性混合物的作业均进行记录。未经稀释的排放物的含油量不超过 $15ml/m^3$ 时可以排放，否则禁止将油类或油性混合物排入海中。

2. 排放规定

海洋平台的排放与普通船舶的排放有所不同，与其生产相关的排放应符合作业海域国家/地区的规则要求。机器处所及作业后产生的污油水，需要满足《国际防止船舶造成污染公约》的油类防污染规定。

与从事矿物资源勘探和开发的固定或移动平台作业有关的排放有以下五类：

（1）近海加工的排放。

（2）生产用水的排放。

（3）排出水的排放。

（4）机器处所的排放。

（5）作业后产生的污染海水排放，例如采油柜的清洗水、采油柜静水压力试验用水、采油柜用阀进行检查的压载水。

上述（1）和（2）应符合国家/地区规则，（4）和（5）应符合《国际防止船舶造成污染公约》附则 I 的相关要求。即在切实可行的范围内，应设置附则 I 第 12 条（残油舱）和 14 条（滤油设备）中所要求的装置及标准排放接头；按主管机关批准的格式，对所有涉及排放油类或油性混合物的作业均进行记录；除规定外，禁止将油类或油性混合物排入海中，除非未经稀释的排放物的含油量不超过 $15ml/m^3$。

其他方面还包括舱底水系统、燃油舱及淡水舱可能装载压载水的情况及艏尖舱装载要求。

舱底水系统的设置应使油或含油污水不致混入锅炉内的水中。

一般不应在燃油舱内装载压载水。如果必须在燃油舱中装载压载水，则应设有适当的防止含油压载水污染海洋的设施。油舱（包括深舱）可能用作压载舱时，压载管系应装设盲板或其他隔离装置。饮用淡水舱兼做压载舱时，也应符合这一要求。燃油舱柜用的阀或旋塞应为自闭式，且应设有收集油柜排出的含油污水的适当舱柜。

艏尖舱或防撞舱壁之前的舱内不准装载油类。

除上述要求以外，其他要求见经修正的 MEPC.139（53）决议《经修订的国际防止船舶造成污染附则 I 关于 FPSOs 和 FSUs 要求的应用导则》。

8.2.1.2　海洋平台防止生活污水污染

《国际防止船舶造成污染公约》附则Ⅳ规定了防止船舶生活污水污染规则，没有单独针对海洋平台提出要求。海洋平台的生活污水与船舶没有差异，各船级社规范规定了海洋平台的设计、建造以及运营过程均应按照《国际防止船舶造成污染公约》要求的配置和排放标准执行。

（1）海洋平台上需配置生活污水（黑水）处理装置，该装置应经主管机关型式认可，并满足《国际防止船舶造成污染公约》的制定的标准和试验方法。

（2）平台上需要配置黑水收集柜，其容量要考虑平台人员数量、平台补给情况以及其他因素。

（3）国际海域对灰水没有处理要求，可以直接排放。

（4）配置标准排放接头。为了使平台上的储存柜内的黑水具备外输到运输船进行转运处理的能力，需要配置国际污水通岸接头。

8.2.1.3　海洋平台防垃圾污染规则

《国际防止船舶造成污染公约》附则Ⅴ对固定和移动平台提出了要求。

（1）从事于海底矿物资源的勘探、开发以及相关的海上加工的固定或移动平台和停靠这种平台或与其相距 500m 以内的一切其他船舶，禁止处理本附则所规定的任何物料。

（2）位于距陆地 12n mile 以外的固定或移动平台和停靠这种平台或与其相距 500m 以内的一切其他船舶，允许通过粉碎机或磨碎机处理的食品废弃物入海。经粉碎或磨碎的食品废弃物应能通过筛眼不大于 25mm 的粗筛。

（3）其他垃圾禁止处理入海。

8.2.1.4　海洋平台防止空气污染

《国际防止船舶造成污染公约》附则Ⅵ第 1 章第 3 条例外和免除：海底采矿活动产生的排放对固定和移动平台及钻井平台防止空气污染进行了规定。

由海底矿物资源的勘探、开发和相关近海加工直接产生的排放可免除限制。这种排放包括以下几项：

（1）焚烧单独和直接由海底矿物资源的勘探、开发和相关近海加工产生的物质而造成的排放，包括但不限于在完井和试验作业期间烃类物质的明火燃烧和掘出物、泥浆和/或井涌液体的燃烧，以及意外情况引起的明火燃烧。

（2）钻井液体和掘出物夹带的气体和挥发性化合物的释放。

（3）只与海底矿物的加工、处理或储藏直接相关的排放。

（4）单独用于海底矿物资源的勘探、开发和相关近海加工的柴油机的排放。

虽然有以上免除条款，但在 2011 年 1 月 1 日后建造的海洋平台的柴油机及其排烟系统在配置上已经满足了该附则第 13 条氮氧化物排放标准 TierⅡ等级要求。在 2016 年 1 月 1 日以后建造的海洋平台在对应的 ECAs 区内满足该附则第 13 条氮氧化物排放标准 Tier Ⅲ等级要求。

8.2.2　平台入级与建造规范对防污染的要求

主要国际船级社均制定了海上移动平台入级与建造规范，对各类平台的防污染提出了具体要求。表 8.5 列出了典型自升式钻井平台防污染要求及措施。

表 8.5　典型自升式钻井平台主要防污染要求及措施

序号	污染物	防污染要求及措施
1	生活污水	生活污水处理装置；黑水必须处理；灰水根据作业海域要求决定处理与否
2	舱底水或甲板泄放油污水	油污水处理装置及油分浓度监控器；常规排放含油量不大于 15ml/m^3；特殊海域要求含油量不大于 5ml/m^3
3	废油	转运上岸处理或配置焚烧炉烧掉
4	固体垃圾	（1）生活区垃圾：垃圾打包机压缩后装袋上岸处理，或配置焚烧炉进行焚烧处理 （2）钻井岩屑：水基泥浆分离出的岩屑可直接排放入海；油基泥浆分离出的岩屑要进行收集转运上岸处理或高压回注到海床下
5	空气污染	（1）泥浆、水泥浆的配制采用密闭下料系统，并配置粉尘收集设备，防止粉尘污染 （2）柴油机配置满足 TierⅡ排放标准；特殊排放区域柴油机加配氮氧化物处理系统以满足 Tier Ⅲ排放标准
6	井口溢油	配备防喷器组及其控制系统，防止井涌、井喷事故
7	钻井液	采用钻井液大循环系统，钻井液可循环利用

8.3　海洋平台防污染控制技术

本节分别从防止油类污染、生活污水污染、垃圾污染、烟气污染、钻井粉尘和岩屑污染等方面对海洋平台防污染控制技术进行介绍。

8.3.1　海洋平台防止污油水污染处理技术

海洋平台上污油水主要包括舱底水、污染型甲板泄放、直升机甲板泄放等，需要收集、储存或处理、检测并在系统监控下达标排放入海。油气生产类海洋平台产生的生产水通常采用油气井回注的形式进行处理。

8.3.1.1　规范规则要求

1.《国际防止船舶造成污染公约》要求

《国际防止船舶造成污染公约》附件 I 防止油类污染规则主要针对民用船舶的防油污染控制，但同样适用于海洋平台舱底水的控制。

（1）平台上需配置滤油设备（油水分离器）用于平台收集舱底水和污油水的油水分离，处理后排放水含油量不超过 15ml/m^3。

（2）污油水的排放系统要求配置自动报警装置，在不能保证上述标准时自动报警，并具备自动关闭处理后混合物的排放的功能。

（3）处理污油水的排放系统设计要求为主管机关的检验设置检验接口。

（4）平台配置油类记录簿，严格记录处理污油水的排放。

2. 船级社规范要求

（1）平台至少配置两台舱底水泵，用于平台各机械处所舱底水的收集，并且为机舱配置舱底水直接吸口。

（2）舱底水主管、支管和泵的排量需要根据船级社规范要求进行计算确定。

（3）机械处所的舱底水管线上要求配置泥水滤器，防止脱落物等固体器件对舱底水泵的损坏。

（4）危险区域的舱底水吸口应该隔离危险源或采用泵送设置。

（5）危险区域的舱底水系统与非危险区域的舱底水系统相互独立。

（6）污油系统与舱底水系统相互独立。

（7）柴油日用柜采用双层底结构，防止燃油泄漏的可能。

（8）需要配置净油机，用于清洁燃油，处理后的油渣储存到废油舱，等待外输处理。

（9）禁止任何燃油舱用作压载水舱。

（10）直升机加油装置的漏油收集要求独立设置。

（11）重力泄放管线要求倾斜安装，斜度不小于 10mm/m。

（12）为防止危险区域与非危险区域之间发生串通的水封高度不应低于 300mm；其他水封不应低于 150mm；卫生水排放系统的水封应有适当的高度。

（13）上层建筑、甲板室的露天甲板水可以直接排放到主甲板。

（14）主甲板上的清洁区域排放可以直接排放入海。

（15）直升机平台的水可以直接排放入海。

（16）甲板泄放应设置储存柜/舱，其至少可容纳 10min 的降水量，降水率按照 25mm/h 计算。

3. 特殊区域性法规——挪威北海要求

挪威北海污油水排放严于《国际防止船舶造成污染公约》要求，需要满足挪威船级社“CLEAN DESIGN”船级符号。舱底水处理后的排放标准为不大于 5ml/m^3，远高于《国际防止船舶造成污染公约》要求的不大于 15ml/m^3，这对处理设备和检测设备提出了更高的要求。

8.3.1.2　平台污油水收集处理技术

平台污油水要进行有效的收集、储存、处理和达标排放，达到平台“零”污染排放要求。

1. 舱底水收集

船体机舱及辅机舱等机械处所要设置足够数量的地漏和污水井，污油水通过联通污水井的管道汇流到污水井。井内收集的污油水通过舱底水泵和管道输送到舱底水舱储存待处理。污水井配置液位开关，用于污水井液位报警和自动控制舱底水泵启停。舱底水泵的排量和舱底水主/支管尺寸需要根据船级社规范要求来计算确定。

根据船级社规范要求，主柴油机室需要设置独立舱底水吸入管线，管线直接连接到舱底水泵的吸入口，其位于所有其他支管的前面且设置隔离阀，管线尺寸要求满足舱底水泵最大排量要求。

2. 污染型甲板泄放收集

海洋平台甲板上油气钻探和处理设备众多，设备布置需要充分考虑作业流程的合理化和危险区域的划分，以及不同危险区域的隔离。设备作业运行和保养维护过程中会产生污油水甚至危险油气的泄漏，各区域之间污油水的收集管线务必确保危险区域与安全区域的有效隔离、不同危险区域间以及不同等级危险区域间的有效隔离。

《国际防止船舶造成污染公约》没有规定海洋平台污染型甲板泄放污油水的排放标准，其排放标准主要考虑平台作业沿岸国的法律法规要求，通常可按照含油量不大于 30ml/m^3 的标准进行排放。

3. 直升机甲板泄放

由于航空燃油为低闪点、挥发性强、危险性高的物质，规范对其排放考虑环保与安全两方面的平衡。直升机平台的污油可以通过活动柜来收集，在危急的情况下可以直接排放入海，但不允许排放至平台的污水收集系统，以免引起火灾。

4. 海洋油气生产类平台生产水的处理

油气生产类平台进行油气的脱水作业后会产生大量的生产水，通常带有一定的污油，生产水的处理或排放是生产类海洋平台需要面对的课题。

《国际防止船舶造成污染公约》没有规定生产水的排放标准，其排放标准主要考虑平台作业沿岸国的法律法规要求。通常生产水的量非常大，即使通过设备处理达到的沿岸国的排放标准，由于量大而且含有较多特定地层的微生物，也会对作业平台周围海域生态产生比较大的破坏。

对于生产平台生产水的处理业界通常采用高压回注开采油井，以填充油气开采后地层的空间，同时可以起到增加产油量的作用。

5. 舱底水处理和监控设备

（1）油水分离器。

海洋平台通常配置 1 套油水分离器，处理能力为 $5m^3/h$，可处理全船舱底水，处理精度根据主要作业海域选取 $5ml/m^3$ 或 $15ml/m^3$。

油水分离器通常根据处理原理不同分为两种型式。

一种工作原理为污油水在分离器内经过离心分离、活性炭吸附过滤，处理后油水的含油量不大于 $5ml/m^3$ 或 $15ml/m^3$，达到相应排放标准，分离出的污油排放至船体污油舱收集起来，等待外运处理。

该类型油水分离器由三个罐组成，包括一个油沉淀/重力罐和两个活性炭过滤罐，小的油滴凝结后从污水中分离。第三个罐（活性过滤罐之一）的部分排出流量流经一组油分测量传感器，如果处理后液体的油分高于 $15ml/m^3$，泄放阀将自动关闭，并返回继续循环，同时有报警信号提醒注意。油水分离器系统另配有一台独立安装的污油水输送泵。

另一种工作原理为污油水在处理设备内定量添加化学添加剂，使污油产生絮状凝聚物；然后将凝聚物过滤，分离后污水含油量不大于 $5ml/m^3$ 或 $15ml/m^3$，达到相应排放标准；最后收集絮状凝聚物储存待外输处理。

（2）油分检测单元。

平台通常配备两套油分监测单元，安装于主甲板污水泄放舱。每套油分检测单元由油分检测器、取样泵和舷外排出气动控制阀等组成。当取样液体污染度小于 $15ml/m^3$（挪威海域排放要求含油量小于等于 $5ml/m^3$），气动控制排舷外阀门开启，舱内污水就可以不经油水分离器处理直接排放。

污油水经过油水分离器处理后，分离出污油排放至船体污油舱。根据国际海域排放标准（不大于 $15ml/m^3$，挪威海域排放要求含油量小于等于 $5ml/m^3$），经油分检测单元实时监控，处理水输送至排舷外主管排海。分离后污染度大于 $15ml/m^3$ 的处理水需要返回污染型储存舱通过油水分离器重新循环处理，直至满足排放要求。

8.3.2 海洋平台生活污水的处理

海洋平台生活区的设置跟船舶没有本质的区别。生活污水分为灰水和黑水两类。黑水是指来自抽水马桶、厕所区甲板排水口、小便池、医务室卫生间和医务室浴室的排水；

灰水是指除黑水之外的所有室内排水。

8.3.2.1　规范规则要求

1. 船级社规范要求

（1）卫生水排放系统要求独立设置。

（2）生活区卫生水（黑水）要求全部收集，经处理后符合《国际防止船舶造成污染公约》附则Ⅳ的排放标准。

2. 特殊区域性法规——挪威北海要求

挪威北海海域要求作业平台生活区产生的灰水与黑水一同处理后达标排放。

8.3.2.2　生活污水处理技术

黑水排放系统目前通常采用真空系统设计。真空系统比重力式系统省水，耗水量为其 1/5 左右，降低了污水处理装置容量。灰水是靠重力泄放的，管路应有斜度，用户接口应设置水封隔离气味，还应设置透气管与空气相通，应注意让透气管的位置避开通风系统的进风口和通常有人的区域，并避免管道发生虹吸现象。

来自真空厕所抽水马桶的黑水经真空收集罐并通过管路和其他黑水管路接通至生活污水处理装置。医务室所有的排水应通过独立的管路接通至生活污水处理装置。

生活污水处理装置通常有两种类型：生化式和电解式。

生化式生活污水处理装置通过在装置生化罐中加入微生物添加剂来降解黑灰水，使其达到《国际防止船舶造成污染公约》排放标准。该类装置在平台运营过程中需要定期加入微生物添加剂来维持装置的正常运行。

电解式生活污水处理装置通过电解的方式来处理黑灰水，使其达到《国际防止船舶造成污染公约》排放标准。该类装置在平台运营过程中不需要额外添加其他物质，但是其通过电解生成的泥状沉淀物需要在平台上收集、储存和转运。

8.3.3　海洋平台生活区垃圾处理和排放技术

海洋平台上产生的垃圾应进行分类、收集、打包并运到岸上处理，或经处理后按照要求排放入海。平台上的垃圾至少应归为四类：可回收垃圾、不可回收垃圾、食品垃圾、危险品垃圾。平台上应配备垃圾打包机并配备足够的垃圾储存区，定期将垃圾通过供给船运到岸上处理。平台废弃食物和厨房垃圾经粉碎处理后排放入海。

1.《国际防止船舶造成污染公约》附则Ⅴ规则研究

防止垃圾污染规则见图 8.5。

IMO《国际防止船舶造成污染公约》附则Ⅴ海上垃圾倾倒规则

	当前法规：特殊区域外	当前法规：特殊区域内	MEPC 62修正案在2013年1月正式施行：特殊区域外	MEPC 62修正案在2013年1月正式施行：特殊区域内
1.塑料	禁止倾倒	禁止倾倒	禁止倾倒	禁止倾倒
2.浮动垫货材、衬材料等料和包装	>25n mile	禁止倾倒	禁止倾倒	禁止倾倒
3.地面纸、玻璃、金属、瓶子等	>3n mile（尺寸小于25mm）	禁止倾倒	禁止倾倒	禁止倾倒
4.货物、纸、抹布、玻璃、金属、瓶子	>12n mile	禁止倾倒	禁止倾倒	禁止倾倒
5a.食物废品	>12n mile	>12n mile	>12n mile	禁止倾倒
5b.地面食物废品（尺寸小于25mm）	>3n mile	>12n mile	>3n mile	>12n mile
6.焚烧灰（但可能含有有毒或重金属残留物的塑料制品除外）	>12n mile	禁止倾倒	禁止倾倒	禁止倾倒
7.食用油			禁止倾倒	禁止倾倒

注：当混合垃圾时应适用更严格的处置要求

图 8.5　防止垃圾污染规则

2. 废弃食物和厨房垃圾处理集成技术研究

废弃食物和厨房垃圾处理技术主要是在掌握规范规则的基础上进行合格配套设备供货商的选取，配置合适的处理系统。

8.3.4　海洋平台烟气排放控制配置技术

海洋平台烟气的主要成分为氮氧化合物、硫氧化合物、二氧化碳，以及对臭氧层有损耗的制冷剂等。

氮氧化合物、硫氧化合物、二氧化碳等污染气体主要是柴油机、锅炉、焚烧炉等设备的燃料燃烧产生的。柴油机做功的过程中产生了大量的废气，通过柴油机改善（提高燃料的燃烧效率）、废气再循环（exhaust gas recycle，EGR）、喷水降温、选择性催化还原（selective catalytic reduction，SCR）法等措施可以有效降低排烟中的粉尘、氮氧化合物、一氧化碳。另外，通过合理的功率需求计算，降低柴油机功率，进行废热循环再利用，减少平台对能源的消耗从而减少温室气体二氧化碳的排放，也能从节能角度降低平台对环境的危害。

8.3.4.1　NO_x 排放的规范规则要求

1.《国际防止船舶造成污染公约》附则Ⅵ要求

《国际防止船舶造成污染公约》附则Ⅵ对 NO_x 的排放要求见 2.5.3 节表 2.13。

《国际防止船舶造成污染公约》烟气排放分为三个等级：TierⅠ、TierⅡ和 TierⅢ，主要是针对氮氧化合物的排放要求。

从 2011 年 1 月开始，全球海域新建造的移动海洋装置主柴油机的烟气排放要求满足 Tier Ⅱ标准要求，全球主要柴油机厂家卡特、罗尔-罗伊斯（Rolls-Royce）、MAN 等通过技术革新和升级，使柴油机可以满足 Tier Ⅱ的要求，并取得相关证书。

Tier Ⅲ的排放要求在排放控制区强制执行，部分船东考虑到平台交工后的先进性，在 2011 年后签订的建造合同中已经开始要求执行 Tier Ⅲ的排放要求。

Tier Ⅲ排放标准要求高，目前无法通过柴油机本身的技术革新予以满足，柴油机厂家或专业烟气处理厂家根据 IMO 要求开发了 SCR 氮氧化物处理技术或 EGR 技术，通过在主机排烟管道上安装处理装置系统后排放烟气，使其达到 Tier Ⅲ的排放标准。

2. 典型地方性法规研究——北美

北美沿岸海域对移动海洋装置柴油机烟气排放标准的要求比 IMO 更加严格，如下所示：

（1）2009 年 1 月开始，561～2237kW 功率的主机和应急机要求满足 Tier Ⅱ标准。

（2）2011 年 1 月开始，主机执行 T4I（Tier 4 Interim，高于 Tier Ⅲ）标准，应急机柴油机执行 Tier Ⅱ标准。

（3）2016 年开始，强制执行 T4 I 标准，高于 IMO 同期强制执行的部分区域的 Tier Ⅲ标准。

同时，北美海域对应急发电机的柴油机的排放要求满足 Tier Ⅱ标准，《国际防止船舶造成污染公约》对应急机没有相关要求。

8.3.4.2　柴油机烟气处理控制技术

柴油机烟气处理技术主要有两种：SCR 技术和 EGR 技术。

1. SCR 技术

SCR 技术最早应用于大型锅炉废气脱硝处理，后被逐渐应用于柴油机废气排放的控制。近几年随着发动机废气排放要求的提高，SCR 技术在船用柴油机中的应用逐渐增加，已在全球范围内的工业、陆运及航运业用柴油机中得到应用，已有 500 多套 SCR 系统被安装到海洋船舶上，实现高达 95%的 NO_x 减排。

SCR 技术的基本原理如下：来自发动机的排气被引导流经催化剂，在反应温度高于 500K（温度取决于燃料成分）时，NH_3 还原 NO_x 成 N_2 和水。

通过尿素分解出氨气，氨气与氮氧化合物在触媒的催化下转化为氮气与水。SCR 设备比较庞大，需要考虑安装空间。

氨在正常储存温度 20℃（沸点-33℃）下是气体，有毒性和腐蚀性，因此必须在高压或低温下储存。为便于储存，现在普遍采用尿素的水溶液 $CO(NH_2)_2$ 在高温的排气存在下发生加热分解，再与空气和水反应后形成氨和异氰酸，所生成的氨在 SCR 催化剂表面反应，以完成 NO_x 的还原。使用 SCR 技术的公司信息如表 8.6 所示。

表 8.6　船舶发动机厂商与 SCR 技术供应商

船舶发动机厂商	SCR 技术供应商
瓦锡兰	托普索公司
卡特彼勒	卡特彼勒
MAN	庄信万丰集团
MTU	日立造船株式会社
三菱重工	纳禄

2. EGR 技术

EGR 技术是基于将一部分废气返回到燃烧室，从而降低燃烧温度的原理。其控制方式是根据发动机的转速、负荷、温度、进气流量、排气温度等参数控制 EGR 阀，排气中的部分废气经 EGR 阀进入进气系统。EGR 将一部分柴油机自身产生的废气冷却后再混入进气中，来降低过量空气系数和降低最高燃烧温度。废气的热容量较高、吸热量较大，在气缸中将进一步降低局部燃烧（降低燃烧速度和燃烧最高温度），抑制了 NO_x 的生成，从而降低了废气中的 NO_x 含量。

60%～70%的 NO_x 是在高负荷时产生的，此时采用合适的废气再循环率对于减少 NO_x 是很有效的。废气再循环率为 15%时，NO_x 排放可以减少 50%以上；废气再循环率为 25%时，NO_x 排放可减少 80%以上。但随着废气再循环率的增加，发动机燃烧速度变慢，燃烧稳定性变差，碳氢化合物（hydrocarbon，HC）和油耗增加，功率下降。若采用“热 EGR”还可以同时减少 HC 和颗粒物质的排放，并且不会增加油耗，且在中、低负荷时净化效果更佳。由于 EGR 气门的升程信号会因气门座积碳而不能正确反映 EGR 量，其响应速度较慢，所以废气再循环量应通过进气流量和 EGR 气门的升程信号相结合来反映。

基于 EGR 技术的 Tier Ⅲ策略必须在发动机上安装一套 EGR 系统，其优点是初期投入少。但是，EGR 技术也需要克服一些挑战。一套满足 Tier Ⅲ的可行的 EGR 技术解决方案应该包括以下几个方面：

（1）可控的两级增压系统。

（2）能够达到 2200bar 喷射压力的共轨燃油系统，并且具有多次喷射的能力以控制颗粒物排放。

（3）更高的缸内平均有效压力。

（4）耐沉积、耐腐蚀的 EGR 系统。

目前主要采用 EGR 技术的厂商的信息如表 8.7 所示。

表 8.7　主要采用 EGR 技术的厂商信息

公司名称	发动机型号	技术原理
MAN	4T50ME-X	降低了最高峰值温度
瓦锡兰	—	冷却水残余废气技术
三菱重工	4UE-X3	低压 EGR 系统
现代	1L 32/44CR	EGR 与增压空气加湿结合技术

本节通过对钻井平台烟气排放规范规则和 SCR 处理系统的研究，掌握了平台烟气排放的技术要求和设备配置要求。

8.3.5 钻井平台钻井粉尘和岩屑处理技术

钻井平台钻井作业过程产生的钻井污染物主要有散料粉尘、钻井岩屑等。虽然《国际防止船舶造成污染公约》对其排放没有要求，但作业海域国家禁止排放油基泥浆钻井产生的岩屑。为保护作业人员工作环境和防止对环境造成污染，需要对散料粉尘和钻井岩屑进行有效处理。

1. 散料粉尘的回收利用

散料粉尘是散料输送系统在散料气力输送作业过程中通过灰罐的透气管道产生的。传统的设计是将透气管道布置到左、右舷侧直接透气排放，大量的散料粉尘被排出，一旦有风大量粉尘就会被吹散到主甲板区域，严重影响工作环境。为解决上述粉尘直接透气在平台上产生的环境污染问题，钻井平台应配备两三台粉尘收集器，用于收集灰罐透气管路中存在的大量粉尘。

粉尘收集器上部为旋风收集器，含有大量粉尘的气体进入旋风收集器中，固体物质粉尘在离心力作用下落入下部的收集罐（容积 $2m^3$）中，分离后的气体通过顶部透气管路排出。收集罐中散料再定期通过气力输送回灰罐。收集进口前要求有 1m 以上长度的直管段以保证良好的收集效果。

2. 钻井岩屑处理技术

钻井作业时钻头钻进过程中，不断破碎岩石产生大量岩屑，通过钻井泥浆液携带到钻台面上，岩屑通过刮泥器、振动筛、除砂器、除泥器处理从泥浆中分离出来。目前对环境没有危害的水基泥浆携带回来的泥饼和岩屑可以直接排海；油基泥浆与合成泥浆携带回来的岩屑需要干燥、收集、储存，再通过运输船输送到岸上处理，或通过岩屑回注设备直接回注到回注井中，真正做到零排放。

井口返回泥浆液经过分流器的泥浆回流管进入泥浆槽，然后进入刮泥器。比较大块的泥饼和岩屑经过刮泥器被筛除并收集或排到船外，去除了大块岩屑和泥饼的泥浆经过泥浆分配器分配到泥浆振动筛，筛除回流泥浆中较小岩屑颗粒，筛除的岩屑落入排砂槽。排砂槽中的岩屑根据空间位置及岩屑收集装置布局不同，可以采用多种适宜的输送装置，可以考虑重力输送、螺旋输送器或两者组合的输送方式。

在空间允许的情况下，排砂槽通常设置为斜底，在岩屑允许排放时通过海水助冲可以直接排海。岩屑的重力排放通道斜度应尽量大，通常不应小于 1∶15。

岩屑的其他输送方法有螺旋输送器输送、正压输送、负压输送。通常根据具体平台空间布置及成本核算选择合适的方案。

当使用油基泥浆钻井时，振动筛筛出的岩屑通常含有 20%的油基泥浆，配备岩屑干燥器将岩屑中泥浆含量降低至 1%，不仅节省了泥浆，还减轻了岩屑重量，降低了运营成本。因此，平台通常配备岩屑干燥器或预留其安装空间。

岩屑处理和收集的配置方案有多种，通常需要根据平台的空间以及船东要求进行系统配置设计，下面是典型的技术方案。

（1）螺旋输送收集。油基钻井液经过振动筛处理后，振动筛底部的钻井液再经过离心机净化处理后可以重新回收利用，而从振动筛尾部排除的废弃泥浆（岩屑）其原油比例已降到一定的数值，在某些区域可直接排海或收集后再重新处理。在平台空间允许情况下，岩屑有两种处理方式：一种是从振动筛处通过螺旋输送器输送到悬臂梁前部后用干燥器处理，然后再通过螺旋输送器输送到相应的活动槽中，最后用甲板吊机吊到支持平台上运走；另一种方式是直接排到岩屑泄放槽，再从岩屑泄放槽通过相应的泄放管路直接排海。由于岩屑流动性不好，泄放槽斜度要尽可能大，底部尽量做成半圆形，相应管路斜度也要尽量大，同时伴有海水冲洗，因为岩屑全是靠重力和海水冲洗排放而没有动力源。

（2）岩屑井下回注技术研究。岩屑井下回注是一项复杂技术，需要寻找合适位置和合适地层设置回注井，还需要根据地质情况确认回注压力、回注体积等。回注系统不仅可以回注岩屑，还可以回注平台上其他废弃物，例如，废泥浆、生产污水、生活污水、油渣等。由于岩屑井下回注技术可以同时将平台上其他废弃物不经过处理一同回注到海底底层，越来越受到钻井公司的青睐。

岩屑井下回注处理系统主要由岩屑收集装置、岩屑储存舱、研磨造浆系统、过滤器、高压注浆泵及监控系统组成。另外还需要预留岩屑储存输送罐的空间，当回注条件不成熟时，通过驳船将岩屑运走处理。

第 9 章　绿色船舶规范

21 世纪是海洋的世纪，社会公众对清洁海洋及绿色环境的呼声越来越高。而航运业随着全球一体化的步伐也不断得到发展，如何有效控制航运繁荣带来的环境污染问题也越来越引起国际社会的关注。IMO 积极适应社会发展需求，不断加强对船舶防污染的标准研究，提高航运能效水平，陆续颁布了多个绿色船舶规则，逐渐形成船舶绿色规范。

船舶能效要求实质为船舶二氧化碳排放的控制要求，源于《联合国气候变化框架公约》关于行业温室气体减排的委托。IMO 在 1997 年的防止船舶造成空气污染外交大会上，要求 IMO MEPC 研究减少船舶排放温室气体的可行战略。2005 年，IMO 通过《船舶 CO_2 排放指数自愿试用暂行指南》，以评估营运船的二氧化碳排放水平，为以后制定营运船的 CO_2 排放基准线做准备。然而，人们在后续的研究过程中发现，对营运船舶制订一个 CO_2 排放标准非常困难，因为受到众多因素影响，应将船舶温室气体减排问题分为技术性标准、操作性措施和市场机制措施三个方面进行考虑。第 57 次 MEPC 会议首次提出新造船 CO_2 设计指数概念，第 62 次 MEPC 会议将关于 EEDI 及 SEEMP 内容的技术性和操作性要求规定为强制性要求。新船 EEDI 的原理是用船舶二氧化碳排放量和货运能力的比值来表征船舶的能效水平，然后通过对现有船舶的统计分析设立排放基线，在基线的基础上对新造船能效水平进行控制。SEEMP 则是在船舶的每个航次或特定航次中由相关利益方综合考虑船舶的能效水平，不断提高能效水平，具体因素包括气象航线选择、航速优化、最佳纵倾、最佳轴功率及最佳压载等方面。

船舶绿色规范属于广义的防污染要求，首先从外延上扩展了防污染的范围，从传统的国际防污染公约（《国际防止船舶造成污染公约》）扩展到了能效规则、压载水公约、防污底公约、拆船公约等全生命周期的防污染要求。其不仅是传统意义上的营运排放和事故性排放的防污染，更重要的是扩展到了低消耗、低排放的高效环保要求，如设计阶段的能效指数要求、营运阶段的 SEEMP 等。并且从传统的防污染要求扩展到了船舶全生命周期防污染，涵盖了设计阶段、建造阶段、营运阶段直至拆解阶段。具体公约如下：

（1）《国际防止船舶造成污染公约》附则Ⅰ至附则Ⅵ。

（2）《压载水公约》。

（3）《AFS 公约》附则Ⅰ和附则Ⅳ。

（4）《拆船公约》。

绿色船舶规范具有层次性，从内涵上不断提高防污染标准。根据对防污染的满足等级不同而将绿色船舶划分为三级，其中，Ⅰ级最低，Ⅲ级最高。绿色船舶的等级越高，需要满足的防污染要求就越多，相应标准也越严格。

对于满足了相应公约与法规的船舶授予相应的绿色船舶附加标志，包括船舶能效、环境污染、工作环境三方面。其中，能效（设计能效和营运能效）可单独授予绿色附加标志。涉及的环境污染主要是指下列污染：

（1）油类污染。

（2）有毒液体物质污染。

（3）海运包装形式有害物质污染。

（4）生活污水及灰水污染。

（5）垃圾污染。

（6）空气污染。

（7）压载水有害水生物及病原体污染。

（8）防污底系统污染。

（9）船舶拆解造成的污染。

环境保护附加标志的符号及说明具体参见附录 A。

船舶按照不同的履约时间满足相应的绿色环保要求。

9.1　绿色船舶规范概述

9.1.1　绿色船舶规范发展历程

MEPC 主要负责绿色船舶相关规则的起草及颁布。MEPC 2009 年 8 月 17 日通过了一系列通函，主要如下：

MEPC.1/Circ.681 通函《新船能效设计指数计算方法的临时指南》。

MEPC.1/Circ.682 通函《能效设计指数自愿验证的临时指南——设计阶段、试航后验证》。

MEPC.1/Circ.683 通函《船舶能效管理计划（SEEMP）制订导则》。

MEPC.1/Circ.684 通函《船舶能效营运指数（EEOI）自愿使用指南》。

《国际防止船舶造成污染公约》附则Ⅵ船舶能效规则要求附则Ⅵ第 2 条定义的新船和重大改建船应满足该附则第 20～22 条关于 EEDI 和 SEEMP 的要求，对于现有船要求满足该附则第 22 条关于 SEEMP 的要求。

SEEMP 建立在循环改进的理念之上，运用系统方法和过程方法从经营、管理、操作、设备的各个层面不断提高船舶能效。船舶能效的提高不只取决于单船管理，其在一定程度上取决于许多利益相关方，包括船舶修理厂、船东、船舶经营者、租船方、货主、港口和交通管理服务机构。如果这些利益相关方之间能保持良好的沟通协调，就能获得更多的能源效益。意识到提高船舶能效更多依赖于公司全面的系统管理和规划以及与相关利益方的良好协调后，IMO 建议制定公司能效管理计划，以确保船舶有效实施 SEEMP。

获得国际能效证书需要的附件材料如下：

（1）达到的能效设计指数（Attained EEDI）。

（2）需要的能效设计指数（Required EEDI）。

（3）SEEMP。

（4）EEDI 技术案卷。

每艘新船应计算 Attained EEDI。Attained EEDI 应具体到各船，并应显示船舶能效方面的估计性能，且附有 EEDI 技术案卷，案卷中包含用以计算 Attained EEDI 所必要的信息并说明计算过程。Attained EEDI 应经主管机关或经其正式授权的任一组织基于 EEDI 技术案卷进行验证。

《国际防止船舶造成污染公约》附则Ⅵ修正案的生效，对船东、船舶营运人、船厂、船舶设计方、船用柴油机和设备制造厂等都是新的挑战。

CCS 根据《国际防止船舶造成污染公约》附则Ⅵ及上述系列通函的要求制定了相应的规范及应用指南：

CCS《绿色船舶规范》（2012.07）。

CCS《船舶能效设计指数（EEDI）验证指南》（2012.12）。

CCS《船舶能效管理计划（SEEMP）编制指南》（2012）。

后来 CCS 又根据 IMO MEPC 相关决议和通函、IACS 计算和验证程序等，推出了《绿色船舶规范》2015 版及《船舶能效设计指数验证指南》2016 版。

9.1.2　CCS《绿色船舶规范》

《绿色船舶规范》[9]的宗旨是倡导发展和应用绿色技术，促进造船业、相关制造业和航运业等产业结构优化升级，促进航运企业对新建船舶和现有船舶采取具有成本效益的技术和管理措施，提高运输船队营运的绿色度，在安全的前提下实现船舶低消耗、低排放、低污染、工作环境舒适的目标。

绿色船舶目标包括环境保护、能效和工作环境三个方面：

（1）环境保护目标为减少船舶对海洋、陆地、空气环境造成污染或破坏。

（2）能效目标为减少船舶营运所产生的二氧化碳排放量，提高船舶能效水平。

（3）工作环境目标为改善船员工作和居住条件、降低船员劳动强度。

CCS 在 2015 年对《绿色船舶规范》2012 版进行了全面修订。一方面对于国际航行海船，研究并纳入了 IMO 最新制定和通过的相关要求；另一方面，补充了国内航行海船相应的技术要求。

实现绿色船舶目标的功能要求包括以下内容：

1. 安全的基本要求

（1）船舶在完整状态下和破损情况下应具备适当的强度、完整性和稳性，构造和布置、机电设备和系统、安全设备应适合船舶安全营运。

（2）船舶绿色技术的应用，不应额外增加船舶的安全风险。

2. 实现环境保护目标的功能要求

（1）船舶除应满足《国际防止船舶造成污染公约》《SOLAS 公约》《国际航行海船法定检验规则》或《国内航行海船法定检验技术规则》所有适用要求外，还应在设备、布置、操作和维护上进一步减少油类、生活污水、灰水、垃圾排放和空气污染的风险。

（2）船舶防污底系统不应含有生物杀灭剂。

（3）船舶除应满足《压载水公约》所有适用要求外，还应在设备、布置和操作上进一步降低压载水有害水生物及病原体污染的风险。

（4）船舶的设计、建造和维修应采用对人类和海洋生态无害的材料。

3. 实现能效目标的功能要求

（1）结合设计措施和有效操作控制，使船舶在同等业务效益下降低能源消耗。

（2）在船舶安全前提下，用于船舶推进、船上人员生活、辅助机械正常运作所需的能源应最大限度采用清洁能源。

（3）对于新建船舶，能效按照 EEDI 评价，船舶 EEDI 应至少满足 IMO EEDI 基线要求；对营运船舶，船舶上应备有 SEEMP。

4. 实现工作环境目标的功能要求

船舶结构、舱室布置和设备的安装应使船舶产生的振动和噪声危及人员健康的风险降至最小；应采用自动化设备尽可能减少人员的劳动强度。

绿色船舶的三个等级对于环境保护的层次不同，其中 I 级属于满足基本要求，环保标准最低，II 级次之，III级最高。每个指标的计算值应满足衡准要求，并且每个指标均需通过有关船级社的验证，才能签发相关的验证证明。设计单位的船池模型实验也需通过船级社验船师的全程参加及认可。其中，船舶实验水池单位也应满足一定的实验标准，如实验测试设备类别及性能、设备定期校准标准及数据保留标准等要求。《绿色船舶规范》除了要求及制定衡准外，还包括以下 EEDI 计算所涉及的应用指南：

附录 1 Attained EEDI 计算指南

附录 2 EEDI 电力负荷表（EPT-EEDI）编制指南

附录 3 船舶在恶劣海况下维持操纵性的最小推进功率临时评估指南

附录 4 EEDI 功率曲线基本设计验证指南

　　附录 4-1 估算主机功率的传统方法

　　附录 4-2 等航速功率曲线的计算方法

　　附录 4-3 风阻力的计算方法

　　附录 4-4 波浪增阻的计算方法

　　附录 4-5 Guldhammer 和 Harvald 阻力图谱计算方法

　　附录 4-6 基于船-机-桨相互关系确定功率曲线的直接计算例子

　　附录 4-7 基于船-机-桨相互作用确定功率曲线的间接计算方法及例子

附录 5 EEDI 功率曲线水池试验验证指南

　　附录 5-1 1978 年国际拖曳水池会议（International Towing Tank Conference，ITTC）单桨船性能预报方法的船模试验分析程序

CCS 还编制了“能效设计指数验证指南”，内容包括：

EEDI 验证流程、前期验证（EEDI 技术案卷基本要求、附加信息及试验水池基本要

求、见证水池试验)、最终验证(测试航速验证、EEDI 修订后的技术案卷)、签发证书。

9.1.3　绿色规范技术要求及衡准

9.1.3.1　适用范围

CCS《绿色船舶规范》(2015)适用于 400 总吨位及以上的船舶，在 2017 年 1 月 1 日或以后签订建造合同，或者无建造合同，在 2017 年 7 月 1 日或以后安放龙骨或处于类似建造阶段，或者在 2019 年 7 月 1 日或以后交船的船舶。下列为申请绿色附加标志的船舶：

(1) 散货船(bulk carrier)。
(2) 气体运输船(gas tanker)。
(3) 液货船(tanker)。
(4) 集装箱船(container ship)。
(5) 杂货船(general cargo ship)。
(6) 冷藏货船(refrigerated cargo carrier)。
(7) 兼用船(combination carrier)。
(8) 客船(passenger ship)。
(9) 客滚船(ro-ro passenger ship)。
(10) 滚装货船(车辆运输船)(ro-ro cargo ship: vehicle carrier)。
(11) 滚装货船(ro-ro cargo ship)。
(12) 近海供应船(offshore supply ship)。
(13) LNG 运输船(LNG carrier)。
(14) 豪华邮轮(cruise passenger ship having non-conventional propulsion)。
(15) 具有破冰能力的货船(不需要满足 EEDI 要求)。

绿色船舶是采用相对先进技术(绿色技术)，在其生命周期内能经济地满足其预定功能和性能，同时实现提高能源使用效率、减少或消除环境污染，并对操作和使用人员具有良好保护的船舶。申请绿色附加标志的船舶应满足 CCS《钢质海船入级规范》和船旗国主管机关的相关要求。

上述(1)～(12)仅适用于传统推进系统的船舶，(14)是指具有非传统推进系统的豪华邮轮，(15)是指具有破冰能力的货船不需要满足 EEDI 要求。另外，能效要求不适用于各类海洋平台(包括 FPSOs 和 FSUs)和钻井平台及无动力的船舶(如驳船)。

9.1.3.2　定义

(1) 绿色技术：指有利于节能减排、人员健康、生态环境保护的技术。
(2) 清洁能源：指在生产和使用过程中不产生或极少产生有害物质排放的能源，如太阳能、风能等。
(3) 能效：能源利用效率，即得到的结果与所使用的能源之间的关系。

（4）能效因素：在船舶运输/作业服务中，影响船舶能源消耗、能源利用效率和二氧化碳排放的因素。

（5）能效方针：由公司的最高管理者正式发布的船舶能效管理的宗旨和方向。

（6）能效目标：降低船舶能耗、提高能源利用效率、减少二氧化碳排放。

（7）能效指标：由能效目标产生的，为实现能效目标所需规定的具体要求。

（8）EEDI：为船舶单位运输作业所排放的二氧化碳量，即消耗燃油所排放的二氧化碳与货物的数量和运输距离的比值，用来衡量实际营运阶段船舶能效水平的高低。

（9）SEEMP：船舶能效管理计划。

（10）Attained EEDI：是指单一船舶实际达到的 EEDI 值。

（11）Required EEDI：是指对特定船舶类型和尺度所允许的最大 Attained EEDI 值。

（12）船舶基准线值（reference line value，RLV）：由计算公式及查表求得。

（13）船速（V_{ref}）：指在假定无风无浪的气象条件下，在所定义的主机轴功率时以及所定义的载运能力下的深水中航速，单位为节。

（14）载运能力（capacity）：不同船型的载运能力有所不同，散货船、液货船、气体运输船、滚装货船（车辆运输船）、滚装货船、冷藏货船、杂货船、兼用船和近海供应船的载运能力用 DWT 表示；客船和客滚船的载运能力用 GT 表示；集装箱船的载运能力参数应以 70%DWT 表示。其 EEDI 值计算如下：①Attained EEDI 值应根据 EEDI 公式采用 70%DWT 计算；②Required EEDI 值应根据基准线公式采用 100%DWT 计算。

9.1.3.3　绿色附加标志

绿色船舶附加标志是船级社对于绿色船舶的特别标志。根据申请，经船级社审图与检验，通过对环境保护、能效和工作环境三个方面的绿色要素进行综合评定后，确认已符合相关要求的船舶，可授予如下绿色船舶附加标志：

国际航行海船：Green Ship Ⅰ、Green Ship Ⅱ、Green Ship Ⅲ。

国内航行海船：Green Ship 1、Green Ship 2、Green Ship 3。

绿色等级不同，需要满足的要求也不同，具体说明见后面章节内容。

如果采用了新颖绿色技术，例如废热回收、气膜减阻、风能等技术。经申请，船级社可单独授予能效附加标志。

1. 能效设计附加标志

国际航行海船：EEDI（Ⅰ）、EEDI（Ⅱ）、EEDI（Ⅱ+）EEDI（Ⅲ）。

国内航行海船：EEDI（1）、EEDI（2）、EEDI（2+）EEDI（3）。

2. 船舶营运能效附加标志

国际航行海船：SEEMP（Ⅰ）、SEEMP（Ⅱ）、SEEMP（Ⅲ）。

国内航行海船：SEEMP（1）、SEEMP（2）、SEEMP（3）。

下列资料应提交船级社批准：

（1）船舶 EEDI 技术案卷和 Attained EEDI 计算程序及计算结果。

（2）水池试验计划或大纲（如适用）。

（3）SEEMP。

9.1.3.4　衡准要求

1. 环境保护要求

在相应环境防污染规范的技术要求下，对有关图纸、证书、操作性程序文件等进行检验，满足要求后可授予相应绿色标志，如表 9.1 所示。

表 9.1　环境保护要求

附加标志等级	环境保护公约
Green Ship Ⅰ	《国际防止船舶造成污染公约》附则Ⅰ至附则Ⅵ、《压载水公约》《AFS 公约》《拆船公约》等
Green Ship Ⅱ	在满足Ⅰ级要求基础上，含油量不超过 15ml/m^3 且超过限值后报警并停止排放等
Green Ship Ⅲ	在满足Ⅱ级要求基础上，含油量不超过 5ml/m^3 或含油舱底水全部留存船上等

环境保护的具体要求见 9.2 节。

2. 设计能效要求

船舶的 Attained EEDI 值应小于等于该船舶的 Required EEDI 值，即

$$\text{Attained EEDI} \leqslant \text{Required EEDI} = (1 - X/100) \times \text{RLV}$$

式中，RLV 指船舶基准线值；X 指用于确定每一绿色船舶附加标志的 Required EEDI 要求的折减系数，如表 9.2 所示。

表 9.2　船舶设计能效要求

船型	适用尺度	折减系数			
		EEDI（Ⅰ）	EEDI（Ⅱ）	EEDI（Ⅱ+）	EEDI（Ⅲ）
		2013 年 1 月 1 日～2014 年 12 月 31 日	2015 年 1 月 1 日～2019 年 12 月 31 日	2020 年 1 月 1 日～2024 年 12 月 31 日	2025 年 1 月 1 日及以后
散货船	≥10 000DWT	0	10	20	30
气体运输船	≥2 000DWT	0	10	20	30
液货船	≥ 4000DWT	0	10	20	30
集装箱船	≥10 000DWT	0	10	20	30
杂货船	≥3 000DWT	0	10	15	30
冷藏货船	≥3 000DWT	0	10	15	30
兼用船	≥4 000DWT	0	10	20	30
客船	≥1 000DWT	0	10	20	30
客滚船	≥1 000DWT	0	10	20	30
滚装货船（车辆运输船）	≥10 000DWT	0	5	15	30

续表

船型	适用尺度	折减系数			
		EEDI（Ⅰ）	EEDI（Ⅱ）	EEDI（Ⅱ+）	EEDI（Ⅲ）
		2013 年 1 月 1 日～2014 年 12 月 31 日	2015 年 1 月 1 日～2019 年 12 月 31 日	2020 年 1 月 1 日～2024 年 12 月 31 日	2025 年 1 月 1 日及以后
滚装货船	≥10 000DWT	0	10	20	30
近海供应船	≥2 000DWT	0	10	20	30
LNG 运输船	≥10 000DWT	0	10	20	30
具有非传统推进系统的豪华邮轮	≥25 000DWT	0	10	20	30

Attained EEDI 的计算及验证见 9.3 节。RLV 由下述计算公式及表 9.3 中的相关参数确定：

$$\text{RLV} = a \times b^{-c}$$

表 9.3　RLV 系数 *a*,*b*,*c*

船舶类型	*a*	*b*	*c*
散货船	961.79	船舶 DWT	0.477
气体运输船	1120.00	船舶 DWT	0.456
液货船	1218.80	船舶 DWT	0.488
集装箱船	174.22	船舶 DWT	0.201
杂货船	107.48	船舶 DWT	0.216
冷藏货船	227.01	船舶 DWT	0.244
兼用船	1219.00	船舶 DWT	0.488
客船	3542.30	船舶 GT	0.558
客滚船	752.16	船舶 DWT	0.381
滚装货船（车辆运输船）	当(DWT/GT)<0.3 时，为$(\text{DWT/GT})^{-0.7}\times 780.36$； 当（DWT/GT）≥0.3 时，为 1812.63	船舶 DWT	0.471
滚装货船	1405.15	船舶 DWT	0.498
近海供应船	9992.20	船舶 DWT	0.619
LNG 运输船	2253.70	船舶 DWT	0.474
具有非传统推进系统的豪华邮轮	170.84	船舶 GT	0.214

绿色船舶附加标志与设计能效附加标志的对应关系如表 9.4 所示。

表 9.4　EEDI 对应衡准要求

绿色船舶附加标志	对应的设计能效附加标志	衡准要求
Green Ship Ⅰ	EEDI（Ⅰ）	0.9RLV<Attained EEDI≤1.0RLV
Green Ship Ⅱ*	EEDI（Ⅱ）	0.8RLV<Attained EEDI≤0.9RLV
	EEDI（Ⅱ+）	0.7RLV<Attained EEDI≤0.8RLV
Green Ship Ⅲ	EEDI（Ⅲ）	Attained EEDI≤0.7RLV

*Green Ship Ⅱ分为两个级别，即 EEDI（Ⅱ）和 EEDI（Ⅱ+），后者的能效设计指数优于前者

3. 营运能效要求

与设计能效类似，营运能效要求也分为三个等级，衡准要求依次提高，如表 9.5 所示。

表 9.5　船舶营运能效要求

绿色船舶附加标志	对应的营运能效附加标志	衡准要求
Green Ship I	SEEMP（I）	船舶应持有一份按照 IMO 相关导则制定的 SEEMP
Green Ship II	SEEMP（II）	除持有 SEEMP 外，还要获得 CCS 船舶能效管理认证证书且船舶的航运公司或船舶经营者应获得船舶营运能效管理体系认证证书
Green Ship III	SEEMP（III）	持有 SEEMP 船舶能效管理认证证书和船舶营运能效管理体系认证证书，且船舶应具有诸如航线优化、船体生物污垢监测等实时监测软件，以随时监控影响船舶能效的相关参数和/或调整能效措施

4. 工作环境要求

工作环境要素包括机舱自动化等级、振动与噪声等级，具体如表 9.6 所示。

表 9.6　工作环境附加标志要求

<table>
<tr><th>附加标志等级</th><th>机舱自动化</th><th>振动与噪声</th></tr>
<tr><td>Green Ship I</td><td>具有 MCC 或 BRC 附加标志</td><td>（1）满足《船上噪声水平规则》要求；
（2）满足《机械振动：客船和商船适居性振动测量、报告和评价准则》的要求；
（3）起居舱室满足 CCS《海事劳工条件检查实施指南》的要求</td></tr>
<tr><td>Green Ship II</td><td>具有 AUT-0 附加标志</td><td rowspan="2">除应满足 Green Ship I 的相关要求外，还应满足 CCS《钢质海船入级规范》第 7 篇第 3 章关于机器处所周期无人值班（AUT-0）附加标志的相关要求</td></tr>
<tr><td>Green Ship III</td><td>具有 AUT-0 附加标志</td></tr>
</table>

注：AUT-0 表示推进装置由驾驶室控制站遥控机器处所，包括机舱集控站周期无人值班（无人机舱）；
MCC 表示机舱集控站有人值班，对机电设备进行控制（机舱集中控制）；
BRC 表示推进装置由驾驶室控制站遥控，机器处所有人值班（驾驶台遥控控制）

上述介绍的是国际航行海船的绿色附加标志衡准要求，国内航线海船的要求与此类似，不再赘述。

9.2　环境保护要求

CCS 绿色船舶规范中将环境保护要素归纳为 9 类：防止油类污染；防止有毒液体物质污染；防止海运包装形式有害物质污染；防止生活污水及灰水污染；防止垃圾污染；防止空气污染；防止压载水有害水生物及病原体转移污染；防止防污底系统污染；防止船舶拆解造成的污染。规范将绿色船舶分为三个等级（I、II、III），其中，I 级满足普通防污染标准；II 级在满足 I 级的基础上，增加一些要求；III级在II级的基础上，再增加要求，满足的防污染标准最严格。其具体内涵介绍如下。

9.2.1　Green Ship Ⅰ的技术要求

授予Green Ship Ⅰ附加标志的船舶，应满足下述公约和规则中现行有效的适用要求：

（1）《国际防止船舶造成污染公约》附则Ⅰ至附则Ⅵ。

（2）《压载水公约》。

（3）《AFS 公约》附则Ⅰ和附则Ⅳ。

（4）《拆船公约》。

船舶应备有下述适用的证书或符合证明文件：

（1）符合《国际安全管理规则》的安全管理证书。

（2）国际防止油污证书。

（3）国际防止散装运输有毒液体物质污染证书或等效的国际散化船适装证书。

（4）国际防止生活污水污染证书。

（5）符合《国际防止船舶造成污染公约》附则Ⅴ要求的证明文件。

（6）国际防止空气污染证书或符合证明。

（7）国际防污底系统证书（或符合证明）或防污底系统声明。

（8）国际压载水管理证书或符合证明文件。

（9）国际有害材料清单证书或符合证明文件。

下列适用的操作性程序文件应提交船级社批准。如已获得船旗国主管机关批准，应提供一份副本备查：

（1）船上油污应急计划。

（2）压载水管理计划。

（3）垃圾管理计划。

（4）燃油转换程序（如适用）。

（5）VOC 管理计划（原油油船）。

（6）船上海洋污染应急计划或有毒液体物质污染应急计划（化学品船或 NLS 船）。

（7）船对船（ship to ship，STS）操作计划（仅适用于进行 STS 操作的油船，该计划的目的是防止海上油船间过驳货油造成污染）。

（8）NO_x 排放控制/测量程序。

下列图纸资料应提交船级社批准：

（1）液货舱和压载水舱布置图，包括液货和压载管系图，以及溢流防护布置（对油船、化学品船、NLS 船）。

（2）燃油储存、沉淀和日用油柜布置图，包括溢流防护布置。

（3）燃油舱及燃油管系图。

（4）机舱舱底水储存舱（如设有）、残油舱及污油水舱的容积和管系布置图。

（5）货油与非货油的装卸设施，包括连接、滴油盘和泄放系统的布置。

（6）压载水系统布置图，包括压载水处理细节。

（7）生活污水系统，包括处理设备的布置图及细节，即储存舱容量、处理能力等。

（8）焚烧炉装置及其附属管系和监控设备的布置简图及细节（如适用）。

（9）废气清洁系统布置图及细节（如适用）。

（10）垃圾处理系统的布置简图及细节。

（11）固定式灭火系统及便携式灭火器使用的灭火剂细节，包括名称、数量等。

（12）蒸发气回收系统布置图及细节（如适用）。

（13）任何与船旗国主管机关或船东提出的船舶附加环保要求相关的资料。

对于满足 Green Ship Ⅰ 的船舶，还应满足下列要求：

（1）对于燃油舱总容量在 $600m^3$ 及以上的船舶，其燃油舱的设计应符合《国际防止船舶造成污染公约》附则Ⅰ的相关要求（具体参见 2.2.3 节）。

（2）受《国际防止船舶造成污染公约》附则Ⅵ中 NO_x 排放控制的柴油机，其 NO_x 的排放应符合相关 TierⅡ排放标准（见表 2.13）。

（3）船上制冷系统（不包括独立式小型家用冰箱、空调等）和消防系统（包括固定式灭火系统和便携式灭火器）禁止使用消耗臭氧物质，但氢化氯氟烃允许在 2020 年 1 月 1 日前使用。

（4）船上若安装了焚烧炉，应满足 MEPC.76（40）及其修正决议的相关要求。

（5）船上若设有生活污水处理装置，该装置应符合 MEPC.159（55）或 MEPC.227（64）的要求并经船级社或相关主管机关型式认可。

（6）船上应由一份经船级社或主管机关批准的压载水管理计划，及压载水记录簿。

9.2.2　Green ShipⅡ的技术要求

Green ShipⅡ的技术要求比 Green Ship Ⅰ 更高一些，要求也更全面。除满足 Green Ship Ⅰ 要求之外，还应满足下列适用要求。

防止油类污染：排放物含油量≤$15ml/m^3$ 且滤油设备应设有自动停止排放和报警装置；燃油、滑油和润滑油等的舱室布置、管系连接、滴油盘等还有具体要求，油船货油舱区域主甲板两舷应设有连读挡板以防止甲板上货物操作溢油排放入海；货油舱应设有高位报警或溢流防护措施；载重量 600～5000 吨的油船，货油舱应设有边舱和双层底保护等。

防止有毒液体物质污染：化学品船货物区域主甲板应设有连续挡板防止甲板货物操作溢漏排放入海；设有滴漏盘；液货舱设有限制式测量系统。

防止生活污水污染：禁止生活污水未经处理直接排放入海；设置生活污水处理装置

及足够容量的集污舱，集污舱设置高液位报警和观察容量的目测装置；船上备有一份生活污水/灰水管理计划；生活污水透气管系应独立于其他管系。

防止垃圾污染：垃圾分类管理、处理及储存，即可回收、不可回收、食品废弃物、可能对船舶和船员造成危害的废弃物。

防止空气污染：NO_x、SO_x 及 PM、消耗臭氧物质等标准更严格。船用燃油硫含量≤3.0%，ECA 燃油硫含量≤1.0%；应有一份燃油管理计划；备有一份制冷剂管理计划；船舶货物冷藏装置、中央空调系统及集中式制冷系统的设计、布置及制冷剂的回收应符合相关要求。

压载水管理：压载水置换设计。

有害材料防污染：应符合 CCS 绿色护照附加标志的相关要求。

Green Ship II 的防污染的要求更加严格，同时也需要额外提交相关的操作程序或计划，具体不再赘述。

9.2.3　Green Ship III 的技术要求

除满足 Green Ship II 的要求之外，Green Ship III的技术要求还要更高一些，应满足下列适用要求。

防止油类污染：含油污水油含量≤5mg/L；机舱舱底水管理和排放布置；滴油盘最小容量要求；货物区域甲板上连续挡板高度等要求；单舱容量大于 30m^3 的燃油舱需要双层壳双层底保护且单舱容量不超过 600m^3，载重量小于 600 吨的油船的货油舱也应设置双层壳双层底保护。

防止有毒液体物质污染：2 型船舶，液货舱的最大允许液货残余量、闭式测量系统、货物区域甲板上连续挡板高度、滴油盘尺寸及布置等要求。

防止生活污水污染：船舶产生的所有灰水禁止在距最近陆地 12n mile 以内未经处理排放或经处理后达标排放；船上应设有生活污水和灰水集污舱。

防止垃圾污染：所有食品废弃物应经粉碎机粉碎后达标排放入海。

防止空气污染：船用燃油硫含量≤0.5%，ECA 燃油硫含量≤0.1%；禁止使用含有消耗臭氧物质的制冷剂，包括氢化氯氟烃；船舶货物冷藏装置、中央空调系统、集中式制冷系统的消耗臭氧潜值应为 0，全球变暖潜值应小于 2000；禁止在固定式消防系统以及灭火器中使用卤素物质或氯化烃物质作为灭火介质，用于消防系统的灭火剂尽量使用天然物质如氩、氮、水雾、二氧化碳。

压载水管理系统：安装压载水管理系统；备有生物污垢管理计划。

除了上述要求外，同时提交额外的操作程序。具体说明如表 9.7 所示。

表 9.7　绿色船舶的环境保护分级要求

绿色船舶附加标志	环境保护要求	船舶应备有下述适用的证书或符合证明文件	适用的操作性程序文件应提交批准
Green Ship Ⅰ	(1)《国际防止船舶造成污染公约》附则Ⅰ至附则Ⅵ (2)《压载水公约》 (3)《AFS 公约》 (4)《拆船公约》	(1) 符合《国际安全管理规则》的安全管理证书 (2) 国际防止油污证书 (3) 国际防止散装运输有毒液体物质污染证书或等效的国际散化船适装证书 (4) 国际防止生活污水污染证书 (5) 符合《国际防止船舶造成污染公约》附则Ⅴ要求的证明文件 (6) 国际防止空气污染证书或符合证明 (7) 国际防污底系统证书（或符合证明）或防污底系统声明 (8) 国际压载水管理证书或符合证明文件 (9) 国际有害材料清单证书或符合证明文件	(1) 船上油污应急计划 (2) 压载水管理计划 (3) 垃圾管理计划 (4) 燃油转换程序（如适用） (5) VOC 管理计划（原油油船） (6) 船上海洋污染应急计划或有毒液体物质污染应急计划（化学品船或 NLS 船） (7) STS 操作计划（仅适用于进行 STS 操作的油船） (8) NO_x 排放控制/测量程序
Green Ship Ⅱ	除满足 Green Ship Ⅰ所有要求之外，还应在如下方面满足更高要求： (1) 防止油类污染（排放物含油量≤$15ml/m^3$ 且超限报警并自动停止排放） (2) 防止有毒液体物质污染 (3) 防止生活污水污染 (4) 防止垃圾污染（垃圾分类） (5) 压载水管理（压载水置换计划） (6) 防止空气污染[NO_x(Tier Ⅱ)、SO_x(3.0%，ECA：1.0%)、冷藏系统]	除了 Green Ship Ⅰ所有要求证书或符合证明文件之外，还应满足如下要求： (1) 载重量 600 吨及以上但小于 5000 吨的油船，其货油舱应设边舱和双层底，距离满足相关要求 (2) 化学品船液货舱应设有限制式测量系统 (3) 若船舶安装了符合 D-2 标准的压载水系统，则应获得主管机关签发的型式认可证书或符合证明副本 (4) 船舶有害材料控制应满足 CCS《钢质海船入级规范》中关于绿色护照附加标志［GPR 或 GPR（EU）］的相关要求	除上述 Green Ship Ⅰ所需文件外，还应提交下面文件： (1) 生活污水/灰水管理计划或操作程序 (2) 制冷剂管理计划 (3) 燃油管理计划

续表

绿色船舶附加标志	环境保护要求	船舶应备有下述适用的证书或符合证明文件	适用的操作性程序文件应提交批准
Green Ship III	除满足 Green Ship II所有要求之外，还应在如下方面满足更高要求： （1）防止油类污染（排放物含油量≤5ml/m^3） （2）防止生活污水污染（灰水处理） （3）压载水管理（符合 D-2 标准） （4）防止空气污染[NO_x（Tier III）、SO_x（0.5%，ECA：0.1%）、冷藏系统、固定式消防系统]	除了 Green Ship II所有要求证书或符合证明文件之外，还应满足如下要求： （1）防止油类污染：综合舱底水处理系统安装事实声明；滴油盘最小容量根据船舶总吨确定，滴油盘有最小尺度要求；货物区域甲板上连续挡板高度，随载重量不同艏艉部要求不同；单舱容量大于 30m^3 的燃油舱应设置双壳和双层底予以保护。但不大于 30m^3 的所有油舱的总容量不超过 600 m^3 （2）化学品船：2 型双壳和双层底保护；液货舱货物最大允许残余量不超过 50L；应设有闭式测量系统及溢流报警装置；货物区域甲板上连续挡板高度随载重量不同而艏艉部有所不同；滴油盘最小尺寸要求 （3）所有灰水禁止在距离陆地 12n mile 以内未经处理而排放；禁排区内所有生活污水和灰水需要留存船上 （4）食品垃圾经粉碎后排放入海，粉碎物应能通过筛眼不大于 25mm 的粗筛 （5）装有符合 D-2 标准的压载水管理系统，备有生物污垢管理计划，该计划与压载水管理计划合并	除上述 Green Ship I、Green Ship II所需文件外，还应提交下面文件： （1）灰水处理系统及其排出物指标细节 （2）集污舱容量计算书及相关支持文件 （3）生物污垢管理计划

9.3　船舶设计能效

船舶设计能效是从设计角度控制船舶营运期间的 CO_2 排放，应分别计算 Attained EEDI 和 Required EEDI，衡准要求及 Required EEDI 计算方法参见 9.1.3 节。下面介绍 Attained EEDI。

9.3.1　Attained EEDI 计算方法

EEDI 指标的目的在于通过设计手段尽可能降低船舶营运过程可能产生的全部 CO_2 排放量，以达到绿色环保的目标。其计算公式的含义为每单位载重量及单位航速下船舶主机和辅机所排放的当量 CO_2 量。可以看出，该指标越小表明该船舶的绿色度越高。其中，当量 CO_2 量包含两部分：一是主辅机的实际排放量；二是采用新技术、新设备后相应的排放减少量。

新船能达到的 EEDI 是衡量船舶 CO_2 效能的一个指标，通过下列公式计算：

$$\mathrm{EEDI}=\frac{\left(\prod_{j=1}^{n} f_j\right)\left[\sum_{i=1}^{n_{\mathrm{ME}}} P_{\mathrm{ME}(i)}\cdot C_{\mathrm{FME}(i)}\cdot \mathrm{SFC}_{\mathrm{ME}(i)}\right]+P_{\mathrm{AE}}\cdot C_{\mathrm{FAE}}\cdot \mathrm{SFC}_{\mathrm{AE}}+\left[\left(\prod_{j=1}^{n} f_j\cdot\sum_{i=1}^{n_{\mathrm{PTI}}} P_{\mathrm{PTI}(i)}-\sum_{i=1}^{n_{\mathrm{eff}}} f_{\mathrm{eff}(i)}\cdot P_{\mathrm{AEeff}(i)}\right)\cdot C_{\mathrm{FAE}}\cdot \mathrm{SFC}_{\mathrm{AE}}\right]}{f_i\cdot f_c\cdot f_j\cdot f_w\cdot \mathrm{capacity}\cdot V_{\mathrm{ref}}}$$

$$-\frac{\sum_{i=1}^{n_{\mathrm{eff}}} f_{\mathrm{eff}(i)}\cdot P_{\mathrm{eff}(i)}\cdot C_{\mathrm{FME}}\cdot \mathrm{SFC}_{\mathrm{ME}}}{f_i\cdot f_c\cdot f_j\cdot f_w\cdot \mathrm{capacity}\cdot V_{\mathrm{ref}}}$$

如果正常最大海上负荷部分由轴带发电机提供，则对该部分功率可使用 $\mathrm{SFC}_{\mathrm{ME}}$ 和 C_{FME} 替代 $\mathrm{SFC}_{\mathrm{AE}}$ 和 C_{FAE}。

如果 $P_{\mathrm{PTI}(i)}>0$，则（$\mathrm{SFC}_{\mathrm{ME}}\cdot C_{\mathrm{FME}}$）和（$\mathrm{SFC}_{\mathrm{AE}}\cdot C_{\mathrm{FAE}}$）的加权平均值应用于 P_{eff} 的计算。

如果部分正常最大波浪载荷由轴带发电机提供，对于那部分功率，可使用 $\mathrm{SFC}_{\mathrm{ME}}$ 替代 $\mathrm{SFC}_{\mathrm{AE}}$。

注：该公式不适用于柴油-电推进、涡轮推进或混合推进系统。

下面介绍该公式中符号含义。

1．碳转换系数 C_{F}

碳转换系数是一个无量纲系数，将燃油消耗量基于其含碳量转换为 CO_2 排放量，用吨（CO_2）/吨（燃油）表示。其下标 ME 和 AE 分别代表主机和辅机。C_{F} 对应于在确定适用的在 NO_x 技术规则所定义的技术案卷包括的试验报告中所列的 SFC 时所使用的燃料。C_{F} 值见表 9.8。

表 9.8　碳转换系数

燃料类型	参照	碳当量	C_F
柴油/汽油	ISO 8217 DMX 级～DMC 级	0.8744	3.206
轻燃油	ISO 8217 RMA 级～RMD 级	0.8594	3.151
重燃油	ISO 8217 RME 级～RMK 级	0.8493	3.114
LPG	丙烷	0.8182	3.000
	丁烷	0.8264	3.030
LNG	—	0.7500	2.750
甲醇	—	0.3750	1.375
乙醇	—	0.5217	1.913

2. *船速* V_{ref} *和载运能力* capacity

具体定义见 9.1.3 节。

3. *功率参数* P

P 是指主、辅机功率，单位为 kW。下标 ME 和 AE 分别代表主机和辅机。i 的总和代表发动机数量（n_{ME}）。EEDI 计算公式中涉及的各功率参数如下：

$P_{ME(i)}$表示每台主机的额定安装功率（maximum continuous rating，MCR）的 75%。该 MCR 值应取船级社签发的主机产品认可证书——柴油机国际防止空气污染证书（Engine International Air Pollution Prevention Certificate，EIAPP）上规定的值。如果主机不要求具有 EIAPP 证书，则应采用主机铭牌上的 MCR 值。

对于采用柴电推进系统的 LNG 运输船，$P_{ME(i)}$应按如下公式计算：

$$P_{ME(i)} = 0.83 \times \frac{\mathrm{MPP}_{\mathrm{Motor}(i)}}{\eta(i)}$$

式中，$\mathrm{MPP}_{\mathrm{Motor}(i)}$ 为认可证书中马达的输出功率；$\eta(i)$ 为发电机、变压器、变流器和马达效率（如必要，取加权平均效率）的乘积。求 Attained EEDI 时，$\eta(i)$ 取 91.3%。

对采用蒸汽涡轮推进系统的 LNG 运输船，$P_{ME(i)}$应取每台蒸汽涡轮机的额定安装功率的 83%。

如果安装了轴带发电机，则轴带发电机功率（P_{PTO}）是每台轴带发电机的额定功率输出的 75%。有以下两种方案计算轴带发电机的影响。

方案 1：计算 $P_{ME(i)}$的最大允许减除量应不超过所定义的 P_{AE} 值，这种情况下的 $P_{ME(i)}$ 计算公式为

$$\sum_{i=1}^{n_{ME}} P_{ME(i)} = 0.75 \times \left(\sum \mathrm{MCR}_{ME(i)} - \sum P_{PTO(i)}\right)$$

且

$$0.75 \times \sum P_{PTO(i)} \leqslant P_{AE}$$

方案 2：如果安装的主机功率高于推进系统通过技术手段验证所限定的输出功率，则 $\sum P_{\text{ME}(i)}$ 的值应为所限定的功率的 75%，用于确定所定义的参考船速及 EEDI 计算。

P_{AE} 指为保障船舶在正常最大海况下以船速和最大设计载运能力营运所需的辅机功率，包括推进机械/系统和船上生活（如主机泵、导航系统和设备及船上起居）所需的功率，但不包括不用于推进机械/系统（如侧推、货泵、起货设备、压载泵、货物维护，即冷藏和货物处所通风机等）的功率。

在计算船舶的 EEDI 时，不使用船舶实际辅机功率，而采用以下经验公式计算 P_{AE}：

对于总推进功率（$\sum_{i=1}^{n_{\text{ME}}} \text{MCR}_{\text{ME}(i)} + \dfrac{\sum P_{\text{PTI}(i)}}{0.75}$）大于等于 10 000kW 的船舶：

$$P_{\text{AE}} = [0.025 \times (\sum_{i=1}^{n_{\text{ME}}} \text{MCR}_{\text{ME}(i)} + \frac{\sum_{i=1}^{n_{\text{PTI}}} P_{\text{PTI}(i)}}{0.75})] + 250$$

对于总推进功率（$\sum_{i=1}^{n_{\text{ME}}} \text{MCR}_{\text{ME}(i)} + \dfrac{\sum P_{\text{PTI}(i)}}{0.75}$）小于 10 000kW 的船舶：

$$P_{\text{AE}} = 0.05 \times \left(\sum_{i=1}^{n_{\text{ME}}} \text{MCR}_{\text{ME}(i)} + \frac{\sum_{i=1}^{n_{\text{PTI}}} P_{\text{PTI}(i)}}{0.75} \right)$$

$P_{\text{PTI}(i)}$表示如果安装了轴马达，每台轴马达的额定功率消耗的 75%除以发电机的加权平均效率，如下所示：

$$\sum P_{\text{PTI}(i)} = \frac{\sum 0.75 \cdot P_{\text{SM,max}(i)}}{\eta_{\overline{\text{Gen}}}}$$

式中，$P_{\text{SM,max}(i)}$ 指每台轴马达的额定功率消耗；$\eta_{\overline{\text{Gen}}}$ 指发电机的加权平均效率。

$P_{\text{eff}(i)}$是在 75%主机功率下创新型能效技术用于推进的输出功率。

直接与轴连接的机械式回收废热能量可不必测量，因为这种技术的影响直接反映在船速中。如船舶装有若干发动机，CF_{ME} 和 SFC_{ME} 应为所有主机的功率加权平均值。如船舶装有双燃料发动机，CF_{ME} 和 SFC_{ME} 应按照表 9.8 及燃油消耗量参数计算方法计算。

$P_{\text{AEeff}(i)}$是当船舶在 P_{ME} 状态下由于采用了创新型电力能效技术而减少的辅机功率。

对于 LNG 运输船，其 P_{AE} 的计算需要在上述公式中根据系统特点（具有再液化系统、直接柴油推进或柴油电力推进系统等）加以相应补充修正。

图 9.1 和图 9.2 表示船舶功率布置总图。

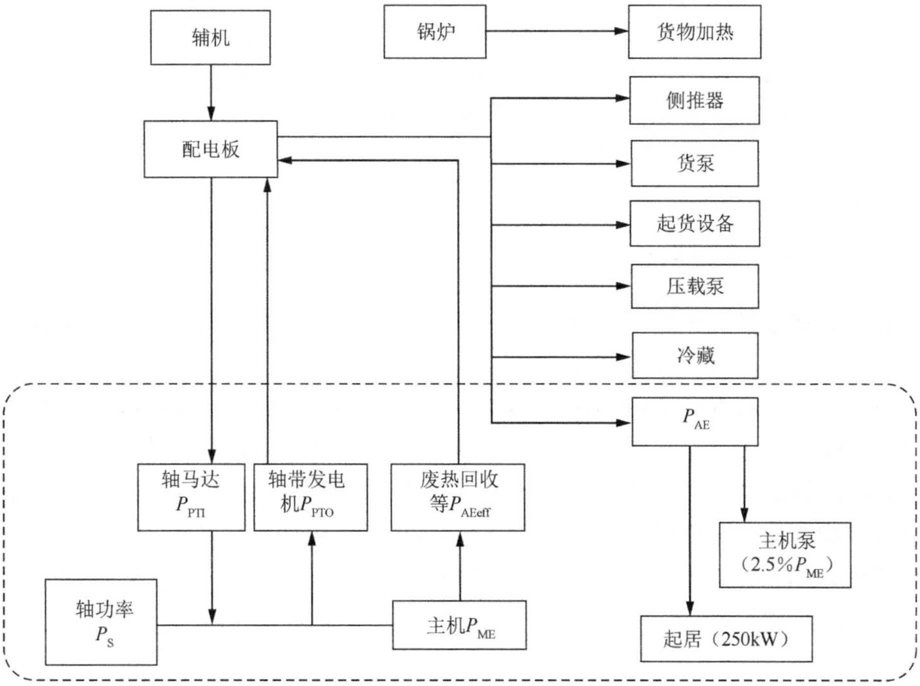

图 9.1　传统推进船舶功率布置总图[9]

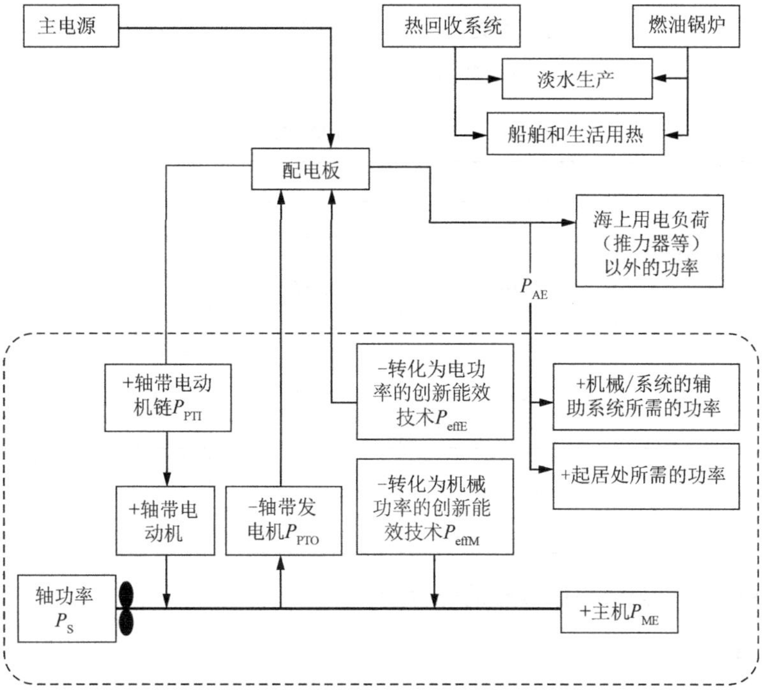

图 9.2　非传统推进豪华邮轮推进布置总图[9]

图 9.2 中，虚线内是用于计算 EEDI 的功率，分为推进功率（轴功率）和辅机功率两大部分。对推进功率（轴功率）有贡献的包括主柴油机 P_{ME}、轴马达（柴油-电力推进 P_{PTI}），而轴带发电机 PTO 消耗轴功率 P_{PTO} 则应减去，这些均在 EEDI 公式中反映了出来。辅机功率用经验公式计算，不包括不用于推进的功率，如货物维护（加热、冷藏等）、货物装卸、船舶压载等。

4. 燃油消耗量参数 SFC

SFC 是指柴油机经核定的单位燃油消耗量，单位为 g/（kW·h）。SFC_{ME} 和 SFC_{AE} 分别表示主机和辅机的单位燃油消耗。

对于按照《2008NO_x技术规则》的 E2 或 E3 试验循环发证的柴油机，其单位燃油消耗值［SFCME（i）］就是记录在 NO_x 技术案卷包括的试验报告中的处于发动机 75%的 MCR 功率或其额定扭矩时的燃油消耗值；对于按照 D2 或 C1 试验循环发证的柴油机，其单位燃油消耗值［SFCAE（i）］就是处于发动机 50%的 MCR 功率或额定扭矩时的燃油消耗值；SFC_{AE} 是每台辅柴油机的单位燃油消耗量［SFC_{AE}（i）］的功率加权平均值。

5. 修正系数 f_j

f_j 系数是用于补偿船舶特殊设计因素的修正系数。

对于冰区加强船舶，因船舶在冰区航行，需增大主机功率，所以增加一个修正系数以补偿因冰区加强而增大的功率对这种船舶的 EEDI 不利影响。该系数根据表 9.9 进行选择，应取 f_{j0} 和 $f_{j,\min}$ 中的较大值，但最大为 1.0。

表 9.9　冰区加强船舶的修正系数

船舶类型	f_{j0}	$f_{j,\min}$			
		IC	IB	IA	LA Super
液货船	$\dfrac{0.308L_{pp}^{1.920}}{\sum_{i=1}^{n_{ME}} P_{ME(i)}}$	$0.70L_{pp}^{0.06}$	$0.45L_{pp}^{0.13}$	$0.27L_{pp}^{0.21}$	$0.15L_{pp}^{0.03}$
散货船	$\dfrac{0.639L_{pp}^{1.754}}{\sum_{i=1}^{n_{ME}} P_{ME(i)}}$	$0.87L_{pp}^{0.02}$	$0.73L_{pp}^{0.04}$	$0.58L_{pp}^{0.07}$	$0.47L_{pp}^{0.09}$
杂货船	$\dfrac{0.0227L_{pp}^{2.483}}{\sum_{i=1}^{n_{ME}} P_{ME(i)}}$	$0.67L_{pp}^{0.07}$	$0.56L_{pp}^{0.09}$	$0.43L_{pp}^{0.12}$	$0.31L_{pp}^{0.16}$

冷藏货船的计算公式与散货船的完全一样。

6. 修正系数 f_i

f_i 是载运能力的修正系数，指船舶因技术或规定要求而造成载运能力的限制，因此通过该修正系数以补偿载运能力损失所带来的对 EEDI 不利影响。若无需考虑该因素，可以假定该系数为 1.0。

对于冰区加强船舶，为保证船舶在冰区航行的破冰能力而增加了钢板厚度，因此增加了船舶重量从而减少了载运能力，应通过该修正系数以补偿载运能力的损失。该系数根据表 9.10 进行选择，应取 f_{i0} 和 $f_{i\max}$ 中的较小值，但最小为 1.0。

冰区不同，船型不同，修正系数会有所不同。对于具有自愿结构加强的船舶，其 f_{iVSE} 用特定公式计算。对于按照船级社共同结构规范（common structural rules，CSR）建造且具有 CSR 附加标志的散货船和油船，应采用特别的载重量修正系数 f_{iCSR} 计算公式。具体公式此处从略。对表 9.10 中没有包括的其他船型，f_i 应取 1.0。

表 9.10 冰区加强船舶装载量修正系数

船舶类型	f_{i0}	冰级极限 $f_{i\max}$			
		IC	IB	IA	LA Super
液货船	$\dfrac{0.00138L_{pp}^{3.331}}{\text{capacity}}$	$1.27L_{pp}^{-0.04}$	$1.47L_{pp}^{-0.06}$	$1.71L_{pp}^{-0.08}$	$2.10L_{pp}^{-0.11}$
散货船	$\dfrac{0.00403L_{pp}^{3.123}}{\text{capacity}}$	$1.31L_{pp}^{-0.05}$	$1.54L_{pp}^{-0.07}$	$1.80L_{pp}^{-0.09}$	$2.10L_{pp}^{-0.11}$
杂货船	$\dfrac{0.0377L_{pp}^{2.625}}{\text{capacity}}$	$1.28L_{pp}^{-0.04}$	$1.51L_{pp}^{-0.06}$	$1.77L_{pp}^{-0.08}$	$2.18L_{pp}^{-0.11}$
集装箱船	$\dfrac{0.1033L_{pp}^{2.329}}{\text{capacity}}$	$1.27L_{pp}^{-0.04}$	$1.47L_{pp}^{-0.06}$	$1.71L_{pp}^{-0.08}$	$2.10L_{pp}^{-0.11}$
气体运输船	$\dfrac{0.0474L_{pp}^{2.59}}{\text{capacity}}$	$1.25L_{pp}^{-0.04}$	$1.60L_{pp}^{-0.08}$	$2.10L_{pp}^{-0.12}$	$1.25\ L_{pp}^{-0.11}$

7. 舱容量修正系数 f_c

f_c 是一个舱容量修正系数，当不必要授予该修正系数时其值应取 1.0。具体计算如下：

对于化学品船，其舱容量修正系数如下：

$$f_c = R^{-0.7} - 0.014\text{，}\quad R < 0.98$$

$$f_c = 1.0\text{，}\quad R \geqslant 0.98$$

对于建造或改造且用于散装载运 LNG 的具有柴油机直接驱动的推进系统的气体运输船，其舱容量修正系数如下：

$$f_{cLNG} = R^{-0.56}$$

式中，R 指船舶 DWT 与液货舱总容积量之间的比值。

8. 修正系数 f_w

f_w 是一个表示船舶在波高、浪频和风速的代表性海况（如蒲氏等级 6）下的航速降低的无刚量系数。

在 Attained EEDI 的计算中，f_w 取 1.0。

如果船东自愿申请应用 f_w，则船级社将对应用了 f_w 后的 Attained EEDI 值进行确认，并在相关证书中以"Attained $\text{EEDI}_{\text{weather}}$"注明该值。$f_w$ 应通过以下方式获得：

（1）通过船舶在代表性海况下的性能模拟试验获得，模拟试验的方法应符合由 IMO 制定的指导性文件的规定，每艘船的试验方法和试验结果应由船级社或主管机关进行验证。

（2）若无法进行模拟试验，该系数可以通过 IMO 制定的指导性文件中的标准 f_w 表/曲线查得。

9. 能效系数 f_{eff}

f_{eff} 是反映任何创新型能效技术的适用系数。对于废热回收系统，其 f_{eff} 应为 1.0。

10. 船舶垂线间长度 L_{pp}

L_{pp} 是指量至龙骨顶部的最小型深 85%处水线总长的 96%，或沿该水线艏柱前缘至舵杆中心的长度，两者取大者。对设计具有倾斜龙骨的船舶，计量该长度的水线应与设计水线平行，单位为 m。

9.3.2 Attained EEDI 验证方法

船舶 Attained EEDI 的计算值需要得到相关试验验证后其有效性才能被确认。船舶 Attained EEDI 验证应向相关船级社审图中心提交申请。如果仅申请水池试验见证，申请方可就近向船级社检验分支机构提交申请。

IMO 在 MEPC 第 62 次会议上以 MEPC.203（62）决议通过了《国际防止船舶造成污染公约》附则修正案，即附则Ⅵ中引入船舶能效条款，该决议于 2013 年 1 月 1 日强制实施。为配合该修正案的实施，IMO 随后在 MEPC 第 63 次会议上分别通过了《2012 年新船达到的能效设计指数（Attained EEDI）计算方法导则》和《2012 年能效设计指数（EEDI）检验与发证导则》等配套的指导性文件。为配合船舶强制性能效要求的实施，并保证审图、检验等工作的顺利开展，CCS 对船舶能效设计指数验证的相关要求进行了研究，编制了《船舶能效设计指数（EEDI）验证指南》。该指南梳理并明确了 EEDI 验证过程中船级社审图及检验发证相关流程，并在指南中进一步明确水池验证内容、水池设施要求、试航机构/单位的要求、设计阶段验证以及试航阶段验证等方面内容，指明了 EEDI 验证所必需的项目内容以及验证要求，可在设计、建造、检验等各方验证船舶能效设计指数时参考使用。

CCS《船舶能效设计指数（EEDI）验证指南》[10]（2016.11.15）以下列 IMO 文件及 CCS 相关修改通报为依据编写：

（1）MEPC.203（62）决议《国际防止船舶造成污染公约》附则修正案，即附则Ⅵ中引入船舶能效条款及 MEPC.251（66）决议《国际防止船舶造成污染公约附则Ⅵ和 2008NO_x技术规则修正案》。

（2）经 MEPC.263（68）修订的《2014 年新船达到的能效设计指数（Attained EEDI）计算方法导则》（MEPC.245（66）决议）（以下简称《2014 年 EEDI 计算导则》）。

（3）经 MEPC.261（68）修订的《2014 年能效设计指数（EEDI）检验与发证导则》（MEPC. 254（67）决议）。

（4）MEPC.1/795.Rev2 通函《国际防止船舶造成污染公约附则 VI 统一解释》。
（5）IACS《船舶能效设计指数（EEDI）计算和验证程序》（PR38.Rev.1）。
（6）CCS《绿色船舶规范》及其修改通报。

1. Attained EEDI 验证流程

前期验证声明、审图意见函、EEDI 电力负荷计算表前期验证声明（如有）由船级社接受 EEDI 验证申请的审图单位完成和签发。水池试验见证项目检查表、水池试验见证声明、试航试验见证项目检查表和 EEDI 电力负荷计算表最终验证声明（如有）由现场检验单位完成和签发。完成 EEDI 验证后，由现场检验单位签发能效证书。验证程序图如图 9.3 和图 9.4 所示。

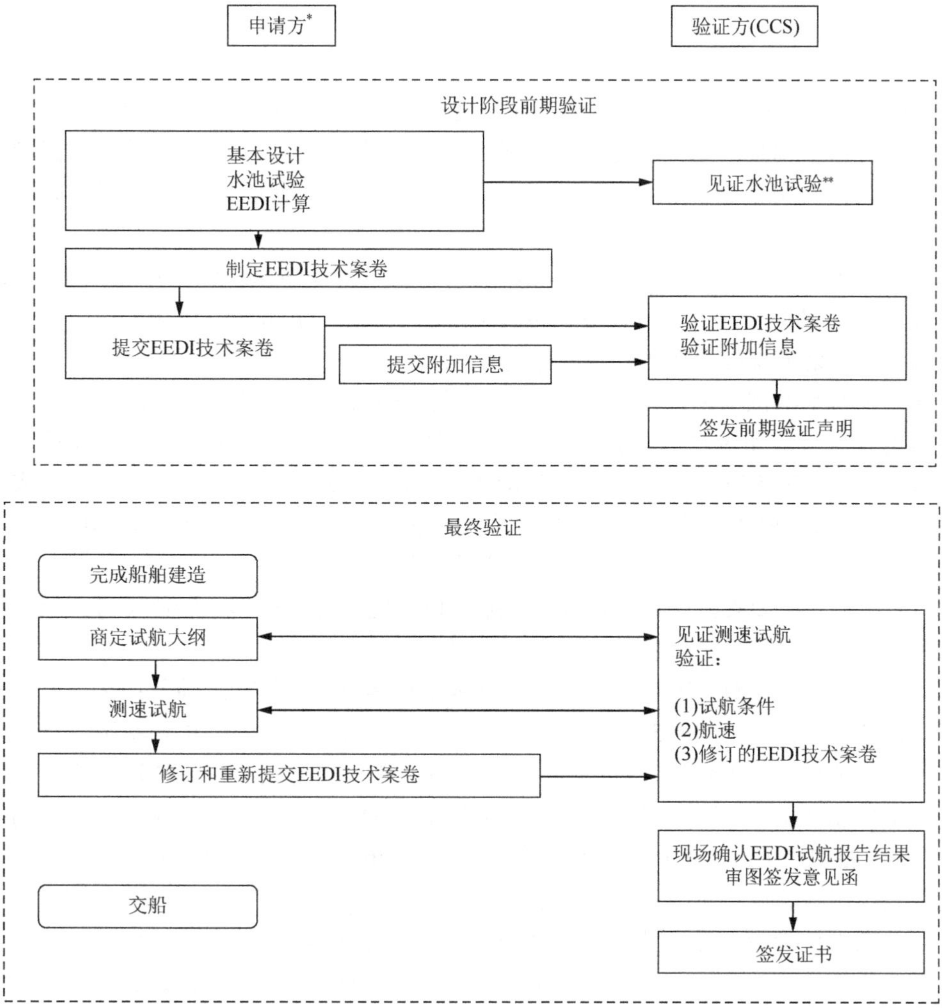

图 9.3　EEDI 验证程序[10]

* EEDI 验证申请方为船东、船厂或设计单位；水池试验的申请方为船东、船厂、设计单位或其委托的水池试验机构等
**参见图 9.4

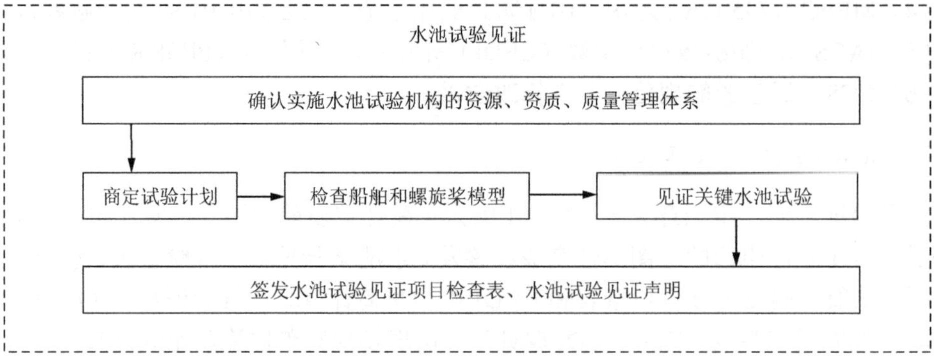

图 9.4　水池见证流程[10]

2. 设计阶段的前期验证

在提交 EEDI 验证申请前，申请方应先完成船舶的基本设计，前期验证应在船舶开工建造前完成。前期验证一般包括见证水池试验、基本设计验证以及对水池试验后的 Attained EEDI 计算的验证。水池试验的见证需向水池所在地船级社检验机构递交申请，通过下列项目的检验：

（1）审核实施船模试验水池的资源、资质、质量管理体系和试验符合相关要求。

（2）见证试验（包括阻力试验、螺旋桨敞水试验和自航试验）过程。

（3）对申请方拟提交的附加信息进行确认。

（4）按照水池试验见证项目检查表完成试验的见证后，签发水池试验见证声明。

基本设计验证和对水池试验后的验证由船级社审图单位按照基本设计项目检查表对申请方所提交的 EEDI 技术案卷以及水池试验附加信息的审查来进行验证。完成上述验证后，由接受 EEDI 验证申请的船级社审图单位签发 EEDI 前期验证符合声明。其中，EEDI 技术案卷应至少包括（但不限于）以下内容。

（1）船舶主要要素：主要参数细节、船型以及船型界定资料；船级符号；船上推进系统和电力供应系统的总体情况；节能设备的描述。

（2）相关设计参数：①船舶载重吨，对客船和客滚船，则为总吨位；②主机和辅机的最大持续功率；③Attained EEDI 计算的船速；④主机在 75%MCR 功率下的燃料类型及单位燃油消耗量；⑤辅机在 50%MCR 功率下的燃料类型及单位燃油消耗量；⑥用于某些特定船舶类型（客船、邮轮）计算 EEDI 的电力负荷计算表（EPT-EEDI）的制定应按照《绿色船舶规范》附录 1 附件 1 相关要求进行，电力负荷计算表的验证也应按照《船舶能效设计指数验证指南》附录 2 要求进行验证。

（3）在设计阶段，经水池试验后修正得出的船舶在满载（集装箱船为 70%DWT）吃水下、假定无风无浪无流和深水条件下估算的功率曲线。如果预计试航在非满载吃水下进行，则还应通过水池试验得出船舶在该预计试航工况下、假定无风无浪无流和深水条件下估算的功率曲线。

（4）船舶 Attained EEDI 的计算值（包括计算概述），该计算概述应至少含有用于确定船舶 Attained EEDI 的每一计算参数值和计算过程。

（5）如果采用了船舶风浪失速系数，则其计算的 Attained EEDI 应以 Attained $EEDI_{weather}$ 表示。因此，此时还应包括 f_w 值和 Attained $EEDI_{weather}$ 的计算值。

（6）如是化学品船和 LNG 船，还包括舱容修正系数。

（7）如是 LNG 船，还应包括推进系统的类型和概述、LNG 货舱舱容和船舶建造合同中规定的整船每天的设计气化速率（用 BOG 表示）、100%发电机额定输出功率下传动装置后的轴功率和柴油发电机效率。

（8）如按船级社共同结构规范建造的船舶，则还包括 CSR 船修正系数。

（9）如采用自愿结构加强船舶，则还包括自愿结构加强修正系数，同时应按 EEDI 计算导则要求，提供加强前和加强后两套结构图纸供审核。作为一种替代方法，也可只提交一套基本设计的结构图纸，但其应带有自愿结构加强的标志。

（10）如果船舶安装了双燃料发动机，且使用 LNG 和燃油，则使用气体燃料的碳转换系数及其单位燃料消耗值应考虑主要燃料是否为气体燃料，这由船旗国主管机关判定；然后应考虑气体燃料与船用燃料的热值比，设计条件下该值应大于等于相关公式计算值的 50%。

（11）在计算 Attained EEDI 时，主辅机的单位燃料消耗值应取自经批准的 NO_x 技术案卷，并且是相对于 ISO 标准基准条件用燃油标准低热值（42 700kJ/kg）修正过的值，可参照 ISO 15550:2002 和 ISO 3046-1:2002。为确认 SFC 值，应向船级社提供经批准的 NO_x 技术案卷副本和修正计算的概述文件。如果在申请前期验证时 NO_x 技术案卷尚未经批准，则应使用生产厂提供的试验报告。对该情况，在试航验证阶段应向船级社提供经批准的 NO_x 技术案卷副本和修正计算的概述文件。

3. 基本设计验证

基本设计验证主要项目如下：

（1）与 EEDI 有关的船舶和主机的参数。

（2）船体线型特征参数。

（3）功率曲线计算所必需的船体阻力/有效功率曲线、自航因子、螺旋桨参数及敞水性能曲线。

（4）满载吃水及压载状态的功率曲线、Attained EEDI 计算航速的估算数据。

4. 附加信息的基本要求

附加信息应至少包括但不限于以下内容：

（1）水池试验设施的描述，如设施名称、水池及拖曳设备的技术细节、监测设备的校准记录、水池试验机构的质量管理体系情况等。

（2）船模与实船的型线（如型线侧视图、型线横剖图和半宽图）和螺旋桨模型报告，用于证明船模与实船之间的相似性以验证水池试验的合适性。

（3）船舶空船重量和排水量以验证载重吨。

（4）水池试验计划。该计划包括对试验步骤的说明，以及需要船级社检验单位见证的节点。

（5）水池试验方法及结果的详细报告，至少包括满载吃水条件和压载试航条件下（如不能在满载吃水条件下进行）的水池试验结果，以及两种条件下的功率曲线。

（6）船速的详细计算过程。

（7）水池试验后推算的实船功率曲线，应基于以下条件按照船-机-桨相互作用原理计算确定：①模型试验结果换算得出的实船伴流分数 w 和推力减额分数 t；②相对旋转效率、实船有效功率曲线；③实船螺旋桨敞水性能曲线。

（8）水池试验的免除理由（如适用），包括具有相同船型的船舶的线型及水池试验结果，以及这些船舶与实船的主要参数之间的对比，还应提供技术证明解释为什么水池试验是不必要的。另外，如果某船将在试航阶段以满载吃水进行试航试验，经船东和造船厂同意并经船级社批准，可免除水池试验。

5. 试验水池的基本要求

为 EEDI 前期验证而进行船模试验的试验机构/单位，应满足一定资质要求，具体内容参见 9.3.3 节。

用于预报船舶基准航速的试验通常在船模拖曳水池中进行。拖曳水池的尺度和水深应与使用的模型的长度、试验速度相适应，水池模型试验应具有足够的测量段长度和测量时间。试验场所应配备针对阻力试验、自航试验及螺旋桨敞水试验的设备和测量仪器。

水池试验内容包括以下几项：

（1）阻力试验（ITTC 7.5-02-02-01）。

（2）螺旋桨敞水试验（ITTC 7.5-02-03-02.1）。

（3）自航试验（ITTC 7.5-02-03-01.1）。

对水池试验单位的要求如下：

（1）资质要求。

（2）硬件及测试仪器校准要求。

（3）模型制作及试验前状态要求。

（4）试验大纲要求。

（5）数据管理及处理要求。

（6）基本业绩等。

水池应至少设有下列设备和设施：

（1）造波机和消波器（验证 f_w 和 Attained $EEDI_{weather}$ 需要）。

（2）船模及螺旋桨加工/测量设备。

（3）用于测力和测速的仪器，至少能测量船模速度（V_m）、船模总阻力（R_m）、螺旋桨推力（T_m）、螺旋桨的转矩（Q_m）、螺旋桨转速（n_m）。

（4）其他测量设备，包括纵倾测量仪、吃水测量仪、比重表、浪高仪、普兰特毕托管和五孔毕托管、压力传感器、水压力计、热线仪、激光多普勒测速仪、应变仪电桥设备、电子设备（记录器、滤波器、分析器）等。

对实验水池的其他要求包括实验设备管理及定期校准、船模及桨模要求、实验数据管理等。具体要求如下：

（1）试验单位对试验设备进行有效管理，定期进行校准并予以记录，确保监测、测量和试验设备的有效性，以此保证试验结果的准确性。对试验设备的管理及校准应参照 ITTC 7.6-01-01 的要求。

（2）试验仪器应定期校准并进行不确定度评估。不确定性评估方法可参照 ITTC 7.5-01 -03-01 的要求。

（3）试验用船模和桨模应符合 EEDI 验证的要求。船模需要根据提供的船舶线型制作。确保试验过程中模型保持良好、船模的排水量正确。模型制作应参照 ITTC 7.5-01-01-01 的要求。

（4）激流（turbulence stimulation）措施应在模型制造文件或者试验文件中清晰表明，激流丝（wires）或沙带（sand strips）的使用应参照 ITTC 7.5-01-01-01 相关要求。

（5）试验前应完成模型吃水的确定与浮态控制以及模型（包括船体模型和螺旋桨模型）相关资料的准备，具体应参照 ITTC 7.5-01-01-01 的要求。

（6）应在每次试验前，根据 ITTC 建议程序制定试验程序大纲。试验大纲应包括阻力/自航/螺旋桨敞水试验的试验模型状况、设备安装以及需测量参数，包括针对上述试验的测量仪器的使用及测量精度的说明、试验流程以及数据的获取与分析，并能对试验结果进行可靠性分析，以及试验后出具报告应包括信息。具体应分别参照 ITTC 7.5-02-02-01、ITTC 7.5-02-03-01.1 和 ITTC 7.5-02-03-02.1 的要求。

（7）试验单位对试验过程中产生的数据进行有效管理。包括在试验过程中，对试验关键数据、结果等做适当的记录；试验结束后，在试验单位的指导/参与下，能够将试验结果用图线表示，如阻力系数、伴流分数、推力减额和收到功率曲线。试验记录、试验资料和预报分析应存档保留。

（8）试验场所具有相应的试验数据管理、分析软件平台；船模水池试验数据积累能够满足所试验船型修正精度要求。

6. 试航阶段的最终验证

船舶建造完工后，EEDI 需要最终验证，包括以下内容：

（1）对试航条件的确认。

（2）从试航获得数据对航速的确认。

（3）对经修订和重新提交的 EEDI 技术案卷的验证。

完成上述内容的验证后，由接受 EEDI 验证申请的船级社审图单位签发 EEDI 最终验证声明。

试航前，应向船级社提交以下资料文件：

（1）试航大纲（包括测速试航大纲），应至少包括对试航工况的说明、需测量的参数及其测量方法、测量仪器及其仪器校准的说明、数据记录表以及数据分析和修正方法的说明等。

（2）最终的排水量和测定的空船重量，或最终的倾斜试验报告。

（3）主机和辅机的 NO_x 技术案卷副本。

测速试航的验证应首先确保试航条件，然后满足以下测速试航要求：

（1）船级社验船师见证测速过程。

（2）测速试航的验证应确认以下方面：①推进系统和供电系统、柴油机技术细节、EEDI 技术案卷中描述的其他相关项；②船舶吃水和纵倾；③试航的海况及其他要求的环境条件参数；④船速的测试；⑤原动机轴功率和转速的测试。

（3）吃水和纵倾应在试航前通过测量吃水进行确认。吃水和纵倾应尽实际可能接近用于估计功率曲线的假定条件。

（4）海况应根据 ISO 15016:2015 标准进行测量。

（5）船速应根据 ISO 15016:2015 标准进行测量，并且要在至少三个功率点测量船速。

（6）主机输出功率、螺旋桨轴功率（LNG 船采用柴电推进系统时）、蒸汽轮机输出功率（LNG 船采用蒸汽轮机推进系统时）测量应按以下方式进行：①应按轴功率表或根据柴油机厂推荐且经船级社认可的方法进行测量，可采用测量扭转应变方式测量轴扭矩、脉冲式仪表测量主机（传动轴）转速等，并据此推算出轴功率和主机功率；②辅机功率可按照主机功率测量方法进行测量，也可采用电能分析仪测量发电机电负荷的方式来取代柴油机功率测量；③各测试工况的测量可按 GB/T 3471—2011 中推荐的方法进行；④其他测量方法如经船东及造船厂同意并经过船级社批准，也可接受。

船级社验船师对试航的测量项目应进行确认。

7. Attained EEDI 的重新计算

应将试航后获得的功率曲线与设计阶段的估计功率曲线进行比较，如果两者之间有差异，则应按照下述方法重新计算船舶的 Attained EEDI 值：

（1）如果船舶试航是在满载吃水条件下进行，应使用在试航时计算 Attained EEDI 所选取的主机功率下测得的船速重新计算 Attained EEDI。

（2）如果船舶试航不能在满载吃水条件下进行，则应通过经船级社同意的适当的修正方法将船速修正到满载吃水条件下的船速，再重新计算 Attained EEDI。

图 9.5 给出了一种可能的航速修正示例。

V_{ref} 可根据水池试验预测得到的速度估计功率曲线和试航条件下的实船试航结果获得。水池试验应在对应试航条件和 EEDI 条件下进行。由水池试验预报和试航结果得到试航条件下的功率比 α_{P}，再用 EEDI 条件下的水池试验的航速预报结果乘以 α_{P} 即得到 V_{ref}。

$$\alpha_{\text{P}} = \frac{P_{\text{Trial,P}}}{P_{\text{Trial,S}}}$$

式中，$P_{\text{Trial,P}}$ 为水池试验预报得到的试航条件下的功率；$P_{\text{Trial,S}}$ 为船舶实船试航阶段得到的试航条件下的功率；α_{P} 为功率比。

如果最终确定的载重吨/总吨位与在设计阶段 EEDI 计算时使用的设计载重吨/总吨位不同，则提交方应使用最终确定的载重吨/总吨位重新计算 Attained EEDI。最终确定的总吨位应与该船的吨位证书相一致。

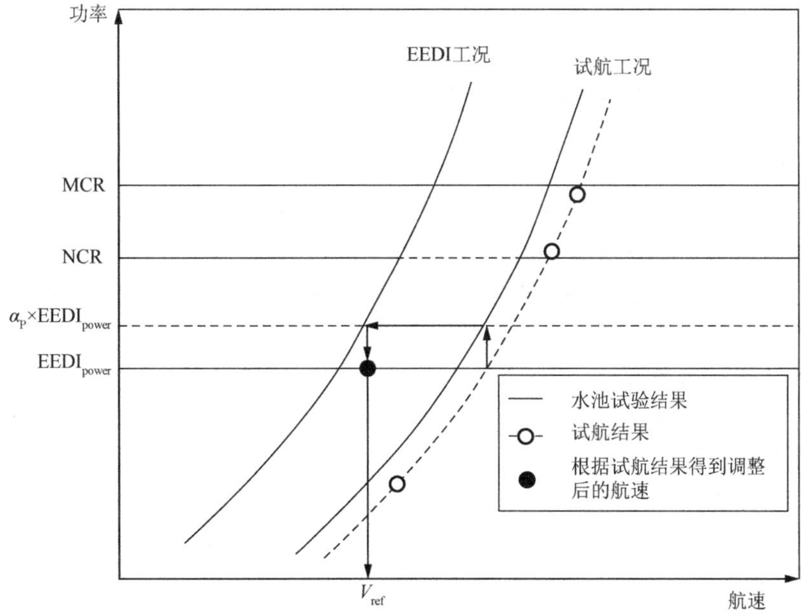

图 9.5　航速修正示意图[10]

对于采用柴电推进系统的 LNG 船，在计算 Attained EEDI 时，电效率（$\eta(i)$）应取 91.3%。若采用大于 91.3%的值，电效率（$\eta(i)$）应由实际测量获得，同时应提出可验证方法且该方法应提交船级社批准。

如果在前期验证阶段 Attained EEDI 是用柴油机制造厂提供的试验报告中的 SFC 值计算的（由于当时还没有经批准的 NO_x 技术案卷），则应确认使用批准的 NO_x 技术案卷中的 SFC 重新计算 Attained EEDI。对于蒸汽轮机，也应采用本社确认的 SFC 重新计算 Attained EEDI。

应确认根据试航结果修订后的功率曲线以及航速 V_{ref}、最终确定的载重吨/总吨位、电效率（η，LNG 船采用柴电推进系统时）、批准的 NO_x 技术案卷中的 SFC 以及根据这些修订重新计算的 Attained EEDI 值。

应确认修订后的 Attained EEDI 是按照《绿色船舶规范》附录 1 Attained EEDI 计算导则进行计算。

8. 经修订的 EEDI 技术案卷的基本要求

所提交的 EEDI 技术案卷应包括以下内容：

（1）试航后得到的满载工况功率曲线和航速。

（2）船舶的 Attained EEDI 值及其所有与计算参数相关的细节。

提交经修订 EEDI 技术案卷的同时，应提交测试试航报告、最终稳性文件（最终的排水量和测定的空船重量，或最终的倾斜试验报告）以及实船型线（如有修改）。满载吃水工况的功率曲线和航速的计算及确定应依据试航时测量的数据，并按照 ITTC7.5-04-01-01.2 航速和功率测试第 2 部分的要求及 ISO15016:2015 标准考虑风、浪、潮涌、浅水、排水量、水温及水密度等因素加以修正而确定。

EEDI 技术案卷示例参见附录 H。

9.3.3 对试验机构/单位的基本要求

为 EEDI 最终验证进行航速试验测试的机构/单位，其试验程序应能够满足 ITTC 的相关程序。试验单位应经过 ISO 9001 质量认证，相应的试验人员应持检测员证，试验单位应对试验人员资质以及服务进行有效管理和监控。

试验机构/单位应配备航速试验所需的设备和测量仪器，包括以下内容：

（1）全球差分定位系统，用于测量航速。

（2）轴功率测量系统。

（3）转速计/转速表。

（4）遥测浪高仪。

（5）综合气象仪，可测量风速、风向。

（6）激光水位测量仪。

（7）测深仪。

（8）其他在 ISO15016:2002 修正方法或等效标准中要求的环境条件参数测量仪器，如水密度计、盐度计等。

（9）其他测量设备，如运动参数测量系统、三向测振仪、声级计等。

（10）相应的测量和数据采集软件。

试验机构/单位应对测量仪器进行有效管理，定期计量并予以记录，确保监测、测量设备的有效性，以此保证试验结果的准确性。

试验机构/单位应对试验过程中产生的数据进行有效管理，包括在试验过程中，对试验关键数据、结果等做适当的记录。试验记录文件、试验资料和分析结果应存档保留。

9.4 船舶营运能效

船舶的能源绩效越来越受到国际社会广泛关注，IMO MEPC 推出 SEEMP，除了制定 EEDI 外，还制定了 EEOI[11]，提请各成员国政府关注并促进自愿使用相关导则，将 SEEMP 纳入《国际防止船舶造成污染公约》附则Ⅳ并已于 2013 年 1 月 1 日强制实施。

从 1997 年 9 月 15 日至 26 日召开的经 1978 年议定书修订的 1973 年国际防止船舶造成污染公约缔约方大会开始，至 MEPC 第 40 次会议通过关于船舶 CO_2 排放的大会决议，再到 IMO 大会 A.963（23）决议“IMO 关于船舶温室气体减排的政策和实施”，敦促 MEPC 认同并开发实现限制或减少国际航运温室气体排放所需的机制并优先建立温室气体基准线，还就船舶的温室气体排放指数方面制定方法来描述船舶的温室气体排放等，IMO 不断对船舶营运排放防污染控制提出要求，促使船舶 EEOI 的应用提上日程。

船舶 EEOI 功能包括以下内容：

（1）信息发布/政策法规查询。

（2）公司船队管理。

（3）能效数据管理。

（4）能效趋势分析。

（5）能效比较分析。

（6）能效关联分析。

（7）相关统计报表。

能效管理认证是 CCS 为满足政府主管机关、国际组织、行业组织要求而推出的能效管理认证服务。包括公司能效管理认证（公司和船舶结合审核）、船舶能效管理认证（可独立申请船舶审核）、船舶能效核查（可独立申请船舶核查）。

《船舶能效管理认证规范》是 CCS 对公司能效管理体系及公司/ 船舶能效管理认证实施提出的基本要求，旨在引导、帮助航运企业建立和完善具有行业特色的能效管理体系，使船舶能效可测量、监控和验证，并得到持续改进，以尽快适应并满足国家主管机关、国际组织、行业组织对船舶“环保、低碳”的强制性要求及指导性建议。

CCS 已经完成了 CCS 版、公司版和船舶版 3 个版本 EEOI 系统，都可进行动态图像展示。CCS 可依据相关计算结果进行发证。

9.4.1　EEOI 计算方法

9.4.1.1　基本定义

1. 指数定义

EEOI 以最简单的形式定义为船舶单位运输作业所排放的 CO_2 量：

$$指数=M_{CO_2}/航次$$

2. 燃油消耗量

燃油消耗量 FC 定义为船舶在海上、在港或在所考虑的航次或时间段消耗的所有燃油量，例如，主机和辅机（包括锅炉和焚烧炉）一天所消耗的所有燃油量。

3. 航行距离

航行距离指在所考虑的航次或时间段的实际航行距离（单位为海里）（甲板航海日志数据）。

4. 船舶和货物类型

EEOI 适用于进行运输作业的所有船舶。

船舶：干货船、液货船、气体运输船、集装箱船、滚装货船、普通货船、客船（包括客滚船）。

货物：包括但不限于所有气体、液体和固体散装货物、普通货物、集装箱货物（包括空箱的返回）、件杂货、重载荷、冷冻货物、木材、货车上所载货物、滚装渡船上的汽车和货车以及（客船和客滚船的）乘客。

5. 载运的货物质量或所做的功

一般来说，载运的货物质量或所做的功描述如下：

（1）对于干货船、液货船、气体运输船、滚装货船和普通货船，应使用所载货物的质量（吨）。

（2）对于仅载运集装箱的集装箱船，应使用 20 英尺①标准集装箱（twenty foot equivalent unit，TEU）数量或货物和集装箱总质量（吨）。

（3）对于载运集装箱及其他货物的船舶，每一载货 TEU 按 10 吨计算，空的 TEU 按 2 吨计算。

（4）对于客船（包括客滚船），应使用乘客数量或船舶总吨位。

对于载运包括车上乘客、行人和货物的船舶（例如某些滚装船），操作者可能希望考虑基于其特定业务的相对重要性的某些形式的加权平均值或使用其他适当的参数或指数。

6. 航次

航次通常指从一个港口出发至从下一个港口出发的时间段。也可接受航次的替代定义。

9.4.1.2　建立 EEOI

EEOI 应为船舶营运能效具有代表性的值，其代表船舶整体贸易模式。建立 EEOI 通常包括下列主要步骤：

（1）规定 EEOI 计算周期。

（2）规定数据收集的数据源。

（3）收集数据。

（4）将数据转换为适当的格式。

（5）计算 EEOI。

计算周期还应包括压载航行以及未用于载运货物的航行，例如进坞航行。应排除为保护船舶安全或救助海上人命的航行。

9.4.1.3　数据记录和报告程序

所使用的数据报告方法应统一，方便整理和分析数据，以便于摘录要求的信息。船舶数据的收集应包括航行距离、所使用的燃油数量和类型以及可能影响 CO_2 排放量的所有燃油信息及货物类型信息。航行距离和燃油数量应以海里和吨为单位。

9.4.1.4　监测和验证

1. 一般规定

应制定和保持定期用文件记录的监测和测量程序。建立监测程序时应考虑的事项包

① 1 英尺=3.048×10^{-1}米。

括以下内容：

（1）判定营运/活动对性能的影响。

（2）判定数据源和必需的测量，以及格式的详细说明。

（3）判定频率和人员进行的测量。

（4）为验证程序保持质量控制程序。

这类自我评定的结果可进行评审并用作系统成功和可靠性的指数，还可用于判定需要采取纠正措施或改进的方面。

建议应由岸上人员对 EEOI 进行监测。

2. 滚动平均指数

作为船舶能效管理工具，滚动平均指数（如使用）应通过适当使用最小周期或与统计相关的许多航次的方法进行计算。与统计相关指为每艘船舶设定的作为标准的周期应保持不变且足够长，这样积累的数据才能反映在所选时间段内所计算船舶在营运中的一个合理平均值。

9.4.1.5　计算公式

1. 数据源

一个航次或周期（例如一天）需要的数据为燃油消耗、所载货物和连续航行距离等，所选的主要数据源可为船舶航海日志（驾驶台日志、轮机日志、甲板日志和其他正式记录）。

2. EEOI 的计算

一个航次 EEOI 的基本表达式为

$$\mathrm{EEOI}=\frac{\sum_{j}\mathrm{FC}_{j}\times C_{Fj}}{m_{\mathrm{cargo}}\times D}$$

如获得某段时间或多个航程的指数平均值，指数计算为

$$\mathrm{AverageEEOI}=\frac{\sum_{i}\sum_{j}\left(\mathrm{FC}_{ij}\times C_{Fj}\right)}{\sum_{i}\left(m_{\mathrm{cargo},i}\times D_{i}\right)}$$

式中，j 为燃油类型；i 为航程数；FC_{ij} 为在航程 i 中燃油 j 的消耗量；C_{Fj} 为燃油 j 的燃油量与 CO_2 量转换系数；$m_{货物}$为客船所载货物（吨）、所做的功（TEU 或乘客数量）或总吨位；D 为对应于所载货物或所做的功的距离（n mile）。

EEOI 的单位取决于所载货物或所做的功的测量，例如，吨 CO_2/（吨·n mile）、吨 CO_2/（TEU·n mile）、吨 CO_2/（人·n mile）等。

9.4.2 SEEMP 实施要求

9.4.2.1 背景

MEPC 在其第 59 次会议（2009 年 7 月 13 日至 17 日）上，认识到有必要开发管理工具以帮助航运公司管理其船舶的环境行为，制定了《船舶能效管理计划（SEEMP）制订导则》[12]，提请各成员国政府使其主管机关、行业、相关航运组织、航运公司和其他相关利益方自愿使用该导则。

9.4.2.2 实现船舶营运燃油能效的最佳操作（best practices）导则

1. 运输链

对整个运输链中的能效追求应承担的责任远非船东/船舶经营者单独行使的职责范围所及。单个航次中所有可能的利益方的清单很长，对于船舶特征，利益方为设计者、船厂和发动机制造商，对于特定航次，利益方为租船方、港口和船舶交通管理服务机构等。所有相关方应单独或共同考虑在其作业中纳入能效措施。

2. 实现燃油能效的运营、改进的航次计划

最佳航线和改进的能效可通过仔细地计划和执行航次来实现。考虑周到的航次计划需要时间，但是，可使用许多不同的软件工具进行计划。

IMO 大会 A.893（21）决议《航次计划指南》（1999 年 11 月 25 日）为船员和航次计划者提供必要的指导。

3. 气象航线划定

气象航线划定对特定航线上的节能存在很大的影响。这对于所有类型船舶和许多贸易区域来说具有商业效益，可以节省很多燃油，但反过来看，对于给定的航线，气象航线划定也可能增加燃油消耗。

4. 及时了解沟通

与下一个港口良好的早期沟通应成为目标以最大限度地告知泊位的可用性并便于使用最佳航速。

最佳港口作业包括港口不同装卸装置的程序变化，应鼓励港口当局最大限度提高效率而最低限度减少延迟。

5. 航速优化

最佳航速意味着在该航速下，航行时每吨米使用的燃料最少。最佳航速并不是指最小航速，实际上，以小于最佳航速的速度航行会消耗更多的燃料而不是更少的燃料。低

速作业可能的负面后果包括增加的震动和积炭。

作为航速优化过程的一部分，需要适当考虑协调到达次数和装卸泊位可用性的必要性。考虑航速优化时，可能需要考虑从事某些贸易航线的船舶数量。

离开港口时航速的逐渐增加及将发动机载荷保持在一定限制范围内有助于减少燃料消耗。

根据许多租船合同，航速由租船方而不是船舶经营者确定。在达成租船合同时应尽力使船舶以最佳航速营运以使能效最大。

6. 最佳轴功率

以恒定的轴每分钟转速营运较之通过发动机功率连续调整航速的营运效率更高。使用自动发动机管理系统控制航速而不依赖人为介入。

7. 最佳船舶操纵、最佳纵倾

大多数船舶设计成以一定的航速和一定的燃油消耗量载运指定数量的货物。纵倾状态对船舶阻力有很大影响。对于任何给定的吃水，基于最小阻力优化纵倾状态。

8. 最佳压载

考虑到满足通过良好的货物计划达到最佳纵倾和操舵状态以及最佳压载状态的要求，应调整压载。确定最佳压载状态时，该船应遵循船舶压载水管理计划中规定的限制、条件和压载管理安排。压载状态对操舵状态和自动操舵仪的设定有很大影响，需要注意，较少的压载水并不意味着效率最高。

9. 最佳螺旋桨和螺旋桨进水因素

螺旋桨的选择通常在船舶设计和建造阶段确定，但螺旋桨设计的新发展已使翻新设计以节约更多燃料成为可能。虽然这无疑是仅供考虑，螺旋桨只是推进序列的一部分，单独改变螺旋桨可能对效率没有影响并可能增加燃油消耗量。

使用一些装置（例如鳍和/或喷嘴）提高螺旋桨进水会增加推进效能功率并减少燃料消耗。

10. 舵和航向控制系统（自动操舵仪）的最佳使用

自动航向和航向控制系统技术已有很大改进。现代自动操舵仪功能更强大。其综合航行和指挥系统可通过减少“偏离轨道”航行距离来节省大量的燃料，通过较少和较小的修正进行较好的航向控制可将舵阻力造成的损失降至最低。

但在接近港口和领航站期间，由于舵必须对收到的命令快速做出反应，自动操舵仪不能总是高效使用。例如，在航行的某个阶段，遇到恶劣天气和接近港口时，自动操舵仪可能不得不停用或需要非常仔细地进行调整，此时可考虑“扭流”舵。

11. 船体保养

进坞间隔应结合船舶经营者对船舶性能进行的评估。船体阻力可通过新技术——涂层系统进行优化，可与清洁间隔结合在一起。建议对船体状况进行定期的水中检查。

螺旋桨的清洁和抛光或适当的涂层会大大提高燃料能效。港口国应认识到并促进船舶在水中船体清洁期间保持能效的必要性。

可考虑及时完全去除和更换水下油漆系统的可能性以避免重复的点喷砂和多次进坞修理引起的船体粗糙度增加。

一般来说，船体越平滑，燃料效率越好。

12. 推进系统

船用柴油机具有很高的热效率（50%）左右。该优异的性能只被燃料电池技术（平均热效率 60%）超越。这是由于系统地将热量和机械损失降至最低，特别是新的电子控制发动机能增加效率但是，可能需要考虑相关职员的特殊培训以将利益最大化。

13. 推进系统保养

在公司计划保养日程表中按照制造商的说明书进行的保养也应保持效率。对发动机状况进行监测是一个有效的途径。提高发动机能效的附加方法包括以下几项：

（1）使用燃料添加剂。

（2）调整汽缸润滑油消耗。

（3）阀改进。

（4）扭矩分析。

（5）自动发动机监测系统。

14. 废热回收

废热回收现在对于一些船舶来说是商用科技。废热回收系统使用来自废气的热损失进行发电或用轴马达进行附加推进。

在现有船舶中改装这类系统是不可能的。但是，这对于新船来说是一个有益的选择，应鼓励船厂在其设计中纳入新技术。

15. 改进的船队管理

优化使用船队可通过改进船队计划来实现。例如，有可能通过改进的船队计划避免或减少长压载航程，租船方有机会提高效率。这与“及时”到达的概念紧密相关。

公司内部分享的效率、可靠性和维护数据可用于促进公司船舶之间的最佳操作并应积极鼓励。

16. 改进的货物装卸

货物装卸在大多数情况下由港口控制，应研究其与船舶和港口要求相适应的最佳解决方法。

17. 能源管理

对船上供电进行有效检查是效能增加的可能措施。但是，应注意在关闭供电（例如照明）时避免产生新的安全危险。

冷藏集装箱装载位置的最优化对于减少自压缩机组的传热影响有益。这可与货柜加热、通风等结合在一起，也可考虑使用较低能耗的水冷却冷藏装置。

18. 燃料类型

新出现的替代燃料的使用可视为减少 CO_2 的方法，但其可用性通常决定其适用性。

19. 其他措施

可考虑设计用于计算燃料消耗、用于建立排放“足迹”、优化作业以及确定改进目标和跟踪过程的计算机软件。

可再生的能源，例如风能、太阳能（或光电）电池技术，已在近年来大大改进并适于在船上使用。

在一些港口，一些船舶可使用岸上供电，但这通常旨在提高港口区域的空气质量。如果岸基电源是碳效的，可能有净效益，船舶可考虑使用岸上供电（如可用）。甚至风力推进也值得考虑。

提供给定的功率输出所要求的燃料数量降至最低。

20. 措施的兼容性

现有船队能效提高。虽然有许多选择，但不是累积的，通常是依赖于区域和贸易，可能要许多不同利益相关方的同意和支持，应最有效地使用这些选择。

21. 船龄和船舶营运服务年限

由于高油价，该导则中所述的所有措施都具有成本效益的潜在优势。先前考虑的负担不起或不划算的措施可能现在可行并值得重新考虑。很明显，是否具有成本效益优势在很大程度上受到船舶剩余服务年限和燃料费用的影响。

22. 贸易和航行区域

该导则中许多措施的可行性取决于船舶的贸易和航行区域。例如，风力增强的电源对于短途航运不可行，因为这些船舶通常在高交通密度区域或受到限制的航道中航行。另外，世界的海洋有特定的条件，所以为特定航线和贸易设计的船舶不可能通过采取相同的措施或措施组合获得与其他船舶相同的利益。一些措施还可能会在不同航行区域中有不同的影响。

船舶从事的贸易也决定一些措施的可行性。与常规货物运输船相比，在海上进行服务（敷设管路、地震勘测、海洋定点天气观察船、挖泥船等）的船舶可能选择不同的减碳方法。如同对于一些船舶的安全考虑，航程的长度也是一个重要的参数。因此，措施最有效的组合对于每一航运公司内的每艘船舶都可能具有独特的捷径。

9.4.2.3　实施框架

SEEMP 主要将具体的多项能效措施加以细化，确定负责人及执行采用的监测工具，对能效目标按照预定的评估程序进行能效评估。

9.5　绿色船舶技术

绿色船舶规范贯穿船舶的全生命周期，涵盖了设计、建造、营运、维修直至拆解，每个阶段均需要满足相应的绿色公约、法规及规则。目前来看，围绕绿色环保的新理念、新技术、新装备等均在研究与研制中，各种方法也各有优缺点，最终效果如何还需要通过实船应用的实践检验。

不同阶段应满足的公约及规则的约束也各有不同。

船舶设计阶段：《国际防止船舶造成污染公约》《压载水公约》、船舶能效规则（EEDI）、《绿色拆船公约》。

船舶建造阶段：《压载水舱涂层性能标准》《AFS 公约》。

营运阶段：《国际防止船舶造成污染公约》《压载水公约》、船舶能效规则（SEEMP、EEOI）。

拆船阶段：《绿色拆船公约》。

对于船舶与海洋结构物设计来说，要达到绿色造船公约规范的要求，可以有多种途径来实现，如新船型开发（阻力最小船型、少压载水或无压载水船型、特殊艏/艉）、新型上层建筑设计、新的舵桨形式、新材料、新设备、绿色燃料等。绿色船舶设计要点示意图如图 9.6 所示。

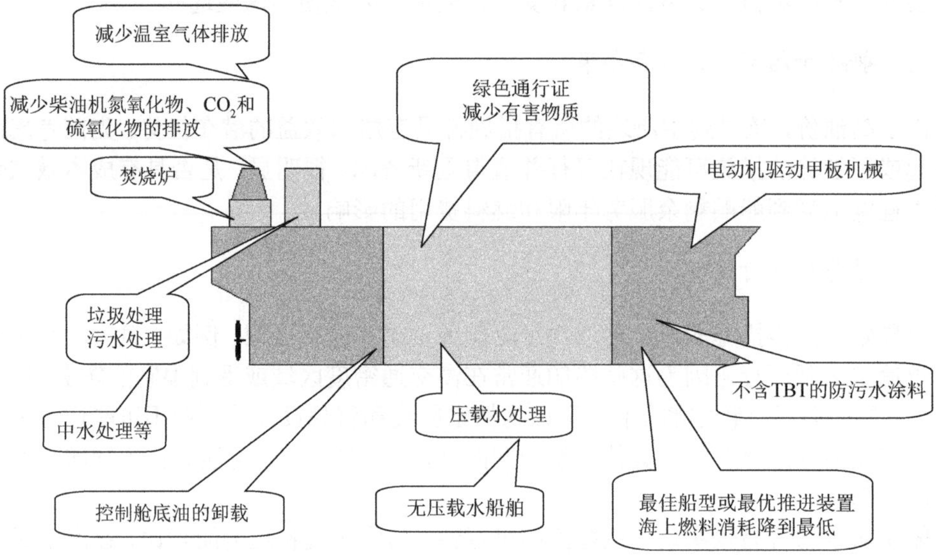

图 9.6　绿色船舶设计要点[84]

绿色船舶分为绿色造船和绿色航运。绿色船舶的污染类型及防污染要素[85]如图 9.7 所示。

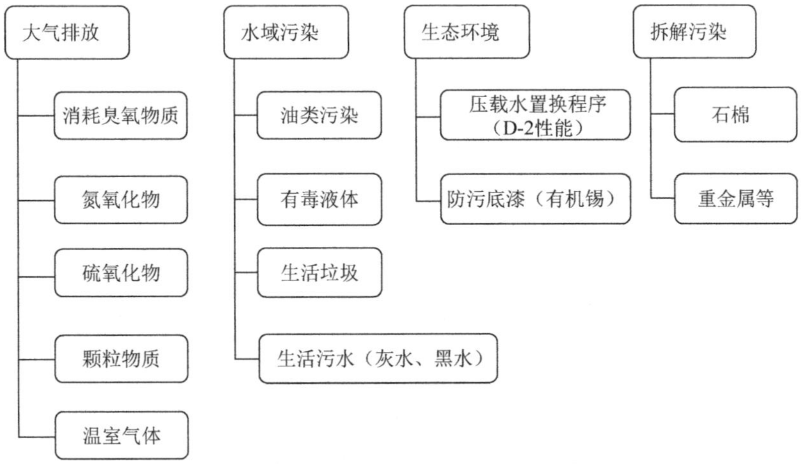

图 9.7　绿色船舶的防污染要求[85]

为应对能效规则的出台及生效，国内外船舶设计单位、研究机构纷纷开展新能源应用研究[85]：

（1）在推进方面，主要研究天帆、太阳能推进、核能推进、LNG 双燃料动力推进等。

（2）从减阻方面，主要包括线型优化设计、整流装置以及气膜减阻等。

（3）在减排方面，开展 SO_x、CO_2、NO_x 洗涤塔设计研究。

（4）为应对压载水管理公约的生效，主要开展的研究包括无压载水船型和贯通流船型设计。具体船型研究方案参见 9.5.2 节和 9.5.3 节。

9.5.1　绿色船舶评价体系

绿色船舶作为绿色产品的一种，也应当和其他绿色产品一样，是在整个生命周期过程中（包括船舶设计—船舶制造—船舶使用（修理）—船舶退役的全过程）采用先进的技术、经济地完成功能和使用性能上的要求，同时实现节省资源和能源，减小或消除造成环境污染的产品。从绿色船舶的定义可以看出，绿色船舶具有三个基本要素（图 9.8），分别是船舶产品的环境协调性、技术先进性和经济合理性，即绿色船舶是在传统的技术先进性和经济合理性的基础上，附加了环境协调性这个新元素。只有在产品整个生命周

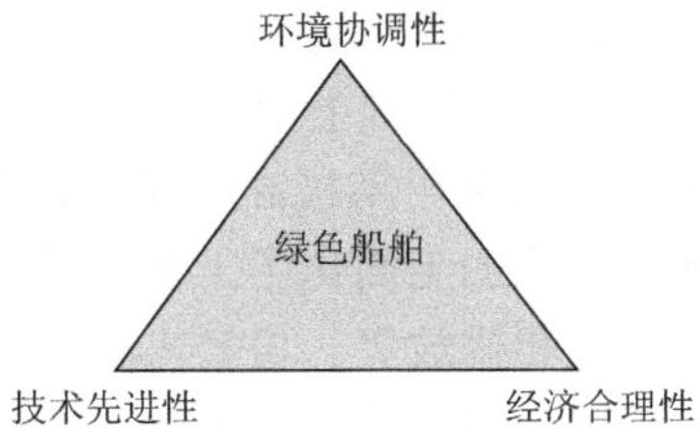

图 9.8　绿色船舶内涵[86]

期过程中将技术先进性、经济合理性和环境协调性有机地融合为一体，才能成为真正意义上的绿色船舶。图 9.9 为绿色船舶生命周期示意图。

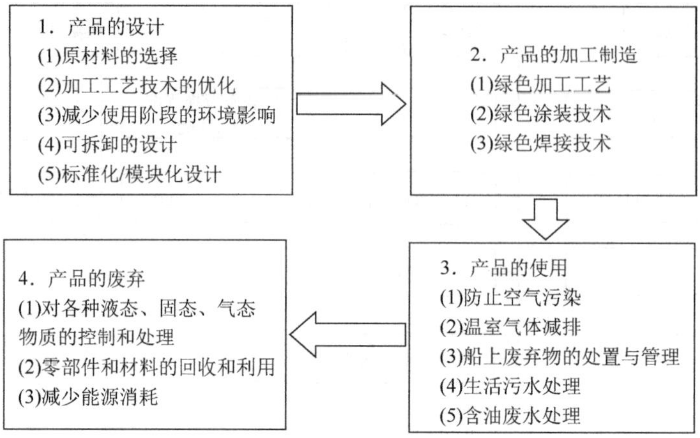

图 9.9　绿色船舶生命周期示意图[86]

9.5.1.1　绿色船舶生命周期各阶段的特点

1. 船舶的概念形成阶段——生态设计

船舶的设计过程不会产生污染物，但设计过程却能控制后续过程的环境协调性。

绿色船舶要求船舶生态绿色设计，即在产品的孕育阶段遵循污染预防的原则，把改善产品对环境影响的努力凝固在产品设计之中。生态（绿色）设计是获得绿色产品的基础，经过生态设计的产品对生态环境不会产生不良的影响，它对能源和自然资源的利用是有效的，同时是可以再循环、再生或易于安全处置的。产品生态设计首先是一种观念的转变。在传统设计中，环境问题往往作为约束条件看待，而生态设计是把产品的环境属性看成是设计的机会，将污染预防与更好的环境管理结合起来，从最初的源头上控制产品对环境造成的污染。船舶生态设计须考虑原材料的选择、船舶加工工艺技术以及使用阶段、废弃阶段对环境的影响。

2. 船舶的加工制造阶段——绿色制造

（1）绿色加工工艺：①净成形制造。成形的零件可以直接或稍加处理后用于组成产品，这可以大大减少原材料和能源的消耗。长期以来，国内船厂都按钢厂定尺钢板进行采购，造成大量边角余料的产生，钢材利用率较低（低于 90%），使用碳刨进行切割又会造成环境污染。而在国外船厂，钢板原则上由钢厂轧制成型并进行喷涂，然后根据造船厂要求进行切割后供应，因此钢材利用率极高、无边角余料、无污染。②干式加工。加工过程中不采用任何冷却液。干式加工简化了工艺、减少了成本，而且消除了冷却液所带来的一系列问题，如废液处理和排放等。③工艺模拟技术。采用工艺模拟技术将数值模拟、物理模拟和专家系统相结合的方式确定最佳工艺参数、优化工艺方案，预测加工过程中可能产生的缺陷并采取防止措施，从而有效地控制和保证加工工件的质量。

④网络技术、虚拟现实技术与敏捷制造。在真正的产品生产之前，在虚拟制造环境下生成软产品模型来代替传统的真实样品进行实验，对其性能和可制造性进行预测和评估，从而减少损耗，降低成本。

（2）绿色涂装技术：①合理选择涂料，优化施工工艺。采用高性能专用涂料，减少热加工区域的涂膜损伤，以提高保护效果和生产效率；采用长效型车间底漆，减少分段制造期间的锈蚀；采用厚膜型涂料，减少涂装次数。②采用低表面处理涂料，选择合理的除锈等级；采用万能型底漆，减少涂料品种，简化工序，提高工时效率。③推广移动式涂装系统和环保型分段涂装房。移动式涂装系统设有各种标准的设备接口模块，主要有进气管道模块、除尘设备接口模块、除漆雾接口模块、喷砂设备接口模块、吸砂设备接口模块、温湿度控制设备接口模块、传感系统接口模块、动力设备接口模块等。环保型分段涂装房内的空气温度和湿度可自动控制，为船体分段涂装提供适宜的环境条件，实现分段涂装全天候作业。同时，采用粉尘和漆雾分离技术，有效控制有机溶剂排放，实现环保型的分段涂装。

（3）绿色焊接技术。绿色焊接在船厂的应用前景非常广阔，主要体现在使用节能焊机以及采用高效、无弧光、无粉尘污染的焊接材料和方法等方面。可采用节能逆变焊、搅拌摩擦焊、激光焊接、室内造船等方法。

3. 船舶的使用（维修）阶段——绿色营运

绿色营运（包括维修）是绿色船舶生命周期中的中后阶段，也是体现船舶绿色质量的根本保证。为保护海洋和大气生态环境，实现船舶的绿色营运，防污染技术是其核心问题。

绿色营运的基本要求如下：

（1）防止空气污染。NO_x、SO_x 及 PM 的排放控制措施及禁止使用消耗臭氧物质的控制方法等，具体内容参见 2.5.3 节。

（2）减少船舶温室气体排放。减少船舶温室气体的排放可采取废热回收再利用的方式，使用排放的气体产生蒸汽来驱动蒸汽涡轮，涡轮进而驱动发电机发电，并将电接入主电板，这种方式既回收了热能，又减少了温室气体的排放。但是，这种方法仍是“末端治理”的方式。要从源头上控制船舶温室气体甚至其他气体的排放，最有效也、最经济的办法是减少船舶燃料的使用，这就要对船舶航行参数、技术参数、环境参数进行优化，使船舶在达到最佳航行状态的同时减少能源的消耗，温室气体减排的目标也随之实现。

（3）船上废弃物的处置及管理。绿色船舶要求对船舶垃圾进行有效的管理和处置。

（4）生活污水的处理。绿色船舶要求船上设置经主管机关型式认可的生活污水处理装置，并满足相关要求。

（5）含油污水的处置。船上需配有处理船舶机舱含油污水的油水分离装置、$15ml/m^3$ 舱底水报警装置、油/水界面探测仪。油船应配备排油监控系统、原油洗舱机，采用专用压载以确保含油污水的达标排放，将对海洋环境的污染减少到最小。

4. 船舶的废弃阶段——绿色回收

绿色回收是绿色船舶生命周期中的最后阶段。回收是对绿色产品的基本要求之一。绿色回收主要目标是在保护资源和环境的前提下，通过产品和零部件重用、材料再生利用获得最大的回收效益。研究表明：从赤铁矿冶炼 1 吨钢需要消耗 7400MJ 的能量并排放 2200kg 的 CO_2，而从拆船行业得到 1 吨钢却只消耗 1350MJ 能量并仅排放 280kg 的 CO_2。由此可见，绿色回收不但可实现资源的可持续利用，而且可大大改善人们生存的环境。

产品回收的优先级由高至低的排序如下：①整个产品的回收，产品维护重用；②产品零件回收，直接重用或加工重用；③产品零部件材料的回收与再生；④产品的填埋、燃烧等处理。

船舶绿色回收的基本要求如下：①拆船过程中对各种液态、固态和气态物质的控制和处理不对环境形成污染和二次污染；②拆船过程中零部件和材料的回收利用；③拆船过程采用绿色设施，减少能源的消耗；④拆船过程中各种有毒有害物质的处理处置。

通过上述对绿色船舶的内涵及其生命周期各阶段特点的分析，可确定评价船舶绿色度的指标体系，如图 9.10 所示。

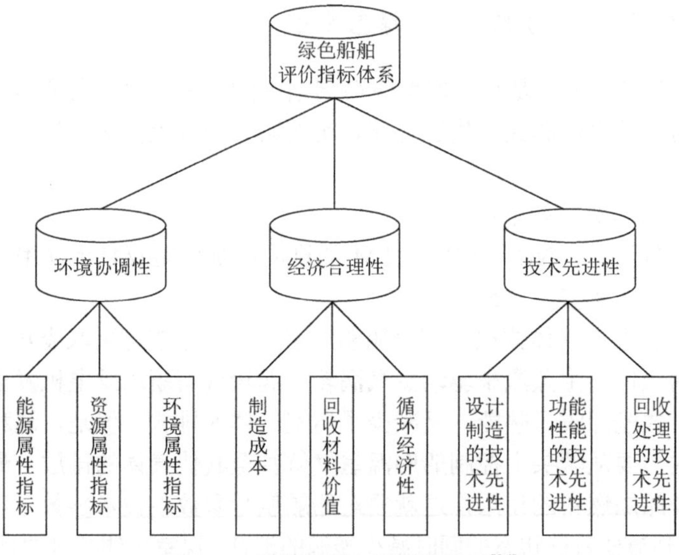

图 9.10　绿色船舶宏观评价体系[86]

到绿色船舶三个基本要素有相互交叉之处，如现在技术先进性和经济合理性很大程度上体现在环境协调性方面。因此，在具体评价船舶的绿色度时可着重针对环境协调性进行分析。根据前面对绿色船舶生命周期各阶段特点的分析，构建出船舶环境协调性指标下三大子指标的具体指标参数，如表 9.11 所示。

表 9.11　绿色船舶评价指标参数[86]

目标层	准则层	子准则层	指标层
船舶绿色度	环境属性指标	船舶制造阶段	大气排放物：焊接烟尘、喷砂粉尘、漆雾粉尘、有机废气（二甲苯） 水排放物：生产废水（舾装含油废水、一般性生产废水、酸碱废水）、生活污水 固体废弃物：工业固体废弃物（废焊材、废钢材、废油漆漆渣、废油渣）、生活垃圾 噪声排放：各阶段排放
		船舶营运阶段	大气排放物：SO_x、NO_x、CO_2 水排放物：生活污水、机舱含油污水、压载水（含油压载水、生物入侵） 固体废弃物：船舶垃圾 噪声排放：航行噪声排放 防污底系统：对生物的损害
		船舶报废阶段	大气排放物：切割废气、氟利昂 水排放物：各种油设施产生的含油废水、含油压载水、机舱含油污水、洗舱水 固体废弃物：电石渣、废机油、废油渣、油泥、石棉、剥落的油漆和涂料碎片、重金属（废旧电池、仪表中含有的镉、汞等）、多氯联苯（电缆线）、聚氯乙烯（导线绝缘外皮和舱室甲板涂层）、可回收利用的固废（木材、旧仪器仪表、铜管等） 噪声：拆船噪声排放
	资源属性指标	船舶制造阶段	船体钢料重量、材料利用率、材料循环利用率、废旧材料回收率、有害涂料比例、消耗臭氧物质使用比例、保温材料有害物质使用比例
		船舶营运阶段	环保设备利用率、高效设备利用
		船舶报废阶段	船舶可拆解效率、零部件重用比例、废旧材料回收比例、环保设备使用率
	能源属性指标	船舶制造阶段	可再生能源利用、高效能源利用
		船舶营运阶段	可再生能源利用、能源消耗种类、主机小时能源消耗、能源循环利用率
		船舶报废阶段	可再生能源利用、高效能源利用

构建指标体系时，每个准则层均考虑船舶制造阶段、船舶营运阶段、船舶废弃阶段三个子准则层。

环境属性参数主要体现为船舶的环境影响行为，从大气要素、水环境要素、声环境要素、固体废弃物四个要素进行分析；资源属性参数主要考虑对资源的消耗、使用方面以及资源的循环利用情况；能源属性主要从可再生能源的利用情况、能源消耗种类、能源消耗量以及能源的循环利用情况加以分析。

绿色船舶评价指标体系应根据其定义和内涵全面、系统地涵盖所有阶段的不同过程。各指标参数应具有代表性、合理性和可获取性，方能保证对船舶评价的客观性和准确性，也使评价过程易于操作。评价指标并不是越多越好，否则会给以后的定量评价获取数据带来难度，但评价指标必须能代表船舶的环境影响行为，使通过这样的评价指标得出的评价结果具有客观性。

9.5.1.2　绿色船舶评判准则（指标体系）的确定

指标体系是定量评价船舶绿色度的基础，船舶绿色度评价结果是否客观准确很大程度上依赖于指标体系构建得是否完善和合理。

评价指标体系构建完成后，还须确定各评价指标的评判准则，即确定各指标分别要达到的标准，这是定量评价确定隶属度函数的基础，也是决定评价结果是否客观准确的一个重要环节。

由于国际公约和相关法规和标准渐趋严格，评判准则也应随着公约和法规标准的变化而变化，是一个动态准则。文献[86]参照现行国际公约、国际法规、国内法规及国家的有关标准，确定了船舶绿色度各指标的评判准则，列于表 9.12。

表 9.12　绿色船舶各指标评判准则[86]

<table>
<tr><th>准则层</th><th>子准则层</th><th>指标层</th><th>子指标层</th><th>评判准则</th><th>依据</th></tr>
<tr><td rowspan="15">环境属性指标</td><td rowspan="12">船舶制造阶段</td><td rowspan="4">大气排放物</td><td>焊接烟尘</td><td rowspan="3">周界无组织排放监控浓度 1.0mg/m^3</td><td rowspan="4">《大气污染物综合排放标准》（GB 16297—1996）（第二时段）二级标准</td></tr>
<tr><td>喷砂粉尘</td></tr>
<tr><td>漆雾粉尘</td></tr>
<tr><td>有机废气</td><td>根据排气筒高度确定排放浓度</td></tr>
<tr><td rowspan="4">水排放物</td><td>含油废水</td><td rowspan="4">处理达中水
水质后回用</td><td rowspan="4">《中国节水技术政策大纲》[7]</td></tr>
<tr><td>一般性生产废水</td></tr>
<tr><td>酸碱废水</td></tr>
<tr><td>生活污水</td></tr>
<tr><td rowspan="3">固体废物</td><td>废焊材、废钢材</td><td>100%回收利用</td><td>中华人民共和国国民经济和社会发展第十一个五年规划纲要[8]</td></tr>
<tr><td>废油漆渣、废油渣</td><td>送相关部门处理</td><td rowspan="2">—</td></tr>
<tr><td>生活垃圾</td><td>环卫部门收集</td></tr>
<tr><td colspan="2">噪声排放</td><td>昼间：65dB（A）
夜间：5565dB（A）</td><td>《工业企业厂界噪声标准》（GB 12348—1990）中Ⅲ类标准</td></tr>
<tr><td rowspan="3">船舶营运阶段</td><td rowspan="3">大气排放物</td><td>SO_x</td><td>目前：燃油含硫量≤4.5%
2012.1.1 起：燃油含硫量≤3.5%
2020.1.1 起：燃油含硫量≤0.5%</td><td>MEPC 第 57 次会议修订的船舶废气排放规则</td></tr>
<tr><td>NO_x</td><td>17.0g/（kW·h），n<130r/min
45.0×$n^{-0.2}$g/（kW·h），
130r/min≤n≤2000r/min
9.8g/（kW·h），n≥2000r/min</td><td>《国际防止船舶造成污染公约》附则Ⅵ规定</td></tr>
<tr><td>CO_2</td><td>低于 MEPC 制定的 CO_2 排放基线</td><td>—</td></tr>
</table>

续表

准则层	子准则层	指标层	子指标层	评判准则	依据
环境属性指标	船舶营运阶段	水排放物	生活污水	大肠菌群<250 个/100ml SS<100mg/l BOD<50mg/l	MEPC《污水处理装置国际排放标准》
			机舱含油污水	$<15ml/m^3$	《压载水公约》
			含油压载水/洗舱水	将油类留存在船上； 专用压载或清洁压载； 原油洗舱； 设置监控系统：油的瞬时排放率不得大于 30L/n mile	
			生物入侵	每立方米排水中，尺寸≥50μm 的存活微生物少于 10 个 每毫升排水中，10μm≤尺寸<50μm 的存活微生物少于 50 个	
			船舶垃圾	管理：对垃圾分别收集，并附明显标志，经过加工处理，使垃圾易于储存和处置 处置：交由港口接收设备处理或者满足要求的情况排放入海	《国际防止船舶造成污染公约》附则Ⅴ规定
			防污底系统对生物的损害	不得施涂或重新施涂有机锡化合物	AFS 公约
	船舶报废阶段	大气排放物	切割废气	使用瓶装乙炔气或高能混合气体切割工艺	《绿色拆船通用规范》WB/T 1022—2005
			氟利昂等	由经过专门培训的工人对 CFCs 与哈龙（halon）进行确认、标识并拆除	经 MEPC 第 56 次会议修订的拆船公约草案
		水排放物	各种设施含油污水、含油洗舱水、机舱含油污水	通过污水处理池进行处理，使水中含油量达到 $10ml/m^3$ 以下后即可排放，同时将废油搜集到接收器回收利用	《绿色拆船通用规范》WB/T 1022—2005
			压载水	每立方米排水中，尺寸≥50μm 的存活微生物少于 10 个； 每毫升排水中，10μm≤尺寸<50μm 的存活微生物少于 50 个	《压载水公约》
		固体废物	电石渣	填埋处理	《绿色拆船通用规范》WB/T 1022—2005
			废机油、废油渣、油泥	回收利用	
			剥落的油漆和涂料碎片	安全填埋	
			废旧电池、仪表	回收重金属	
			电线电缆、设备（含多氯联苯）	由经过专门培训并配备特殊装备的工人尽最大可能将含多氯联苯的材料加以确认、标识并拆除； 废物满足《含多氯降苯废物污染控制标准》	经 MEPC 第 56 次会议修订的拆船公约草案/《绿色拆船通用规范》WB/T 1022—2005
			石棉	由经过专门培训并配备特殊装备的工人尽最大可能将所有的石棉加以确认、标识并拆除	经 MEPC 第 56 次会议修订的拆船公约草案

续表

准则层	子准则层	指标层	子指标层	评判准则	依据
环境属性指标	船舶报废阶段	固体废物	导线绝缘外皮（含聚氯乙烯）	采用剥皮方法回收有色金属，不应采用燃烧的方法去除外皮	《绿色拆船通用规范》WB/T 1022—2005
			木材、旧仪器仪表、铜管等	回收利用	
		拆船噪声排放		《工业企业厂界噪声标准》（GB 12348—1990）中III类标准；昼间为65dB（A）夜间为5565dB（A）	《绿色拆船通用规范》WB/T 1022—2005

在经济发展和环境保护矛盾日益突出、世界造船竞争具有浓烈的绿色背景的情况下，本章定义了具有技术先进性、经济合理性和环境协调性的船舶为绿色船舶，将绿色船舶的生命周期分为产品设计、产品制造、产品使用、产品废弃四个阶段。并剖析了绿色船舶生命周期各阶段的特点，最终依据船舶生命周期各阶段的特点构建了评价船舶绿色度的指标体系，并确定了各指标的评判准则。为进一步定量评价船舶的绿色度奠定了坚实的基础，也为船舶设计部门和船舶管理部门的设计和管理提供了参考依据。

在后续工作中，可采用层次分析法确定准则层和子准则层的权重，然后根据评价指标体系中的评判准则确定隶属度函数和隶属度，最终定量评价给定船舶的绿色度等级。

9.5.2　绿色船舶设计技术

1. 节能型船型设计

Rolls-Royce 公司从 20 世纪 70 年代开始就致力于各种船型研发，目前推出的新船型中采用穿浪型垂直船首设计，独具特色，并迅速抢占新造船市场。穿浪型垂直船首由 Rolls-Royce 公司和挪威科技大学共同研制开发，与传统的球鼻舷相比，穿浪型船首能够使船舶所受阻力降低 8%～10%。此外，Rolls-Royce 开发的 Promas 整合型桨舵推进系统能有效改善螺旋桨尾流，减少推力损失（图 9.11）。数据表明，仅整合型桨舵推进系统一项技术就可使船舶的效率提高 4%～9%。

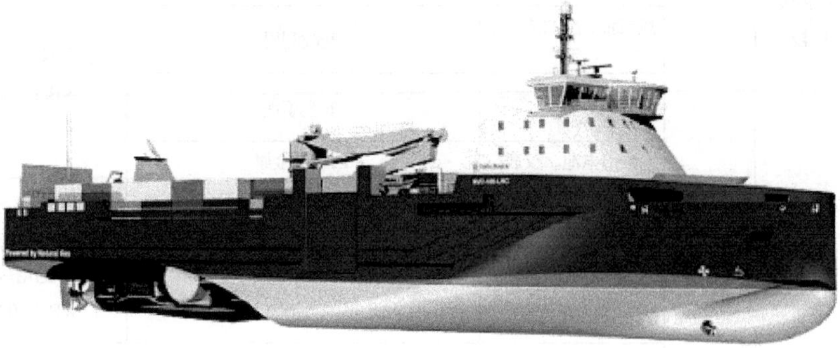

(a)

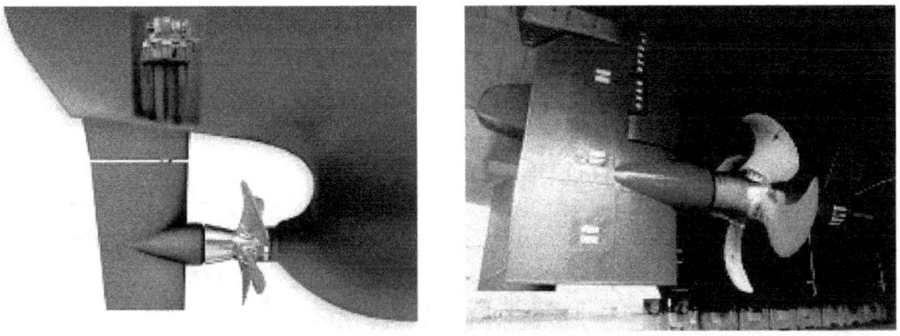

（b）　　（c）

图 9.11 Rolls-Royce 公司开发的节能型船首和整合型桨舵系统[85]

2. 无压载水或少压载水船舶设计

对于传统型船舶，压载水是确保船舶航行的重要手段，是船舶稳性管理的重要步骤之一。但伴随压载水管理产生的海洋生物入侵危害巨大，因此，国内外部分研究机构开始致力于研究如何在不使用压载水的情况下确保船舶航行时的稳定性。目前，压载水船舶理念大致可分为三种，分别为美国密歇根大学研发设计的贯通流系统船体（through-flow system hull）、日本造船研究中心提出的无压载水船舶（no ballast ship，NOBS）理念、荷兰代尔夫特大学试造的单一结构船体。

目前，无压载水或少压载水船舶的开发是一条减少燃油消耗的重要途径，但相关研究还都处于开发阶段，尚未进入实船建造阶段。

贯通流系统船体［图 9.12（b）］设计目标既可阻止压载水中的非本土生物入侵，又无需使用昂贵的杀菌设备。严格来讲，该设计并不是“纯”无压载水船舶，而是采用“活水”以达到压载目的。具体来讲，就是在其水线下拥有一个由大型管道组成的管路网络，海水从船首进入，船尾排出，并形成稳定的流场。从某种意义上来说，这种船舶更像潜艇，部分船体是开放的，流动缓慢的海水始终充满了整个船底部以取代压载水的作用。由于采用的始终是当地海域的海水，不会造成外来物种入侵这一情况。从结构上讲，为了在稳定性、安全性、装载量等方面与典型远洋散货船相同，该设计在船体结构方面需要做出不少改变，如为了能布置足够的压载水管路，内底就需要有所增高，如此一来，为了确保足够的装载量，船深必然随之加大。目前生产的船舶在性能方面的参数对此类船舶基本不能满足，因此，该类船舶可能成为后续研究的方向之一（图 9.12）。

日本和荷兰的无压载水理念较相近，均是以改变船体浮性达到无压载水目的。

无压载水主要途径是通过改变船体型线，保证船舶在空载状态下没有压载水或有少量压载水就可使船舶有合理的浮态，能够安全航行。

2001 年，日本造船技术中心提出了一种完全不需要搭载压载水的 NOBS 的概念方案。2003 年，为了最终能进行实船建造，该方案被列入日本国家工程项目，由国土交通省指导，由运输设施整备事业团、铁道建设运输设施整备支援机构和日本财团提供援助，日本造船研究协会正式开始了研究开发。2005 年，该研究工作由日本船舶技术研究协会接手，委托日本造船技术中心、三菱重工、石川岛播磨联合海事公司和日本海事协会继续进行。

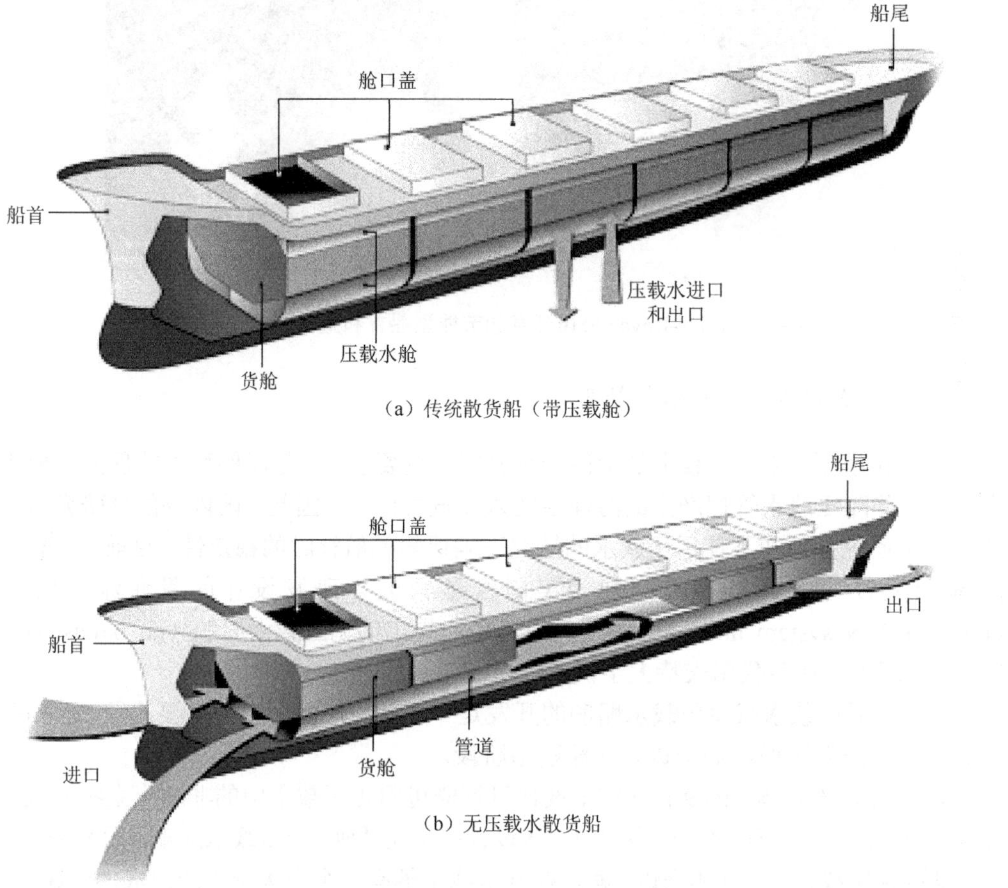

（a）传统散货船（带压载舱）

（b）无压载水散货船

图 9.12　贯通流系统船体和传统压载水船原理[87]

对于 NOBS，首先要研究是否有这样一种船型，在无压载水的情况下能够保证一定的吃水，让船舶能够安全航行。最后的研究结论表明，采用 V 形船底的倾斜式船型，也能在空载无压载水的情况下保证必要的吃水，同时加大船体宽度，以弥补在满载吃水时减少的排水量，如图 9.13 所示。主尺度的其他数据，除船深略浅外，船体长度、满载吃水和载货量则与常规船型保持一致。

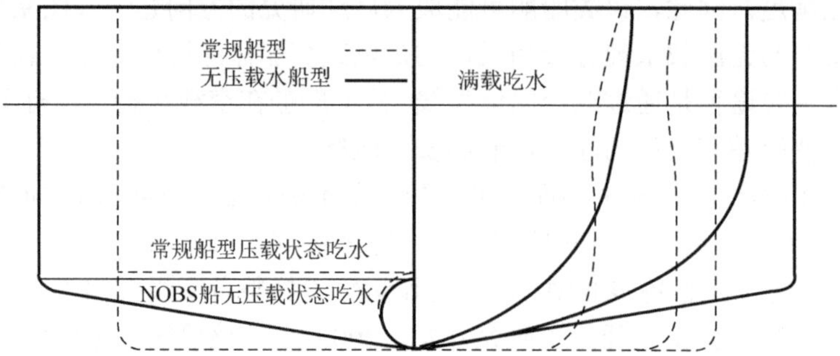

图 9.13　NOBS 与常规船型的横截面比较[87]

研究人员选定的对象船型是无压载水化后获益最大的大型油船（苏伊士型和VLCC）。研究目标是使NOBS型油船在无压载水、空载状态下与常规船型的有压载水、空载状态（搭载相当于满载排水量30%～40%的压载水）相比具有相同的推进效率和适航性，以及满足必要的经济性。随后，研究人员制作了数艘长6.2m的模型船，对其进行静水中的推进效率、波浪载荷等相关水池试验，并得出以下结论。

（1）NOBS在空载状态下，其艏柱底部的海浪砰击频率和冲击压力，以及螺旋桨空转的情况，与同条件下常规船型相同。

（2）在船体结构强度方面，满足日本海事协会的最新结构标准《油船的结构强度准则》。

（3）与常规船型相比，NOBS在满载状态下的推进效率略有恶化，但是空载状态下有了大幅改善，从总体来看提升了6%的推进效率。

（4）操纵性方面，NOBS具有优良的航向稳定性，并满足IMO的操纵性能标准。

（5）由于NOBS加宽了船体宽度，纵向弯矩也有所加大，这增加了船体结构的重量，建造成本有所上升，但是实际上可用提高推进效率来弥补这方面的不利因素。

3. 日本开发的绿色船舶

日本对于绿色船型开发的积极性非常高，对多种船型进行了绿色环保设计[88]，主要包括eFuture 13000C集装箱船、MALS-14000CS集装箱船、neo Supramax 66BC散货船、30万载重吨铁矿石船、8.3万载重吨巴拿马型散货船、第三代成品油船MR-III、17.7万m^3 Moss型LNG船、2000车位汽车运输船、排放极限船、SK船首等。根据船型特点，不同的公司对自己公司主力船型采用了有针对性的绿色技术。

下面介绍各公司采用的绿色技术。

日本石川岛播磨重工集团下属的石川岛播磨联合海事公司开发了一型节能环保型集装箱船——eFuture 13000C，可以降低约30%的温室气体排放。该船的主要减排技术包括以下内容：

（1）提高推进性能，可以减少21%的温室气体排放。主要措施为采用双桨和双艏减小螺旋桨载荷；安装靠近桨毂的球型舵以减少涡流；采用叶尖倾斜螺旋桨以提高推进效率；将桥楼前移；在居住舱室表面配备首部罩以大幅降低风阻；采用低摩擦船底涂层以减少船底摩擦阻力。

（2）提高设备系统效率，可以减少10%的温室气体排放。主要措施为采用电控柴油机和可变喷嘴型涡轮增压器；通过废能回收系统利用主发动机、蒸汽涡轮和排气机产生的废热进行发电。

（3）利用自然能源，可以减少1%的温室气体排放。主要措施是在甲板集装箱的最上层安装太阳能板，其产生的电力储存在船内的锂离子电池内。

此外，石川岛播磨联合海事公司还开发了多种绿色船舶和设备，包括eFuture 310T型油船和eFuture 56B型散货船，通过改进推进效率和有效利用废气能改善装置的热效率，以及通过减少兴波阻力和风阻等措施来提高船舶的节能环保性。主要环保技术和设备包括先进的反转螺旋桨、节能设备、低摩擦涂层、电控低速柴油机、涡轮增压器、废热回收系统、逆变器驱动辅机、鲸背甲板船首、低风阻居住舱室等。

在燃料电池推进船舶方面，石川岛播磨联合海事公司于2009年10月宣布开发世界首艘充电型渡船。该船约250吨，船上的蓄电池组采用5000kW大容量锂电池，经过6～8h充电可以航行120km。使用电力推进后该船将实现CO_2的零排放，而且节省了额外的辅机类设备，不过该船的造价预计比同规模的柴油机船高60%。另外，石川岛播磨联合海事公司开发的反转螺旋桨系统可以减少CO_2、NO_x、SO_x的排放，节省10%的油耗，具有较高的冗余度，该技术在实船中的应用已超过20年。

概括起来，日本各造船公司主要围绕“低消耗、低排放”的绿色环保要求，开展了如下方面的绿色技术研发。

（1）降低阻力：通过船型优化追求阻力最小，从而减少燃油消耗。阻力包括水阻力和风阻力。球首形状及球鼻形状优化、斧型船首、上层建筑流线型或倾斜表面以减小空气阻力等。

（2）提高推进效率：目的是降低燃油消耗和排放污染水平。采用电控柴油机，保证最佳燃烧环境，提高燃烧效率。采用超导流管，安装尾道平行鳍，提高螺旋桨效率。安装Sanoyas船厂的前后鳍节能设备，节省油耗。使用电力推进、太阳能板和岸基电源系统、燃料电池，实现零排放。采用高效螺旋桨，配有反向减摇鳍的半导管系统或配有减摇鳍的球型舵、超燃气轮机推进系统。

（3）环保设备与系统：采用电力甲板机械、安装热能及废气回收系统、NO_x吸收装置、BWMS、空气润滑系统等，均可有效降低CO_2等污染物的排放。

（4）分舱：设置双壳燃油舱、压载舱的无焦油涂层、主机室独立舱底分离系统、日用柜、沉淀柜和污油柜各两组，可在进出硫排放控制区时方便地转换等。

9.5.3 新能源

1. 天帆设计

天帆（sky sails）设计理念来源于风筝，等效于帆船。天帆系统一般布置在船首露天甲板，可于驾驶室遥控，危险状况下可自动切断。目前，最大天帆能提供的动力相当于6800hp[①]的主机。实船试验数据表明，天帆技术的使用能节省10%～15%的燃油，稍加改进，可望突破30%，甚至更多（图9.14）。

目前，该技术还处于前期摸索阶段，全球近10艘船配备该推进系统，主要用于可行性、经济性试验。

优点：环保、经济性好。

缺点：成本较高、使用过程中对于船舶的稳性影响较大、对于船员操纵要求较高（可应急切断）、收帆操纵难度较大。

① 1hp=745.7W。

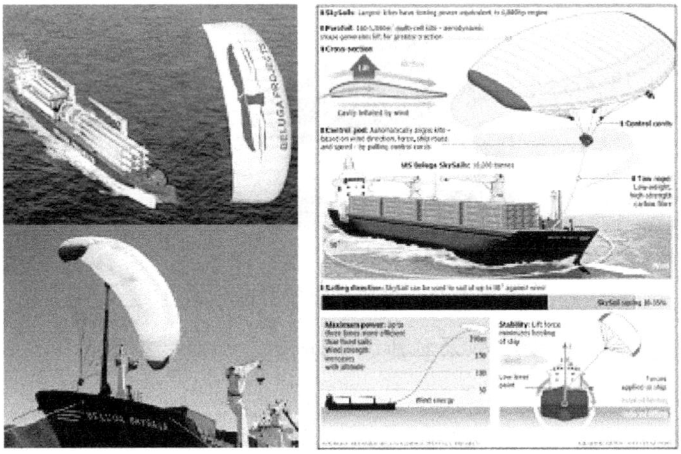

图 9.14　天帆船[85]

2. 太阳能船舶

MS Turanor Planet Solar 是一艘碳纤维双体太阳能动力船舶，由新西兰 LOMOcean 公司设计，德国基尔 Knierim Yaehtbau 船厂建造，挂瑞士旗。该船中心船体的外壳长 30m，宽 15m，由 4mm 厚的碳纤维增强外壳和 50mm 厚的 C70.130 高密度芯材构成。船重 60 吨，其上层配备了约 600m^2 的太阳能电池板。据制造商称，该船储存的能量能在缺乏阳光的情况下进行约 3 天旅行，最高时速约 15n mile。2010 年 9 月 27 日，MS Turanor Planet Solar 从摩纳哥出发，开始环球之旅，它宁静地航行在蔚蓝色的海洋上，向世界展示可持续能源的发展前景（图 9.15）。

（a）　　　　　　　　　　　　（b）

图 9.15　全球首艘环球航行的太阳能动力船舶[85]

3. 气膜减阻

瑞典著名油船公司斯特纳经过 7 年研发，终于在钢壳船船底气垫润滑、减少钢板与水接触的科学实验设计中有所突破。他们在一艘名为 Stena AirMax 的船上进行试验，利用在船底制造一个充满空气的空腔，减少船身与水摩擦的阻力，为船舶航行节省燃油超过 20%（图 9.16）。在当今燃油价格不断上升、柴油引擎效能开发几近顶峰的情况下，这将为全球船舶设计者带来革命性的新选择。

（a）　　（b）　　（c）

图 9.16　气膜减阻模型试验[85]

Stena AirMAX 设计模型的技术参数如下所示。

缩尺比：1∶12。

船长：15m。

船宽：3.3m。

满载吃水：0.9m。

满载排水量：35 吨。

航速：5 节。

主机：2×10kW。

4. LNG 动力船

据不完全统计，船舶采用柴油 LNG 双燃料动力后，柴油的平均替代率达到 60%～70%，可实现硫氧化合物减排 85%～90%，二氧化碳减排 15%～20%，同时，噪声污染、烟尘、废油水排放也大大降低。目前，制约 LNG 动力船发展最主要的因素是加气配置设施滞后，而国内加气设施滞后的根本原因是公约、法规体系的滞后。目前，国内正在开展 LNG 加注趸船试点建造工作，相关规范、法规及主管机关管理规定等政策性文件有望近期生效出台。北欧一些国家大力推广 LNG 作为船舶动力燃料，其 LNG 加注设施网络已基本形成，目前正大力推广船对船的加注模式。2013 年 3 月 20 日，世界上首艘 LNG 加注船 Seagas 在瑞典斯德哥尔摩命名交船，该船由汽车渡船（car and passenger ferry）改装而成，其 LNG 储罐容积为 $187m^3$，载重 84 吨（图 9.17）。

（a）　　（b）

图 9.17　LNG 动力船及 LNG 加注船[85]

其他新能源还包括电力推进装置及潮汐能的应用等。

9.5.4　国内绿色船舶研究

国内绿色船舶技术发展方兴未艾，从 1999 年开始，高等院校、科研院所、船级社等机构都在开展绿色船舶的技术、装备及相关标准研发。

1999 年，有公司尝试采用 LPG 发动机开发新型绿色旅游观光船，代替传统的柴油发动机船，可以有效降低污染物的排放[89]。

2008 年，文献[78]提出了建设资源节约型、环境友好型绿色船舶工业的设想，并就如何建设绿色船舶工业从设计、工艺、管理模式等方面提出了相应的建议。

绿色造船模式在现代造船模式中增加了绿色造船的内涵，即节能、节材、降耗、减污等要求，并将其全面列入建模和转模之中。

9.5.4.1　绿色设计

绿色设计是绿色制造的核心，又称为面向环境的设计。绿色设计除了全面考虑产品的功能、质量、周期和成本之外，还必须使产品及其制造过程对环境和资源消耗的总体影响减到最小。对船舶设计来讲，首先要以节能环保的要求来优化船型、优选船用设备及船用材料，并充分满足船东和航运、港口的环保要求。

上海外高桥造船有限公司针对市场需求，设计开发了 20 万吨级绿色环保散货船，在线型优化、节能附体、主机选型优化、NO_x 及 SO_x 排放、BWMS 等方面均有独特设计，使该船成为真正意义上的绿色船舶[90]。

1. 型线优化

某研究采用了计算流体力学（computational fluid dynamics，CFD）方法及模型试验方法，优选出具有最佳阻力性能和推进性能的船舶线型，线型方案 A 采用 S 型球艏、U 型小球艉船型，线型方案 B 与线型方案 C 采用无球艏船型方案（垂直型艏），艉型相同，线型方案 C 排水量较大，并通过船模试验进行验证。艉部设计采用 U 型小球艉，在艉部横剖面形状及水线形状的设计中，考虑控制水线方向的曲率变化，改善压力纵向梯度，减小艉部流动分离，减少艉舭涡的发生，从而降低黏压阻力，并且改善艉流场伴流梯度，降低最大伴流峰值，增加平均伴流，减小推力减额，提高船身效率，改善艉流场均匀度。

2. 节能环保设计

节能环保设计包括节能技术和环保技术。

节能技术研究主要有以下几个方面：

（1）节能附体。节能附体多安装在艉螺旋桨前后，由于艉部流动的复杂性，目前理论计算尚不能解决节能附体的节能效果问题。该船在线型优化的基础上采用模型试验方法进行节能附体的研究，通过对桨帽鳍、桨前反应鳍、翼式整流鳍和弧式整流鳍等节能附体的试验研究。结果表明，这些研究对于该船桨前反应鳍、弧式整流鳍均有节能效果，其中，弧型整流鳍无论是在设计吃水还是在压载吃水方面均有较明显的节能效果。同时，该节能装置还具有结构形式简单、加工安装简便易行的特点，便于实船应用，该装置可作为该船优选节能附体（图 9.18）。

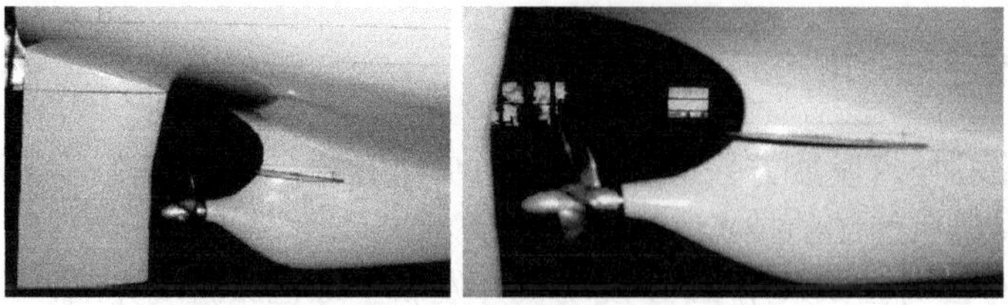
(a)　(b)

图 9.18　弧式整流鳍[90]

(2) 主机选型。该船使用 G 型主机，并适当降低功率，使得额定持续功率（nominal continuous rating，NCR）下的主机油耗比常规主机降低 10%，并对主机进行部分负荷优化或低负荷优化。同时，应用主机控制调整（engine control trimming，ECT）可变喷嘴（variable turbo-charging，VT）、废气旁通（exhaust gas bypass，EGB）等技术，进一步提高主机效率，减少能耗。

环保技术研究主要有以下几个方面：

(1) NO_x 研究。通过对 EGR 系统和 SCR 系统的研究，可选择有效降低船舶 NO_x 排放的措施，满足 Tier Ⅲ的排放标准。

(2) SO_x 研究。低硫油系统的应用已比较普遍，根据油品的不同黏度，分别采用以下三种方式满足欧洲及北美等区域的限排要求：分舱及管路修改，适用于较高黏度的低硫油品（3cSt①以上）；分舱、加冷却器、修改锅炉，适用于中等黏度的低硫油品（2～3cSt）；分舱、采用中央冷冻水系统、修改锅炉，适用于低黏度的低硫油品（1.5～2cSt）。

(3) BWMS。对已有的 BWMS 的研究表明，采用紫外线处理方式的系统，装置尺寸偏大、电力消耗也大、安装修改比较复杂，而且打压载水和排压载水的过程均需进行处理。采用化学药剂的处理系统，一方面药剂本身属于危险品，储存、运输都有一定风险，另一方面，有些药剂不是市场采购品，需要向生产厂家订购，还需要服务工程师上船更换，因此，使用有一定的局限性。

3. EEDI

通过上述一系列措施，包括线型优化、节能附体安装、主机及功率选用等，使得该船的 EEDI 低于基准线 20%。

9.5.4.2　绿色工艺

针对焊接的高能耗及环境污染（有害气体、烟尘、辐射、噪声等）问题，必须从绿色焊接及绿色涂装等几方面入手，具体内容参见 6.2 节。

(1) 绿色焊接；

(2) 绿色涂装；

(3) 清洁生产；

(4) 持续合理工艺流程；

(5) 推进船舶工业绿色供应链建设。

---

① $1cSt=1mm^2/s$。

下　篇　综合安全评估理论及应用

第 10 章　风险管理理论及其在船舶与海洋工程中的应用

20 世纪初，泰坦尼克号客船的沉没促成了《SOLAS 公约》的产生，在此之后，海上航运业的发展与海事国际公约相互依存，对保障海上航运安全起着极为重要的作用。然而，大自然与海洋环境的复杂与恶劣依然如故，技术的进步还达不到消除海上灾难的地步。几十年来发生重大的海难事故引发了人们对 IMO 相应公约的不断修改，尽管这些公约修正案对改善船舶安全起着重要作用，但如此被动地等到海难事故发生后再来修改、审议规则的传统做法是否合理已引起人们思考。人们把目光投向其他同样属于高风险的工业领域，如核工业、化工、海上石油开发等，以期借鉴这些行业在风险管理方面的经验做法，寻找适用于控制船舶运输风险管理的捷径[91]。

由于核工业的行业特殊性，一旦发生放射性物质泄漏事故，后果将不堪设想，所以，早在 20 世纪 50 年代中期，人们就开始运用概率论的方法分析核电厂的安全性，采用动态概率法安全评估，作为颁发和保持作业许可证的基础。20 世纪 70 年代，欧盟通过法令规定，危险性的工厂必须进行专门风险分析。海洋工程领域的风险分析研究始于 20 世纪 80 年代初期，英国石油公司为发展北海地区的石油开发项目，率先在海洋工程领域引入了风险分析方法，这一时期采用的方法主要是继承了核电厂风险分析的成果，有关数据主要取自著名的 WASH 数据库等。挪威于 1986 年颁布规则，要求从事石油生产的海上设施必须进行风险分析，以便确定风险和实施降低风险的措施等。1993 年，为了进一步推动石油工业的发展，在广泛参考众多国际标准的基础上，挪威石油管理部门出台了《挪威海上钻井平台规范》，以统一的《挪威海上钻井平台规范》取代各石油公司的内部规范以及其他的工业规范。

海事界和航运界终于意识到，对于船舶安全和防污染的管理，必须正视人为因素和管理机构的职能，有必要借鉴其他工业领域中应用风险分析方法的成功经验。综合安全评估（formal safety assessment，FSA）方法就是在此背景下提出的，并且立即得到了国际海事组织及国际海事界的重视。

1993 年，英国最先对 IMO 提出将 FSA 的概念引入航运界，建议 IMO 把引入 FSA 作为一种战略思想，逐步在安全规则的制订、船舶设计以及船舶营运管理中应用这一原理。

1994 年，IMO 在通过的《SOLAS 公约》修正案中新增的“高速船安全措施”中，首次引用了民用航空条例（civil aviation regulation）中故障模式影响和临界分析用于高速船，提出了故障模式和影响分析程序。

1997 年，IMO 通过了《IMO 制定安全规则过程中应用 FSA 暂行指南》，IACS 1999 年完成了题为《综合安全评估（FSA）中人的可靠性分析（HRA）指南》的报告，并经 IMO 审批，成为前一个指南的附则。IMO 鼓励各国积极开展试验应用，取得经验，以进一步完善这一新方法[92]。

1998年以来IMO和IACS分别对一系列安全与环保研究项目采用FSA开展研究，如散货船FSA研究、海上更换压载水FSA研究等。许多国家也相继开展这方面研究，如丹麦、芬兰、挪威、瑞典和英国联合开展了客滚船安全评估研究，美国和瑞典应用FSA对航运管理进行了研究，CCS也应用FSA对长江地区高速船进行了风险评估研究。

FSA是一种通过风险分析与费用受益评估，提高海上安全包括保障人命、健康、环境与财产的结构化、系统化的方法。它包括危险识别、风险分析、提出风险控制方案、费用受益评估与提出决策建议等五个步骤。该方法是要在事故之前就预估其发生的可能性大小，并且系统地从整体出发全面考虑影响安全的各个方面，从而采取必要的安全措施，避免事故的发生或降低事故发生的概率、减轻事故后果，并且对风险控制措施进行费用受益评估，从而为制定或修订公约、规则提供科学依据。

FSA可用于海上安全和海洋环境保护等方面新制定的公约、规则的评估，或者对现有公约、规则与拟做出的修订进行比较，以期在各种技术和营运措施（包括人的因素）之间实现平衡，并在提高海上安全、加强海洋环境保护方面的措施与所需要的费用之间实现平衡。通过应用FSA，IMO的决策者可以明确拟做出的规则的改变对整个航运业产生的费用和受益（例如减少的伤亡数量或者污染），以及给各成员国所带来的影响。采用FSA方法做出的决策有利于实现不同利益方的公平、公正，因而有助于各方共识意见的达成。

FSA本身不是规则，只是一种工具，它不能替代IMO的公约或规则，只是在公约或规则的制定过程中起到辅助作用。FSA是一种结构化的系统方法，在规范制定中应用这一方法，目的是要全面地、综合地考虑影响安全的诸方面因素，通过风险评估、费用和受益评估，提出合理的并能有效地控制风险的规范要求，从而不断改进和提高规范的水平。

IMO的成员国政府或者具有咨商地位的国际组织在向IMO提交关于修订海上安全、海洋环境保护以及应急等方面政策的建议时，可以应用FSA分析其建议可能产生的影响。IMO的委员会或者接受委托的分委会等机构可以应用FSA方法对政策框架进行全面审议，以识别出优先事项、重点问题，并分析所提出建议的收益和可能产生的影响。

FSA并不是在所有的情况下都适用，但是对于那些可能在费用（包括对全社会和对航运业所产生的费用）、执法和监管负担等方面产生深远影响的建议，应当应用FSA方法予以评估。此外，对于一些确实有必要降低风险水平，但是所需要采取的措施并不明朗的情况，FSA也非常有用。

FSA对公约规则的变革、对促进船舶设计的发展、对提高船舶航运安全水平均会产生积极的影响，帮助人们建立起全面综合考虑问题和基于风险意识的新观念，并将技术先进性与经济合理性统筹考虑，实现经济发展与社会环境的可持续发展目标。

10.1　安全评估基本术语

进行风险管理与安全评估，将效用与费用的博弈达到可接受的程度，从而为风险管理提供经济的手段与措施。这是安全评估的基本思想。

在介绍安全评估方法之前，首先介绍该方法所涉及的专业术语。根据《船舶通用术语-安全评估（草稿）》，涉及的专业术语包括基本术语、危险识别、风险评估、风险控制措施、费效分析等安全评估步骤中的术语[93-100]。

10.1.1　风险分析中的基本要素

1. 风险基本定义

（1）事故分类：根据事故性质进行定性的分类，如火灾、碰撞、搁浅等。

（2）危险（hazard）：对人的生命、健康、财产或环境的潜在威胁。

（3）事故（accident）：涉及人员死亡、受伤、船舶灭失或损坏，其他财产损失或损坏，或环境破坏的意外事件。

（4）频率（frequnce）：单位时间内（例如每年）发生的次数。

（5）后果（result）：某一个事故的结果。

（6）风险（risk）：不确定性对目标的影响，定义为危害可能发生的频率和后果严重性的组合。

2. 安全因素定义

（1）错误（error）：一种与元件或系统合理或预期运行相背离导致的不合理或意外的结果。

（2）失效（failure）：系统一部分或大部分出现了停止执行所需功能的事件。

（3）差错（incident）：一种具有潜在成为事故可能的未预计或未预料的事件，但在该事件中的人员受伤和/或对船舶或环境的损害不会产生大的损失。

（4）事件（event）：指已发生或未发生的一个或多个情形或其变化。

（5）准事故（near miss）：指没有造成后果的事件，还可称为事故征候、临近伤害、幸免。

（6）触发事件（initiating event）：导致危险情况或事故发生的一系列事件中的第一个事件。

（7）事故场景（accident scenario）：表示定义船舶空间或系统内外的事故发展和严重性的一系列条件，并描述与所涉及的事故相关的特定因素，也可理解为从初始事件发展为不期望结果的一个事件序列。

（8）灾害（casualty）：对人员生命和健康的严重伤害，或对环境的严重破坏。

（9）人为错误（human error）：相对于可接受的或所要求的人的实施或操作的偏离，从而导致了不可接受的或不合乎要求的结果的出现。

（10）人为要素（human element）：人为要素涉及人与组织因素之间合理的关系，后者会影响航海系统的安全和设计、建造、维护和操作。

（11）人为因素（human factors）：人为因素涵盖人类科学和工业工程，还涉及人们与其工作行为和工作环境之间关系的优化技术。

（12）初始事件（initiating event）：导致危险情况或事故发生的一系列事件中的第一个事件。

（13）可靠性（reliability）：在特定条件下和一段时间内，理想行为出现的概率。可靠性=1−失效概率。

3. 风险评估

风险是指不确定性对目标的影响，也可定义为危害可能发生的频率和后果严重性的组合。下面介绍相关基本概念。

（1）个人风险（individual risk）：指在指定地点，个人遭受死亡、伤害或者疾病的风险，如船舶事故每年给船员、船上的乘客或其他个人带来的风险。

（2）社会风险（social risk）：指暴露于某一事故场景的群体（船员、港口雇员或整个社会）的平均死亡风险，一般用 *F-N* 曲线或潜在人命损失来表示。

（3）潜在人命损失（potential for loss of life，PLL）：指每年死亡人数的预期值，考虑了所有潜在事故的总体风险，是一种测算社会风险的简单方法。

（4）风险控制措施（risk control measure）：指控制某一个风险因素的方法。典型地，风险控制通过降低后果、频率或者两者的组合来达到。

（5）有效性（availability）：指一个项目在规定的瞬间或一段时间内完成了其所需的功能的能力。

（6）费用/效益分析（cost benefit analysis）：一种合理的和系统性的框架，该框架用直接可比较的衡量单位来评价各种降低风险方案的优缺点。

（7）危险和可操作性研究（hazard and operability study，HAZOP）：是一种对规划或现有产品、过程、程序或体序的结构化及系统分析技术。其对某一系统从概念设计到运行的各发展阶段的危害进行分析，目的是消除或最大程度减少可能的危害。一般采用头脑风暴的形式进行。

（8）风险可容忍度（risk tolerance）：表示在规定的时间内或某一行为阶段可容忍的总体风险等级，为风险分析及制定风险控制措施提供依据。也称为风险可接受度（risk acceptance）。

（9）可忽略风险（risk negligible）：指低于社会普遍接受水平的风险，无需采取进一步的风险控制措施。

（10）定量风险分析（quantitative risk analysis，QRA）：分析计算风险的频率和后果的量值的技术，一般需要更为详细的设计资料和采用专业软件来进行。

（11）检查表分析（check list）：用一张或多张检查表来系统地评估可能的危害。

（12）*F-N* 曲线（*F-N* curve）：用来表示某项目的社会（或群体）风险，横坐标 *N* 表示一次事故中的死亡人数，纵坐标 *F* 表示该项目年发生一次 *N* 人及 *N* 人以上死亡事故的累积频率。

（13）风险矩阵（risk matrix）：由所有危害发生的概率和相应的后果构成的矩阵，用来对危害进行排序。

（14）敏感性分析（sensitivity analysis）：研究模型输入变化对模型输出结果的影响。

（15）不确定性分析（uncertainty analysis）：研究模型输入不确定性对模型输出结果的影响。不确定性指数据、变量、参数或模型等系统或随机误差的量化，或未认识到的相关因素的量化。

（16）风险评价衡准（risk evaluation criteria）：指风险是否可接受或可容忍的衡准。

4. 风险分析技术

风险分析（risk analysis）是指使用适当的分析工具，对危害识别中发现的比较重要的情形的起因、初始事件和可能后果进行分析，确定风险水平并提出需要进一步处理的高风险危害。

风险分析常用的分析技术如下。

（1）失效模式与后果影响分析（failure mode and effect analysis，FMEA）：识别危险的一种过程，在此过程中所有预期的有关系统的部件或特性的失效模式都可以依次加以考虑，并且还要注意到非预期的结果。

（2）失效模式、效用和临界状态分析（failure mode，effect and criticality analysis，FMECA）：一种通过估计失效的严重性和可能性来额外评估失效模式或失效原因临界状态的 FMEA 方法。严重性和可能性都表示在每一个排列图中，临界状态就是这些排列图的组合（它们的输出结果和总和取决于模式）。

（3）事故树分析（fault tree analysis，FTA）：表明事件之间因果关系的逻辑图，这些事件单一或组合的发生会引起高一层事件的发生。这种方法常用来确定“顶层事件”频率，“顶层事件”可以是某一类型的事故或某一非预期发生的危险结果。

（4）事件树分析（event tree analysis，ETA）：一套探究事故、失效或非需求事件的发展和演化的方法。该方法通过图表的形式，从初始事件开始，在每一个具有控制或调节措施的影响点处进行分枝，直到识别出最终的结果，然后指出这些措施成功的概率或频率，以便评估每项后果的可能性。

（5）设问-处理分析（what-if analysis）：一种集思广益的方法，由一组专家通过不断提出的“如果出现什么情况，该怎么样”的问题，找出与某一船舶功能或系统有关的危险、后果、安全性及可能的降低风险的措施。

（6）人类可靠性评估（human reliability assessment，HRA）。这项评估涉及定性和/或定量的方法，用来决定由特殊操作人员执行特殊任务时发生错误的可能性和潜在后果。

人为错误和人类可靠性分析是一项人为要素贡献的对风险进行定性与定量的评估。定性研究包括潜在的人为错误和其后果以及其他人为因素（例如，在紧急状态人类行为的模拟和为逃生、撤离和营救分析提供输入）的识别。人为错误可能性的定量化是通过利用有关的人类可靠性数据（只要存在这样的数据），采用综合性的 HRA 技术来达到的。

（7）贝叶斯网络（bayesian network）：一种由有向无环图表示的概率模型，呈现了一系列随机变量间的互为条件的关系。

（8）德尔菲法（delphi）：是依据一套系统的程序在一组专家中取得可靠共识的技术。

（9）绝对概率判断方法（absolute probability judgment）：当研究的情况不存在相关数据时，通过专家判断对人为失误概率直接进行数值估算的一系列方法，如名义群体法、成对比较法等。

（10）场景分析（scenario analysis）：是指通过假设、预测、模拟等手段，对未来可能发生的各种情景及其可能产生的影响进行分析的方法。

（11）层次分析法（analytic hierarchy process，AHP）：是将与决策有关联的元素分解成目标、准则、方案等层次，以此为基础进行定性和定量分析的决策方法。

5. 费效分析

（1）保险系数（assurance factor）：指为避免事故发生或减轻事故后果的社会支付意愿。

（2）冗余原则（redundant principle）：没有单一（设备的、操作的）失效可能引起不可接受的结果。

（3）最低合理可行（as low as reasonably practicable，ALARP）：一种根据风险水平判断是否需要采取风险控制措施的原则。对介于可忽略线和不可容忍线之间的危害，应在合理可行的前提下尽可能将风险降至最低。俗称二拉平原则。

（4）失效模式（failure mode）：系统失去部分或全部功能时所呈现的形式。

（5）净灾难转移费用（net cost of averting a fatality，NCAF）：采取进一步风险控制方案所产生的额外成本与其获得的经济效益之差与该方案降低人员伤亡风险的比值来表示的一种成本效益度量。

$$\mathrm{NCAF}=\frac{\text{额外成本}-\text{经济效益}}{\text{降低的风险}}=\mathrm{GCAF}-\frac{\text{经济效益}}{\text{降低的风险}}$$

（6）总灾难转移费用（gross cost of averting a fatality，GCAF）：采取进一步风险控制方案所产生的额外成本与其降低人员伤亡风险的比值来表示的一种成本效益度量。

10.1.2 事故分类

下面根据事故性质对其进行分类。

（1）碰撞：不论是否在航行中、锚泊或系泊，撞击或被另外的船只撞击（该类情况并不包括撞击水下的失事船只）。

（2）搁浅：触礁或撞击/触及岸沿或海底或水下物体（如失事船只等）。

（3）接触：撞击任何固定或浮动的物体而不包括上述碰撞或搁浅。

（4）火灾或爆炸：发生火灾或爆炸事故是最初的事件。

（5）灭失：船舶的毁灭是由未确定因素引起的，在相当长的一段时间内无法接收到有关情况和位置的任何信息。

（6）机械：因机械故障导致的事故。

（7）结构完整性的丧失：结构的破坏会导致水的浸入和/或强度的丧失和/或稳性的丧失。

（8）浸水：水的浸入会导致船舶的沉没或下沉。

（9）沉没：由于恶劣的气候、裂缝的渗漏、断成两部分等引起的下沉。

（10）其他各种情况：不包括在上述各类情况中所发生的事故。

10.1.3　定性与定量表示安全程度

安全程度从两个方面来定义，分别是事故发生的频率与事故的后果严重性。

事故的发生频率通常定性地划分为极少、很少、经常和频繁。实际操作时赋予量的范围，例如，对极少，一般定为小于等于 1×10^{-8}。

后果严重程性通常定性地划分为轻微、显著、严重和灾难性。实际操作时可从不同的角度考虑，例如，人命安全、环境污染或商业损失，并分别加以量化。

风险被赋予了量化的定义，从而具有了可度量性及可分析与评估性。下面以高速船安全规则为例，介绍其定性表示船舶安全程度的方法。

1. 事故的严重后果分类

轻微：由于某一失误、事件或错误引起，能够由船员校正。

显著：产生下述情况的后果。

（1）明显增加船员的操作责任或者增加操作困难，如果同时没有其他重大影响发生，该责任是在一个能胜任的船员能力之内。

（2）操作特性显著降低。

（3）大幅度修改允许的操作条件，但不会去掉完成安全航行而不损害操作船员正常技能的能力。

严重：具有下述影响的后果。

（1）增加船员操作职责到一个危险程度或在进行其操作时非常困难，不可能要求他们处理这些情况，很可能需要外界的帮助。

（2）操作特性降低到危险程度。

（3）船舶强度降低到危险程度。

（4）对船上人员伤害到一临界状态。

（5）非常需要外界的援助。

灾难性：导致船舶灭失和/或人员伤亡的后果。

2. 从生命安全的角度考虑后果的严重程度

轻微：单个或较少的伤害。

显著：多倍的伤害。

严重：单个或少量的死亡，如少于 10 个。

灾难性：大量的同时发生的死亡，如多于 10 个。

3. 从环境污染的角度考虑后果严重程度

轻微：废弃物的排放，如食物、未经处理的污水或者少量油、油类混合物的渗出。

显著：油、油类混合物或化学品的中途溢出。

严重：大量的油、油类混合物或化学品的溢出，如人容量油柜的部分排放，引发较长时期的破坏。

灾难性：大部分的油、油类混合物或化学品的溢出，如大容量油柜的整个排放，引发显著的长期的破坏。

4. 从商业损失的角度考虑后果的严重程度

轻微：较少的破坏，可能是一万英镑或更少的损失。

显著：需要海岸支持或修理的损坏，其损失可能在十万英镑左右。

严重：需要船舶拖引帮助、干坞或漫长修理的损坏，其损失可能在一百万英镑左右。

灾难性：整个财产的损失，如船舶的灭失包括结构损坏或大约一千万英镑或更多的损坏。

10.2　FSA

FSA[93]是一种结构化和系统性的分析方法。在船舶工程设计、航运安全管理和制定规范中应用 FSA 的目的在于通过风险评估和费用受益评估，尽可能全面、合理地使规范、设计、营运、检验的各个方面有效地提高海上安全（包括保护生命、健康、海洋环境和财产）的程度。

FSA 可以作为一种工具，用于帮助评估新制定的安全规范或对改进的规范与现有规范进行比较，以使其在各种技术、操作方面（包括人为因素），以及在费用和受益之间达到协调。FSA 的结果可以作为规范制定或修改的背景资料，并能对规范的制定和修改提供必要的支持，从而提高规范的水平。

在规范制定或修改过程中，可以通过 FSA 对所建议修改的规范进行评价，检查其是否会对船级社和对受其影响的各方在利益（例如提高安全性或减少污染）和发生的有关费用方面产生影响，从而对该规范的制定或修改是否达到预期的要求做出决策。通过 FSA 可以使规范制定或修改对使用者都一样公正，因此有助于各方达成一致意见。

FSA 包括下述步骤：

（1）危险识别。

（2）风险评估。

（3）风险控制方案。

（4）费用与受益评估。

（5）为决策提供建议。

进行 FSA 之前应先确定要评估的问题和范围以及有关的边界条件或约束条件。FSA 应用人员通过 FSA 分析，把最终的分析结果作为制定新的规范和修改现有规范的技术支持或参考依据。图 10.1 为 FSA 方法的步骤。

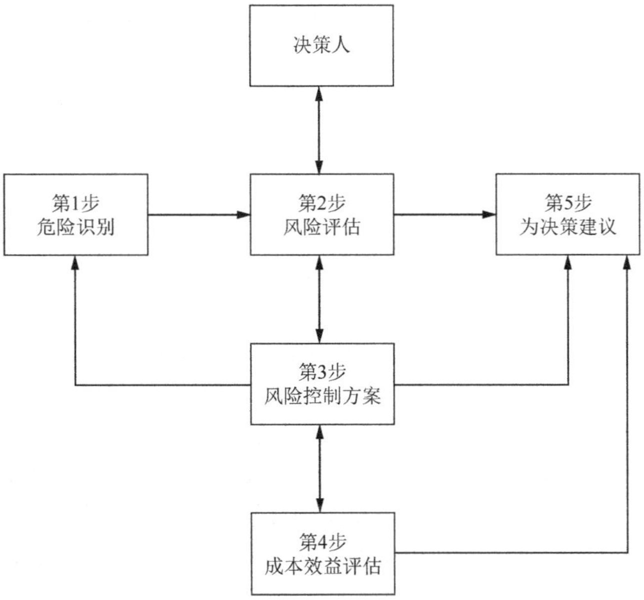

图 10.1　FSA 方法步骤

10.2.1　应用 FSA 方法应考虑的方面

1. 确定 FSA 的应用范围

（1）FSA 方法的应用范围或深度应与所研究问题的性质和重要性相一致。在开始详细评估之前，建议先对有关船舶类型或危险类别进行粗略分析，以便能够在较高层次上综合地、全面地考虑问题的各个方面。

（2）应根据研究问题的范围、性质、已有的数据资料以及需要得到的结果，考虑采用定性或定量的方法评定危险属性和风险水平。在分析中，应既有定性分析，又有定量分析，即既有定性的叙述，又有通过数学方法得出的量化结果。

2. 问题的限定

对新制定规范或修改现有规范应用 FSA 时，应首先仔细确定欲分析问题的主要内容及其边界，对问题进行限定（假定）时应考虑所有相关方面，并使其与操作经验或现行要求相一致。对于船舶，其限定范围举例如下。

（1）船舶类型，如船型、船长或总吨位的范围、新船或现有船、货物种类等。

（2）船舶系统或功能，如总体布置、分舱、推进装置类型、现有船的设计思路等。

（3）船舶营运范围，如无限航区、近海、沿海、内河、遮蔽水域、湖泊等。

（4）船舶作业，如客运、港内作业、航行作业等。

（5）外部对船舶的影响，如船舶交通系统、气象预报、报告制度、定线制、作业区域、港口卸载设备等。

（6）事故类型，如碰撞、爆炸、火灾、船体完整性丧失等。

（7）伴随某种后果的风险，如乘客和船员受伤、死亡、环境损害、船舶或港口设施损坏、商业损失等。

（8）相关的公约/决议、规范，如 IMO 公约、法定检验技术规则、IACS 统一要求、船级社规范、操作和管理规定等。

3. 基本模型

为了应用 FSA，需要定义一个基本模型对某种船型的所有船舶或对考虑问题所共有的功能、特点、特性、属性进行描述。

一般地，对所考虑的问题可从数个功能来描述。例如，当问题涉及某种类型船舶时，这些功能包括客与货装卸及运送、通信、应急响应、操纵性等。换一种情况，当问题涉及某种危险，例如火灾，这些功能则包括防火、探火、报警、灭火、遏制、逃生等。

基本模型不应看成孤立的一艘船舶，而应看成系统的组合，包括要实现所定义功能的组织、管理、操作、人员、电子系统及其硬件设备。根据所分析问题的范围和性质，可将功能和系统分解为适当的更细的层次。应当考虑功能和系统内的相互作用及其变化的范围。

从整体上看，受自然法则决定的船舶“硬件”（即技术和工程系统，对船舶而言即船舶设备和系统）是整个系统的中心，而“硬件”的各方面均与“软件”（即乘客、船员以及相关的安全管理措施）有关联，“软件”又与人的行为直接相关。应该注意到，“软件”与组织和管理基础以及有关船舶、船队操作、维护和管理人员相互影响。这些系统与外部环境有关，此环境受到航运界与公众的压力和影响的支配，系统中的每一方面都受其他方面的动态影响，图 10.2 为完整的系统构成。

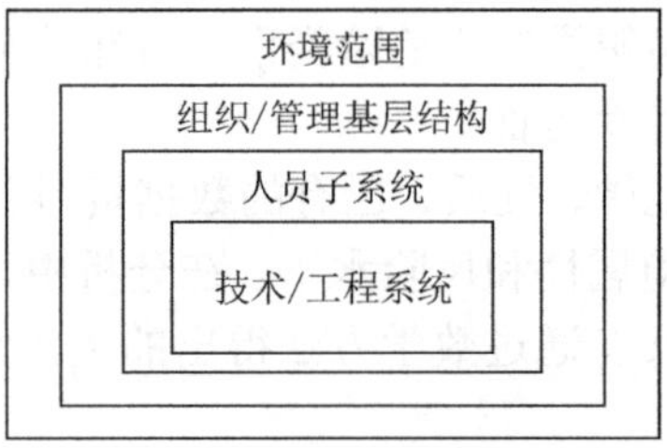

图 10.2　完整系统的构成

4. 人为因素

人为因素是引起事故和避免事故的重要的影响因素之一，在 FSA 框架内应系统地考虑整体系统中的人为因素，并把人为因素直接与事故的频率、潜在的事故原因或影响联系起来。

5. 可用的信息和数据

为了进行 FSA，收集每一步骤所需的信息和数据是非常重要的。所需信息包括船舶或系统的基本信息和有关事故方面的信息。有关的具体事故报告、事故隐患线索和记录以及各种失误情况（包括技术错误、操作或人为失误）等信息的获取将有助于分析事故的潜在原因和发展过程，从而有助于制定出更为平衡、积极和高经济效益的规范。可以考虑利用 IMO、IACS 或其他组织公开发布的已有数据（例如伤亡和缺陷统计数据）。

当缺少可用数据时，可以通过专家评判、物理模型、模拟和解析模型获取有价值的结果。

为了辨别不确定性和局限性以及评价对已有数据的依赖程度，应对收集到的数据进行分析和评价，即对所收集数据和信息资料的精度和可信度进行科学判断。

10.2.2　FSA 详细实施步骤

10.2.2.1　FSA 第 1 步——危险识别

1. 目的和范围

（1）危险识别的目的是对所评估的系统可能存在的所有危险进行识别， 并将这些危险按照危险程度排列出清单，以便对主要危险进一步分析和提出相应的控制方案。

（2）危险识别是确定危险存在并定义其特性的过程。可以通过标准技术识别对事故有影响的所有危险，分析事故发生的可能原因和可能导致的后果，并利用已有的数据进行评价，最后将这些危险排序。

（3）可以通过评议图 10.2 所列基本模型，就所考虑的船舶类型或问题的基本功能和系统进行危险识别。

2. 识别方法

用于危险识别的方法一般应是发挥想象和采用标准分析技术的结合，以便尽可能识别有关的危险。发挥想象在于保证识别过程是积极的，并不仅限于对过去有材料记录的危险。特别是应该建立一个有组织的小组来完成这项工作，以便找出事故和有关危险的原因和产生的影响。小组成员应尽可能由各方面的专家组成，如船舶设计和操作、帮助危险识别过程的专家，必要时还应包括人为因素的专家。在分析时，应适当考虑以往的经验，可利用一些典型的背景资料例如，适用的规范、可用于事故分类的统计数据、对人员危险、危险物质、火源等的一览表等。

在进行危险识别时，对每种危险的可能产生原因、初始事件和后果可先用某些标准技术进行粗略分析。常用的分析方法包括检查表法、假设分析技术、故障模式和影响分析、危险与可操作性研究与危险预分析等。具体可参见 10.3.2 节。

3. 实施过程

（1）在已确定的分析范围内，根据基本模型所定义的船舶和系统功能，对搜集到的资料进行整理。例如，确定适用的公约、规则、规范、规定等；根据已知的事故、事故统计资料或其他相关的引起事故的信息（例如，技术失误、操作或人为失误等）整理形成危险列表和粗略的危险分类。

（2）组织召集有关方面专家参加的危险识别会（或以调研、座谈等其他形式），通过发挥想象，系统地对危险进行识别。应由懂得 FSA 方法的人组织危险识别会，并指定专人记录会议的内容和过程。建议使用危险识别工作表将会议内容形成系统的结果。危险识别工作表中可以包括识别号、事故情况、发生阶段、事故原因、事故影响、如何事先发现、事故的严重程度、频率、适用的规范要求、说明等栏目。可使用类似的人为因素危险识别工作表系统分析事故发生中人为因素的影响。

（3）对识别的危险进行排序：①利用各类事故不同后果出现频率的数据和专家的判断对每一类危险的结果和频率进行评估，去掉经评估认为不重要的情况；②根据频率值和可能的结果按照严重程度对危险从高到低进行排列；③可采用风险矩阵对危险排序。应用风险矩阵时，对频率和后果严重性的分等和定义应根据分析的问题和可用数据的情况决定。

（4）对将要在第 2 步风险评估中进一步评估的危险，其从开始发生到最终结果的过程应该有所描述。

4. 结果

第 1 步危险识别的结果应为按危险程度排列的危险一览表。

（1）危险原因。

（2）对事故情景从初始事件发展至最终后果的初步说明。

（3）危险发生频率和后果严重性的估计。

（4）危险的风险排序。

10.2.2.2　FSA 第 2 步——风险评估

1. 风险评估的目的

（1）确定风险的分布，并且识别和评估影响风险水平的因素，以便能够把注意力集中在高风险区和影响风险水平的主要因素方面。同时，找出规范体系与出现事故和事故后果之间的关系，以便能对规范进行适当的修改以减少风险。

（2）分析和评估风险水平，以便将这些风险（例如对人员的风险、对环境或财产的风险）控制在可接受的范围内。

2. 风险类型和风险度量单位

对不同类型的问题，可能需要考虑各种不同的风险，例如，对人员的风险（包括个人风险和社会风险）、对环境造成的风险或导致经济损失的风险等。对于不同的风险应该采用适当的风险度量单位来表示。一项研究中可能需要分别对几种风险进行分析。

3. 分析模型和假定

建立分析模型和设立假定可能直接影响分析结果，应使分析模型和假定条件尽可能符合实际。

4. 风险分析

进行风险分析有几种常用的分析方法/工具，具体参见 10.3.2 节。

5. 风险评估和风险的可容忍度

由分析得到的风险水平应通过比较进行判别，以便确定现行的规范是否合理和是否必须制定新的规范降低风险。为了确定风险是否在可容忍的范围内，需要选择适当的、合理的风险标准作为判别准则。一般来说，不应根据某一单独的可接受风险标准作出决定，而应使用按范围划分的标准。例如，个人风险标准、社会风险（又称群体风险或大灾风险）等。当缺少风险可用的可接受风险标准时，可参考选用其他行业的适用标准。

6. 敏感性分析和不确定性分析

在风险评估中应考虑进行敏感性分析和不确定性分析，并且应将结果连同量化数据和对所用模型的说明一同报告。敏感性分析和不确定性分析方法依赖于所用的风险分析方法和风险模型。

敏感性分析是研究如何将模型输出中的不确定性分摊到模型输入时的不确定性来源中，即估计输入参数的不确定性对模型输出结果不确定性的贡献程度。与其关联的一个做法是进行不确定性分析，后者更关注于量化模型输出中的不确定性。理想状态下，不确定性和敏感性分析应先后进行。

不确定性分析研究决策问题中变量的不确定性。不确定性因素包括随机不确定性（事物行为的随机性，例如船舶与海洋工程结构物在一定时期内可能遭遇到的波浪载荷极值的概率分布、火灾发生位置与规模等）和认识不确定性（表达知识的不完备性，例如极端环境下人员行为、结构疲劳机理等）。不确定性分析的目的是通过对相关变量的不确定性进行量化以对决策做出技术贡献。

7. 实施过程

（1）确定要分析的风险类型和风险的度量单位。

（2）建立分析模型和作出基本假定。可根据具体情况采用风险贡献树、事故树分析、事件树分析或其他形式的分析模型。

（3）通过量化风险贡献树或通过事故数据统计分析确定各种事故类型风险的分布和影响风险的各种因素。用于分析的事故统计数据应与所分析的问题范围相对应并具有代表性。

（4）识别并评估高风险区和影响风险的主要因素的同时，分析现行规范对高风险区和影响风险的主要因素的作用和有效性。

（5）用适当的方法计算各种风险值。一般常用潜在人命损失（potential loss of life，PLL）表示对人员的风险；用事故死亡率（fatal accident rate，FAR）表示个人风险；用

F-N 曲线表示社会风险。

（6）选用适当的风险标准进行比较，评价说明所分析的风险结果所属范围，即可以忽略、不可容忍、合理可行的低风险区。

8. 结果

第 2 步风险评估的结果应该包括以下内容。

（1）确定需要考虑的高风险区。

（2）识别影响风险水平的主要因素。

（3）说明所分析的风险结果所属范围。

（4）对风险模型的说明。

（5）必要时，对第 3 步提出的风险控制方案的风险重新评估结果。

10.2.2.3　FSA 第 3 步——风险控制方案

1. 目的

第 3 步的目的主要是在危险识别和风险评估的基础上， 有针对性地提出有效可行的降低风险的措施，从而分组形成实际可行的规范要求。

第 3 步提出的风险控制方案既要解决原来存在的风险，也要考虑由于新技术或更新的操作方法所引起的风险。原来已知的风险和由第 1 步和第 2 步新识别的风险都应考虑到，应广泛提出风险控制措施。

2. 需要注意的方面

应通过对第 2 步结果的筛选，集中考虑最需要控制其风险的区域。评估时应主要考虑以下内容：

（1）风险水平，考虑事故发生的频率和后果的严重程度。其风险水平为不可接受的事故即成为注意点。

（2）概率，找出风险贡献树中发生概率最高的区域，此时不考虑后果的严重性。

（3）严重性，找出风险贡献树中事故发生后果最为严重的区域，此时不考虑事故发生的概率。

（4）可靠程度，在风险贡献树上从风险、后果严重性或概率方面找出有相当不确定性的区域。

3. 风险控制措施

通过采用结构化的审议技术，可以找出对现有的措施尚不能完全控制的风险的新控制措施。这一技术不但鼓励提出适当的措施，而且包含风险属性和因果链。其中，风险属性关系到这些措施如何控制风险，因果链则说明导致事故的初始事件中哪些地方可以引入风险控制。

风险控制措施（以及下一步的风险控制方案）有各种属性，这些属性可以根据附录 C 中所给的例子分类。

划分风险控制措施属性的主要目的是有利于进行结构化的思考，帮助理解风险控制措施如何起到作用、如何应用以及如何操作。风险控制措施的属性还可认为能对选用不同的风险控制措施提供指导。

许多风险是复杂的事件链和多种原因的综合结果，对于这样的风险，可以借助于绘制因果链发现风险控制措施，事故链可以表达如下：

引发因素→失效→情况→事故→后果

一般地，风险控制措施应能够达到下述目的：

（1）通过改进设计、改进程序、组织方针、加强培训等措施减少故障频率。

（2）减轻故障的影响，防止事故发生。

（3）缓和可能发生故障的环境。

（4）减轻事故后果。

4. 风险控制方案

这一步骤的目的是把风险控制方案分为有限的、经过周密思考的、可实际应用的规范方案。有许多可能的方法把单个的措施组合为规范方案。下述两种方法可供考虑：

（1）根本法，通过控制事故发生的可能性达到风险控制，这种方法对预防几个不同的事故序列可能有效。

（2）补充法，控制事故升级以及影响到其他事故（可能是无关的其他事故）接着升级的可能性。

形成风险控制方案时，应确定可能受到所建议的措施影响的有关方面。

5. 实施过程

（1）集中考虑需要控制的风险区域。

（2）识别出可能的风险控制措施。

（3）将风险控制措施分组形成实际可用的风险控制方案，即形成规范要求或规范修改方案。

（4）识别出受所选风险控制方案影响的有关方面。

（5）必要时，通过风险贡献树分析重新评估每一实际可行的风险控制方案的风险。

6. 结果

第 3 步风险控制方案的结果应该包括以下内容：

（1）各种风险控制方案。

（2）必要时，通过第 2 步风险评估重新评估这些方案对减少风险的有效性。

（3）受所确定的风险控制方案影响的各方名单。

10.2.2.4 FSA 第 4 步——成本效益评估

1. 目的

第 4 步的目的是估算和评价由第 3 步识别和确定的每种风险控制方案所产生的成本、效益和降低的风险。

2. 成本、效益和降低的风险

成本 ΔC，是指由于采取相关风险控制方案增加的成本，可用整个生命周期内的费用表示，包括初始成本、营运成本以及报废成本等。一般的，风险控制方案（risk controlling options，RCO）的成本可包括以下内容：购买新设备的费用（投资成本）；重新设计和建造的费用；发证费用；培训费用；检验、维护和演习的费用；审核的费用；停业所造成的损失；操作限制所造成的费用等。

效益 ΔB，是指减少风险后获得的相应收益，包括减少人员死伤、减轻财产损失、降低环境破坏、减少向第三方责任赔偿，以及延长船舶平均寿命等方面的收益，不包括降低的保险费用。

风险降低 ΔR，是指采取风险控制方案后风险的减小（例如人员伤亡的减少 ΔPLL、财产损失的减少或环境破坏的减少），可以理解为风险降低率。

利益相关方，通常可定义为受某一事故或所提议的新规定的费用效果直接或间接影响的个人、组织、公司和船旗国等。在应用 FSA 方法和确定政策制定建议时，可将利益相似的不同利益相关方归组在一起。评估过程应针对全局开展并对受所考虑问题影响最大的那些利益相关方开展。

成本 ΔC 和效益 ΔB 要分摊到船舶整个生命周期内，一般假定生命周期为 25 年。一些控制措施的成本花费可能是每年一次，而另外一些成本可能只在一段特定的时间内才存在。

3. 成本有效性评估原则

当仅考虑财产损失或环境污染时，可采用下述原则 $\Delta C<\Delta B$。并且费用/效益比越低，越优先采用。

当考虑人员生命安全时，将人命损失/伤害转化为成本有效性评估，通用衡准为 GCAF 和 NCAF：

减少单位风险所产生的总费用 GCAF：

$$\mathrm{GCAF}=\Delta C/\Delta R$$

减少单位风险所产生的净费用 NCAF：

$$\mathrm{NCAF}=(\Delta C-\Delta B)/\Delta R$$

在仅考虑溢油造成的环境风险的情况下，评估风险控制方案的成本有效性时可采用下述原则：

$$\Delta C<\Delta \mathrm{SC}$$

式中，ΔC 为 RCO 的投入成本；ΔSC 为实施 RCO 获得的收益，即实施 RCO 前的处理溢油成本减去实施 RCO 后的处理溢油成本。

在既考虑溢油，又考虑人命安全的情况下，评估 RCO 的成本有效性时可采用下述原则：

$$\text{NCAF} = (\Delta C - \Delta \text{SC}) / \Delta \text{PLL}$$

式中，ΔC 为 RCO 的投入成本；ΔSC 为实施 RCO 获得处理溢油成本收益；ΔPLL 为实施 RCO 减少的人命损失。

当考虑经济效益 ΔB 时，采用 $\Delta C - \Delta B$ 代替 ΔC。

4. 实施步骤

（1）通过发生频率和后果，对步骤 2 中评估的风险结果界定出所考虑问题的风险水平，也就是确定出未实施风险控制方案前的基准风险。

（2）估计实施每一种风险控制方案使风险降低的程度，将结果与基准情况进行比较。

（3）估算每一种风险控制方案的相关的费用。应该考虑直接的费用（例如有关检验费用）和间接的费用（例如有关操作、培训、规定适应性的费用）。

（4）估算每一种风险控制方案的受益情况。如有可能，列出受风险控制方案影响最大的利益方的受益。

（5）估算每项控制方案的成本有效性（费效比），即减少每单位风险所需总费用和净费用，并对每一控制方案的费效比进行比较。

（6）根据费效比对风险控制方案的实用性进行排序，以便提出合理的决策建议（例如筛除成本有效性差的或实际不可行的方案）。

5. 结果

第 4 步成本效益评估的结果应包括以下内容：

（1）从整体角度考虑第 3 步确定的每种风险控制方案的成本和效益，并用减少单位风险所需费用来表示（即费效比）。

（2）比较所有控制方案的结果，对风险控制方案进行排列。

10.2.2.5　FSA 第 5 步——决策建议

1. 目的

第 5 步的目的是提出建议。这些建议应基于对危险和潜在原因的比较和排序，对费用和受益评估过的风险控制方案的比较和排序，并保证风险在实际合理的可接受的低风险区。

2. 实施过程

（1）对前 4 步的结果从对风险控制的有效性和费用受益有效性角度进行系统和客观

的比较和评估。

（2）对每一方案进行风险平衡分析识别出一个或几个费效比好的方案。

（3）从费效比好的方案入手，分析执行新方案后对各利益方的影响程度，尽量考虑各利益方付出和回报的平衡。

（4）在考虑控制方案有效性并顾及各方利益均衡的情况下，提出合理的建议案。

3. 结果

（1）第 5 步为决策提供建议的结果可以对实际可行的风险控制方案提出具体建议，或者对制定或修改的规范的各种方案提出具体的选择建议。建议案编写的繁简或深浅程度视决策层次和需要而异。

（2）呈交 FSA 结果：FSA 结束后应按照标准格式提交报告。

10.3 风险的度量和可接受衡准及评估技术

10.3.1 风险度量和可接受的衡准

10.3.1.1 风险的度量

风险大小表示事故发生频率和事故所造成的伤害水平的乘积。风险的基本表达式为

$$R = \sum P_i C_i$$

式中，R 表示风险等级；P_i 表示单个事件的发生概率；C_i 表示该事件产生的预期后果。

一般衡量风险时主要考虑以下三种后果类型：①人员风险；②财产风险；③环境风险。不同分析目的需要考虑不同的风险类型，同时应采用相应的风险度量单位。一项研究中可能需要同时对几种风险进行分析。

其中人员风险的度量基本有两种：个人风险和社会风险。风险对个人和对社会都必须是可容忍的程度。

人员风险（individual risk，IR）是指个人和/或一群人在某一给定位置，例如船上的船员或乘客或可能受船舶事故影响的第三方人员，所经受的死亡、伤害和不健康风险。通常将伤害水平的范围缩小到人命损失，因而风险以频率和死亡数量来表示。换言之，人员风险一般指人命丧失的风险，通常表示为每年的死亡人数。

个人风险可看成是对孤立的某个个人的风险，而社会风险是一重大事故对社会的风险。社会明显感觉一次事故死亡 1000 人要比每次事故中死亡 1 人的 1000 次事故更严重，因此社会风险的可容忍水平一般低于个人风险可容忍水平。

1. 个人风险

通常 IR 系指死亡风险，并根据最大程度暴露的个人来确定。个人风险依具体人员和位置而定。

$$\mathrm{IR}_{人员Y}=F_{意外事件}\times P_{人员Y}\times E_{人员Y}$$

式中，F 表示意外事件的发生频率；P 表示事件导致人员伤亡的概率；E 表示该风险下人员的暴露程度。

计算个人风险的目的是为确保可能受船舶事故影响的个人不暴露在过度风险之下。当需要评估某一事故对在某一给定位置上的某一具体个人的风险时，使用这种风险表达方式。个人风险不仅考虑事故发生频率和后果（此处指死亡或伤害），还考虑该风险下的个人暴露程度，即该个人在事故发生时处于该给定位置的概率。举例说明：一个人在港口区域因液货船爆炸致死或受伤的风险，距离爆炸地点越近风险越高，该人在爆炸发生时处于该地点可能性越大风险越高。因此，在爆炸附近的工人的个人风险将高于在港口码头周边的居住者。

2. 社会风险

社会风险是指暴露于某一事故场景的一群人（例如船员、港口雇员）经受的平均死亡风险。实际上，人们往往更关心事故对整个社会造成的后果，即事故对整个社会的总影响，这需要用社会风险来度量。社会风险是一种考虑多人死亡的风险，不仅要考虑非期望事件发生的概率，还要考虑处于危险状况的人员的数目。这里人员是一个群体概念，而不考虑群体中的独立个体。

社会风险用于估算影响到多人的事故风险，在评估使一大群人受影响的风险时，可生成对每一类型事故（例如碰撞）的社会风险，或可通过将所有事故组合在一起（例如碰撞、搁浅、火灾）获得对某一船型的一个总体社会风险。

社会风险也为死亡风险，通常用 *F-N* 曲线或 PLL 表示。

（1）*F-N* 曲线：显示事故的累积频率和死亡数量之间的关系，如图 10.3 所示，其中纵坐标代表 N 个死亡事故的累积频率分布，横坐标代表后果（N 个死亡）。

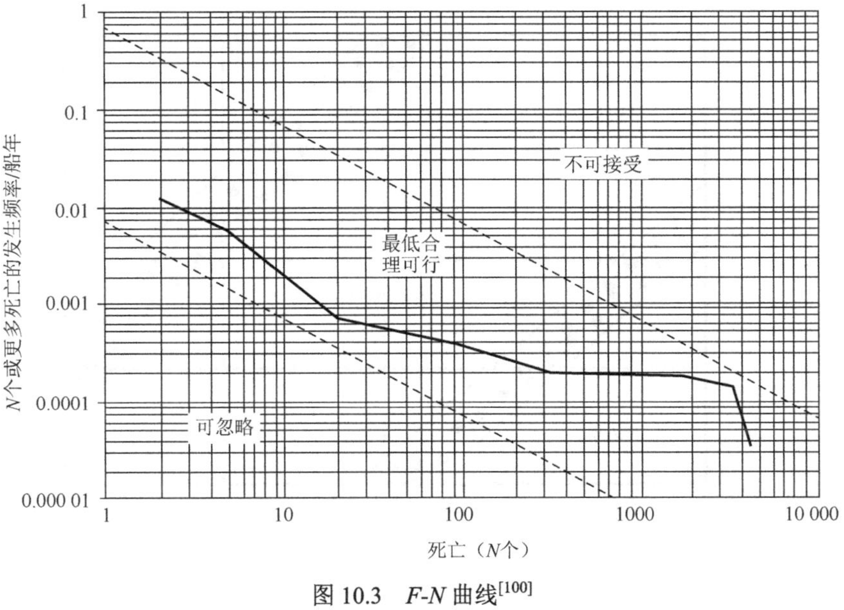

图 10.3　*F-N* 曲线[100]

（2）PLL 是度量社会风险的另一个方法，其定义为每年死亡数量的预期值。PLL 是一种风险积分，即用后果和频率的乘积来表示的风险总和。积分表示包括了所有可能发生的不期望事件。

与 *F-N* 曲线相比，PLL 方法不能显示高频率/低后果事故和低频率/高后果事故之间的区别，所有死亡均以同等重要性对待，无论其是发生在高死亡率事故还是低死亡率事故中。PLL 是一种更为简单的社会风险模式。PLL 典型的度量方式是以每船每年的死亡数来度量（人/船年）。

10.3.1.2　风险评估原理

1. 风险矩阵

风险通常用风险矩阵形式评估，风险矩阵能综合表示风险的两项要素即事故发生频率和后果严重性，风险矩阵见表 10.1。

表 10.1　风险矩阵

	后果严重性			
频率	不明显	轻微	严重	灾难性
频繁	水平 4	水平 3	水平 2	水平 1
正常	水平 5	水平 4	水平 3	水平 2
很少	水平 6	水平 5	水平 4	水平 3
极少	水平 7	水平 6	水平 5	水平 4

2. 风险可接受衡准

根据风险矩阵，将风险划分为三个层次：不可容忍、ALARP、可以忽略。如图 10.4 所示。

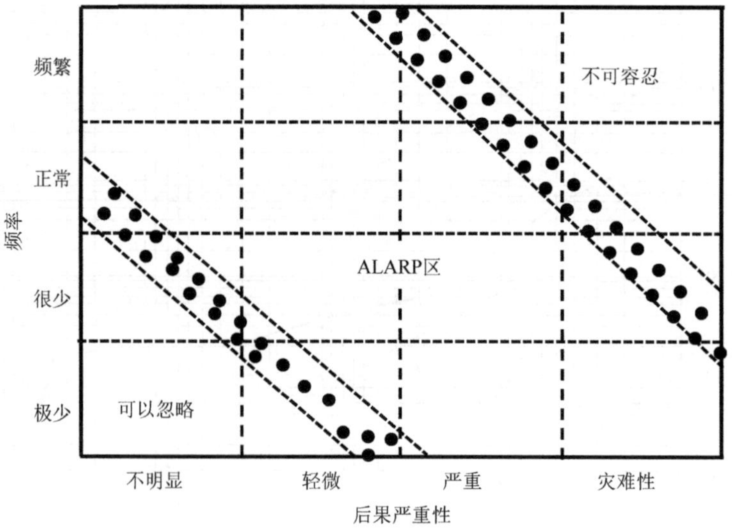

图 10.4　风险矩阵[93]

不可容忍指除非在非常特殊的情况下，否则不能认为风险是合理的；可以忽略指造成的风险很小，不需要采取进一步的预防措施；ALARP 意味着风险介于上述两种情况之间。

位于 ALARP 区域内的风险水平既非低到可以忽视也非高到不可接受，合理可行的前提主要是指采用成本效益分析来识别具有费效比的风险控制方案。人们普遍接受的原则是 ALARP 原则，通过不同形式的风险表示方式，可建立满足不同原则要求的风险衡准，风险衡准将风险水平转换成价值判断。

3. 风险矩阵的量化

风险有大小，可以定性和定量评估。为了对风险进行量化分析与评估，可用如表 10.2～表 10.4 所示的分值进行定量计算。

表 10.2　事故发生概率（*L*）[103]

可能性	分值	任务
高度可能	5	事故几乎不可避免
很可能	4	存在不确定性，对个人每 6 个月至少遇到一次，或者作业关联方中的一项缺陷就可能导致事故的发生
可能	3	对个人每 5 年至少遇到一次，或者作业关联方中当多项缺陷组合时就可能导致事故的发生
可能性低	2	在个人职业生涯中可能会遇到一次，或者只有罕见事件出现时才可能导致事故发生
可能性微小	1	在个人职业生涯中只有 1%的机会碰到，几乎不可能发生

表 10.3　后果风险矩阵（*C*）[103]

严重程度	分值	人员	财产	环境
非常严重	5	多人死亡	全损/>100 万元	重大污染/启动国家应急反应计划
严重	4	1 人死亡或多人受重伤	严重受损/10 万～100 万元	较大污染/启动当地或港口应急反应计划
比较严重	3	多人受伤或 1 人受重伤	未严重受损/1000～10 万元	中度污染/启动船舶应急反应计划，并需多方协助
不严重	2	1 人受伤或多人受轻伤	设备局部受损/100～1000 元	小污染/启动船舶应急反应计划
轻微	1	轻微受伤或疾病	轻微受损/<100 元	轻微污染/采取补救措施

表 10.4　风险（*R*）等级[103]

等级	$R=L\times C$	危险程度
1	1～2	小风险
2	3～6	可容忍的风险
3	7～12	中度风险
4	13～19	重大的风险
5	≥20	不可容忍的风险

根据危险发生的可能性与后果严重性之乘积来确定所评估风险的级别，如表 10.5 所示。风险级别不同，对应有不同的风险防范措施。

表 10.5　风险级别的评估[103]

	C				
L	轻微（1）	不严重（2）	比较严重（3）	严重（4）	非常严重（5）
可能性微小（1）	小风险	小风险	可容忍的风险	可容忍的风险	可容忍的风险
可能性低（2）	小风险	可容忍的风险	可容忍的风险	中度风险	中度风险
可能（3）	可容忍的风险	可容忍的风险	中度风险	中度风险	重大的风险
很可能（4）	可容忍的风险	中度风险	中度风险	重大的风险	不可容忍的风险
高度可能（5）	可容忍的风险	中度风险	重大的风险	不可容忍的风险	不可容忍的风险

4. 不同的风险防范措施

针对风险的危险程度，采取相应的措施加以防范，如表 10.6 所示。

表 10.6　针对不同风险等级应采取的防范措施[103]

等级	危险程度	防范措施
1	小风险	可以接受的风险，保持监控，防止扩大
2	可容忍的风险	无需额外的控制措施，除非所付出的成本非常低。确保保持了相应的控制措施
3	中度风险	应采取行动降低风险，同时平衡成本和效益（包括时间、金钱和努力）。若综合风险属中度，但带来的后果非常严重，在制定风险控制措施后必须再进行评估，明确造成的危险有多大，以作为改进控制措施的基础
4	重大的风险	降低风险之前，不得开始工作，同时也可能需要为降低风险付出大量资源。若风险涉及进行中的工作，必须采取紧急行动
5	不可容忍的风险	降低风险之前，不论工作是否已经开始，都必须停止。若花费了极大的资源也不可能降低风险，则禁止作业。除非在极端的情况下，否则风险是不能接受的

10.3.2　常用风险评估技术

目前在 FSA 评估中常用的方法包括事件树分析、事故树分析、风险贡献树、失效模式与后果影响分析、危险和可操作性研究等。下面重点介绍一下事故树分析和事件树分析方法。各种方法的适用性随着风险类型的不同而变化。

1. 事故树分析

事故树分析方法（又称为故障树分析方法）是具体运用运筹学原理对事故原因和结果进行逻辑分析的方法。事故树分析方法先从事故开始，逐层次向下演绎，将全部出现的事件用逻辑关系连成整体，对能导致事故的各种因素及相互关系作出全面、系统、简明和形象的描述。

事故树分析是一种灵活的工具，既适用于定量分析，又适用于定性分析，而且易于使用和理解。事故树分析是一种自上而下的工作过程：假设系统发生事故，然后试图找出事故原因。这是通过逆操作过程试图确定什么事件的合理组合有可能会导致事故，于是，系统事故就成为了事故树的顶事件，个体部件故障形成了基本事件，它们都使用逻辑门的网络组合起来，如“与”和“或”，显示事故与其起因之间的关系。顶事件一般是某种类型的事故或意外的危险。基本事件通常是系统正常运行中会发生的事故或预期发生的事件。

对事故树分析包括两部分：定性（逻辑）分析和定量（概率）分析。定性分析是通过将事故树表示的逻辑表达式简化至最小割集来完成的，这是引起主要事件事故所需的最小可能组合。定量分析是通过已知的基本事件发生的概率来计算主要事件的发生概率。

应用事故树分析方法，经过中间联系环节，能将潜在原因和最终事故联系起来，这样可以查清事故责任，也为采取整改措施提供依据。通过对原因的逻辑分析，可以分清事故原因的主次、原因组合单元，这样控制住有限的几个关键原因，就能有效地防止重大事故发生，提高管理的有效性，节约人力物力。

事故树分析的基本程序，可概况如下 5 个步骤：

（1）定义被分析的系统。定义系统的目的就是明确研究对象，包括定义系统的功能、组成、边界及故障模式。

（2）选择系统最严重的事故模式作为顶事件。系统的故障模式可能不止一个，每种事故模式对系统造成的影响也不同。因此，要选择对系统影响最严重的事故模式进行事故树分析。

（3）构建事故树。对顶事件进行分析，首先找出导致顶事件发生的直接原因，把直接原因作为导致顶事件发生的二级事件，再进行向下的更细分析，一直到系统的下边界，即可得出导致顶事件发生的各底事件。

（4）对事故树进行定性和定量分析。对故障树进行定性分析的目的就是找出故障树的最小割集。最小割集可能是几个底事件的组合，也可能由单一底事件构成。根据最小割集中元素的个数确定最小割集的阶数。阶数越小，说明此最小割集越重要，应首先对其进行下一步研究。对事故树进行定量分析，就是依据底事件的发生概率，根据事故树的结构函数来计算顶事件的发生概率以及各底事件的重要度，然后依据重要度大小，对底事件进行排序。

（5）研究应采取的弥补措施。

事故树中的逻辑门：逻辑门决定了对概率（假定事件 A、B 和 C 互相独立）进行相加还是相乘以得到顶层事件的概率值。

船舶舱室火灾事故树示例如图 10.5 所示。

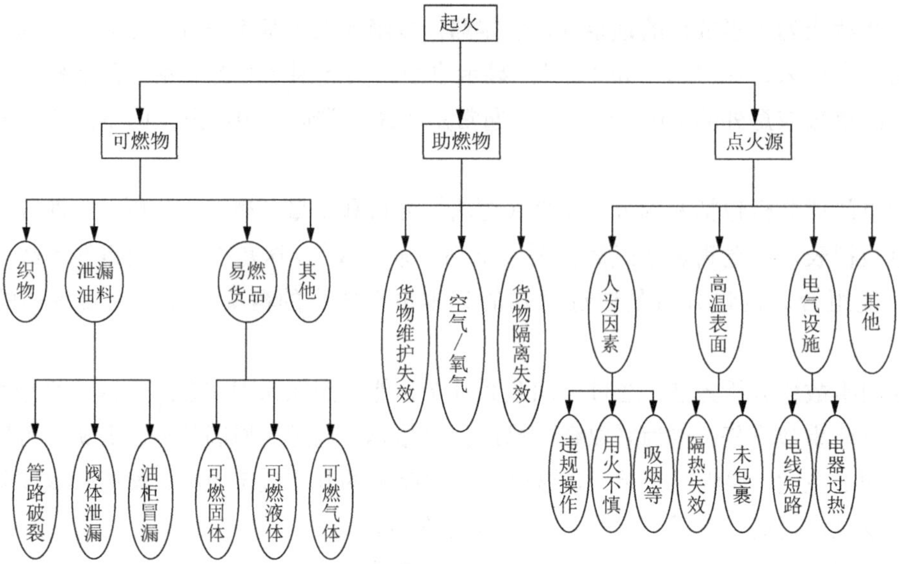

图 10.5　船舶舱室火灾事故树示例[93]

2. 事件树分析

事件树分析方法是一套探究事故、故障或非期望事件的发展和演化的方法。按照事故的发展顺序，分阶段、一步一步地进行分析，每一步都从成功和失败两种可能后果考虑，直到识别出最终的结果。所分析的情况用树枝状图表示，所以称为事件树。通过事件树，可以定性地了解整个事件的动态变化过程，又可以定量计算出各阶段的概率，最终评估每项后果的发生概率（可能性）。事件树分析的基本程序可概括为如下四个步骤：

（1）确定系统及其构成因素，也就是明确所要的对象和范围，找出系统的组成要素（子系统），以便展开分析。

（2）分析各要素的因果关系及成功与失败的两种状态。

（3）从系统的起始状态或诱发事件开始，按照系统构成要素的排列次序，从左向右逐步编制与展开事件树。

（4）根据需要，可标示出各节点的成功与失败的概率值，进行定量计算，求出因失败而造成事故的“发生概率”。

事件树中的初始事件：导致危险或者事故发生的事件序列中的第一个事件。它是人们不希望发生的导致船舶损坏或人员伤亡的事件，初始事件通常在 FSA 步骤 1 中进行识别。每个初始事件发展出一个单独的事件树，例如碰撞事件树、火灾事件树等。

事件树中的后果：事件树中每个可能的结果设定为一种场景（最终状态），场景后果的确定可借助于某些专业软件，例如破损稳性、CFD 计算、火灾模拟、烟气扩散、人员撤离模拟和强度计算等。

事件树中的概率：事件序列中每一步的成功和失败的概率可根据事故数据统计、系统的可靠性、专家判断等手段获得，最终场景的发生频率由各分支事件的概率与初始事件的发生概率相乘而获得。

图 10.6 是船舶火灾事件树示例。

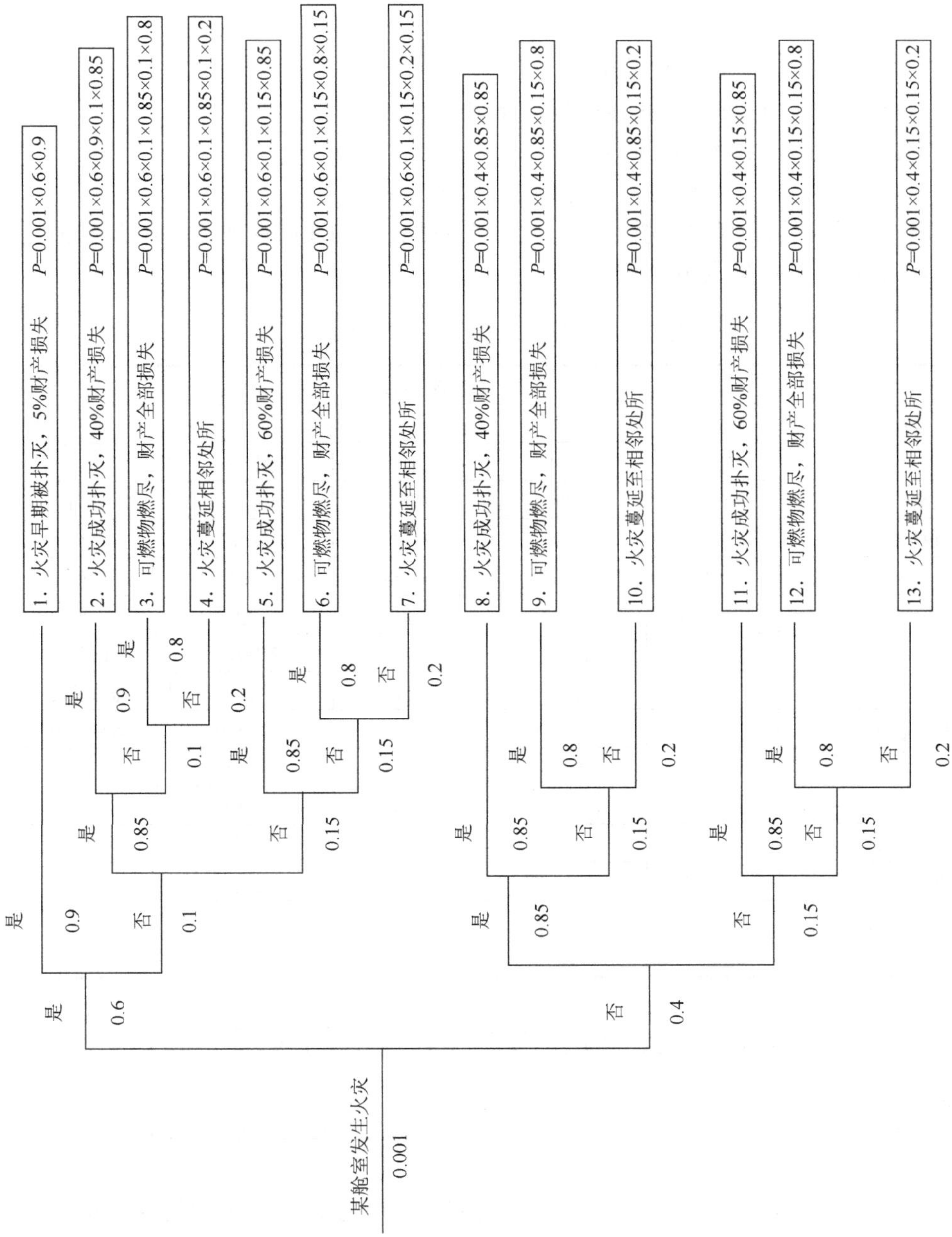
某舱室发生火灾
0.001
1. 火灾早期被扑灭，5%财产损失　P=0.001×0.6×0.9
2. 火灾成功扑灭，40%财产损失　P=0.001×0.6×0.9×0.1×0.85
3. 可燃物燃尽，财产全部损失　P=0.001×0.6×0.1×0.85×0.1×0.8
4. 火灾蔓延相邻处所　P=0.001×0.6×0.1×0.85×0.1×0.2
5. 火灾成功扑灭，60%财产损失　P=0.001×0.6×0.1×0.15×0.85
6. 可燃物燃尽，财产全部损失　P=0.001×0.6×0.1×0.15×0.8×0.15
7. 火灾蔓延至相邻处所　P=0.001×0.6×0.1×0.15×0.2×0.15
8. 火灾成功扑灭，40%财产损失　P=0.001×0.4×0.85×0.85
9. 可燃物燃尽，财产全部损失　P=0.001×0.4×0.85×0.15×0.8
10. 火灾蔓延至相邻处所　P=0.001×0.4×0.85×0.15×0.2
11. 火灾成功扑灭，60%财产损失　P=0.001×0.4×0.15×0.85
12. 可燃物燃尽，财产全部损失　P=0.001×0.4×0.15×0.15×0.8
13. 火灾蔓延至相邻处所　P=0.001×0.4×0.15×0.15×0.2

图 10.6　船舶火灾事件树示例[93]

10.3.3　风险敏感性分析和风险评估技术适用范围

在 FSA 评估过程中，所使用的数据具有一定的不确定性。各类事故的发生概率及成本效益评估中的有关费用具有不确定性，如船舶修理费用与事故后果紧密相关。一般地，可以对以下内容进行敏感性分析：

（1）各项风险控制措施费用的最大值和最小值的差异。

（2）各类事故发生频率的高低界限。

（3）各项风险控制方案风险降低情况的最大值和最小值。

在 FSA 危险识别和风险分析过程中，各类评估技术的适用性被描述为非常适用、适用或者不适用，具体见表 10.7 所示。

表 10.7　各类评估技术的适用性[93]

工具及技术	风险评估技术的适用性				
	危险识别（步骤 1）	风险分析（步骤 2）			风险评价
		后果	可能性	风险等级	
头脑风暴法	非常适用	适用	适用	适用	适用
德尔菲法	非常适用	适用	适用	适用	适用
检查表	非常适用	不适用	不适用	不适用	不适用
预先危险分析	非常适用	不适用	不适用	不适用	不适用
失效模式和效应分析	非常适用	不适用	不适用	不适用	不适用
危险与可操作性分析	非常适用	非常适用	不适用	不适用	非常适用
结构化假设分析	非常适用	非常适用	非常适用	非常适用	非常适用
风险矩阵	非常适用	非常适用	非常适用	非常适用	适用
人为可靠性分析	非常适用	非常适用	非常适用	非常适用	适用
事故树分析	不适用	适用	适用	适用	适用
事件树分析	不适用	非常适用	非常适用	适用	不适用
F-N 曲线	适用	非常适用	非常适用	适用	非常适用
贝叶斯分析	不适用	不适用	非常适用	不适用	非常适用

10.4　FSA 方法在船舶工程中的应用

FSA 方法将对公约规则的变革、促进船舶设计的发展、提高船舶航运安全水平产生积极的影响。

《IMO 制定安全规则过程中应用 FSA 暂行指南》引进了风险分析的基本内容，为民用船舶工程和航运业引入了当今新兴工业领域的成熟技术，用风险分析的观点和方法来研究和考虑船舶工程和航运管理。

在船舶工程设计、航运安全管理和船舶检验规范中应用 FSA 的目的在于通过风险评估和费用、受益评估，尽可能全面、合理地使规范、设计、营运、检验的各个方面有效地提高海上安全（包括保护人命、健康、海洋环境和财产）的程度。

FSA 的第 1 步是通过发挥想象、失效模式及影响分析、事故树分析、事件树分析等技术系统地识别可能存在的危险，并分析潜在危险的可能原因和后果。FSA 的第 2 步，是对所识别的危险的风险程度进行评估，既考虑危险发生的可能性（即频率或概率），又考虑危险一旦发生的后果严重性，目的是确定风险水平、找出高风险的区域。FSA 第 3 步是在危险识别和风险评估的基础上，有针对性地提出降低风险的措施。FSA 第 4 步从经济有效性的角度评估所提出的各种控制风险的措施，评估采用所建议的措施需要的费用和采取这些措施后降低风险所带来的效益。FSA 第 5 步将根据前面的评估结果决定采取什么样的风险控制方案。其中，危险识别应按环境范围、组织/管理基层结构、人员子系统、技术/ 工程系统等各个环节进行。各个环节的内容一般如下所示。

（1）环境范围：海洋环境、气象、港口、码头、外部通信、救助设施等。

（2）组织/管理基层结构：航运公司组织/管理结构、船-岸网络。

（3）人员子系统：船上人员组织结构。

（4）技术/工程系统：船舶（结构、设备、系统）。

这表明 FSA 考虑了全方位的因素。尤其是 FSA 综合考虑了人的因素。大量的海上事故分析表明，在所有事故中，大约 80%是由于人为因素所致。因此，科学地考虑人为因素已是现代工程控制的一个重要组成部分。FSA 中的 HRA 可以定性地进行，也可以定量地进行。在许多情况下，定性分析可能就已足够，并且，在早期进行任务分析和人为错误识别的定性分析是最有利的。

FSA 方法的特点归纳如下：

（1）预见性地控制风险，而不仅仅是事后总结事故的经验教训。

（2）全面而不是局部地考虑系统的安全。

（3）考虑了人为因素的影响、人与系统的相互作用。

（4）不仅提出减少风险的措施，而且对这些措施的费用和效益进行综合评估。

10.4.1　FSA 方法在船舶规范改进中的应用

许多国家都不同程度地开展了 FSA 的应用研究，IACS 中一些船级社的某些规范实际也是基于风险考虑的。挪威船级社对现有散货船提高结构安全要求应用 FSA 进行的分析可以作为应用 IMO 的 FSA 指南的一个实例。

这项研究的起因是近年来散货船事故不断发生，特别是 1990 年、1991 年连续两年均为散货船事故率高峰，引起海事界的极大关注。IMO 和 IACS 从 1993 年起开始实行加强检验计划。1996 年年底，IACS 理事会决定，按照阶段实行的时间表，IACS 各船级社的现有散货船要满足新的结构强度标准，否则就必须对 1#、2#货舱之间的横舱壁进行加强。这项决定意味着将有 4000 多艘现有散货船面必须进行改造或加强，由此引起海事界的很大争议，有的人认为这一措施非常必要，而另一些人则极力反对，认为航运本身就不可能没有风险。

这样就提出了一系列的问题：人们应该达到什么样的安全水平？什么样的安全标准是可以接受的？建议的减少风险措施所需花费和可能得到的效果如何？挪威船级社决

定利用 FSA 方法对这一新的安全措施进行评估，其目的是为决策者提供更为明确的决策依据。

挪威船级社在研究中对 LMIS 从 1980 年至 1996 年的散货船事故数据和自己的散货船数据进行了分析，研究步骤简述如下。

1. 分析事故原因

（1）专家经过分析认为许多散货船在恶劣海况下突然沉没，其最初原因很可能是船的舷侧板或舱口盖损坏后船舱进水。

（2）相邻水密横舱壁倒塌，邻近舱继续进水。

（3）一舱进水后造成整体载荷过大，使船纵梁部分或全部失效，这在隔舱装载情况下，1#货舱进水时尤其可能发生。

（4）进水货舱中货物液化造成货物移动，接着其他货舱进水使货物液化移动，最终导致船舶倾覆。

（5）舱口盖间甲板屈曲，舱口盖掀开，海水灌进货舱等。

分析表明，在各种结构失效情况中，1#货舱进水是发生最多也是最为严重的情况，根据事故数据统计分析，有 40%以上船舱进水发生在 1#货舱。

2. 个人风险与社会风险评估

进行风险评估时，需要确定一个合理的可接受的风险标准，作为判别准则。

个人风险一般用 FAR 表示，为 1×10^8 工作小时中的死亡人数，而 1×10^8 工作小时粗略计算可看成 1000 个工人一生工作期间的工作小时数，对于船舶来说则为船员数乘以在海上的航行时间。由于对于散货船尚没有一个明确的可接受的风险标准，挪威船级社在研究中将计算得出散货船的 FAR 与其他工业行业的个人风险进行比较(见表 10.8)。许多工业行业以 1×10^{-3} 作为个人的最大可接受风险，与之相比，散货船上船员的个人风险还处在可接受的范围内。

表 10.8　散货船个人风险和 FAR 与英国各种行业（职业）风险和 FAR 比较[101]

工业行业	FAR（1×10^8 工作小时死亡人数）	个人风险
油气生产①	30.9	100.0
农业①	4.1	7.9
林业①	7.6	15.0
深海捕鱼②	42.0	84.0
能源生产	1.3	2.5
金属制造	2.9	5.5
化工①	1.1	2.1
机械工程①	1.0	1.9
电器工程①	0.4	0.8

续表

工业行业	FAR（1×10⁸工作小时死亡人数）	个人风险
建筑	5.0	10.0
铁路	4.8	9.6
整个制造业①	1.0	1.9
所有服务业①	0.4	0.7
整个工业②	0.9	1.8
散货船③	6.6	38④

① 1987～1991 年死亡人数统计；

② 1987～1990 年死亡人数统计；

③ 1978～1995 年死亡人数统计；

④ 假定工作时间：每年 5800 小时；

注：表中所给出的个人风险是 10^8 年中的死亡概率

除了个人风险，还必须考虑社会风险，因为散货船一旦灭失，造成一次死亡的人数较高，由此产生的社会影响很大。社会风险 *F-N* 曲线见图 10.7，可以看出，从社会风险角度考虑，散货船的风险已经超出了可接受的风险范围。

可以看出，经过 ESP 可使风险水平大大降低，计算结果表明风险大约可降低 40%。在此基础上对 1#、2#货舱间舱壁加强又可使风险进一步降低。由此可以说明这两项降低散货船风险的措施是有效的。

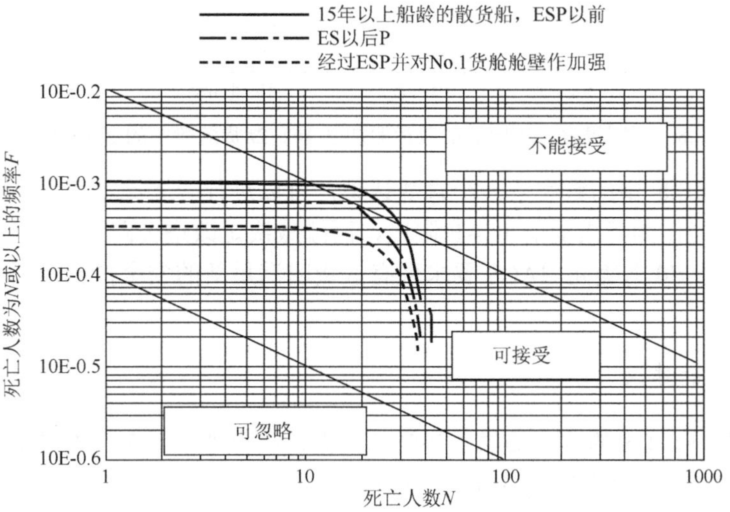

图 10.7　散货船 *F-N* 曲线[101]

适用于 15 年及以上船龄的散货船风险控制方案的效果比较

3. 风险控制方案

对于此项研究所建议的风险控制方案就是IACS决定实行的ESP和提高现有散货船1#、2#货舱舱壁的结构安全标准。

4. 成本效益评估

通过成本效益分析，可以将采取的安全措施所需要的费用与能够获取的效益相比较，判断评估提出的减少风险措施是否合适。为了比较不同的风险控制方案，一般用风险费用比［称为避免单位死亡人数所需费用（implied cost of averting a facility，ICAF）］进行比较，即

ICAF=控制风险措施每年所需费用/每年减少的死亡率

IACS 决定的减少散货船风险的安全措施是加强 1#、2#货舱间的横舱壁强度，其用意是当 1#货舱进水后，可以避免或者至少可以减缓其他舱继续进水，这样就能够争取时间让船上的人员逃生。

加强 1#、2#货舱之间的横舱壁的费用属于一次性费用。加强所需的钢板根据船舶尺度不同而不同，挪威船级社在分析中以当时每吨钢材平均 6000 美元计算，分别对船龄 10 年、15 年、20 年的轻便型、巴拿马型和好望角型散货船加强横舱壁后的 ICAF 做了计算，结果见图 10.8。

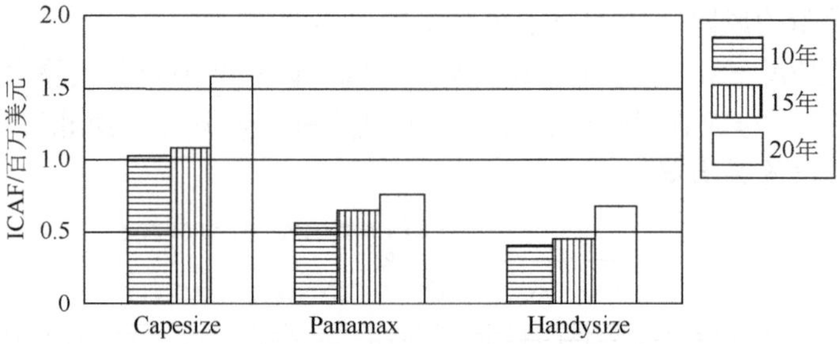

图 10.8　不同尺度、不同船龄散货船加强 1#、2#货舱舱壁的 ICAF 比较[101]

为了对图 10.8 中的数字有一个直观认识，可以进行一下比较，北海石油公司作业是以 300 万美元作为可接受的 ICAF 限度，而挪威决定改进公路运输安全标准的 ICAF 衡量限度是低于 50 万美元。IACS 要求现有散货船满足新的安全措施需要的费用正好在此之间。

5. 供决策的建议

这项研究为 IACS 的决定提供了科学的依据，说明进行 ESP 及加强现有散货船 1#、2#货舱舱壁的措施是有效的，从经济上也可以接受。

这一实例也说明了 IMO 的 FAS 指南的基本方法对于指导规范制订、修改是可以实际应用的一种有效方法。

6. FSA 应用存在的问题

与传统的规则制定过程相比较，FSA 方法能够系统地预见性地考虑到有关安全的所有方面，能够从费用/受益的角度评价各种控制风险措施，使安全规则的制定或修订更为科学、合理，从而有效地控制和降低船舶事故风险，提高船舶安全水平。

根据对 FSA 的讨论和理解以及已经得出的一些研究成果，可以认为，今后 FSA 将会成为制定或评估安全规则中可以普遍应用的一种有效方法。

FSA 要在航运界实际应用仍存在一些问题。首先，进行风险评估需要确定可接受的风险标准，使经过 FSA 分析得出的风险水平有一个可比较的标准。但在 IMO 的临时指南中没有给出这个标准，这就有可能因对什么样的风险可以接受这一问题认识不同而导致需要采取风险控制措施的结论大不相同。风险评估是 FSA 中的一个重要步骤，进行风险评估既可以是定性的，也可以是定量的。定性分析相对简单，易于理解和应用，分析中能够考虑操作方面的经验，但是定性分析依赖于专家对各种危险或风险的评估是否恰当。定量分析则完全是数量化的方法，其优点是能够明确给出事故的风险指标，可以确定哪一种控制措施最为经济，为决策者提供数量化的结论。但其缺点是分析计算太复杂，只有少数人掌握。而且进行定量分析需要基于事故统计数据，这些数据的来源和分析模型的建立都对结果的精确性和可信性有很大影响。在分析过程中可以考虑人为因素的影响是 FSA 方法的一个特点，但如何在风险分析中将人为因素数量化也还存在问题。

10.4.2　FSA 方法在船舶设计中的应用

民用常规船舶设计，依据积累的丰富经验、规范、试验计算技术，已可以解决一般性技术问题。但是，新的贸易方式、货物类型和操作/作业任务，使某些常规船舶暴露出种种问题。客滚船、散货船和油船便是典型的例子，它们的问题并不仅仅局限于技术上。新型船舶如液化气体船、高速船、多体船、客滚船、水翼船、气垫船等地效翼船已经问世或开发成功。但经验告诉人们，要把它们作为一种成熟的运输工具还有相当长的路程要走。能否经受实践考验，证明其功能/性能、安全、费用效益三者的成功平衡，是必须继续关注和研究的。FSA 和 HRA 给人们提供了研究这些问题的工具，其原理和方法必将在船舶设计中得到广泛的重视和应用[102]。

对于常规船舶，FSA 和 HRA 一般可应用于以下情况：

（1）新型装置、设备的采用。

（2）自动化技术的采用。

（3）对事故，特别是重大事故或多次/重复出现事故的分析与对策。

（4）对新作业的预分析。

对涉及重要任务的民用船（如科学考察船）和大型客船（如乘客人数超过 400 人的客滚船、火车渡船等），进行全面的（包括布置、结构、系统、操作等）FSA 和 HRA 分析是必要的。这是因为大型客船一旦发生事故，社会的敏感性更大，即社会风险的可容忍水平远低于个人风险的可容忍水平。

新型船舶一般均具有高速、大容量、多功能、特种营运环境等特点，即使开发成功，也不可能很快积累安全营运经验或在所有方面均取得圆满成功，可以预想，如果设计不当或操作失误，后果的严重性是明显的。为保证新型船舶的安全性，其开发与设计应特别考虑以下应急状况和响应程序：失舵、驾驶台失控、失火、弃船、搁浅、浸水、碰撞、人身伤害、溢油和应急演习。

根据国际高速船安全规则，对船上的重要系统，如动力系统、操纵系统、救生与脱险系统（包括必要的生命保障系统）必须进行 FEMA，从而达到以下目的：

（1）为主管机关/验船部门提供船舶故障特性的研究结果，以便能够对所建议的船舶操作安全水平进行评定。

（2）为船舶营运部门提供培训、操作和维护程序及说明的数据。

（3）为船舶和系统设计提供有关审核建议的设计资料。

设计/开发研究中可考虑的风险控制措施可归纳如下。

A 类风险控制措施：

（1）预防性风险控制，目的是减少不利事件发生的概率。

（2）减缓性风险措施，目的是减轻不利事件后果的严重性。

B 类风险控制措施：

（1）工程风险控制，指在设计中采用关键性装置，如果缺少这一装置，将导致不可接受的风险。

（2）内在风险控制，指设计时作出选择，限制潜在的风险水平。

（3）程序性风险控制，指依赖操作人员的行为、符合规定的程序控制风险。

C 类风险控制措施：

（1）分散风险控制，指以不同的方式将控制作用分散到系统中；反之为集中风险控制。

（2）被动性风险控制，指不要求通过操作来实施风险控制；反之，主动风险控制要求安全设备动作或操作者操作进行风险控制。

（3）独立风险控制，指风险控制方法对其他因素没有影响，反之为非独立风险控制。

（4）非关键人为因素，指要求人为行动控制风险，但人为行动的失误本身不造成事故或使事故继续发展；反之，关键性人为因素指人为行动对风险控制而言至关重要，即人为行动的失误将直接造成事故或使事故继续发展。一旦确定为关键性人为因素，则应在风险控制措施中对人为行动作出明确规定。

在考虑与人有关的风险时，技术/工程系统涉及以下方面：

（1）设备和工作场所的人类工程学设计。

（2）驾驶室、机舱的良好布置。

（3）人-机器对话/人-计算机对话的人类工程学设计。

（4）为人员执行其任务所需的说明资料。

工作/作业环境涉及以下方面：

（1）船舶稳性以及在纵摇/横摇情况下对人员工作的影响。

（2）气象影响，包括雾，尤其对值守或极端任务的影响。

（3）对于操作和维修任务，白昼和夜晚操作所需的合适照明度。

（4）噪声级的考虑（尤其对通信的影响）。

（5）对执行任务时温度和湿度的考虑。

（6）振动对执行任务影响的考虑。

10.4.3　FSA 方法在航运安全管理中的应用

船舶作业中的风险是普遍存在的，在每次作业之前都应该考虑可能会存在的风险，从而进行适当的风险评估。对船上风险的评估应是简单可行的，且必须有实效意义。评估的范围应涵盖船上工作的所有风险，但不包括无法合理预见的风险。评估应限定在对进行该项工作的人和工作本身会带来的直接危险，不必延伸到后继危险。评估风险应该是“适当而充分”的，不应过分复杂。也就是说，评估应基于已认定的风险，对这些风险是否采取了足够的预防措施并确保合理可行[103]。人们应该认识到日常工作中的一句提醒、日常的劳动保护用品也是风险控制和防范措施。考虑到船舶作业特点，结合船舶运营的实际情况，可建立船舶作业的风险评估和控制程序。

步骤 1：对作业活动进行清理分类。

船上的作业是多种多样的，可以依据不同的分类方法将工作予以合理分类，例如可以依据船舶不同的部门将其分成甲板作业和机舱作业，或者将船舶航行分成大洋航行、沿岸航行、狭水道航行、能见度不良航行、冰区航行作业，或者根据船舶可能会碰到的各种危险如碰撞、搁浅、火灾、污染、人员受伤、保安威胁等分类。在分类的过程中确定危险可能出现的频率、地点、执行人员等信息。

步骤 2：识别危险和处于危险中的人员。

船舶识别危险时，应考虑到对人员、船舶、设备、环境造成的危害并给予分类。危险的认定可以考虑三个问题：作业中的危险是什么？谁或什么东西会受到危害？危害怎么发生？对于可忽略的危害如果已有合适的控制措施可不必再做记录。

步骤 3：确定现有风险控制措施。

根据上述识别出来的危险源，梳理已经有的风险控制措施。这些措施可能包括平时常用的工作手套、工作服、工作鞋、工作眼镜等，可能是较为复杂的有毒气体测量仪器、氧气含量检测仪器或者是空气呼吸器等，也可能是已经存在的对船舶明火作业的许可证制度、进入密闭舱室的许可证制度以及常规的检查表等。

步骤 4：评估面临的风险。

步骤 5：判断可承受的风险。

步骤 6：实施控制措施。

风险分类是决定是否改善控制措施和制定行动时间表的基础。

选择控制措施时可以考虑以下的优先顺序：

（1）消除危险。

（2）用较少危险或风险的方式替代。

（3）限制，即在一定范围内限定危险以消除或控制住风险。

（4）防护/隔离人员。

（5）采用安全工作制度（如许可证制度）以降低风险到一个可接受的水平。

船舶作业安全评估：

（1）建立书面的程序并培训受影响的人员。

（2）考虑结合技术和程序组合的控制措施。

（3）足够的监控。

（4）开展广泛的讨论培训。

（5）通知/指示（标志、传单等）。

（6）个人防护设备（personal protective equipment，PPE）——如果不能采用其他的方法来控制，这是最后的方法。

（7）对一些特定的危险，应提供必要的应急和撤离设施。

步骤 7：评估控制措施是否足够。

确认所采取的措施是否足够使风险降低到可以忍受的程度？所采取的措施是否带来新的危害？特别是在实施过程中条件变化可能使得原先的控制措施失效或者不充分。这些后果可能需要重新对风险进行评估。

步骤 8：复查风险评估。

对于已订立的风险控制措施，应在规定的时间间隔内进行复查。而对于发生事故、公司机构变更、船舶重大设备更新、法律法规对作业要求变更、生产经营活动有较大的变化，或者在演习等过程中发现难以执行等情况，都应该对原有的风险控制措施予以复查，以确认原有评估是否充分，措施是否足够。

船舶安全管理均适用 FSA 方法和《ISM 规则》要求的风险评估方法。虽然 FSA 方法目前只是推荐性的，但随着在航运业各个方面的不断推广和使用，也必然对船舶的安全管理方法产生更大的影响。而在船舶管理中强制要求的《ISM 规则》的风险评估显然是个广义的概念，它不仅仅停留在 FSA 方法中的“评估”阶段。FSA 方法更偏向于定量分析，而《ISM 规则》要求的风险评估更着重在风险控制带来的安全结果，从而更偏重定性分析。诚然，如果能在这个定性分析过程中采用一些定量分析的方法，也将为定性的分析带来更科学严谨的依据。

无论是 FSA 方法还是《ISM 规则》要求的风险评估方法，都有对风险的识别、评估和控制过程，其目的都是为了减少风险带来的危害，实现对风险的管理。FSA 方法偏重于通过风险/效益分析来实现一定的投入带来效益最大化的安全效果，显然任何不考虑经济性的安全是不具备现实意义的。但借用杜邦公司的一句名言——“安全是门好生意”，人们也可以认识到安全是保证经济效益的基础。

具体来说，船型众多，其作业特点各异，作业所面临的风险种类不同，而风险大小也不同，相应的风险控制措施也随之不同。不同船型及不同作业的风险控制成本也有高有低。例如，对于液体化学品船舶来说，由于化学品的易燃、易爆、有毒或易与其他物质发生反应等特点，其运输风险较大，一旦发生事故导致火灾或有害物质泄漏，不仅会造成船体结构损伤，而且会带来生命财产的严重损失，甚至会对事故发生水域造成不可估量的破坏。因此，对化学品船舶进行运输风险评估非常有必要[104]。

通过事故发生概率、事故等级分类等，可以发现哪些事故的风险较高，哪些事故风险较低，从而制定出相应的防范措施，将生命财产损失降低到最低限度。有效控制措施就是控制事故发生频率，主要包括以下内容：

（1）对船舶的航行状态进行严格控制，特别是不允许其他船舶横穿化学品船航道。

（2）控制化学品船舶在港区内或定制航道内的航速。

（3）建立并执行恶劣天气禁止作业或低能见度禁止船舶进出港的操作规定。

（4）加强船舶交通服务（vessel traffic service，VTS）对化学品船舶、LNG 船、LPG 船等载运危险品船舶的交通管理。

（5）对进港航道的设计标准严格要求。

（6）提高化学品船舶的船员素质。

（7）航行前做好详细的航线计划。

（8）做好危险化学品船的应急预案等。

船舶溢油风险评估[105]在船舶防污染管理中应用也十分广泛。风险评估的目的主要有以下几项：

（1）危险品码头验收。

（2）港口码头建设项目环境影响评价。

（3）港口建设规划环评。

（4）编制海域或水域应急能力建设规划。

（5）溢油应急设备库工可和初步设计。

（6）制定船舶防污染对策。

概括来说风险评估的目的有两个：

（1）为港口码头建设或规划提供依据。

（2）提出降低风险措施，把风险降低到可接受水平。

船舶溢油环境风险评价系统包括 4 个子系统，即技术/工程子系统、人员子系统、组织/管理子系统、环境子系统。

减轻事故危害的措施包括：预防措施和应急能力。

10.4.4 FSA 方法在海洋平台中的应用

随着海洋经济时代的到来，人类在海洋上的作业越来越多。但是与之相随而来的灾难性事故也是不断发生。这些灾难的发生不但使很多人死于非命，而且造成了巨大的经济损失和环境污染[106-108]。

1998 年，英国北海的帕玻尔•阿尔法平台爆炸使 167 人丧命，只有 59 个人逃脱这场灾难。这场当时近海采油史上最严重的事故，对海洋平台的安全评估的研究起了很大的推动作用。事故发生后，仅英国的石油工业便对这场事故和所涉及的安全工作投入了 10 亿英镑。

2001 年 3 月，巴西坎普斯海湾的 P-36 海洋半潜式钻井平台发生爆炸，造成 11 人死亡。该平台建设耗资 4.5 亿美元，是巴西最大的海洋平台，也是世界上较大的半浮动式海洋油井平台之一。这座平台长 112m，高 119m，于 1999 年 1 月建成，2000 年 3 月投入使用。根据设计方案，使用寿命为 19 年，能开采 1360m 深的海底石油，设计生产能力为日产石油 18 万桶，天然气 7500 万 m^3。该钻井平台沉没造成了巨大的经济损失，仅事故造成的油井停产就使巴西每天损失 300 多万美元。

中国在近海油气田开发中也有多次惨痛的教训。1969 年渤海冬季冰封期间，中国自行建造的海洋石油 1 号钻井平台被海冰推倒，1979 年冬季，渤海二号钻井平台在拖航途中翻沉，造成 72 人死亡。如今，这些海洋平台正步入服役后期，有的已经达到甚至超过了原来的设计寿命，结构老化比较严重。但钻井平台投资巨大，受经济实力的制约，短期内不可能购买或生产新的平台。如何在保证经济效益的前提下保障平台的安全，需要对海洋平台进行综合安全评估，全面了解和掌握平台的安全状况，使管理者做出的安全决策更为合理，使操作者在工作中的防范措施更具针对性。

所有这些灾难的发生使整个世界为之震惊，从而引起了人们对海洋平台安全的极大关注，促使海洋石油工业对现有的和在建的平台及其管理系统展开了大范围的评估工作，针对怎样预防类似的事故再次发生展开研究。这对安全评估技术在海洋工程界的推广应用起到了推动作用。

下面介绍海洋平台安全评估的基本步骤。

1. 问题定义

尽管安全评估已经有了标准模式，但是不同海洋平台的影响因素差别很大，其安全评估也不尽相同。问题定义是指确定欲安全评估的系统，并根据系统特点建立分析模型和选择适当的评估方法。

海洋平台的安全评估需要明确以下各要素：

（1）平台所处的海洋环境，如地理位置、主要气候等自然因素。

（2）平台的平面布置、工艺流程和区域划分等功能和组成因素。

（3）人员的工作、管理制度等平台运作因素。

然后，在此基础上，进行建模分析，并确定平台的风险类型，从而选择合理的方法进行评估。

2. 风险识别

海洋平台所处海洋环境恶劣，可能遭遇台风、海冰、波浪甚至海啸和地震等，而且平台上人员和设备高度集中，再加上油气产品本身的危险性等特点，危险源较为密集，极易发生火灾或爆炸等重大事故。

通过对海洋平台事故的统计可以发现，引起平台失效的主要风险如下：

（1）拖航风险、就位风险、验船风险、联检风险。

（2）钻井风险、完井作业风险。

（3）生产井转注水井作业风险。

（4）海上安装施工并网风险。

（5）自然环境风险。

由上述这些风险所导致的事故在所有事故中占 95%以上。

应在危险辨识中分类辨识所有可能的危险源，辨识出的危险填入危险明细表或建立数据库，并对危险进行详细描述。对所有危险逐一详细定量评估往往是不可能的，对此，可以参考如表 10.9 所示的频率-后果表，整理出具体研究平台的风险矩阵，然后，对风险水平较高的危险进行详细的定量分析，忽略风险水平较低的危险或仅对其进行定性评估。

表 10.9　频率-后果表[108]

频率类别	频率（年个人风险）	后果类别			
		灾难性的	严重的	轻微的	不明显的
频繁的	>1	H	H	H	I
一般的	$1\sim1\times10^{-1}$	H	H	I	L
偶尔的	$1\times10^{-1}\sim1\times10^{-2}$	H	H	L	L
较少的	$1\times10^{-2}\sim1\times10^{-3}$	H	H	L	L
不可能的	$1\times10^{-3}\sim1\times10^{-4}$	H	I	L	T
绝对不可能的	$<10^{-6}$	I	I	T	T

注：H 指高风险；I 指中等风险；L 指低风险；T 指无风险

“灾难性的”指系统功能的完全丧失，多人死亡；“严重的”指系统受到严重破坏，有人死亡；“一般的”指人员伤害，严重的职业病，系统被破坏；“轻微的”指人员轻微伤害，轻微的职业病，系统被轻微破坏

3. 风险评估标准和原则

海洋平台的作业活动所造成的风险水平是否在可以接受的范围之内，是否需要额外的安全系统来将风险降低到一个尽可能低的水平或可以承受的程度，这需要根据安全标准进行比较。所谓的安全标准，实质上就是危险率或死亡率的目标值，该值必须是社会各方面允许的、可以接受的。该值的确定应该参照自然灾害的死亡率和实际生产的平均死亡率两个方面，从中权衡选取适当的数值。然而，任何活动的风险都不可能彻底消除，当系统的风险水平越低，再进一步降低就越困难，成本也越高。因此，应当在风险水平和安全成本之间折中。目前，工业界一般采用 ALARP 原则作为风险可接受原则。ALARP 原则适用于个人死亡风险、环境风险和财产风险的评估，要求尽可能降低风险，同时又考虑措施的经济可行性。

如果风险水平超过容许上限，除非常特殊的情况外该风险不能被接受，对平台的设计或运营必须修改或停止；如果风险水平低于容许下限，该风险可以被接受，无需采取进一步的安全改进措施；如果风险水平在容许上下限之间，即 ALARP 区，该风险应该在考虑经济成本的情况下使风险水平尽可能低。此外，安全标准（即容许上下限）的确定是相对的。首先，不同的国家经济发展水平不同，安全标准一般不相同；其次，随着技术的发展进步，安全改进措施的成本会发生变化，安全标准也随之变化。

英国健康与安全执行委员会建议的每年个人风险标准：上限为 1×10^{-3}，下限为 1×10^{-6}。该风险标准是否适用于其他国家，还需要进行认真的研究。特别是对于发展中国家，如果直接采用西方发达国家的风险标准，恐怕难以承受由此带来的巨大成本。另外，该风险标准是不断变动的。随着技术的不断进步，原来代价巨大的安全改进措施的成本可能会逐渐降低，变得可以承受，因而可以接受更加严格的风险标准，如图 10.9 所示。

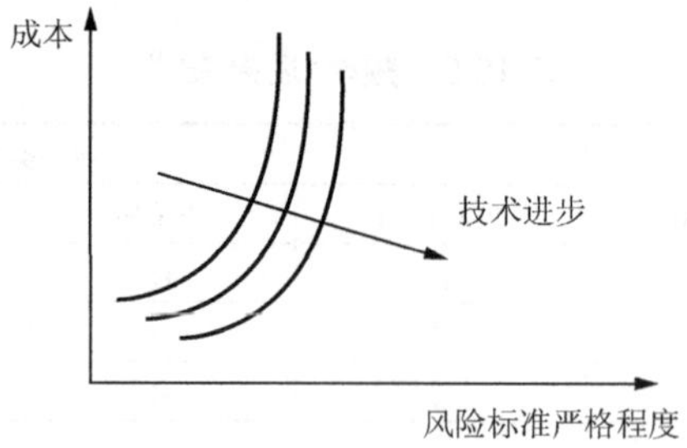

图 10.9　成本、风险与技术进步关系[108]

如果风险水平高于上限（年个人风险 1×10^{-3}），风险落入“不可接受区”时，除特殊情况外，该风险是无论如何不能被接受的。该平台设计方案不能通过，对于已建平台，必须停止运营。

如果风险水平低于下限（年个人风险 1×10^{-6}），风险落入“可接受区”，此时，该风险是可以被接受的，无需再采取安全改进措施。该平台设计方案通过，对于已建平台，可以继续运营。

如果风险水平在上限与下限之间，则风险落入“可容忍区”，此时的风险水平符合 ALARP 原则，是“可容忍的”。即可以允许该风险的存在，以节省一定的成本，而且业主及工作人员在心理上愿意承受该风险，并具有控制该风险的信心。但是，“可容忍的”并不等同于“可忽略的”，必须认真全面地研究“可容忍的”风险，找到其作用规律，找到相应的应对防范措施，做到心中有数。

4. 提出改进措施

针对风险矩阵，找出最危险的事故发生诱因，提出相应的措施降低风险发生频率或降低事故发生造成的后果严重程度。

5. 风险效用分析

针对每一项安全措施，分析其所需费用和降低总风险的程度，对两者进行成本-效益分析，看是否符合 ALARP 原则。

附　　录

附录 A　CCS 船舶环境保护附加标志

CCS 为了使入级船舶在设计、建造、营运及拆解全生命周期过程中，防止造成环境污染而规定了一系列环保附加标志，这些标志是自愿选择的，船旗国主管机关和/或营运水域主管机关对船舶有附加环保要求的，船东应对这些附加要求的满足负责。若船东提出申请，并提供相应证明，则船级社签发相应的符合证书[109]。

环境附加标志所涉及的环境污染主要是指下列污染：

（1）油类污染。

（2）有毒液体物质污染。

（3）海运包装形式有害物质污染。

（4）生活污水及灰水污染。

（5）垃圾污染。

（6）空气污染。

（7）压载水有害水生物及病原体污染。

（8）防污底系统污染。

（9）船舶拆解造成的污染。

对船舶实施环境保护附加标志的审验，检验合格后被授予相应的环境保护附加标志。根据 CCS《钢质海船入级规范》（2015）第 1 篇第 2 章，国际航行海船的环境保护附加标志如表 A.1 所示。

表 A.1　环境保护附加标志[109]

附加标志	说明		应满足技术要求
CLEAN	洁净	除满足防污染法定要求外，还满足 CCS 规范对船舶防污染结构、设备和操作程序相应要求的船舶，可授予该标志	《钢质海船入级规范》第 5 分册第 8 篇第 8 章第 2 节
FTP	燃油舱保护	燃油舱设有双壳保护的船舶，可授予该标志	《钢质海船入级规范》第 5 分册第 8 篇第 8 章第 3 节
GWC	灰水控制	船上所设的洗衣房、浴室、厨房、居住舱房的排出废水按规定得以控制，设置了符合规定容积的灰水集污舱、高液位报警器并符合规定能力的污水处理系统的船舶，可授予该标志	
RSC	冷藏系统控制	控制制冷剂的臭氧消耗趋势应为 0，全球变暖趋势应小于 2000 的船舶可授予该标志	
SEC	SO_x 排放控制	船上所用的所有燃油的硫含量小于 1.0%的船舶，可授予该标志	
AFS	防污底系统	防污底系统不含生物灭杀剂的有机锡化合物的船舶，可授予该标志	

续表

附加标志	说明		应满足技术要求
GPR	绿色护照	备有一本符合IMO.962（23）决议通过的《IMO拆船指南》中定义的绿色护照的船舶，可授予该标志	《钢质海船入级规范》第5分册第8篇第8章第3节
COMF（NOISE）*N*	舒适性（噪声*N*）	船舶，相关处所内噪声满足规范有关船员和乘客舒适性要求，可授予该标志，并后缀舒适性等级，*N*=1，2，3，其中，1表示最舒适	《钢质海船入级规范》第5分册第8篇第16章
COMF（VIB）*N*	舒适性（振动*N*）	船舶，相关处所内振动满足规范有关船员和乘客舒适性要求，可授予该标志，并后缀舒适性等级，*N*=1，2，3，其中，1表示最舒适	
BWMP	压载水管理计划	授予实施批准的船舶压载水管理计划的船舶	《船舶压载水管理计划编制指南》（2006）
BWMS	压载水管理系统	船舶压载水处理系统必须经过认可，符合本规范相关安装和布置要求	《钢质海船入级规范》第5分册第8篇第8章第3节
GPR	绿色护照	船舶应持有经CCS验证的符合《拆船公约》要求的有害物质清单	
GPR（EU）		船舶应持有经CCS验证的符合欧盟 1257/2013号（EU）法规要求的有害物质清单	
HAB（VIB）	居住性（振动）	船舶相关处所振动参数满足ISO 6954有关船员和乘客居住性的要求，可授予该标志	CCS《船上振动控制指南》第14、15章
VIB（S）	结构振动	船舶相关结构满足CCS《船上振动控制指南》有关结构振动的要求，不会产生结构疲劳破坏，可授予该标志	
VIB（M）	机械振动	船舶相关机械满足CCS《船上振动控制指南》有关机械振动的要求，不会产生机械疲劳损坏或运动部件加速磨损，可授予该标志	
VIB	振动	船舶同时满足结构振动VIB（S）和机械振动VIB（M）要求，可授予该标志	
Crew Accommodation（MLC）	海员起居舱室	除满足海员起居舱室法定要求外，还满足CCS指南对于海船海员起居舱室审图和建造要求的船舶，可授予该标志	《海事劳工条件检查实施指南》
AMPS	高压岸电	船舶配置了额定电压交流1kV以上、15kV及以下的高压岸电系统，在靠港期间向船舶供电，并能保证在关停船舶发电机时，预期使用设备能够正常工作，可授予该标志	《钢质海船入级规范》第5分册第8篇第19章
SEC（Ⅰ）	SO_x排放控制	船上所用的所有燃料的硫含量不超过1.0%或采用等效措施	《钢质海船入级规范》第5分册第8篇第8章第3节
SEC（Ⅱ）		船上所用的所有燃料的硫含量不超过0.5%或采用等效措施	
SEC（Ⅲ）		船上所用的所有燃料的硫含量不超过0.1%或采用等效措施	
NEC（Ⅱ）	NO_x排放控制	符合《国际防止船舶造成污染公约》附则Ⅵ第13条第Ⅱ级标准	
NEC（Ⅲ）		符合《国际防止船舶造成污染公约》附则Ⅵ第13条第Ⅲ级标准	
EEDI（Ⅰ）	船舶设计能效	0.90RLV < Attained EEDI≤1.00RLV，RLV为船舶EEDI基准线值	《绿色船舶规范》第2章
EEDI（Ⅱ）		0.70RLV < Attained EEDI≤0.90RLV，RLV为船舶EEDI基准线值	
EEDI（Ⅲ）		Attained EEDI≤0.70RLV，RLV为船舶EEDI基准线值	

续表

附加标志	说明		应满足技术要求
SEEMP（Ⅰ）	船舶营运能效	船舶应持有一份按照 IMO 相关导则制定的 SEEMP	《绿色船舶规范》第 2 章
SEEMP（Ⅱ）		对具有 SEEMP（Ⅰ）附加标志的船舶，若船舶所在航运公司或船舶经营者建立船舶营运能效管理体系，并获得 CCS 能效管理体系认证证书，可授予该标志	
SEEMP（Ⅲ）		对具有 SEEMP（Ⅱ）附加标志的船舶，若船舶具有诸如航线优化、船体生物污垢监测等实时监测的软件，以随时监控影响船舶能效的相关参数和/或调整能效措施，可授予该标志	
Green Ship Ⅰ	绿色船舶	船舶在环境保护、能效（包括设计能效和营运能效）、工作环境三个方面的绿色要素满足绿色船舶Ⅰ级所有适用要求	《绿色船舶规范》
Green Ship Ⅱ		船舶在环境保护、能效（包括设计能效和营运能效）、工作环境三个方面的绿色要素满足绿色船舶Ⅱ级所有适用要求	
Green ShipⅢ		船舶在环境保护、能效（包括设计能效和营运能效）、工作环境三个方面的绿色要素满足绿色船舶Ⅲ级所有适用要求	

附录 B　防污染法定产品持证要求一览表

船舶要达到预定目标的防污染，需要配备合适的环保设备。这些环保设备均需要获得船用产品证书，方可安装到船上使用。

在 CCS《钢质海船入级规范》（2015）第 1 分册第 3 章附录 2 中对法定的防污染产品作了具体规定，如表 B.1 所示。

表 B.1　船舶法定环保产品持证要求

序号	产品名称	证件类别		认可模式				备注
		C/E	W	DA	TA-B	TA-A	WA	
1	15ml/m^3 舱底水油水分离装置	X	—	—	X	O	—	—
2	15ml/m^3 舱底水报警装置	X	—	—	X	O	—	—
3	油/水界面探测仪	X	—	—	X	O	—	—
4	排油监控系统（包括油分计）	X	—	—	X	O	—	—
5	原油洗舱机	X	—	—	X	O	—	—
6	生活污水处理装置	X	—	—	X	O	—	—
7	粉碎装置和消毒装置	X	—	—	X	O	—	—
8	焚烧炉	X	—	—	X	O	—	—
9	排放后处理装置、记录装置	X	—	—	X	O	—	—
10	130kW 以上柴油机 NO_x 排放	X	—	—	X	—	—	EIPP 证书

证件类别：C/E 中 C 为船用产品证书，E 为等效证明；W 为制造厂证明；X 为适用；O 为可选。

认可模式：DA 为设计认可；TA-B 为型式认可 B；TA-A 为型式认可 A；WA 为工

厂认可。

认可模式具体含义如下：

（1）设计认可，指 CCS 准予设计在特定条件下适用于规定用途的认定过程，一般包括图纸审查和原型/型式试验。

（2）型式认可，指 CCS 通过产品的设计认可和制造管理体系审核，以确认申请认可的制造厂具备持续生产符合 CCS 规范要求的产品的能力的评定过程，根据产品制造管理体系的证实程度，分为型式认可 A 和型式认可 B 两级。其中，申请型式认可 B 的制造厂应具有申请认可产品的生产和测试能力，并具有有效的质量控制制度；申请型式认可 A 的制造厂除具备型式认可 B 的条件外，还应建立并保持一个至少符合 ISO9000 标准的质量保证体系，使其产品的质量保持持续稳定。

（3）工厂认可，指 CCS 通过制造厂的资料审查、认可试验和产品制造过程的审核，对产品制造厂的产品生产条件和能力予以确认的评定过程。

附录 C 《国际海运危险货物规则》

《国际海运危险货物规则》[5]是 IMO MSC 指派在海运危险货物方面有丰富经验的国家组成一个专家工作组，根据《1960 年国际海上人命安全公约》第 7 章的规定与联合国危险货物运输专家委员会紧密合作编写，并于 1965 年 9 月 27 日由 IMO 以 A.81（Ⅳ）决议通过的。

《国际海运危险货物规则》作为全球海洋运输包装危险货物的指导规则，其制定原则是除非符合规则的要求，否则禁止装运危险货物。其目的是保障船舶载运危险货物和人命财产安全、防止事故发生、防止海洋污染、使航行更安全、使海洋更清洁（表 C.1）。

表 C.1 《国际海运危险货物规则》的分类

项目	分项
第 1 类：爆炸品	1.1 类：具有整体爆炸危险的物质和物品 1.2 类：具有抛射危险，但无整体爆炸危险的物质和物品 1.3 类：具有燃烧危险和较小爆炸或较小抛射危险，或者同时具有此两种危险，但无整体爆炸危险的物质和物品 1.4 类：无重大危险的物质和物品 1.5 类：具有整体爆炸危险的很不敏感物质 1.6 类：无整体爆炸危险的极度不敏感物质
第 2 类：气体	2.1 类：易燃气体 2.2 类：非易燃、无毒气体 2.3 类：有毒气体
第 3 类：易燃液体	—
第 4 类：易燃固体、易自燃物质、遇水放出易燃气体的物质	4.1 类：易燃固体、自反应物质和固体退敏爆炸品 4.2 类：易自燃物质 4.3 类：遇水放出易燃气体的物质

续表

项目	分项
第 5 类：氧化物质和有机过氧化物	5.1 类：氧化物质 5.2 类：有机过氧化物
第 6 类：有毒和感染性物质	6.1 类：有毒物质 6.2 类：感染性物质
第 7 类：放射性材料	—
第 8 类：腐蚀性物质	—
第 9 类：杂类危险物质和物品	—

附录 D　有毒液体物质分类指南

《国际防止船舶造成污染公约》附则Ⅱ的附录 1 列出了有毒液体物质的分类指南，具体参见 MEPC.1/ Circ.512 经修订的散装运输液体物质临时评定指南。

根据 GESAMP 有害曲线图所反映的对物质性质的评定，将货品编入污染类别（表 D.1～表 D.4）。

表 D.1　有毒液体物质分类指南[1]

规则	A1 生物积聚	A2 生物退化	B1 急性毒性	B2 慢性毒性	D3 长期健康影响	E2 对海洋野生生物及海底环境的影响	类别
1	—	—	≥5	—	—	—	X
2	≥4	—	4	—	—	—	
3	—	NR	4	—	—	—	
4	≥4	NR	—	—	CMRTNI	—	
5	—	—	4	—	—	—	Y
6	—	—	3	—	—	—	
7	—	—	2	—	—	—	
8	≥4	NR	—	非 0	—	—	
9	—	—	—	≥1	—	—	
10	—	—	—	—	—	Fp、F 或 S 若非无机物	
11	—	—	—	—	CMRTNI	—	
12	任何不符合规则 1～11 以及规则 13 衡准的货品						Z
13	所有如下货品：A1 栏中为≤2；A2 栏中为 R；D3 栏中为空白；E2 栏中为非 Fp、F 或 S（如非有机物）；在 GESAMP 有害曲线图中所有其他栏中为 0（零）的货品						OS

表 D.2　经修订的 GESAMP 有害评定程序缩略图例[1]

数字比率	A栏和B栏——水环境				
	A			B	
	生物积聚和生物退化			水生生物毒性	
	A1 生物积聚		A2 生物退化	B1 性毒性	B2 慢性毒性
	LOG POW	BCF		$LC/EC/LC_{50}$/（mg/L）	NOCE/（mg/L）
0	＜1 或＞ca.7	不可测量	R：易生物退化 NR：不易生物退化 Inorg:非有机物质	＞1000	＞1
1	≥1 且＜2	≥1 且＜10		＞100 且≤1000	＞0.1 且≤1
2	≥2 且＜3	≥10 且＜100		＞10 且≤100	＞0.01 且≤0.1
3	≥3 且＜4	≥100 且＜500		＞1 且≤10	＞0.001 且≤0.01
4	≥4 且＜5	≥500 且＜4000		＞0.1 且≤1	≤0.001
5	≥5 且＜ca.7	≥4000		＞0.01 且≤0.1	—
6	—	—	—	≤0.01	—

表 D.3　经修订的 GESAMP 有害评定程序缩略图例[1]

数字比率	C栏和D栏——人类健康（对哺乳动物的有害危害）					
	C			D		
	急性哺乳动物毒性			刺激、腐蚀及长期健康影响		
	C1 口服毒性 LD_{50}/(mg/kg)	C2 皮肤接触毒性 LD_{50}/(mg/kg)	C3 吸入毒性 LC_{50}/(mg/L)	DI 皮肤刺激和腐蚀	D2 眼睛刺激和腐蚀	D3 长期健康影响
0	＞2000	＞2000	＞20	非刺激	非刺激	C：致癌 M：突变 R：生殖中毒 A：吸入有害物 T：目标器官系统中毒 L：肺部损害 N：神经中毒 I：免疫系统中毒
1	＞300 且≤2000	＞1000 且≤2000	＞10 且≤20	中等刺激	中等刺激	
2	＞50 且≤300	＞200 且≤1000	＞2 且≤10	刺激	刺激	
3	＞5 且≤50	＞50 且≤200	＞0.5 且≤2	强刺激或腐蚀 3A Corr.（≤4h）3B Corr.（≤1h）3C Corr.（≤3hr）	强刺激	
4	≤5	≤50	≤0.5	—	—	—

表 D.4　经修订的 GESAMP 有害评定程序缩略图例[1]

E栏——对海洋其他用途的妨害			
E1 污染	E2 对野生生物及海底生态环境的影响	E3 对海岸休憩环境的妨害	
		数字比率	说明与措施
NT:非污染（经检测） T：污染检测为阳性	Fp：持续性漂浮物 F：漂浮物 S：沉淀物质	0	无妨害 无伤害
		1	轻度危害 警告，不关闭休憩场所
—		2	中等危害 可能要关闭休憩场所
	—	3	高度危害 关闭休憩场所

附录E 化学品船舶最低要求一览表——摘录

表 E.1 化学品分类（参见《IBC 规则》第 17 章）[3]

序号	a	c	d	e	f	g	h	i′	i″	i‴	j	k	l	n	o
1	乙酸 acetic acid	Z	S/P	3	2G	Cont	No	T1	IIA	No	R	F	A	Yes	15.11.2,15.11.3,11.15.4,15.11.6, 15.11.7,15.11.8,15.19.6,16.2.9
2	醋酐 acetic anhydride	Z	S/P	3	2G	Cont	No	T2	IIA	No	R	F-T	A	Yes	15.11.2,15.11.3,11.15.4,15.11.6, 15.11.7,15.11.8,15.19.6
3	乙草胺 acetochlor	X	P	2	2G	Open	No			Yes	O	No	A		15.19.6,16.2.6,16.2.9
4	丙酮氰醇 acetone cyanohydrin	Y	S/P	2	2G	Cont	No	T1	IIA	Yes	C	T	A	Yes	15.12,15.13,15.17,15.18,15.19, 16.6.1,16.6.2,16.6.3
5	乙腈 acetonitrile	Z	S/P	2	2G	Cont	No	T2	IIA	No	R	F-T	A	No	15.12,15.19.6
6	乙腈（低纯度） acetonitrile（low purity grade）	Y	S/P	3	2G	Cont	No	T1	IIA	No	R	F-T	AC	No	15.12.3,15.12.4,15.19.6
7	从大豆、玉米及精炼向日葵提取的酸性油混合物 acid oil mixture from soyabean, corn（maize）and sunflower oil refining	Y	S/P	2	2G	Open	No			Yes	O	No	ABC	No	15.19.6,16.2.6,16.2.9
8	丙烯酰胺溶液（50%或以下） acrylamide solution（50% or less）	Y	S/P	2	2G	Open	No			NF	C	No	No	No	15.12.3,15.13,15.19.6,16.2.9,16.6.1
9	丙烯酸 acrylic acid	Y	S/P	2	2G	Cont	No	T2	IIA	No	C	F-T	A	Yes	15.11.2,15.11.3,15.11.4,15.11.6, 15.11.7,15.11.8,15.12.3,15.12.4, 15.13,15.17,15.19,16.6.1,16.2.9
10	丙烯腈 acrylonitrile	Y	S/P	2	2G	Cont	No	T1	IIB	No	C	F-T	A	Yes	15.12,15.13,15.17,15.19

续表

序号	a	c	d	e	f	g	h	i′	i″	i‴	j	k	l	n	o
11	聚醚多元醇分散体中的丙烯腈-苯乙烯共聚物 acrylonitrile-styrene copolymer dispersion in polyether polyol	Y	P	3	2G	Open	No			Yes	O	No	AB	No	15.19.6,16.2.6
12	己二氢 adiponitrile	Z	S/P	3	2G	Cont	No			Yes	R	T	A	No	16.2.9
13	甲草胺工艺（90%或以上） alachlor technical（90% or more）	X	S/P	2	2G	Open	No			Yes	O	No	AC	No	15.19.6,16.2.9
14	乙醇（C9-C11）聚（2.5-9）乙氧基化物 alcohol（C9-11）poly（2.5-9）ethoxylates	Y	P	3	2G	Open	No			Yes	O	No	A	No	15.19.6,16.2.9
15	乙醇（C6-C17）（仲）聚（3-6）乙氧基化物 alcohol（C6-17）（secondary）poly（3-6）ethoxylates	Y	P	2	2G	Open	No			Yes	O	No	A	No	15.19.6,16.2.9
16	乙醇（C6-C17）（仲）聚（7-12）乙氧基化物 alcohol（C6-17）（secondary）poly（7-12）ethoxylates	Y	P	2	2G	Open	No			Yes	O	No	A	No	15.19.6,16.2.6,16.2.9
17	乙醇（C12-C16）聚（1-6）乙氧基化物 alcohol（C12-16）poly（1-6）ethoxylates	Y	P	3	2G	Open	No			Yes	O	No	A	No	15.19.6,16.2.9

续表

序号	a	c	d	e	f	g	h	i′	i″	i‴	j	k	l	n	o
18	乙醇（C12-C16）聚（20+）乙氧基化物 alcohol（C12-16）poly（20+）ethoxylates	Y	P	3	2G	Open	No			Yes	O	No	A	No	16.2.9,15.19.6
19	乙醇（C12-C16）聚（7-19）乙氧基化物 alcohol（C12-16）poly（7-19）ethoxylates	Y	P	2	2G	Open	No			Yes	O	No	A	No	15.19.6,16.2.9
20	乙醇（C13+） alcohols（C13+）	Y	P	2	2G	Open	No			Yes	O	No	AB	No	15.19.6,16.2.9
21	乙醇（C8-C11），直链和主要直链的 alcohols(C8-C11),primary,linear and essentially linear	Y	S/P	2	2G	Cont	No			Yes	R	T	ABC	No	15.12.3,15.12.4,15.19.6,16.2.6,16.2.9
22	乙醇（C12-13）直链和主要直链的 alcohols（C12-11）primary,linear and essentially linear	Y	S/P	2	2G	Open	No			Yes	O	No	ABC	No	15.19.6,16.2.6,16.2.9
23	乙醇（C14-18）直链和主要直链的 alcohols（C14-C18）primary,linear and essentially linear	Y	S/P	2	2G	Open	No			Yes	O	No	ABC	No	15.19.6,16.2.6
24	烷烃（C6-C9） alkanes（C6-C9）	X	P	2	2G	Cont	No			No	R	F	A	No	15.19.6
25	异烷烃与环烷（C10-C11） iso-and cyclo-alkanes（C10-C11）	Y	P	3	2G	Cont	No			No	R	F	A	No	15.19.6
26	环氧乙烷/环氧丙烷混合物（其中环氧乙烷按重量计含量不超过 30%）	Y	S/P	2	1G	Cont	Inert	T2	IIB	No	C	F-T	AC	No	15.8,15.12,15.14,15.19
27	氟硅酸水溶液（20%～30%）	Y	S/P	3	1G	Cont	No			NFs	R	T	No	Yes	15.11,15.19.6

附录 F　液化气体船舶最低要求一览表

表 F.1　液化气体船舶最低要求（《IGC 规则》（2016））[4]

序号	a	b	c	d	e	f	g	h	i	CCSj	CCSk	CCSl	CCSm
	货物名称	联合国编号	船型	要求 C 型独立液货舱	液货舱内蒸气空间的控制	蒸气探测	测量	医疗急救（MFAG）编号	特殊要求	在大气压力沸点下液体相对密度（水为 1）	气体相对密度（空气为 1）	沸点/℃	临界温度/℃
1	乙醛 acetaldehyde	1089	2G/2PG	—	惰化	F+T	C	300	14.4.3;14.4.4;17.4.1;17.6.1	0.7827	1.52	2.08	
2	氨-无水的 ammonia，anhydrous	1005	2G/2PG	—	—	T	C	725	14.4.2;14.4.3;14.4.4;17.2.1;17.13	0.683	0.597	-33.4	132.4
3	丁二烯 butadiene	1010	2G/2PG	—	—	F+T	R	310	17.2.2;17.4.2;17.4.3;17.6;17.8	0.653	1.88	-5.0	161.8
4	丁烷 butane	1011	2G/2PG	—	—	F	R	310		0.600	2.09	-0.5	153
5	丁烷-丙烷混合物 butane-propane mixtures	1011/1978	2G/2PG	—	—	F	R	310					
6	丁烯 butylenes	1012	2G/2PG	—	—	F	R	310		0.624	1.94	-6.1	146.4
7	氯 chlorine	1017	1G	是	干燥	T	I	740	14.4;17.3.2;17.4.1;17.5;17.7;17.9;17.14	1.56	2.49	-34	144
8	二乙醚① diethyl ether	1155	2G/2PG	—	惰化	F+T	C	330	14.4.2;14.4.3;17.2.6;17.3.1;17.6.1;17.10;17.11;17.15				
9	二甲基胺 dimethylamine	1032	2G/2PG	—	—	F+T	C	320	14.4.2;14.4.3;14.4.4;17.2.1	0.6615	1.55	6.8	
10	乙烷 ethane	1961	2G	—	—	F	R	310		0.540	1.048	-88.6	32.1
11	氯乙烷 ethyl chloride	1037	2G/2PG	—	—	F+T	R	340		0.9	2.2	12.3	

续表

序号	a	b	c	d	e	f	g	h	i	CCSj	CCSk	CCSl	CCSm
	货物名称	联合国编号	船型	要求C型独立液货舱	液货舱内蒸气空间的控制	蒸气探测	测量	医疗急救（MFAG）编号	特殊要求	在大气压力沸点下液体相对密度（水为1）	气体相对密度（空气为1）	沸点/℃	临界温度/℃
12	乙烯 ethylene	1038	2G	—	—	F	R	310		0.570	0.975	-103.9	9.9
13	环氧乙烯 ethylene oxide	1040	1G	是	惰化	F+T	C	365	14.4.2;14.4.3;14.4.4;14.4.6;17.2.2;17.3.2;17.4.1;17.5;17.6.1;17.16	0.896	1.52	10.73	195.7
14	环氧乙烷/环氧丙烷混合物，但环氧乙烷含量按重量计不超过30%[①] ethylene oxide-propylene oxide mixtures with ethylene oxide content of not more than 30% by weight	2983	2G/2PG	—	惰化	F+T	C	365	14.4.3;17.3.1;17.4.1;17.6.1;17.10;17.11;17.20				
15	异戊二烯[①] isoprene	1218	2G/2PG	—	—	F	R	310	14.4.3;17.8;17.1.;17.12	0.67	2.3	34	211
16	异丙胺[①] isopropylamine	1221	2G/2PG	—	—	F+T	C	320	14.4.2;14.4.3;17.2.4;17.1.;17.11;17.12;17.17				
17	甲烷（LNG）	1972	2G	—	—	F	C	620		0.427	0.554	-161.5	-82.5
18	甲基乙炔丙二烯混合物 methyl acetylene-propadiene mixture	1060	2G/2PG	—	—	F	R	310	17.18				
19	溴甲烷 methyl bromide	1062	1G	是	—	F+T	C	345	14.4;17.2.3;17.3.2;17.4.1;17.5;17.9	1.732	3.3	4.6	
20	氯甲烷 methyl chloride	1063	2G/2PG	—	—	F+T	C	340	17.2.3	0.918	1.78	-23.7	
21	乙胺[①] monoethylamine（ethylamine）	1036	2G/2PG	—	—	F+T	C	320	14.4.2;14.4.3;14.4.4;17.2.1;17.3.1;17.10;17.11;17.12;17.17	0.69	1.56	16.6	

续表

序号	a	b	c	d	e	f	g	h	i	CCSj	CCSk	CCSl	CCSm
	货物名称	联合国编号	船型	要求C型独立液货舱	液货舱内蒸气空间的控制	蒸气探测	测量	医疗急救（MFAG）编号	特殊要求	在大气压力沸点下液体相对密度（水为1）	气体相对密度（空气为1）	沸点/°C	临界温度/°C
22	氮 nitrogen	2040	3G	—	—	O	C	620	17.19	0.9	0.967	−195	
23	戊烷（所有异构物）① pentanes（all isomers）	1265	2G/2PG	—	—	F	R	310	14.4.4;17.10;17.12				
24	戊烯（所有异构物）① fentene（all isomers）	1265	2G/2PG	—	—	F	R	310	14.4.4;17.10;17.12				
25	丙烷 propane	1978	2G/2PG	—	—	F	R	310		0.583	1.55	−42.3	96.8
26	丙烯 propylene	1077	2G/2PG	—	—	F	R	310		0.613	1.48	−47.7	92.1
27	环氧丙烷① propylene oxide	1280	2G/2PG	—	惰化	F+T	C	365	14.4.3;17.3.1;17.4.1;17.6.1;17.10;17.11;17.20	0.8304	2.00	34.2	209.1
28	制冷的气体 refrigerant gases（see notes）	—	3G	—	—	—	R	350		R12 1.33 R22 1.21	4.26 3.21	−29.8 −40.8	
29	二氧化硫 sulphur dioxide	1079	1G	是	干燥	T	C	635	14.4;17.3.2;17.4.1;17.5;17.7;17.9	1.38	2.3	−10	
30	氯乙烯 vinyl chloride（VCM）	1086	2G/2PG	—	—	F+T	C	340	17.4.2;14.4.3;17.2.2;17.2.3;17.3.1;17.6;17.21	0.965	2.15	−13.8	158.4
31	乙烯基乙基醚① vinyl ethyl ether	1302	2G/2PG	—	惰化	F+T	C	330	14.4.2;14.4.3;17.2.2;17.3.1;17.6.1;17.8;17.10;17.11;17.15				
32	二氯乙烯① vinylidene chloride								17.10;17.11				

① 此货物也包括在《IBC 规则》内

注：相对密度（CCS_j 栏、CCS_k 栏）中给出的数值表示货物液态或蒸气可能相对水或空气的最大相对密度参考值

附录G 《拆船公约》有害物质清单、分布及编制

G.1 有害物质清单列表

拆船前需要编制的有害物质清单第Ⅱ和第Ⅲ部分的项目见表G.1和表G.2。其中，表G.1（表C）为潜在有害物质，表G.2（表D）为潜在含有有害物质的日常消耗品。

表G.1 潜在有害项目（表C）[15]

编号	特性		物品	清单		
				第Ⅰ部分	第Ⅱ部分	第Ⅲ部分
C-1	液体	油性	煤油			×
C-2			石油溶剂			×
C-3			润滑油			×
C-4			液压油			×
C-5		其他	防黏剂			×
C-6			燃料添加剂			×
C-7			发动机冷却剂添加剂			×
C-8			防冻液			×
C-9			锅炉和给水处理和试验试剂			×
C-10			脱离子剂再生化学品			×
C-11			蒸发器定量和除锈酸			×
C-12			涂料稳定剂/锈稳定剂			×
C-13			溶剂/稀释剂			×
C-14			涂料			×
C-15			化学制冷剂			×
C-16			电池电解液			×
C-17			酒精、甲基化酒精			×
C-18	气体	爆炸物/易燃物	乙炔			×
C-19			丙烷			×
C-20			丁烷			×
C-21			氧气			×
C-22		温室气体	CO_2			×
C-23			全氟化碳（PFC）			×
C-24			甲烷			×
C-25			氢化氟烃（HFC）			×
C-27			一氧化二氮（N_2O）			×
C-28			六氟化硫（SF_6）			×

续表

编号	特性		物品	清单		
				第Ⅰ部分	第Ⅱ部分	第Ⅲ部分
C-29	液体	油性	燃料舱：燃油			×
C-30			油脂			×
C-31			废油（油泥）		×	
C-32			舱底水和/或机器上安装的后处理系统产生的废水		×	
C-33			油性液体货油舱残余物		×	
C-34		其他	压载水		×	
C-35			原始污水		×	
C-36			处理的污水		×	
C-37			非油性液体货物残余物		×	
C-38	气体	爆炸物/易燃物	燃料气体			×
C-39	固体		干货残余物		×	
C-40			医疗废弃物/传染性废弃物		×	
C-41			焚烧炉灰渣*		×	
C-42			垃圾*		×	
C-43			燃料舱残余物		×	
C-44			油性固体货油舱残余物		×	
C-45			油性或化学污染的碎布			×
C-46			电池（包括铅蓄电池）			×
C-47			农药/杀虫剂喷雾剂			×
C-48			灭火器			×
C-49			化学清洁器（包括电气设备清洁器除积炭器）			×
C-50			清洁剂/漂白剂（可能是液体）			×
C-51			各种药品			×
C-52			消防服和人员保护设备			×
C-53			干舱残余物		×	
C-54			货物残余物		×	
C-55			包含表A或表B所列物质的备件			×

* 垃圾的定义与《国际防止船舶造成污染公约》附则 V 的相同。但是，焚烧炉灰渣单独分类，因为可能含有有害物质或重金属

表 G.2　潜在含有有害物质的常规消耗品（表 D）[15]

编号	特性	实例	清单		
			第Ⅰ部分	第Ⅱ部分	第Ⅲ部分
D-1	电子和电气设备	电脑、冰箱、打印机、扫描仪、电视机、收音机、照相机、摄像机、电话、消费电池			×
D-2	照明设备	荧光灯、细丝灯泡、灯			×
D-3	非船舶特定家具、内饰和类似设备	椅子、沙发、桌子、床、窗帘、地毯、垃圾桶、床单、枕头、毛巾、床垫、储物架、装饰、浴室设施、玩具、非结构相关或作为结构一部分的艺术品			×

G.2　常见有害物质在船舶上的分布

CCS 根据 MEPC.269（68）“有害物质清单编制要求”编制了“禁止使用有害物质及控制使用的有害物质”在船舶上的分布情况，见表 G.3～表 G.6。

禁止使用有害物质主要包括石棉、多氯联苯、消耗臭氧物质、含有机锡化合物作为杀生物剂的防污底系统。其中，消耗臭氧物质已按《关于消耗臭氧层物质的蒙特利尔议定书》和《国际防止船舶造成污染公约》附则Ⅵ予以控制。自 1996 年起几乎所有物质已被禁止，但氢化氟烃可使用至 2020 年。含有机锡化合物作为杀生物剂的防污底系统中有机锡化合物包括三丁基锡（TBT）、三苯基锡（TPT）和氧化三丁基锡（TBTO）。有机锡化合物作为船底的防污底涂料使用，《AFS 公约》规定所有船舶在 2003 年 1 月 1 日之后不应施涂或重新施涂有机锡化合物，并且在 2008 年 1 月 1 日之后所有船舶在船壳上不应有此类化合物，或者应有一个阻挡此类化合物渗入海水的隔离层。

控制使用的有害物质主要包括表 B（即表 7.2）所列物质。对现有船舶，在清单第Ⅰ部分列出表 B 所列物质不是强制性的。但是，如果能用实际的方式标识，应在清单中列出，因为此信息将对后期的船舶拆解过程提供支持。

表 G.3　石棉在船舶上的分布[15]

结构/设备	部件
螺旋桨轴	低压、液压管子、法兰填料
	外壳填料
	离合器
	制动衬片
	合成尾轴管
柴油机	管子法兰填料
	燃料管护层隔热材料
	排气管护层隔热材料/排气管填料
	涡轮增压器护层隔热材料
涡轮发动机/蒸汽涡轮	外壳护层隔热材料
	蒸汽管路、排气管路和泄水管路的管子和阀门的法兰填料
	蒸汽管路、排气管路和泄水管路的管子和阀门护层隔热材料
锅炉	燃烧室隔热
	锅炉外壳覆层和绝缘
	外壳门填料
	排气管护层隔热材料
	耐火砖和炉衬
	人孔垫片
	手孔垫片

续表

结构/设备	部件
锅炉	吹灰器和其他孔的气体保护填料
	蒸汽管路、排气管路、燃料管路和泄水管路的管子和阀门的法兰填料
	蒸汽管路、排气管路、燃料管路和泄水管路的管子和阀门护层隔热材料
废气经济器	外壳门填料
	人孔填料
	手孔填料
	吹灰器气体保护填料
	蒸汽管路、排气管路、燃料管路和泄水管路的管子和阀门的法兰填料
	蒸汽管路、排气管路、燃料管路和泄水管路的管子和阀门护层隔热材料
焚烧炉	外壳门填料
	人孔填料
	手孔填料
	排气管护层隔热材料
辅机（泵浦、压缩机、净油器、起重机、起锚机、舵机、绞车、制动器轴、起货设备、辅机、分离器、液压系统）	外壳门和阀门填料
	压盖填料
	制动系统的耐磨材料，如制动衬片
热交换器	外壳填料
	阀门压盖填料
	护层隔热材料和绝缘
阀件	阀门填料/阀门压盖填料、管子法兰薄板填料、阀帽
	高压和/或高温法兰垫片
管线、导管	护层隔热材料和绝缘、管线压盖填料
液舱（燃料舱、热水舱、冷凝器）及其他设备（燃料过滤器、润滑油过滤器）	护层隔热材料和绝缘
电气设备	隔热材料、断路器和熔断器、断路器电弧隔板、电缆材料/绝缘（特别是有编织物护套的电缆）
空运石棉	墙壁、天花板
居住舱室区域及厨房和餐厅的天花板、地板和墙壁	天花板、天花板敷料、地板和墙壁
防火分隔，如起居间、机舱、烟囱、服务处所、防火控制间/货物控制间、驾驶台、储藏室、油漆间	门（防火门的填料、构件和隔热）、地板、板材、贯穿件（特别是防火舱壁的电缆和管线）、舱壁、防火屏蔽、密封胶绳门、喷涂保温
惰性气体系统	外壳填料等

续表

结构/设备	部件
空调系统	管子和挠性连接的薄板填料及护层隔热材料、HVAC 导管（用于供暖、通风和空调设备的导管）、隔热材料（如“A-60”级分隔隔热材料）、甲板敷料、绳索、火屏蔽/防火装置、处所/导管隔热、厨房设备、电气舱壁贯穿填料、制动衬片、蒸汽/水/通风口法兰垫片、高温设备的护层隔热和绝缘材料（特别是全船其他设备管线和高温管道、排烟管、服务处所蒸汽管、高温燃油/水/液体管的护层隔热、垫片、压盖）、油漆（有隔热要求部位，如主机外壳）、黏合剂/胶水/胶黏剂/密封剂/填料（填充剂）、瓷砖/地砖/甲板衬垫物、隔音
其他	石膏（包括装饰线条）、塑胶（如模压塑料产品）、腻子（如密封腻子）、轴（如螺旋桨轴密封、螺旋桨轴轴承）、衬垫、吊架（挂钩）、衬垫、管吊架衬垫、填充物、接头、铺装材料、焊接帘、焊接设备（如焊接车间护罩/燃烧罩）、消防设备（如消防毯消防毯/服/手套、工作服、防热毯）、混凝土压载块、被动消防系统用混凝土、屏蔽、织物

表 G.4　多氯联苯在船舶上的分布[15]

设备	设备部件
变压器	绝缘油
冷凝器	绝缘油
燃料加热器	加热介质
电缆	覆盖、绝缘胶带
润滑油	
热油	温度计、传感器、指示器
橡胶/毛毡垫片	
橡胶软管	
泡沫塑料隔热	
隔热材料	
电压调节器	
开关/自动开关/轴衬	
电磁铁	
黏合剂/纸带	
机械表面污染	
油基涂料	
捻缝	
橡胶隔离架	
管吊架	
灯用镇流器（荧光灯设备中的部件）	
增塑剂	
船底上隔板下的毛毡	

表 G.5　消耗臭氧物质[15]

设备	设备部件
CFC（R11, R12）	冰箱制冷剂
CFC	尿烷构成的材料
	LNG 船隔热的起泡剂
卤素灭火剂	灭火剂
其他完全卤化的 CFC	船上使用的可能性低
四氯化碳	船上使用的可能性低
1,1,1-三氯乙烷（甲基氯仿）	船上使用的可能性低
氢化氟烃（R22, R141b）	制冷机的制冷剂（可能使用至 2020 年）
含氢溴氟烃	船上使用的可能性低
甲基溴	船上使用的可能性低

表 G.6　控制使用有害物质在船舶上的分布（表 B 所列物质）[15]

设备	设备部件
镉和镉化合物	镍镉电池、电镀膜、轴承
六价铬化合物	电镀膜
汞和汞化合物	荧光灯、汞电灯、汞电池、液体电平开关、电罗经、温度计、测量工具、锰电池、压力传感器、灯具、电气开关、火灾探测器
铅和铅化合物	铅酸蓄电池、防腐底漆、焊料（几乎所有电气装置含有焊料）、涂料、防腐涂层、电缆绝缘、铅压载、发电机
多溴化联（二）苯	不易燃塑料
多溴二苯醚	不易燃塑料
多氯化联萘	涂料、润滑油
放射性物质	荧光涂料、离子型烟探测器、水准仪
某些短链氯化石蜡	不易燃塑料

G.3　有害物质清单示例

有害物质清单包括三部分：第 I 部分在设计和建造阶段完成，第 II 和第III部分在拆船前编制完成。

第 I 部分为船舶结构和设备中的有害物质（表 G.7～表 G.9）。

表 G.7　I-1 含有表 A 和表 B 所列的涂料和涂层系统[15]

编号	涂料的应用	涂料名称	位置	物质	大约数量/kg	备注
1	消音涂料	底漆,××Co.,××底漆 #300	船体部分	铅	35	
2	防污底	××Co.,××涂层 #100	水下部分	TBT	120	

表 G.8　I-2 含有表 A 和表 B 所列物质的设备和机械[15]

编号	设备和机械的名称	位置	物质	使用的部分	大约数量	备注
1	配电板	机舱控制室	镉	外壳涂层	0.02kg	
			汞	热量计	<0.01kg	小于 0.01kg
2	柴油机,××Co.,××#200	机舱	铅	鼓风机 启动器	0.01kg	
3	柴油发电机（×3）	机舱	铅	铜化合物的成分	0.01kg	
4	放射性水平测量设备	1 号货舱	放射性物质	测量设备	5Ci①(18.5×10^{11}Bq)	

①1Ci=3.7×10^{10}Bq

表 G.9　I-3 含有表 A 和表 B 所列物质的结构和船体[15]

编号	构件名称	位置	物质	使用的部分	大约数量/kg	备注
1	墙板	居住舱室	石棉	隔热	2500.00	
2	墙体隔热	机舱控制室	铅	冲孔板	0.01	覆盖隔热材料
			石棉	隔热	25.00	冲孔板以下

第Ⅱ部分为操作产生的废料（表 G.10）。

表 G.10　操作产生的废料[15]

编号	位置①	项目名称（附录表 G.1 的分类）和细节（如有）	大约数量	备注
1	垃圾储藏箱	垃圾（食品废弃物）	35kg	
2	污水舱	舱底水	15m^3	
3	1 号货舱	干货残余物（铁矿石）	110kg	
4	2 号货舱	废油（油泥）（原油）	120kg	
5	1 号压载舱	压载水	2500.00m^3	
		沉积物	250kg	

①对于第Ⅱ部分和第Ⅲ部分项目的位置，应基于底层至上层、前部至后部的顺序填写，对于第Ⅰ部分项目的位置，建议尽可能用类似的方式描述

第Ⅲ部分为物料（表 G.11～表 G.14）。

表 G.11　Ⅲ-1 物料[15]

编号	位置①	项目名称（附录表 G.1 的分类）	单位数量	数字	大约数量	备注②
1	1 号燃油舱	燃油（重燃油）	—	—	100m^3	
2	CO_2 室	CO_2	100kg	50 瓶	5000kg	
3	车间	丙烷	20kg	10pcs	200kg	
4	药品储藏室	各种药品	—	—	—	详见所附列表
5	涂料储藏室	涂料,××Co.,#600	20kg	5pcs	100kg	含镉

①对于第Ⅱ部分和第Ⅲ部分项目的位置，应基于底层至上层、前部至后部的顺序填写，对于第Ⅰ部分项目的位置，建议尽可能用类似的方式描述；

②对于第Ⅲ部分项目的“备注”栏，如果有害物质为产品整体，应尽可能显示含量的大约数量

表 G.12　Ⅲ-2 船舶机械和设备中密封的液体[15]

编号	液体类型（附录表 G.1 的分类）	机械或设备的名称	位置	大约数量/m^3	备注
1	液压油	甲板起重机液压油系统	上甲板	15.00	
		甲板机械液压油系统	上甲板和水手长储藏室	200.00	
		操舵装置液压油系统	舵机室	0.55	
2	润滑油	主机系统	机舱	0.45	
3	锅炉水处理	锅炉	机舱	0.20	

表 G.13　Ⅲ-3 船舶机械和设备中密封的气体[15]

编号	气体类型（附录表 G.1 的分类）	机械或设备的名称	位置	大约数量/kg	备注
1	氢化氟烃（HFC）	空调系统	空调间	100	
2	x 氢化氟烃（HFC）	食品冷藏室机器	空调间	50	

表 G.14　Ⅲ-4 潜在含有有害物质的常规消耗品[15]

编号	位置①	项目名称	数量	备注
1	居住舱室	冰箱	1	
2	居住舱室	个人电脑	2	

① 对于第Ⅱ部分和第Ⅲ部分项目的位置，应基于底层至上层、前部至后部的顺序填写。对于第Ⅰ部分项目的位置，建议尽可能用类似的方式描述

附录 H　EEDI 技术案卷示例

根据《船舶能效设计指数（EEDI）验证指南》[10]，EEDI 计算基数案卷示例如下。

H.1　数据

1. 一般信息

表 H.1　一般信息

造船厂	×××
船厂编号	12345
IMO 编号	94111××
船舶类型	散货船
CCS CLASS No.	

2. 主要船舶资料

表 H.2　主要船舶资料

总长	250.0m
垂线间长	240.0m
型宽	40.0m

续表

型深	20.0m
夏季载重线吃水、型吃水	14.0m
夏季载重线吃水时的载重吨	150 000 吨

其中，型吃水及载重吨应取自稳性资料/干舷计算。

3. 主机信息

表 H.3　主机信息

生产商	×××
型号	6J70A
最大持续功率	15 000 kW×80r/min
75%MCR 下的单位燃油消耗量	165.0g/（kW·h）
台数	1
燃料类型	柴油

该部分数据应取自总布置和 NO_x 技术案卷。

4. 辅机信息

表 H.4　辅机信息

生产商	×××
型号	5J-200
最大持续功率（MCR）	600kW×900r/min
50%MCR 下的单位燃油消耗量	222.0g/（kW·h）
台数	3
燃料类型	柴油

该部分数据应取自总布置和 NO_x 技术案卷。

5. 轴带发电机（如适用）

参数包括轴带发电机编号、制造厂、功率（$P_{PTO(i)}$）、带发电机效率 η_{SG}。
说明：轴带发电机编号应取自系统设计说明书，其他参数应取自制造厂文件。

6. 轴马达（如适用）

轴马达要求跟轴带发电机类似。

7. 航速

夏季载重线吃水时 75%MCR 下的航速，应取自功率曲线及其计算书。

H.2　功率曲线

设计阶段估算的和经航速测试后修订的功率曲线见图 H.1。

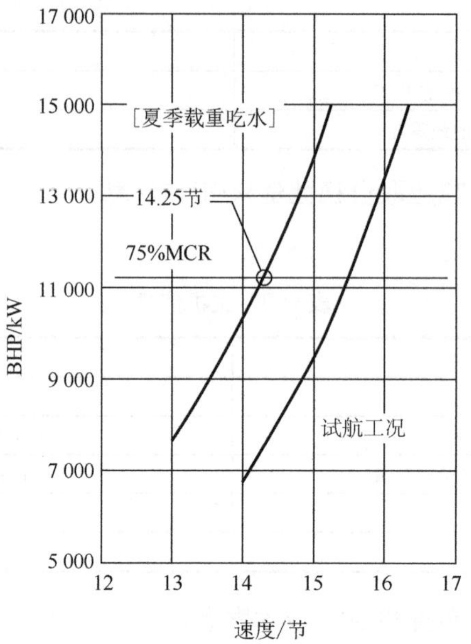

图 H.1　功率曲线[10]

图 H.1 中纵坐标 BHP 表示柴油机标定功率。

H.3　推进系统和电力供应系统概述

H.3.1　推进系统

1. 主机

参见表 H.3。

2. 螺旋桨

表 H.5　螺旋桨

类型	固定螺距螺旋桨
直径/m	7
桨叶数量/个	4
台数/台	1

H.3.2　电力供应系统

1. 辅机

参见表 H.4。

2. 主发电机

参数包括生产商、额定功率（kW·r/min）、电压（V）、台数、发电机加权平均效率$\eta_{\overline{\text{Gen}}}$等。

推进和电力供应系统原理图见图 H.2。

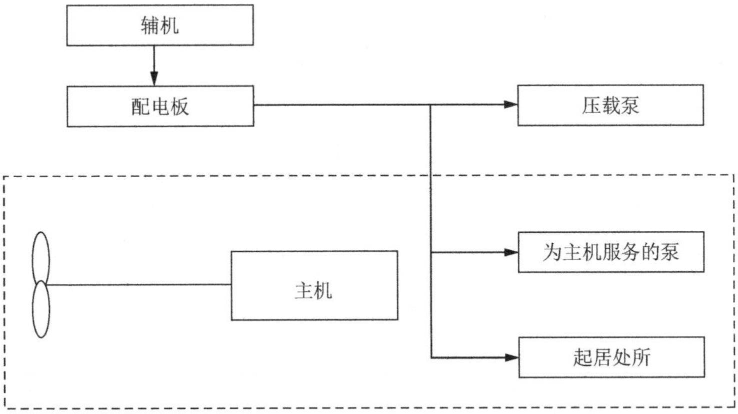

图 H.2　推进和电力供应系统原理图[10]

H.4　设计阶段功率曲线估算过程

功率曲线的估算基于模型试验结果，估算过程的流程如图 H.3 所示。

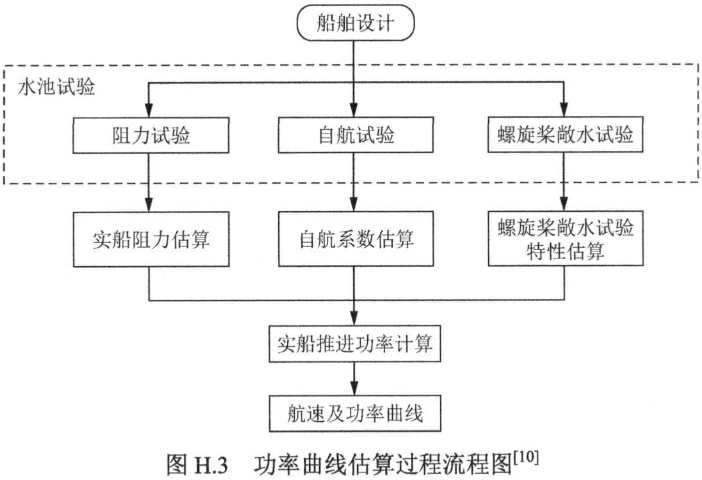

图 H.3　功率曲线估算过程流程图[10]

H.5　节能设备描述

（1）其效果在 EEDI 计算公式中表述为$P_{\text{AEeff}(i)}$和/或$P_{\text{eff}(i)}$的节能设备。

（2）其他节能设备包括舵鳍、桨毂整流鳍。

应出示每台设备或装置的规格书、原理图和/或照片等，或者附上产品商业目录。

H.6　Attained EEDI 的计算值

1. 基本数据

表 H.6　基本数据

船型	载重吨	船速/节
散货船	150 000	14.25

2. 主机

表 H.7　主机

MCR_{ME}/kW	轴带发动机	P_{ME}/kW	燃油类型	C_{FME}	SCF_{ME}/[g/(kW·h)]
15 000	无	11 250	柴油	3.206	165.0

3. 辅机

表 H.8　辅机

P_{AE}/kW	燃油类型	C_{FAE}	SCF_{AE}/[g/(kW·h)]
625	柴油	3.206	220.0

4. 冰级

无。

5. 创新型节电技术

创新电力辅机（如适用）。
系统编号。
制造厂。
输出功率。
有效因数。
说明：系统编号应取自系统设计说明书；其他数据应取自制造厂文件。

6. 创新型节能技术

减小主机推进功率的创新技术（如适用）。
系统编号。
制造厂。
机械输出。
有效因数。
说明：系统编号应取自系统设计说明书；其他数据应取自制造厂文件。

7. 舱容量修正系数

无。

8. Attained EEDI 的计算值

$$\text{EEDI}=\frac{(\prod_{j=1}^{n} f_j)\left[\sum_{i=1}^{n_{\text{ME}}} P_{\text{ME}(i)}\cdot C_{\text{FME}(i)}\cdot \text{SFC}_{\text{ME}(i)}\right]+P_{\text{AE}}\cdot C_{\text{FAE}}\cdot \text{SFC}_{\text{AE}}+\left[(\prod_{j=1}^{n} f_j\cdot\sum_{i=1}^{n_{\text{PTI}}} P_{\text{PTI}(i)}-\sum_{i=1}^{n_{\text{eff}}} f_{\text{eff}(i)}\cdot P_{\text{AEeff}(i)})\cdot C_{\text{FAE}}\cdot \text{SFC}_{\text{AE}}\right]}{f_i\cdot f_c\cdot f_j\cdot f_w\cdot \text{capacity}\cdot V_{\text{ref}}}$$

$$-\frac{\sum_{i=1}^{n_{\text{eff}}} f_{\text{eff}(i)}\cdot P_{\text{eff}(i)}\cdot C_{\text{FME}}\cdot \text{SFC}_{\text{ME}}}{f_i\cdot f_c\cdot f_j\cdot f_w\cdot \text{capacity}\cdot V_{\text{ref}}}=\frac{1\times(11\,250\times 3.206\times 165)+(625\times 3.206\times 220.0)+0-0}{1\times 1\times 1\times 1\times 150\,000\times 14.25}$$

$$=2.99[\text{g}/(\text{t}\cdot\text{nmile})]$$

Attained EEDI 为 2.99g / (t · nmile) 。

H.7 Attained EEDI 的计算值

1. 代表性海况

表 H.9　代表性海况

风级	平均风速	平均风向	有义波高	平均周期	平均浪向
BF6	12.6m/s	0（deg.）	3.0m	6.7s	0（deg.）

注：0（deg.）表示迎浪

2. 计算的 f_w 值

f_w：0.900

3. Attained EEDI$_{\text{weather}}$ 的计算值

Attained EEDI$_{\text{weather}}$=Attained EEDI/f_w=2.99/0.9=3.32[g / (t · nmile)]

Attained EEDI$_{\text{weather}}$ 为 3.32g / (t · nmile)

附录 I　蒲氏风浪等级对应表

表 I.1　风浪等级标准[110]

风力级数	名称	风速/（m/s）	风速/Kn	波高/m			相当海况级（风浪）	
				一般	最大	$H_{1/3}$	等级	名称
0	无风	0～0.2	0～0.4	—	—		0	无波
1	软风	0.3～1.5	0.6～2.9	0.1	0.1	0.024		

续表

<table>
<tr><th rowspan="2">风力级数</th><th rowspan="2">名称</th><th rowspan="2">风速/（m/s）</th><th rowspan="2">风速/Kn</th><th colspan="3">波高/m</th><th colspan="2">相当海况级（风浪）</th></tr>
<tr><th>一般</th><th>最大</th><th>$H_{1/3}$</th><th>等级</th><th>名称</th></tr>
<tr><td rowspan="2">2</td><td rowspan="2">轻风</td><td rowspan="2">1.6～3.3</td><td rowspan="2">3～6.4</td><td rowspan="2">0.2</td><td rowspan="2">0.3</td><td rowspan="2">0.088</td><td rowspan="3">1</td><td rowspan="3">涟波</td></tr>
<tr></tr>
<tr><td rowspan="2">3</td><td rowspan="2">微风</td><td rowspan="2">3.4～5.4</td><td rowspan="2">6.5～10.5</td><td rowspan="2">0.6</td><td rowspan="2">1</td><td rowspan="2">0.305</td></tr>
<tr><td rowspan="2">2</td><td rowspan="2">小浪</td></tr>
<tr><td rowspan="2">4</td><td rowspan="2">和风</td><td rowspan="2">5.5～7.9</td><td rowspan="2">10.6～15.4</td><td rowspan="2">1</td><td rowspan="2">1.5</td><td rowspan="2">0.884</td></tr>
<tr><td>3</td><td>轻浪</td></tr>
<tr><td rowspan="2">5</td><td rowspan="2">劲风</td><td rowspan="2">8.0～10.7</td><td rowspan="2">15.5～20.8</td><td rowspan="2">2</td><td rowspan="2">2.5</td><td rowspan="2">2.103</td><td>4</td><td>中浪</td></tr>
<tr><td rowspan="2">5</td><td rowspan="2">强浪</td></tr>
<tr><td rowspan="2">6</td><td rowspan="2">强风</td><td rowspan="2">10.8～13.8</td><td rowspan="2">21～26.8</td><td rowspan="2">3</td><td rowspan="2">4</td><td rowspan="2">3.962</td></tr>
<tr><td rowspan="2">6</td><td rowspan="2">巨浪</td></tr>
<tr><td rowspan="2">7</td><td rowspan="2">疾风</td><td rowspan="2">13.9～17.1</td><td rowspan="2">27～33.3</td><td rowspan="2">4</td><td rowspan="2">4.5</td><td rowspan="2">7.010</td></tr>
<tr><td rowspan="2">7</td><td rowspan="2">狂狼</td></tr>
<tr><td rowspan="2">8</td><td rowspan="2">大风</td><td rowspan="2">17.2～20.7</td><td rowspan="2">33.5～40.3</td><td rowspan="2">5.5</td><td rowspan="2">7.5</td><td rowspan="2">11.28</td></tr>
<tr><td rowspan="2">8</td><td rowspan="2">怒涛</td></tr>
<tr><td rowspan="2">9</td><td rowspan="2">烈风</td><td rowspan="2">20.8～24.4</td><td rowspan="2">40.5～47.5</td><td rowspan="2">7</td><td rowspan="2">10</td><td rowspan="2">17.68</td></tr>
<tr><td rowspan="4">9</td><td rowspan="4">汹涛</td></tr>
<tr><td>10</td><td>狂风</td><td>24.5～28.4</td><td>47.5～55.3</td><td>9</td><td>12.5</td><td>25.30</td></tr>
<tr><td>11</td><td>暴风</td><td>28.5～32.6</td><td>55.5～63.4</td><td>11.5</td><td>16</td><td>35.36</td></tr>
<tr><td>12</td><td>飓风</td><td>>32.6</td><td>63.5～71.8</td><td>14</td><td>—</td><td>>39.01</td></tr>
</table>

参 考 文 献

[1] 国际海事组织．国际防止船舶造成污染公约[S]．北京：人民交通出版社，2011．

[2] 国际海事组织．国际海上人命安全公约[S]．北京：人民交通出版社，2014．

[3] 国际海事组织．国际散装运输危险化学品船舶构造和设备规则（IBC）[S]．北京：人民交通出版社，2016．

[4] 国际海事组织．国际散装运输液化气体船舶构造和设备规则（IGC）[S]．北京：人民交通出版社，2016．

[5] 海上安全委员会．国际海运危险货物规则[S/OL].[2013-01-01]. https://baike.baidu.com/item/%E5%9B%BD%E9%99%85%E6%B5%B7%E8%BF%90%E5%8D%B1%E9%99%A9%E8%B4%A7%E7%89%A9%E8%A7%84%E5%88%99/9555071?fr=aladdin#1.

[6] 国际海事组织．国际船舶压载水和沉积物控制与管理公约[S/OL].[2004-01-01].https://wenku.baidu.com/view/718e0f05eff9aef8941e06b9.html.

[7] 中国船级社．船舶压载水管理计划编制指南：GD08—2017[S/OL].[2017-05-09].http://www.ccs.org.cn/ccswz/font/fontAction!article.do?articleId=4028e3d65b5b0249015beaca33df0185.

[8] 中国船级社．压载水公约实施指南：GD21—2015[S/OL].[2015-11-06].http://www.ccs.org.cn/ccswz/font/fontAction!article.do?articleId=4028e3d653e5c8760154325f48700332.

[9] 中国船级社．绿色船舶规范[M]．北京：人民交通出版社，2016．

[10] 中国船级社．船舶能效设计指数（EEDI）验证指南：GD27—2016[S]．北京：人民交通出版社，2016．

[11] 海上环境保护委员会 MEPC.1/Circ.684 通函．船舶能效营运指数（EEOI）自愿使用指南[S]，2009．

[12] 海上环境保护委员会 MEPC.1/Circ.683 通函．船舶能效管理计划（SEEMP）制订导则[S]，2009．

[13] 国际海事组织．2001 年国际控制船舶有害防污底系统公约[S/OL].[2001-10-05].https://wenku.baidu.com/view/7fa25c1aa8114431b90dd8aa.html?from=search.

[14] 国际海事组织．2009 年香港国际安全与环境无害化拆船公约[S]．北京：人民交通出版社，2010．

[15] 中国船级社．船舶有害物质清单编制及检验指南：GD19—2016[S/OL].[2016-08-23].http://www.ccs.org.cn/ccswz/font/fontAction!article.do?articleId=4028e3d6569d0df30156b654af59012a.

[16] 张明霞，林焰．船舶与海洋工程法规[M]．北京：国防工业出版社，2014．

[17] 莫鉴辉．IMO 船舶防污染要求发展趋势[C]．2007 年防污染学会年会，北京，2007：1-7．

[18] 陈教生．内河船舶防污染法定要求之浅析[C]．第十二届全国内河船舶与航运学术会议，北京，2012：232-236．

[19] 朱锦旗．提高船舶防污染管理应从源头抓起[C]．2008 年船舶防污染国际公约实施学术交流研讨会，延边，2008：140-144．

[20] 王民政．探讨我国海洋油类污染的预防和控制[C]．2010 年船舶防污染学会年会，北京，2010：386-392．

[21] 董韩扬．有关化学品船的国际公约和规则跟踪研究[J]．上海造船，2003，（1）：58-62．

[22] 劳辉．MARPOL 73/78 附则 III 于 1992 年 7 月 1 日生效[J]．交通环保，1992，13（5）：33-36．

[23] 胡荣华．MARPOL 附则 IV（防止生活污水污染规则）的修订和理解[J]．航海技术，2007，（1）：52-54．

[24] 胡承兵．MARPOL 公约附则 V 的履约及其国内化研究[C]．2008 年船舶防污染国际公约实施学术交流研讨会，延边，2008：65-70．

[25] 杨兆俊．结合 MARPOL 公约浅议防治船舶垃圾污染[J]．中国水运，2011，12（11）：47-48．

[26] 徐骏驰．防止船舶大气污染[J]．中国海事，2005，（2）：58-60．

[27] 泠风．破坏海洋环境的罪魁——石油污染（一）[J]．中外能源，2010，15（7）：23．

[28] 泠风．破坏海洋环境的罪魁——石油污染（二）[J]．中外能源，2010，15（8）：49．

[29] 李科浚，孙立成．船检文化[M]．北京：人民交通出版社，2009．

[30] 中国海事局．船舶与海上设施法定检验规则：国际航行海船法定检验技术规则（2008）[S]．北京：人民交通出版社，2008．

[31] 中国船级社．钢质海船入级规范（2015）[S]．北京：人民交通出版社，2015．

[32] 中国海事局．船舶与海上设施法定检验规则：国内航行海船法定检验技术规则（2011）[S]．北京：人民交通出版社，2011．

[33] 中国船级社．国内航行海船入级规则（2014）[S]．北京：人民交通出版社，2014.
[34] 中国船级社．海上移动平台入级与建造规范（2016）[S]．北京：人民交通出版社，2016.
[35] 中国海事局．沿海小型船舶法定检验技术规则（2007）[S]．北京：人民交通出版社，2007.
[36] 中国船级社．散装运输化学品船舶构造与设备规范[S]．北京：人民交通出版社，2016.
[37] 中国船级社．散装运输液化气体船舶构造与设备规范[S]．北京：人民交通出版社，2016.
[38] 中国船级社．沿海小船入级与建造规范（2005）[S]．北京：人民交通出版社，2005.
[39] 中国海事局．内河船舶法定检验技术规则（2011）[S]．北京：人民交通出版社，2011.
[40] 中国海事局．内河小型船舶法定检验技术规则（2016）[S]．北京：人民交通出版社，2016.
[41] 中国船级社．钢质内河船入级与建造规范（2016）[S]．北京：人民交通出版社，2016.
[42] 中国船级社．内河船舶入级规则（2016）[S]．北京：人民交通出版社，2016.
[43] 中国船级社．内河小型船舶建造规范（2006）[S]．北京：人民交通出版社，2006.
[44] 中国船级社．内河高速船入级与建造规范（2016）[S]．北京：人民交通出版社，2016.
[45] 中国船舶工业集团公司第708研究所．船舶规则规范参考[M]．北京：国防工业出版社，2012.
[46] 国际海事组织．国际船舶安全营运和防止污染管理规则[S/OL].[2012-01-01]. https://wenku.baidu.com/view/b85cdfd95022aaea998f0ff4.html.
[47] 杨培举．低碳博弈的时代[J]．中国船检，2009，(9)：18-21.
[48] 徐华．IMO公约的绿色使命[J]．中国船检，2009，(9)：37-40.
[49] 陈善能，陈宝忠，王兆强．国际船舶防污染公约在低碳经济时代下的发展[J]．中国航海，2010，33（2)：80-83.
[50] 中国船级社．技术通告第23号总第225号：关于压载水公约达到生效条件的通告[R]，2016.
[51] 卓诚裕．海洋油污染防治技术[M]．北京：国防工业出版社，1996.
[52] 努努帕罗夫．船舶污染海洋的预防[M]．陈文先等译．北京：国防工业出版社，1984.
[53] 江彦桥．海洋船舶防污染技术[M]．上海：上海交通大学出版社，2000.
[54] 栗茂峰．液体化学品的分类评估和散装运输条件的确定[J]．航海技术，2011，03：34-36.
[55] 迟愚，刘照伟，史海东．全球海洋钻井平台市场现状及发展趋势[J]．国际石油经济，2009，(10)：17-23.
[56] 王运龙，金朝光，纪卓尚，等．油船结构形式的变化及发展[J]．中国舰船研究，2011，6（1)：1-11.
[57] 刘恒楠．关于巨型油船（VLCC）潜在泄油量设计方案研究[J]．船舶，1993，(1)：39-43.
[58] 高亮．散装液体化学品船舶安全装运之研究[D]．大连：大连海事大学，2009.
[59] 张佳宁．当代化学品船发展概述[J]．船舶工程，2003，25（2)：1-4.
[60] 甘维勇．化学品运输船结构特点探讨[J]．船舶，1991，(4)：30-35.
[61] 何江．化学品船结构优化设计[D]．上海：上海交通大学，2002.
[62] 葛兴国．国际散化规则对化学品船舶设计的要求（一）[J]．船舶，2008，(1)：16-19.
[63] 葛兴国．国际散化规则对化学品船舶设计的要求（二）[J]．船舶，2008，(2)：13-17.
[64] 葛兴国．国际散化规则对化学品船舶设计的要求（三）[J]．船舶，2008，(3)：21-25.
[65] 肖丽娜，封毅．53000吨特涂舱化学品/成品油船的分舱优化[J]．船舶工程，2011，33（增刊2)：14-16，13.
[66] 关东浩．46500t化学品船研制开发[J]．广船科技，2004，(02)：1-4.
[67] 刘林．透视ING船[J]．中国船检，2001.（4)：41-42.
[68] 丁玲．中小型LNG船C型液罐设计关键技术研究[D]．大连：大连理工大学，2009.
[69] 余淳．从不同规范的比较看内河小型LPG船的总体设计[J]．江苏船舶，1999，16（3)：6-11.
[70] 李品友．液化气体船国际气体规则（IGC）内容简介[J]．上海造船，1995，(1)：42-45.
[71] 惠美洋彦．液化气运输船实用手册[M]．哈尔滨：哈尔滨工程大学出版社，1992.
[72] 杨永祥．船舶与海洋平台结构[M]．北京：国防工业出版社，2008.
[73] 韩景宝．液化石油气（LPG）运输船的建造与修理[M]．北京：国防工业出版社，2009.
[74] 俞忠德．液化气船述评[J]．船舶，1996，6（3)：4-10.
[75] 赵宇欣．LNG船储罐种类及管件技术研究[J]．船舶物资与市场，2016，(4)：53-55.

[76] 胡楠，武姗，柳卫东，等．新的 IGC 规则对液化气船设计的影响[J]．船舶工程，2014，36（4）：6-9，49．

[77] 李芳，李伟．船舶压载水污染的处理方法研究进展[J]．中国水运，2007，7（5）：12-13．

[78] 应长春．建设资源节约型、环境友好型绿色船舶工业[J]．中国造船，2008，49（增刊）：10-16．

[79] 中国船级社．船舶防污底系统检验指南[S/OL].[2012-01-06].http://www.ccs.org.cn/ccswz/font/fontAction!article.do?articleId=.

[80] 祝秋波．拆船公约的出台及对船舶相关行业的影响[C]．中国航海学会暨学术交流会，福州，2005：70-74．

[81] 张用德，袁学强．我国海洋钻井平台发展现状与趋势[J]．石油矿场机械，2008，37（9）：14-17．

[82] 史筱飞．浮动式海洋油气生产平台研究现状与发展[J]．机械设计与制造工程，2015，44（11）：7-10．

[83] 中国船级社．墨西哥湾井喷事件介绍（2010）[R]，2010．

[84] 俞士将．绿色船舶发展现状及方向分析[J]．船舶，2010，（4）：1-5．

[85] 杨世知．绿色船舶发展框架[J]．中国船检，2013，（8）：81-85．

[86] 李碧英．绿色船舶及其评价指标体系研究[J]．中国造船，2008，49（增刊）：27-35．

[87] 苏雯．无压载水船与超低压载水船[J]．中国船检，2012，（10）：77-81．

[88] 秦琦．日本最新开发的绿色船舶[J]．中国船检，2011，（5）：49-52．

[89] 蔡田凯，王剑峰．新型绿色旅游观光船开发[J]．船舶节能，1999，（2）：4-7．

[90] 班业平．20 万吨级绿色环保型散货船开发与设计[J]．上海船舶运输科学研究所学报，2013，36（2）：21-25，48．

[91] 综合安全评估（FSA）的提出[J]．世界海运，2010，（4）：15-16．

[92] 向阳，朱永峨，陈国权，等．风险分析与综合安全评估（FSA）[J]．中国船检，1999，（1）：34-35．

[93] 中国船级社．船舶综合安全评估应用指南[S/OL].[2015-06-11].http://www.ccs.org.cn/ccswz/font/fontAction!article.do?articleId=4028e3d6569d0df30156b123a26900c2.

[94] 中华人民共和国国家质量监督检疫总局，中国国家标准化管理委员会．船舶通用术语-综合安全评估（草稿）[S]．北京：中国标准出版社，2014．

[95] 中华人民共和国国家质量监督检疫总局，中国国家标准化管理委员会．GB/T 24353—2009 风险管理 原则与实施指南[S]．北京：中国标准出版社，2009．

[96] 中华人民共和国国家质量监督检疫总局，中国国家标准化管理委员会．GB/T 23694—2009 风险管理 术语[S]．北京：中国标准出版社，2009．

[97] 中华人民共和国国家质量监督检疫总局，中国国家标准化管理委员会．GB/T 27921—2011 风险管理 风险评估技术[S]．北京：中国标准出版社，2011．

[98] MSC-MEPC.2/Circ.12.Revised guidelines for formal safety assessment（FSA）[S], 2009.

[99] MSC-MEPC.2/Circ.13.Guidelines for the application of the human element analyzing process（HEAP）to the rule-making process[S], 1998.

[100] MSC 90/WP.7/Add.1.Goal-based new ship construction standards formal safety assessment general cargo ship safety[S], 2009.

[101] 向阳，朱永峨．制定安全规则中应用综合安全评估概念的发展状况[J]．上海造船，1998，（1）：54-59．

[102] 向阳，朱永峨，陈国权，等．FSA 方法在未来船舶工程和航运安全管理中的应用前景[J]．中国船检，2000，（1）：38-41．

[103] 姜方荣．风险评估与船舶安全管理[J]．航运管理，2013，（2）：20-24．

[104] 俞斌，金永兴，郑剑，等．基于事件树的液体化学品船运输风险评估与控制[J]．中国航海，2011，34（1）：86-89．

[105] 刘红．船舶溢油风险评估的方法的探讨[J]．中国海事，2010，（1）：44-46．

[106] 李玉刚，林焰，纪卓尚．海洋平台安全评估的发展历史和现状[J]．中国海洋平台，2003，18（1）：4-8．

[107] 陶冉冉，闫相祯，刘锦坤．浅谈安全评估在海洋平台上的应用[J]．石油与化工设备，2010，13（2）：46-48．

[108] 罗桦槟，张世英．海洋平台定量风险评估[J]．管理工程学报，1999，13（1）：56-61．

[109] 中国船级社．钢质海船入级规范[S]．北京：人民交通出版社，2015．

[110] 708 所．船舶科技简明手册[M]．北京：国防工业出版社，1977．